西北旱区生态水利学术著作丛书

明渠恒定急变流和渐变流水力特性研究

张志昌　张巧玲　著

U0228126

科学出版社

北 京

内 容 简 介

本书第 1 章至第 5 章为矩形断面明渠恒定急变流和渐变流的水力特性,主要研究了光滑壁面、波状壁面和粗糙壁面水跃区的边界层发展、共轭水深、沿程和局部水头损失、水跃长度的计算方法和粗糙壁面水跃特性的数值模拟方法;研究了渐扩式消力池和突扩式消力池水跃共轭水深和水跃长度的计算方法;给出了矩形断面消力池和渐扩式消力池深度和坎高的迭代计算公式;探讨了综合式消力池的应用条件和突扩式消力池的设计方法;给出矩形断面水面曲线的积分算法和正常水深的显式算法。第 6 章至第 10 章为梯形和三角形、圆形和 U 形、抛物线形、马蹄形断面和蛋形断面明渠恒定急变流和渐变流的水力特性,给出了这些复杂断面情况下明渠正常水深、临界水深、弗劳德数、水面曲线的显式计算方法和水跃共轭水深的简化计算方法。

本书可作为水利水电工程及相关专业科技人员的设计参考书,也可作为高等学校本科生和研究生教学的参考书。

图书在版编目(CIP)数据

明渠恒定急变流和渐变流水力特性研究/张志昌,张巧玲著. —北京:科学出版社,2016.11

(西北旱区生态水利学术著作丛书)

ISBN 978-7-03-050724-2

Ⅰ.①明⋯ Ⅱ.①张⋯ ②张⋯ Ⅲ.①明渠流动-水力学-研究
Ⅳ.①TV133

中国版本图书馆 CIP 数据核字(2016)第 278626 号

责任编辑:祝 洁 乔丽维/责任校对:李 影
责任印制:徐晓晨/封面设计:迷底书装

科 学 出 版 社 出版
北京东黄城根北街16号
邮政编码:100717
http://www.sciencep.com

北京教图印刷有限公司印刷

科学出版社发行 各地新华书店经销

*

2016 年 11 月第 一 版   开本:720×1000 B5
2016 年 11 月第一次印刷   印张:19 1/8
字数:377 000

定价:98.00 元
(如有印装质量问题,我社负责调换)

总 序 一

水资源作为人类社会赖以延续发展的重要要素之一，主要来源于以河流、湖库为主的淡水生态系统。这个占据着少于1%地球表面的重要系统虽仅容纳了地球上全部水量的0.01%，但却给全球社会经济发展提供了十分重要的生态服务，尤其是在全球气候变化的背景下，健康的河湖及其完善的生态系统过程是适应气候变化的重要基础，也是人类赖以生存和发展的必要条件。人类在开发利用水资源的同时，对河流上下游的物理性质和生态环境特征均会产生较大影响，从而打乱了维持生态循环的水流过程，改变了河湖及其周边区域的生态环境。如何维持水利工程开发建设与生态环境保护之间的友好互动，构建生态友好的水利工程技术体系，成为了传统水利工程发展与突破的关键。

构建生态友好的水利工程技术体系，强调的是水利工程与生态工程之间的交叉融合，由此促使生态水利工程的概念应运而生，这一概念的提出是新时期社会经济可持续发展对传统水利工程的必然要求，是水利工程发展史上的一次飞跃。作为我国水利科学的国家级科研平台，"西北旱区生态水利工程省部共建国家重点实验室培育基地（西安理工大学）"是以生态水利为研究主旨的科研平台。该平台立足我国西北旱区，开展旱区生态水利工程领域内基础问题与应用基础研究，解决了若干旱区生态水利领域内的关键科学技术问题，已成为我国西北地区生态水利工程领域高水平研究人才聚集和高层次人才培养的重要基地。

《西北旱区生态水利学术著作丛书》作为重点实验室相关研究人员近年来在生态水利研究领域内代表性成果的凝炼集成，广泛深入地探讨了西北旱区水利工程建设与生态环境保护之间的关系与作用机理，丰富了生态水利工程学科理论体系，具有较强的学术性和实用性，是生态水利工程领域内重要的学术文献。丛书的编纂出版，既是重点实验室对其研究成果的总结，又对今后西北旱区生态水利工程的建设、科学管理和高效利用具有重要的指导意义，为西北旱区生态环境保护、水资源开发利用及社会经济可持续发展中亟待解决的技术及政策制定提供了重要的科技支撑。

中国科学院院士

2016 年 9 月

总　序　二

　　近 50 年来全球气候变化及人类活动的加剧，影响了水循环诸要素的时空分布特征，增加了极端水文事件发生的概率，引发了一系列社会-环境-生态问题，如洪涝、干旱灾害频繁，水土流失加剧，生态环境恶化等。这些问题对于我国生态本底本就脆弱的西北地区而言更为严重，干旱缺水（水少）、洪涝灾害（水多）、水环境恶化（水脏）等严重影响着西部地区的区域发展，制约着西部地区作为"一带一路"国家战略桥头堡作用的发挥。

　　西部大开发水利要先行，开展以水为核心的水资源-水环境-水生态演变的多过程研究，揭示水利工程开发对区域生态环境影响的作用机理，提出水利工程开发的生态约束阈值及减缓措施，发展适用于我国西北旱区河流、湖库生态环境保护的理论与技术体系，确保区域生态系统健康及生态安全，既是水资源开发利用与环境规划管理范畴内的核心问题，又是实现我国西部地区社会经济、资源与环境协调发展的现实需求，同时也是对"把生态文明建设放在突出地位"重要指导思路的响应。

　　在此背景下，作为我国西部地区水利学科的重要科研基地，西北旱区生态水利工程省部共建国家重点实验室培育基地（西安理工大学）依托其在水利及生态环境保护方面的学科优势，汇集近年来主要研究成果，组织编纂了《西北旱区生态水利学术著作丛书》，该丛书兼顾理论基础研究与工程实际应用，对相关领域专业技术人员的工作起到了启发和引领作用，对丰富生态水利工程学科内涵、推动生态水利工程领域的科技创新具有重要指导意义。

　　在发展水利事业的同时，保护好生态环境，是历史赋予我们的重任。生态水利工程作为一个新的交叉学科，相关研究尚处于起步阶段，期望以此丛书的出版为契机，促使更多的年轻学者发挥其聪明才智，为生态水利工程学科的完善、提升做出自己应有的贡献。

中国工程院院士

2016 年 9 月

总　序　三

我国西北干旱地区地域辽阔、自然条件复杂、气候条件差异显著、地貌类型多样，是生态环境最为脆弱的区域。20 世纪 80 年代以来，随着经济的快速发展，生态环境承载负荷加大，遭受的破坏亦日趋严重，由此导致各类自然灾害呈现分布渐广、频次显增、危害趋重的发展态势。生态环境问题已成为制约西北旱区社会经济可持续发展的主要因素之一。

水是生态环境存在与发展的基础，以水为核心的生态问题是环境变化的主要原因。西北干旱生态脆弱区由于地理条件特殊，资源性缺水及其时空分布不均的问题同时存在，加之水土流失严重导致水体含沙量高，对种类繁多的污染物具有显著的吸附作用。多重矛盾的叠加，使得西北旱区面临的水问题更为突出，急需在相关理论、方法及技术上有所突破。

长期以来，在解决如上述水问题方面，通常是从传统水利工程的逻辑出发，以人类自身的需求为中心，忽略甚至破坏了原有生态系统的固有服务功能，对环境造成了不可逆的损伤。老子曰"人法地，地法天，天法道，道法自然"，水利工程的发展绝不应仅是工程理论及技术的突破与创新，而应调整以人为中心的思维与态度，遵循顺其自然而成其所以然之规律，实现由传统水利向以生态水利为代表的现代水利、可持续发展水利的转变。

西北旱区生态水利工程省部共建国家重点实验室培育基地(西安理工大学)从其自身建设实践出发，立足于西北旱区，围绕旱区生态水文、旱区水土资源利用、旱区环境水利及旱区生态水工程四个主旨研究方向，历时两年筹备，组织编纂了《西北旱区生态水利学术著作丛书》。

该丛书面向推进生态文明建设和构筑生态安全屏障、保障生态安全的国家需求，瞄准生态水利工程学科前沿，集成了重点实验室相关研究人员近年来在生态水利研究领域内取得的主要成果。这些成果既关注科学问题的辨识、机理的阐述，又不失在工程实践应用中的推广，对推动我国生态水利工程领域的科技创新，服务区域社会经济与生态环境保护协调发展具有重要的意义。

中国工程院院士

2016 年 9 月

前　言

明渠恒定急变流和渐变流是水利水电工程、给排水工程、环境工程以及航运海港工程等专业的基础理论，是明渠水力设计的基础。本书是作者近年来对明渠恒定急变流和渐变流研究的最新成果。

本书利用边界层理论重点研究了矩形光滑壁面、波状壁面和粗糙壁面水跃区的边界层发展和壁面阻力，得出了水跃共轭水深新的理论计算方法。首次提出了水跃区沿程水头损失和局部水头损失的计算公式。根据消力池设计的一般理论，提出了挖深式消力池、消力坎式消力池和综合式消力池新的简化计算方法。给出了梯形、三角形、圆形、U 形、抛物线形、马蹄形和蛋形等复杂断面明渠正常水深、临界水深、水面曲线和水跃共轭水深的简化计算方法。

全书共 10 章，第 1～3 章为矩形明渠水跃的水力特性，主要研究光滑壁面和粗糙壁面水跃区的边界层发展和壁面阻力，对水跃长度进行分类，提出水跃旋滚长度和水跃长度的计算方法。第 4 章研究矩形明渠、渐扩式明渠消力池深度和坎高的计算方法，给出简单的迭代公式；研究突然扩大明渠水跃共轭水深、水跃长度和消力池的设计方法。第 5 章为矩形明渠水面曲线的积分算法和正常水深的显式计算方法。第 6～8 章为梯形渠道、三角形渠道、圆形渠道、U 形渠道和抛物线形渠道水力特性的研究。第 9、10 章为马蹄形和蛋形断面水力特性的研究，马蹄形断面分为标准 I 型和标准 II 型，蛋形断面分为六圆弧蛋形断面、4 种标准形式的四圆弧蛋形断面、2 种形式的椭圆蛋形断面。第 6～10 章的研究内容主要包括各种断面的水跃共轭水深、正常水深、临界水深的简化计算方法和水面曲线的积分计算方法。

参加本书撰写工作的有：张志昌、张巧玲、李若冰、傅铭焕、赵莹和贾斌。其中，第 1 章由张志昌、赵莹和李若冰撰写，第 2 章和第 3 章由张志昌和傅铭焕撰写，第 4 章由张志昌、傅铭焕、李若冰撰写，第 5 章由张志昌和贾斌撰写，第 6 章由张志昌和赵莹撰写，第 7 章由张巧玲撰写，第 8～10 章由张志昌、张巧玲和贾斌撰写。附录由贾斌编写。

由于作者水平有限，书中不足之处在所难免，恳请读者批评指正。

作　者

2016 年 4 月

目　　录

第1章　矩形明渠水跃的水力特性

1.1　矩形明渠自由水跃区紊流边界层的发展

1.1.1　问题的提出

水跃是水流从急流过渡到缓流时水面突然跃起的一种局部水流现象。水跃计算主要解决三个问题：水跃的能量损失、水跃长度和共轭水深。

文献[1]指出：自从 Leonardo 和 Vinic 对水跃现象描述以来，在近五个世纪中已有数百篇论文来讨论这一问题，绝大多数论文是以宏观的形式来描述水跃，而水跃内部的微观流态却很少受到关注。

实际上，早在 20 世纪 30 年代，国外学者就已经开始研究水跃的内部微观结构。1934 年，Förthmann's 就测量了附壁射流区的流速分布，并以边界层厚度将附壁射流区分为内区和自由混合区，内区即边界层区域，边界层以上为混合区，在附壁射流区各断面的流速分布具有相似性。以后 Zerbe 和 Selna、Sigalla、Schwarz 和 Selna 等都对附壁射流做过研究。1963 年，Myers 等[2]较详细地测量了平板附壁射流区的流速分布、边界层的发展和壁面阻力。研究发现，在附壁射流区，边界层内的流速分布符合指数律，其指数为 1/14 而非常用的 1/7，在边界层内，流速分布也可以用对数律表示。1963 年，Verhoff 根据 Förthmann's 的试验结果给出了附壁射流区断面流速分布的公式。

1965 年，Rajaratnam 对水跃区的流速分布和壁面切应力进行了模型试验，提出水跃是一种附壁射流的新概念[3,4]，所谓附壁射流是指一侧贴附于固体边壁之上，而另一侧在无限流体空间中自由扩散的射流。1967 年，Rajaratnam 和 Subramanya 根据 Myers、Sigalla、Schwarz 和 Cosart、Gartshore 以及自己的试验成果，给出了附壁射流区最大流速沿程变化的计算公式。Sigalla 利用 Preston 管测量了壁面切应力，并给出了壁面切应力的表达式。

1976 年，Rajaratnam[5]在 *Turbulent Jets* 著作中，全面地论述了前人对附壁射流的试验研究成果，主要包括附壁射流区的流速分布、边界层的发展、壁面切应力等。1985 年，郭子中[6]在他的混合流理论中，提出水跃是一种贴底的附壁射流，提法上与 Rajaratnam 的不谋而合。

将水跃作为附壁射流，这对水跃的研究具有极其重要的意义。因此，可以应用附壁射流的研究成果来研究水跃区的微观结构，即水跃区的边界层发展、壁面切应力、水头损失以及考虑壁面阻力的水跃共轭水深。

附壁射流的流速分布如图 1-1 所示。图中 U_m 为边界层厚度为 δ 时的最大流速，m/s；h' 为最大流速之半 $U_m/2$ 距边壁的距离，m；h'' 为流速为零处距边壁的距离，m，该处即为附壁射流与周围流体混合的上边界限。Rajaratnam 通过试验得出了以下无量纲关系：

$$\delta = 0.16h' = 0.16\left(0.5 + 0.065\frac{x}{h_1}\right)h_1 \tag{1-1}$$

$$\frac{h''}{h_1} = 2.25\left(0.5 + \frac{0.065x}{h_1}\right) \tag{1-2}$$

$$\frac{U_m}{v_1} = 3.45\left(\frac{x}{h_1}\right)^{-0.5} \tag{1-3}$$

式中，x 为距射流出口的下游距离，m；v_1 为射流出口断面平均流速，m/s；h_1 为射流出口的水深，m；边界层厚度近似为 $\delta \approx 0.16h'$。

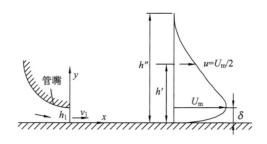

图 1-1 附壁射流流速分布

Glauert 认为，水跃区的流速分布可分内层和外层，内层是指壁面附近，其流动类似于平板边界层，流速分布可以用指数律来表示。文献[7]分析了 Rajaratnam 的试验资料，认为水跃区的流速分布在近壁区具有边界层特性，而在远离壁面的外部区域具有射流的特征，在边界层内，流速分布符合对数律或指数律。

1958 年，Sigalla 通过试验得到了水跃区的壁面切应力，文献[8]引用该成果为

$$\frac{\tau_0}{\rho} = 0.02825\left(\frac{U_m\delta}{v}\right)^{-1/4}U_m^2 \tag{1-4}$$

或

$$\frac{\tau_0}{\rho} = \frac{c_f v_1^2}{2} \tag{1-5}$$

式中，c_f 为阻力系数，据 Rajaratnam 的研究，c_f 在跃首为 0.0037，至跃尾减至 0.0001。

Rajaratnam 和 Sigalla 对水跃区流速分布和切应力的研究成果，对于水跃区紊流边界层的研究具有重要意义。根据该研究，在水跃区，水流可以分为内区和外区两种状态，在内区，水流流动依然符合紊流边界层理论；在外区，水流流动符合附壁射流理论。这种划分为水跃区紊流边界层的研究奠定了基础，现根据边界层理论研究自由水跃区紊流边界层的发展。

1.1.2　自由水跃区紊流边界层的发展

紊流边界层的动量积分方程为[9]

$$\frac{\mathrm{d}\delta_2}{\mathrm{d}x} + (2+H)\frac{\delta_2}{U_\mathrm{m}}\frac{\mathrm{d}U_\mathrm{m}}{\mathrm{d}x} = \frac{\tau_0}{\rho U_\mathrm{m}^2} \tag{1-6}$$

式中，H 为形状系数，$H = \delta_1 / \delta_2$；δ_1 为边界层的位移厚度，m；δ_2 为边界层的动量损失厚度，m；U_m 为边界层的外部最大流速，m/s；τ_0 为壁面切应力，N/m²；ρ 为水流的密度，kg/m³；x 为沿水流方向的距离，m。

根据 Schlichting 的研究[9]，平板上的阻力公式为

$$\frac{\tau_0}{\rho U_\mathrm{m}^2} = \xi\left(\frac{U_\mathrm{m}\delta_2}{\nu}\right)^{-1/4} \tag{1-7}$$

式中，ξ 为常数；ν 为水流的运动黏滞系数，m²/s。将式(1-7)代入式(1-6)可化为

$$\frac{\mathrm{d}\delta_2}{\mathrm{d}x} + (2+H)\frac{\delta_2}{U_\mathrm{m}}\frac{\mathrm{d}U_\mathrm{m}}{\mathrm{d}x} = \xi\left(\frac{U_\mathrm{m}\delta_2}{\nu}\right)^{-1/4} \tag{1-8}$$

式中，形状系数 H 的变化很小，一般在 1.2～1.3，可以假定为一常数[10]。对式(1-8)变形为

$$\delta_2^{1/4}\frac{\mathrm{d}\delta_2}{\mathrm{d}x} + (2+H)\frac{\delta_2^{5/4}}{U_\mathrm{m}}\frac{\mathrm{d}U_\mathrm{m}}{\mathrm{d}x} = \xi\left(\frac{U_\mathrm{m}}{\nu}\right)^{-1/4} \tag{1-9}$$

对于无限平板绕流，U_m 为一常数，$\mathrm{d}U_\mathrm{m} / \mathrm{d}x = 0$。但对于水跃区，$U_\mathrm{m}$ 不为常数，而是随着距离跃首位置的增加而减小。令式(1-9)的等式右边为零，求解得

$$\delta_2 = CU_\mathrm{m}^{-(2+H)} \tag{1-10}$$

将式(1-10)对 x 求导数，得

$$\frac{\mathrm{d}\delta_2}{\mathrm{d}x} = U_\mathrm{m}^{-(2+H)}\frac{\mathrm{d}C}{\mathrm{d}x} - C(2+H)U_m^{-(3+H)}\frac{\mathrm{d}U_\mathrm{m}}{\mathrm{d}x} \tag{1-11}$$

将式(1-11)代入式(1-9)化简得

$$C^{1/4}U_\mathrm{m}^{-(9+5H)/4}\frac{\mathrm{d}C}{\mathrm{d}x} = \xi\nu^{1/4} \tag{1-12}$$

为了对式(1-12)积分，现采用文献[4]的试验成果，将最大流速公式(1-3)代入

式(1-12)积分得

$$C = \left\{ \frac{5}{4} \left[8\xi \nu^{1/4} (3.45\nu_1 \sqrt{h_1})^{(9+5H)/4} \frac{x^{(-1-5H)/8}}{-1-5H} \right] \right\}^{4/5} \tag{1-13}$$

将式(1-3)和式(1-13)代入式(1-10)化简，得动量损失厚度的计算公式为

$$\delta_2 = \left(\frac{10\xi \nu^{1/4}}{-1-5H} \right)^{4/5} \frac{x^{0.9}}{(3.45\nu_1 \sqrt{h_1})^{0.2}} \tag{1-14}$$

壁面切应力可以表示为式(1-7)，令式(1-7)和式(1-4)相等，得

$$\xi = 0.02825 \left(\frac{\delta_2}{\delta} \right)^{1/4} \tag{1-15}$$

式中，δ 为边界层厚度，m。

根据文献[7]的研究，在紊流边界层中，流速分布符合对数律，即

$$u/v_* = 2.5\ln(v_* y / \nu) + 5.56 = 2.5\ln(Bv_* y / \nu) \tag{1-16}$$

当 $u = U_m$ 时，$y = \delta$，代入式(1-16)得

$$U_m / v_* = 2.5\ln(Bv_* \delta / \nu) \tag{1-17}$$

式中，$B = 8.926$。由文献[10]可知，用流速分布的对数律，边界层位移厚度 δ_1 和动量损失厚度 δ_2 与边界层厚度 δ 之间的关系为

$$\delta_1 = \delta / \ln(Bv_* \delta / \nu) \tag{1-18}$$

$$\delta_2 = \frac{\delta}{[\ln(Bv_* \delta / \nu)]^2} [\ln(Bv_* \delta / \nu) - 2] \tag{1-19}$$

$$H = \frac{\delta_1}{\delta_2} = \frac{\ln(Bv_* \delta / \nu)}{\ln(Bv_* \delta / \nu) - 2} \tag{1-20}$$

将式(1-18)～式(1-20)代入式(1-14)得

$$\begin{aligned}
\delta &= \left\{ \left[\frac{0.2825\nu^{1/4}[\ln(Bv_* \delta / \nu)]^2}{-2[3\ln(Bv_* \delta / \nu) - 1]} \right]^4 \right\}^{1/5} \frac{x^{0.9}}{(3.45\nu_1 \sqrt{h_1})^{0.2}} \\
&= \left\{ \frac{0.14125\nu^{1/4}[\ln(Bv_* \delta / \nu)]^2}{[3\ln(Bv_* \delta / \nu) - 1]} \right\}^{4/5} \frac{x^{0.9}}{(3.45\nu_1 \sqrt{h_1})^{0.2}}
\end{aligned} \tag{1-21}$$

式中，v_* 为摩阻流速，m/s，可以用式(1-22)计算：

$$\begin{aligned}
v_*^2 &= \xi U_m^2 (U_m \delta_2 / \nu)^{-1/4} = 0.02825(\delta_2 / \delta)^{1/4} U_m^2 (U_m \delta_2 / \nu)^{-1/4} \\
&= 0.02825 U_m^2 (U_m \delta / \nu)^{-1/4}
\end{aligned} \tag{1-22}$$

将式(1-22)代入式(1-21)得

$$\delta = \left(\frac{0.14125\nu^{1/4}\{\ln[0.1681B(U_{\mathrm{m}}\delta / \nu)^{7/8}]\}^2}{3\ln[0.1681B(U_{\mathrm{m}}\delta / \nu)^{7/8}] - 1} \right)^{4/5} \frac{x^{0.9}}{(3.45\nu_1\sqrt{h_1})^{0.2}} \qquad (1\text{-}23)$$

式(1-23)即为水跃区紊流边界层发展的计算公式。

将 $B = 8.926$、$\nu = 1.14 \times 10^{-6}\mathrm{m}^2/\mathrm{s}$（常温为 15°）代入式(1-23)化简得

$$\delta = \left(\frac{0.004615 \times \{\ln[237921.04(U_{\mathrm{m}}\delta)^{7/8}]\}^2}{3\ln[237921.04(U_{\mathrm{m}}\delta)^{7/8}] - 1} \right)^{4/5} \frac{x^{0.9}}{(3.45\nu_1\sqrt{h_1})^{0.2}} \qquad (1\text{-}24)$$

文献[11]的研究表明，在水跃区仍存在一个射流核心区，该区的长度约为 $x / h_1 \leqslant 15$，射流核心区的最大流速可取跃首断面的平均流速 ν_1，当 $x / h_1 > 15$ 以后，附壁射流才完全发展，各个断面的流速分布是完全相似的。Rajaratnam[3]的试验表明，水跃区流速分布相似的断面位置约在 $x / h_1 = 20$，Myers 等[2]则给出了 $4 \leqslant x / h_1 \leqslant 14$。综合考虑以上研究者的研究情况，在用式(1-3)计算最大流速时，如果求得的 U_{m} 大于或等于跃前断面流速 ν_1，则取 $U_{\mathrm{m}} = \nu_1$ 计算，如果求得的 $U_{\mathrm{m}} < \nu_1$ 则按求得的 U_{m} 值计算。将 U_{m} 代入式(1-24)即可计算水跃区的边界层厚度。

例 1.1　某溢流坝如图 1-2 所示，已知坝高 $P = 50\mathrm{m}$，坝上水头 $H = 3.2\mathrm{m}$，坝宽 $b = 10\mathrm{m}$，溢流坝通过的流量 $Q = 500\mathrm{m}^3/\mathrm{s}$，护坦始端的急流水深由下式给出，即 $h_1 = q / \sqrt{2g(P + H)(1 + c_0P / H)}$，式中，$q$ 为单宽流量；c_0 为溢流面粗糙系数的函数，$c_0 = 0.02$。试求由护坦的始端发生水跃所必需的下游缓流水深，并求水跃区沿程的壁面阻力系数 c_{f} 和边界层的发展厚度 δ。

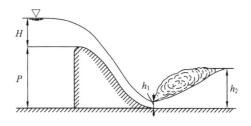

图 1-2　溢流坝剖面图

解：溢流坝的单宽流量为

$$q = Q / b = 500 / 10 = 50[\mathrm{m}^3/(\mathrm{s \cdot m})]$$

跃前水深为

$$h_1 = \frac{q}{\sqrt{2g(P + H)(1 + c_0P / H)}} = \frac{50}{\sqrt{2 \times 9.8(50 + 3.2)(1 + 0.02 \times 50 / 3.2)}} = 1.352(\mathrm{m})$$

$$Fr_1 = q / \sqrt{gh_1^3} = 50 / \sqrt{9.8 \times 1.352^3} = 10.162$$

跃后水深为

$$h_2 = h_1(\sqrt{1 + 8Fr_1^2} - 1) / 2 = 1.352 \times (\sqrt{1 + 8 \times 10.162^2} - 1) / 2 = 18.771(\mathrm{m})$$

$$v_1 = q / h_1 = 50 / 1.352 = 36.982(\text{m/s})$$

水跃区的紊流边界层厚度用(1-24)计算，摩阻流速和阻力系数由式(1-4)和式(1-5)计算，计算结果如表 1-1 所示。可以看出，阻力系数 c_f 的计算值在跃首附近约为 0.004，至跃尾处约为 0.0001，与文献[4]的跃首处约为 0.0037，跃尾处约为 0.0001 基本一致。用式(1-24)计算的边界层厚度与文献[4]的式(1-1)计算值比较，理论计算与文献[4]的计算一致，试验结果验证了理论计算的正确性。

表 1-1   边界层位移厚度 δ 计算过程

x /m	v_1 /(m/s)	h_1 /m	U_m 式(1-3) /(m/s)	δ 式(1-24) /m	τ_0 / ρ 式(1-4) /(m²/s²)	c_f 式(1-5)	用文献[4]式(1-1) 计算的 δ/m
5	36.982	1.352	36.982	0.07086	2.736998	0.004002	0.07321
10	36.982	1.352	36.982	0.13668	1.272778	0.001861	0.138374
20	36.982	1.352	33.17285	0.261872	0.591687	0.000865	0.31616
30	36.982	1.352	27.08552	0.380274	0.378016	0.000553	0.42016
40	36.982	1.352	23.45675	0.495466	0.275081	0.000402	0.52416
50	36.982	1.352	20.98036	0.608336	0.214972	0.000314	0.62816
60	36.982	1.352	19.15236	0.719382	0.175749	0.000257	0.73216
70	36.982	1.352	17.73164	0.828928	0.148227	0.000217	0.83616
80	36.982	1.352	16.58643	0.937211	0.127895	0.000187	0.94016
90	36.982	1.352	15.63783	1.044398	0.112289	0.000164	1.04416
100	36.982	1.352	14.83535	1.150618	0.09995	0.000146	1.14816
110	36.982	1.352	14.14495	1.255981	0.08996	0.000132	1.25216
120	36.982	1.352	13.54276	1.360568	0.081715	0.000119	1.35616
130	36.982	1.352	13.01146	1.464439	0.074799	0.000109	1.46016
140	36.982	1.352	12.53816	1.567671	0.068919	0.000101	1.56416
150	36.982	1.352	12.11301	1.670299	0.063861	9.34×10^{-5}	1.66816

1.2   考虑壁面阻力水跃共轭水深的计算方法

1.2.1   水跃共轭水深的研究现状

矩形明渠的水跃如图 1-3 所示,写跃前 1-1 断面和跃后 2-2 断面的动量方程可得[12]

$$\gamma h_1^2 / 2 - \gamma h_2^2 / 2 - F = \gamma q (v_2 - v_1) / g \qquad (1\text{-}25)$$

式中，h_1 为跃前断面水深，m；h_2 为跃后断面水深，m；$q = Q / b$ 为单宽流量，

$m^3/(s \cdot m)$，Q 为总流量，m^3/s，b 为消力池宽度，m；$v_1 = q/h_1$ 为跃前断面平均流速，m/s；$v_2 = q/h_2$ 为跃后断面平均流速，m/s；$F = C_f \gamma h_1^2 / 2$ 为壁面阻力，N；C_f 为壁面平均阻力系数；γ 为液体的重度，N/m^3。设 $\eta = h_2/h_1$ 为水跃的共轭水深比，代入式(1-25)求解得

$$\eta = 2\sqrt{\frac{1 + 2Fr_1^2 - C_f}{3}} \cos\left\{\frac{1}{3}\arccos\left[\frac{-3\sqrt{3}Fr_1^2}{(1 + 2Fr_1^2 - C_f)^{3/2}}\right]\right\} \quad (1\text{-}26)$$

式(1-26)即为考虑壁面阻力时水跃共轭水深的计算公式。式中，$Fr_1 = q/\sqrt{gh_1^3}$ 为跃前断面的弗劳德数。由式(1-26)可以看出，水跃共轭水深比是跃前断面的弗劳德数 Fr_1 和壁面平均阻力系数 C_f 的函数。式(1-26)的难点在于如何确定壁面平均阻力系数 C_f。

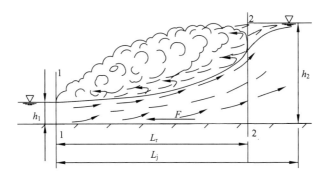

图 1-3　水跃示意图

1938 年，Belanger 忽略渠底阻力，即取 $C_f = 0$，由式(1-25)得到了著名的水跃方程：

$$h_2 = 0.5h_1(\sqrt{1 + 8Fr_1^2} - 1) \quad (1\text{-}27)$$

Rajaratnam[4]的试验研究表明，考虑壁面阻力的水跃跃后水深比 Belanger 公式计算的值小，且随着弗劳德数增大，二者差距增大，当弗劳德数 $Fr_1 = 10$ 时，差值达 4%，而 Harleman 的试验也证明了这一点。

1993 年，薛朝阳[13]推导了考虑壁面阻力的水跃方程，薛朝阳认为，Rajaratnam 只进行了一种几乎是最光滑的壁面的水跃摩阻力试验，其结果不能用于其他不同粗糙度的壁面。他应用谢才公式、切应力的基本公式和动量方程，导出了考虑壁面阻力的水跃方程为

$$1-\eta^2-0.00654Fr_1^2\eta\left(\frac{n}{n_0}\right)^2\left[\left(1+\frac{2h_1}{b}\right)\left(1-\frac{1}{1.9^{L_j/h_2}}\right)+\frac{3.115h_2(h_2-h_1)}{bL_j}\right.$$
$$\left.\times\left(1-\frac{1}{1.9^{L_j/h_2}}-\frac{0.642L_j}{1.9^{L_j/h_2}h_2}\right)\right]=2Fr_1\left(\frac{1}{\eta}-1\right) \tag{1-28}$$

式中，L_j 为水跃长度，m；n 为渠道的糙率，$s/m^{1/3}$；n_0 为已知某一渠道壁面的糙率，$s/m^{1/3}$。

由式(1-28)可以看出，薛朝阳的公式过于复杂，不易求解。1994 年，Ohtsu 和 Yasuda[14]通过试验给出了平均阻力系数的计算公式为

$$C_f=0.12(Fr_1-1)^2 \tag{1-29}$$

式(1-29)的适应条件为 $3\leqslant Fr_1\leqslant 10$。

虽然前人对水跃的微观结构进行了试验研究，但至今在水跃共轭水深的计算中仍然采用不考虑壁面阻力的 Belanger 公式(1-27)。虽然该公式应用方便，但壁面阻力对水跃共轭水深有一定的影响，考虑其影响，则得出的共轭水深更加真实。所以本书在前人对水跃区流速分布、壁面切应力试验研究的基础上，从边界层理论出发，提出考虑壁面阻力的水跃共轭水深计算的新方法。

1.2.2　水跃区边界层发展的新公式

在考虑壁面阻力的水跃共轭水深的计算中，需要用到边界层厚度的计算公式(1-24)，但该公式为隐函数关系式，计算比较麻烦。为了计算方便，在下面的研究中，根据水跃区流速分布的指数律来研究边界层的发展，使其推导的水跃共轭水深计算比较容易。

水跃区的水流流态如图 1-4 所示，图中 L_r 为水跃的旋滚长度，L_j 为水跃长度，e 为闸门开度。

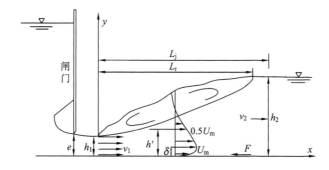

图 1-4　光滑壁面消力池水跃示意图

文献[5]介绍了 Verhoff 在 1963 年给出的附壁射流区断面流速分布的指数律公式为

$$\frac{u}{U_{\mathrm{m}}} = 1.48\eta_0^{1/7}\left(1 - \frac{2}{\sqrt{\pi}}\int_0^{0.68\eta} \mathrm{e}^{-\xi^2}\mathrm{d}\xi\right) \tag{1-30}$$

式中，u 为断面任一点的流速，m/s；$\eta_0 = y/h'$；$\mathrm{e}^{-\xi^2}$ 为误差函数，将式(1-30)展开取前三项得

$$\frac{u}{U_{\mathrm{m}}} = 1.48\left(\frac{y}{h'}\right)^{1/7}\left\{1 - \frac{2}{\sqrt{\pi}}\left[0.68\left(\frac{y}{h'}\right) - \frac{1}{3}\left(0.68\frac{y}{h'}\right)^3 + \frac{1}{10}\left(0.68\frac{y}{h'}\right)^5\right]\right\} \tag{1-31}$$

由式(1-31)可以看出，当 $u = U_{\mathrm{m}}$ 时，$y = \delta$，δ 为边界层厚度，m。经由式(1-31)计算，当 $\delta/h' = 0.165$ 时，$u = U_{\mathrm{m}}$，当 $y/h' = 1.797$ 时，$u = 0$。

由式(1-31)计算断面流速分布比较麻烦，根据 Myers 等[2]的研究，水跃区的流速分布符合指数律，其指数为 1/14，即

$$\frac{u}{U_{\mathrm{m}}} = \left(\frac{y}{\delta}\right)^{1/14} \tag{1-32}$$

断面最大流速可以用 Rajaratnam 和 Subramanya 的公式(1-3)计算。对于壁面切应力系数，Sigalla 给出的公式为

$$C_{\mathrm{f}}' = 0.0565\left(\frac{U_{\mathrm{m}}\delta}{\nu}\right)^{-1/4} \tag{1-33}$$

边界层的位移厚度 δ_1 和边界层的动量损失厚度 δ_2 为

$$\delta_1 = \int_0^\delta\left(1 - \frac{u}{U_{\mathrm{m}}}\right)\mathrm{d}y \tag{1-34}$$

$$\delta_2 = \int_0^\delta\left(1 - \frac{u}{U_{\mathrm{m}}}\right)\frac{u}{U_{\mathrm{m}}}\mathrm{d}y \tag{1-35}$$

将式(1-32)代入式(1-34)和式(1-35)得 $\delta_1 = 0.066667\delta$，$\delta_2 = 0.058333\delta$。

将 $\delta_1 = 0.066667\delta$，$\delta_2 = 0.058333\delta$ 和式(1-3)、式(1-33)代入式(1-6)积分得

$$\delta = \left[\frac{0.7213\nu^{1/4}}{(3.45\nu_1\sqrt{h_1})^{1/4}}\right]^{4/5}x^{0.9} \tag{1-36}$$

将式(1-3)和式(1-36)代入式(1-33)得壁面切应力系数为

$$C_{\mathrm{f}}' = \frac{0.0471}{(\nu_1\sqrt{h_1}/\nu)^{1/5}}x^{-0.1} \tag{1-37}$$

壁面切应力为

$$\tau_0 = \frac{C'_f}{2}\rho U_m^2 = \frac{1}{2}\frac{0.0471}{(v_1\sqrt{h_1/v})^{1/5}}x^{-0.1}\rho\frac{3.45^2 v_1^2 h_1}{x} = \frac{0.2803\rho v_1^{9/5} h_1^{9/10} v^{1/5}}{x^{1.1}} \qquad (1\text{-}38)$$

水跃区的阻力为

$$F = \int_{\delta_0}^{L_r}\tau_0\mathrm{d}x = \int_{\delta_0}^{L_r}\frac{0.2803\rho v_1^{9/5} h_1^{9/10} v^{1/5}}{x^{1.1}}\mathrm{d}x = 2.803\rho v_1^{9/5} h_1^{9/10} v^{1/5}(\delta_0^{-0.1} - L_r^{-0.1}) \qquad (1\text{-}39)$$

式中，积分下限应该为零，但如果取为零，积分为无穷大，这显然是不合理的。分析原因可能是流速分布的经验公式形式不完善造成的。考虑到水跃前段有一紊流核心区，积分下限取一有限小量，本节取 $\delta_0 = 0.1\mathrm{m}$。积分上限为水跃长度。对于水跃长度，一般有两种确定方法：一种是以水跃旋滚的末端作为水跃的长度，称为旋滚长度 L_r；另一种是以旋滚后水面基本与渠底平行时的最近点作为水跃末端，称为水跃长度 L_j。显然，在水跃旋滚末端的水深已达到了跃后水深 h_2，所以取旋滚长度 L_r 作为计算壁面阻力比较合适。壁面平均阻力系数为

$$C_f = \frac{F}{\gamma h_1^2/2} = \frac{2.803\rho v_1^{9/5} h_1^{9/10} v^{1/5}(0.1^{-0.1} - L_r^{-0.1})}{\gamma h_1^2/2} = \frac{2.803 Fr_1^{9/5} h_1^{1.8} v^{1/5}(0.1^{-0.1} - L_r^{-0.1})}{g^{0.1} h_1^2/2}$$

$$(1\text{-}40)$$

根据文献[15]水跃旋滚长度的实测结果，笔者拟合的经验公式为

$$L_r = 5.4506(Fr_1 - 1)^{1.0376}h_1 \qquad (1\text{-}41)$$

将式(1-40)代入式(1-26)，即可计算考虑壁面阻力的水跃共轭水深。

1.2.3 公式验证

水跃共轭水深的计算过程如下：①根据已知的单宽流量 q 和跃前断面水深 h_1，计算弗劳德数 $Fr_1 = q/\sqrt{gh_1^3}$；②由式(1-41)计算水跃的旋滚长度 L_r；③用式(1-40)计算壁面平均阻力系数 C_f，在计算时，取常温 $20°$，水流的运动黏滞系数 $v = 1.0\times10^{-6}\ \mathrm{m^2/s}$；④用式(1-26)计算水跃共轭水深比 $\eta = h_2/h_1$，跃后水深为 $h_2 = \eta h_1$。

下面用 Francesco 等[15]、Hughes 和 Flack[16]的实测资料来验证公式的正确性。Francesco 和 Hughe 在对粗糙壁面水跃的试验研究中，为了与光滑壁面对比，也实测了光滑壁面的跃前断面和跃后断面的水深。由于在测量中水面波动较大，实测跃后水深有时甚至大于不考虑壁面阻力时的计算值，所以在对比时，先根据实测的跃前断面水深 h_1 和弗劳德数 Fr_1，根据式(1-27)计算出不考虑壁面阻力的跃后水深 h_2，如果实测的跃后水深大于用式(1-27)计算的跃后水深，则不在比较之列，只比较实测的跃后水深小于用式(1-27)计算的跃后水深。比较结果如表 1-2 所示。从表中可以看出，考虑壁面阻力后计算的跃后水深与实测值接近，除一项误差大于 5%外，其余均小于 3.5%。

表 1-2　考虑壁面阻力时实测跃后水深与计算跃后水深比较

实测 h_1/cm	实测 h_2/cm	Fr_1	实测 L_τ/cm	式(1-41) L_τ/cm	v_1/(m/s)	式(1-40) C_f	式(1-26) η	考虑阻力 h_2/cm	式(1-27) h_2/cm	考虑阻力计算 h_2 与实测 h_2 的差值/%
				与文献[15]资料对比						
5.400	12.570	1.990	35.000	29.128	1.448	0.222	2.288	12.357	12.735	1.691
7.090	16.710	1.990	25.000	38.244	1.659	0.261	2.276	16.136	16.721	3.437
5.220	12.060	2.100	27.000	31.410	1.502	0.263	2.437	12.719	13.111	−5.467
5.820	15.240	2.180	33.000	37.666	1.646	0.316	2.539	14.775	15.267	3.053
6.440	16.860	2.200	34.000	42.412	1.748	0.341	2.561	16.493	17.074	2.174
6.170	16.470	2.270	31.000	43.096	1.765	0.368	2.657	16.393	16.961	0.467
5.300	14.850	2.350	38.000	39.442	1.694	0.381	2.771	14.686	15.162	1.103
5.200	15.380	2.440	42.000	41.378	1.742	0.422	2.893	15.043	15.531	2.190
4.670	14.080	2.480	35.000	38.232	1.678	0.421	2.952	13.784	14.209	2.100
4.370	12.850	2.530	32.000	37.031	1.656	0.432	3.022	13.207	13.603	−2.776
3.670	12.530	2.750	35.000	35.751	1.649	0.507	3.328	12.212	12.555	2.538
3.590	12.350	2.770	38.000	35.386	1.643	0.512	3.356	12.047	12.382	2.455
3.320	12.060	2.950	47.000	36.184	1.683	0.592	3.603	11.962	12.290	0.812
3.250	11.980	2.970	32.000	35.799	1.676	0.597	3.631	11.802	12.122	1.489
3.120	11.710	3.040	35.000	35.635	1.681	0.626	3.728	11.632	11.944	0.666
2.940	11.420	3.170	43.000	35.802	1.702	0.686	3.908	11.488	11.792	−0.597
2.830	11.230	3.180	30.000	34.627	1.675	0.678	3.923	11.103	11.390	1.132
2.780	11.050	3.190	41.000	34.177	1.665	0.677	3.938	10.947	11.228	0.930
2.840	11.230	3.210	34.000	35.246	1.693	0.698	3.964	11.257	11.551	−0.240
2.520	10.720	3.430	34.000	34.510	1.705	0.793	4.269	10.758	11.029	−0.356
2.440	10.480	3.430	31.000	33.415	1.677	0.778	4.271	10.422	10.679	0.558
2.270	10.390	3.640	40.000	33.879	1.717	0.888	4.561	10.353	10.605	0.356
2.030	9.950	3.960	31.000	34.116	1.766	1.063	5.003	10.156	10.399	−2.075
3.830	21.630	4.360	85.000	73.413	2.671	1.742	5.512	21.110	21.778	2.404
3.530	21.170	4.650	70.000	73.732	2.735	1.992	5.911	20.865	21.516	1.441
3.080	18.870	4.690	57.000	65.064	2.577	1.961	5.972	18.394	18.947	2.523
3.320	20.750	4.830	60.000	72.897	2.755	2.148	6.159	20.448	21.078	1.455
3.420	23.450	5.190	82.000	82.429	3.005	2.566	6.649	22.738	23.450	3.035
2.630	17.970	5.210	56.000	63.702	2.645	2.420	6.690	17.594	18.108	2.092

续表

实测 h_1/cm	实测 h_2/cm	Fr_1	实测 L_τ/cm	式(1-41) L_τ/cm	v_1/(m/s)	式(1-40) C_f	式(1-26) η	考虑阻力 h_2/cm	式(1-27) h_2/cm	考虑阻力计算 h_2 与实测 h_2 的差值/%
2.910	22.650	5.850	86.000	81.632	3.124	3.273	7.557	21.992	22.664	2.904
2.070	15.620	5.850	50.000	58.068	2.635	2.984	7.578	15.687	16.122	−0.428
2.130	16.770	5.940	58.000	60.902	2.714	3.125	7.699	16.399	16.860	2.212
2.650	22.060	6.290	80.000	81.348	3.205	3.794	8.163	21.633	22.285	1.936
2.380	21.780	6.880	77.000	81.532	3.323	4.560	8.976	21.362	21.997	1.920
2.200	20.760	7.090	80.000	78.160	3.292	4.802	9.267	20.388	20.986	1.790
2.010	19.620	7.300	82.000	73.967	3.240	5.028	9.561	19.217	19.770	2.056
2.200	21.930	7.420	70.000	82.559	3.445	5.336	9.718	21.380	22.012	2.506
1.910	19.570	7.670	78.000	74.575	3.318	5.573	10.070	19.233	19.785	1.721
与文献[16]资料对比										
1.250	11.491	6.950	—	43.339	2.432	3.807	9.122	11.399	11.674	0.797
2.225	8.687	3.120	—	26.448	1.457	0.545	3.857	8.582	8.768	1.208
1.829	9.997	4.270	—	34.080	1.808	1.242	5.432	9.935	10.167	0.626
1.311	11.613	6.800	—	44.265	2.437	3.674	8.912	11.681	11.966	−0.585
2.073	9.906	3.780	—	32.637	1.704	0.940	4.757	9.860	10.092	0.468
1.798	10.790	4.730	—	38.416	1.986	1.635	6.060	10.898	11.164	−1.006
1.646	11.400	5.370	—	41.440	2.157	2.200	6.940	11.423	11.704	−0.203
1.433	12.405	6.470	—	45.529	2.424	3.358	8.453	12.110	12.411	2.381
2.256	10.211	3.640	—	33.663	1.711	0.885	4.561	10.288	10.538	−0.755
1.981	11.003	4.400	—	38.445	1.939	1.408	5.604	11.102	11.377	−0.899
1.829	11.796	4.910	—	41.025	2.079	1.822	6.304	11.530	11.817	2.256
1.951	11.308	4.480	—	38.778	1.959	1.468	5.714	11.146	11.422	1.433
2.164	10.485	3.870	—	35.222	1.782	1.031	4.876	10.553	10.811	−0.648
2.438	9.815	3.230	—	30.546	1.579	0.649	4.000	9.754	9.986	0.622
1.981	10.607	4.350	—	37.858	1.917	1.365	5.536	10.967	11.238	−3.396
1.768	11.491	5.140	—	42.081	2.139	2.025	6.621	11.704	11.997	−1.857
1.494	12.802	6.590	—	48.548	2.521	3.577	8.614	12.865	13.192	−0.493
1.890	11.308	4.670	—	39.696	2.010	1.618	5.975	11.291	11.572	0.149
2.042	10.698	4.160	—	36.729	1.861	1.225	5.275	10.772	11.037	−0.689

1.3　自由水跃区沿程水头损失和局部阻力系数的研究

1.2 节已推导出用流速指数律表示的水跃区边界层厚度的计算公式(1-36)，对于边界层内的水头损失，可以用式(1-42)计算[12]，即

$$h_{\mathrm{fi}} = \frac{U_{\mathrm{m}}^3 \delta_3}{2gq} \tag{1-42}$$

式中，δ_3 为动能损失厚度，m，即

$$\delta_3 = \int_0^\delta \frac{u}{U_{\mathrm{m}}} \left(1 - \frac{u^2}{U_{\mathrm{m}}^2} \right) \mathrm{d}y \tag{1-43}$$

将式(1-32)代入式(1-43)积分得 $\delta_3 = 0.109804\delta$。将 δ_3、式(1-3)和式(1-36)代入式(1-42)得边界层内沿程水头损失的变化为

$$h_{\mathrm{fi}} = 0.0109804 \frac{U_{\mathrm{m}}^3}{2gq} \delta = \frac{0.109804}{2gq} (3.45 v_1 \sqrt{h_1})^{2.8} (0.7213 v^{1/4})^{4/5} x^{-0.6} \tag{1-44}$$

对于边界层内总的沿程水头损失，根据沿程水头损失的定义为

$$h_{\mathrm{f}} = \int_{L_2}^{L_1} \frac{\tau_0}{\rho g R} \mathrm{d}x = \int_{L_2}^{L_1} \frac{\tau_0}{\rho g B y / (B + 2y)} \mathrm{d}x = \int_{L_2}^{L_1} \frac{\tau_0 (B + 2y)}{\rho g B y} \mathrm{d}x = \int_{L_2}^{L_1} \left(\frac{\tau_0}{\rho g y} + \frac{2\tau_0}{\rho g B} \right) \mathrm{d}x \tag{1-45}$$

式中，R 为水力半径，m；B 为消力池宽度，m；y 为任一断面的水深，m。

由式(1-31)知，$\delta / h' = 0.165$，在水面 $u = 0$ 处，$y = 1.797h' = 10.891\delta$，代入式(1-45)得

$$h_{\mathrm{f}} = \int_{L_2}^{L_1} \left(\frac{\tau_0}{\rho g y} + \frac{2\tau_0}{\rho g B} \right) \mathrm{d}x = \int_{L_2}^{L_1} \left(0.09182 \frac{\tau_0}{\rho g \delta} + \frac{2\tau_0}{\rho g B} \right) \mathrm{d}x \tag{1-46}$$

将 $C_{\mathrm{f}}' = 2\tau_0 / (\rho U_{\mathrm{m}}^2)$ 和式(1-33)、式(1-3)、式(1-36)代入式(1-46)得

$$h_{\mathrm{f}} = \left[\frac{-0.0036557 \times (3.45 v_1 \sqrt{h_1})^2}{g} x^{-1} - \frac{0.60315 v^{1/5}}{gB} (3.45 v_1 \sqrt{h_1})^{9/5} x^{-0.1} \right]_{L_2}^{L_1} \tag{1-47}$$

下面确定积分区域，对于 L_1 显然应该取水跃长度 L_{j}，对于 L_2 如果取为 0，沿程水头损失将为无穷大，这显然是不合理的。文献[17]研究了各学者的成果认为稳定附壁射流的范围为 $4 \leqslant x / h_1 \leqslant 14$，而取 $x / h_1 = 7$ 比较合适。因此积分下限 L_2 取 $7h_1$，对于 $x / h_1 \leqslant 7$ 范围内的水头损失统一归结为局部水头损失。式(1-47)可以写成

$$h_f = \left[\frac{0.0036557 \times (3.45 v_1 \sqrt{h_1})^2}{g} \left(\frac{1}{7h_1} - \frac{1}{L_j} \right) \right.$$
$$\left. + \frac{0.60315 \nu^{1/5}}{gB} (3.45 v_1 \sqrt{h_1})^{9/5} \left(\frac{1}{(7h_1)^{0.1}} - \frac{1}{L_j^{0.1}} \right) \right] \quad (1\text{-}48)$$

式(1-48)即为水跃区沿程水头损失的计算公式。

对于边界层外的水流扩散以及回流阻力,可以用局部水头损失来描述,局部水头损失可以写成

$$h_j = \zeta \left(\frac{v_1^2}{2g} - \frac{v_2^2}{2g} \right) \quad (1\text{-}49)$$

式中,h_j 为局部水头损失,m;ζ 为局部阻力系数。矩形断面的 $v_1 = q/h_1$,$v_2 = q/h_2$,代入式(1-49)得

$$h_j = \frac{\zeta q^2}{2g} \left(\frac{1}{h_1^2} - \frac{1}{h_2^2} \right) = \frac{\zeta q^2}{2g} \frac{h_2^2 - h_1^2}{h_1^2 h_2^2} \quad (1\text{-}50)$$

水跃区的总水头损失为

$$h_w = h_f + h_j \quad (1\text{-}51)$$

文献[18]给出水跃段的总水头损失为

$$h_w = \frac{h_1}{4\eta} [(\eta - 1)^3 - (0.85 Fr_1^{2/3} - 0.75)(\eta + 1)] \quad (1\text{-}52)$$

式中,$\eta = h_2/h_1$ 为共轭水深比,为方便用式(1-27)计算。由式(1-50)～式(1-52)得局部阻力系数为

$$\zeta = \frac{2g h_1^2 h_2^2}{q^2 (h_2^2 - h_1^2)} \left\{ \frac{h_1}{4\eta} [(\eta - 1)^3 - (0.85 Fr_1^{2/3} - 0.75)(\eta + 1)] - h_f \right\} \quad (1\text{-}53)$$

式(1-53)中的 h_f 用式(1-48)计算。

为了了解水跃段沿程水头损失和局部水头损失在水跃段总水头损失中所占的百分比,现以文献[15]、[16]和[19]测量的水跃的跃前水深、跃后水深、单宽流量、弗劳德数的试验数据,用式(1-52)计算水跃段的总水头损失 h_w,用式(1-48)和式(1-51)分别计算水跃段的沿程水头损失 h_f 和水跃段的局部水头损失 h_j。点绘相对沿程水头损失 h_f/h_w 和相对局部水头损失 h_j/h_w 与弗劳德数 Fr_1 的关系如图1-5所示。由图1-5可以看出,相对沿程水头损失 h_f/h_w 随着弗劳德数 Fr_1 的增大而减小,相对局部水头损失 h_j/h_w 随着弗劳德数 Fr_1 的增大而增大。例如,当 Fr_1=1.99、4.01、6.29、10.46、14.37 时,相对沿程水头损失分别为27%、9.6%、3.1%、2.7%和1.86%,相对局部水头损失分别为73%、90.4%、96.9%、97.3%和98.14%,可以看出,水跃段的局部水头损失远大于沿程水头损失,弗劳德数越大,局部水头损失越大,

说明水跃段的水头损失主要为局部水头损失，水跃段的水流紊动、混掺、碰撞、剪切而损失的水头较大，而沿程水头损失所占的比重较小。图 1-6 为局部阻力系数与弗劳德数的关系，可以看出，随着弗劳德数的增大，局部阻力系数增大，说明弗劳德数越大，局部水头损失越大。

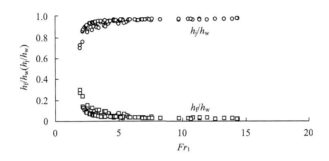

图 1-5　$h_{\mathrm{f}}/h_{\mathrm{w}}(h_{\mathrm{j}}/h_{\mathrm{w}})$ 与 Fr_1 的关系

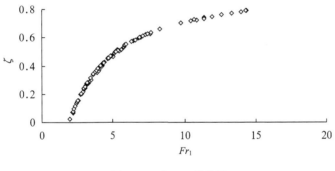

图 1-6　ζ 与 Fr_1 的关系

一般认为，水跃区的沿程水头损失较小，如果不考虑沿程水头损失，则式（1-53）变为

$$\zeta = \frac{2gh_1^2 h_2^2}{q^2(h_2^2 - h_1^2)} \left\{ \frac{h_1}{4\eta}[(\eta-1)^3 - (0.85Fr_1^{2/3} - 0.75)(\eta+1)] \right\} \qquad (1\text{-}54)$$

例1.2　有一水跃产生于棱柱体矩形水平渠段中。已知：单宽流量 $q = 5.0\mathrm{m^3/(s \cdot m)}$，消力池的宽度 $B = 6.0\mathrm{m}$，跃前水深 $h_1 = 0.5\mathrm{m}$[18]，求水跃区的水头损失和局部阻力系数。

解：

$$Fr_1 = v_1 / \sqrt{gh_1} = q / \sqrt{gh_1^3} = 5 / \sqrt{9.8 \times 0.5^3} = 4.52$$

水跃长度采用四川大学的公式计算

$$L_{\mathrm{j}} = 10.8h_1(Fr_1 - 1)^{0.93} = 10.8 \times 0.50 \times (4.52 - 1)^{0.93} = 17.41(\mathrm{m})$$

$$h_2 = 0.5h_1(\sqrt{1+8Fr_1^2}-1) = 0.5 \times 0.5 \times (\sqrt{1+8 \times 4.52^2}-1) = 2.956(\text{m})$$

$$\eta = h_2 / h_1 = 0.5(\sqrt{1+8Fr_1^2}-1) = 0.5 \times (\sqrt{1+8 \times 4.52^2}-1) = 5.912$$

$$h_{\text{w}} = \frac{h_1}{4\eta}[(\eta-1)^3 - (0.85Fr_1^{2/3}-0.75)(\eta+1)]$$

$$= \frac{0.5}{4 \times 5.912}[(5.912-1)^3 - (0.85 \times 4.52^{2/3}-0.75)(5.912+1)]$$

$$= 2.2758(\text{m})$$

$$v_1 = q / h_1 = 5 / 0.5 = 10(\text{m/s})$$

将 $v_1 = 10\text{m/s}$、$h_1 = 0.5\text{m}$、取常温 15℃，黏滞系数 $\nu = 1.14 \times 10^{-6}$ m²/s、$L_j = 17.41\text{m}$、$B = 6.0\text{m}$ 分别代入式 (1-36) 和式 (1-48) 得 $\delta = 0.345\text{m}$，$h_f = 0.078\text{m}$，$h_j = h_w - h_f = 2.2758 - 0.078 = 2.1978(\text{m})$。

$$\zeta = \frac{2gh_1^2h_2^2}{q^2(h_2^2-h_1^2)}\left\{\frac{h_1}{4\eta}[(\eta-1)^3 - (0.85Fr_1^{2/3}-0.75)(\eta+1)] - h_f\right\}$$

$$= \frac{2 \times 9.8 \times 0.5^2 \times 2.956^2}{5^2(2.956^2-0.5^2)}\left\{\frac{0.5}{4 \times 5.912}[(5.912-1)^3 - (0.85 \times 4.52^{2/3}-0.75)(5.912+1)] - 0.078\right\}$$

$$= 0.44346$$

如果不考虑沿程水头损失，则由式 (1-54) 得

$$\zeta = \frac{2gh_1^2h_2^2}{q^2(h_2^2-h_1^2)}\left\{\frac{h_1}{4\eta}[(\eta-1)^3 - (0.85Fr_1^{2/3}-0.75)(\eta+1)]\right\}$$

$$= \frac{2 \times 9.8 \times 0.5^2 \times 2.956^2}{5^2(2.956^2-0.5^2)}\left\{\frac{0.5}{4 \times 5.912}[(5.912-1)^3 - (0.85 \times 4.52^{2/3}-0.75)(5.912+1)]\right\}$$

$$= 0.4592$$

由以上分析和计算可以看出，沿程水头损失与来流流速、水跃长度、水流的运动黏滞系数以及消力池宽度有关；局部阻力系数随着弗劳德数的增大而增大，水跃区的水头损失主要为局部水头损失。与不考虑沿程水头损失相比，在水跃区考虑沿程水头损失时，局部阻力系数略有减小。本书提出的水跃区水头损失的计算方法，对完善水跃理论和工程应用有着重要的意义。

1.4　矩形明渠自由水跃长度公式的分析与应用

1.4.1　问题的提出

水跃长度是设计消力池长度的重要依据，其研究具有重要的工程意义。1957 年美国垦务局的 Bradley 和 Peterka[19]对矩形断面的水跃长度进行了试验研究，研究的水槽宽度分别为 0.305～1.5m，分为 A、B、C、D、F、E 六种情况，对应的水槽宽度分别为 1.5m、0.61m、0.46m、1.21m、0.305m 和 1.21m。跃前断面弗劳德数为 1.7～19.55，这是目前水槽宽度和弗劳德数范围最大的研究成果，但该研究

是以图和表的形式给出的。1964 年，我国学者陈椿庭[20]分析了 12 个人的研究结果，根据美国垦务局的 Bradley 和 Peterka 的试验资料，给出了 2 个经验公式。1938 年和 1956 年，苏联学者 Мацман 和 Вогдаиов 对水跃长度也进行了试验研究，研究的弗劳德数范围为 1.7～18.45，并依据他们的试验资料给出了水跃长度的经验公式。1979 年张长高[21]根据不可压缩液体恒定均匀紊流基本方程，得出了水跃长度公式的基本形式，依据 Мацман 和 Вогдаиов 的试验资料并分析了 13 个人的研究成果，提出了水跃长度的半经验公式。Hager 等[22]将水跃的长度分为水跃长度和旋滚长度，为水跃长度的分类打下了基础。

虽然许多学者对水跃长度进行过研究，但由于水跃区水流的脉动性、水流条件的复杂性，至今未得出水跃长度的理论公式，主要是根据试验总结出图表或经验公式。目前已有数十个经验公式，但这些公式得出的水跃长度相差较大，最大相差 2 倍以上，这给消力池长度的正确设计带来了困难。因此，本研究拟对现有的水跃长度公式进行归纳分类，并与美国垦务局的 Bradley 和 Peterka、Hughes 等[16]以及本书作者对水跃长度的试验资料，Francesco 等[15]和本书作者对水跃旋滚长度的试验资料进行对比分析，提出矩形平底明渠水跃长度和旋滚长度新的计算方法，旨在为水跃长度计算中计算公式的选择提供参考。

1.4.2 水跃长度研究现状分析

笔者收集的计算水跃长度的经验公式有 43 个，其中部分公式因年代久远找不到原始文献，是从其他研究者的文章中转而引来的。按照各种公式涉及的计算参数，可将这些公式分为四种类型：一是以跃后水深表示的水跃长度公式；二是以跃前、跃后水深表示的水跃长度公式；三是以跃前断面的弗劳德数与跃前或跃后水深表示的水跃长度公式；四是采用其他方法表示的水跃长度公式。若以 L_j 为水跃长度，h_1 为跃前水深，h_2 为跃后水深，Fr_1 为跃前断面的弗劳德数，v_1 为跃前断面的平均流速，v_2 为跃后断面的平均流速，g 为重力加速度，H_1 为跃前断面的总水头，H_2 为跃后断面的总水头，则 43 个水跃计算公式以及分类如表 1-3 所示。

表 1-3 水跃长度公式汇总

类型	编号	研究者	水跃公式	备注
以跃后水深表示	1	Bradley[19]	$L_j=6.1h_2$	$4.5 \leqslant Fr_1 < 13$
	2	Page[6]	$L_j=5.6h_2$	
	3	Safranez 1[6]	$L_j=4.5h_2$	
	4	Safranez 2[21]	$L_j=5.2h_2$	
	5	Douma[6]	$L_j=3.0h_2$	

续表

类型	编号	研究者	水跃公式	备注
以跃前、跃后水深表示	6	Elevatorski[21]	$L_j=6.9(h_2-h_1)$	
	7	Павловскйиs[6]	$L_j=4.75h_2-2.5h_1$	
	8	张迎春[23]	$L_j=6.84h_2-7.69h_1$	
	9	Gini[6]	$L_j=6.02(h_2-h_1)$	
	10	Smetana[6]	$L_j=6.0(h_2-h_1)$	
	11	Аравин[6]	$L_j=5.4(h_2-h_1)$	
	12	Павловский[6]	$L_j=5.0(h_2-h_1)$	
	13	张长高[21]	$L_j=6.0[(h_2/h_1-1)(1+h_1/h_2)]h_1$	
	14	Шаумян[21]	$L_j=3.6(h_2-h_1)(1+h_1/h_2)^2$	
	15	Walker[6]	$L_j=(h_2-h_1)(8-0.05h_2/h_1)$	
	16	Posey[6]	$L_j=(4.5\sim7.0)(h_2-h_1)$	
	17	Мацман[21]	$L_j=(5.4h_1/h_2-0.06)[(h_2/h_1)^2-1]h_1$	
以跃前断面的弗劳德数和跃前水深或跃后水深表示	18	陈椿庭1[20]	$L_j=9.4(Fr_1-1)h_1$	$1.7\leqslant Fr_1<19.55$
	19	姚琢之[6]	$L_j=10.44(Fr_1-1)^{0.78}h_1$	
	20	Чертоусов[6]	$L_j=10.3(Fr_1-1)^{0.81}h_1$	
	21	郭子中收录[6]	$L_j=(2.07+0.9Fr_1)h_2$	$Fr_1<4.5$
	22	四川大学[18]	$L_j=10.8(Fr_1-1)^{0.93}h_1$	$1.7\leqslant Fr_1<19.55$
	23	Пикалов[24]	$L_j=4(1+2Fr_1^2)^{0.5}h_1$	
	24	水力计算手册[25]1	$L_j=9.5(Fr_1-1)h_1$	$1.7\leqslant Fr_1<9.0$
	25	水力计算手册[25]2	$L_j=[8.4(Fr_1-9)+76]h_1$	$9.0\leqslant Fr_1<16.0$
	26	吴持恭[26]	$L_j=10(h_2-h_1)Fr_1^{-0.32}$	$2.5<Fr_1<7.45$
	27	Ivanchenko[6]	$L_j=10.6(h_2-h_1)Fr_1^{-0.37}$	
	28	陈椿庭2[20]	$L_j=(7.25-Fr_1/15)(h_2-h_1)$	
	29	Wu[20]	$L_j=10(h_2-h_1)Fr_1^{-0.16}$	
	30	基谢列夫1[27]	$L_j=K(h_2-h_1)^3/4h_1h_2,\ K=8(10+Fr_1)Fr_1^{-2}$	
	31	Ohtsu[28]	$L_j=2.75h_1[(1+8Fr_1^2)^{0.5}-1]$	
	32	倪汉根收录[28]	$L_j=6.2h_2\tanh(Fr_1/3)$	$2<Fr_1<12$
	33	刘沛清[7]	$L_j=6.55h_1Fr_1\arctan(h_2/h_1-1)^{0.5}$	
	34	Bremen[29]	$L_j=220h_1\tanh[(Fr_1-1)/22]$	
	35	沈波[30]	$L_j=9.8h_1(8\beta Fr_1^2+1)^{0.5}/(3\beta)-6.56h_1$ $1.7<Fr_1<4.5$ 时，$\beta=Fr_1/(1.03Fr_1-0.35)$ $4.5<Fr_1<20$ 时，$\beta=Fr_1/(0.99Fr_1-0.17)$	

续表

类型	编号	研究者	水跃公式	备注
	36	Safranez 3[21]	$L_j=6Fr_1 h_1$	
	37	Kozeny[21]	$L_j=9.0(Fr_1-1)h_1$	
	38	Silvester[31]	$L_j=9.75(Fr_1-1)^{1.01}h_1$	
其他表示方法	39	芦丁[6]	$L_j=(4.5-v_1/v_k)h_2$	v_k 为临界流速
	40	Einwachter[6]	$L_j=(15.2-0.241h_2/h_1)(h_2/h_1-1)[h_1-v_1^2/g/(h_2/h_1)^2]$	
	41	Knapp[6]	$L_j=(62.5h_1/H_1+11.3)[(v_1-v_2)^2/(2g)-(H_1-H_2)]$ $H_1=h_1+v_1^2/(2g)$ $H_2=h_2+v_2^2/(2g)$	
	42	基谢列夫 2[32]	$L_j=0.33[0.54(h_2/h_1)^{4.35}+75](h_2-h_1)^3 h_1^2/(h_k^3 h_2)$	h_k 为临界水深
	43	Вогдаиов[21]	$L_j=1.1136v_1\{2[(h_2-h_1)+(1.24 v_1^2/(2g)-2.082v_2^2/(2g)]/g\}^{0.5}$	

从表中可以看出，第一种情况，在相同的跃后水深h_2的情况下，美国垦务局的Bradley和Peterka公式计算的值最大，Douma公式计算的值最小，相差了2.03倍。

下面分析第二、三、四种类型。分析的依据是美国垦务局 Bradley 和 Peterka 对水跃长度的试验资料，取其第F组试验水槽的数据对表1-3中的公式进行分析，该组数据的弗劳德数范围为 2.57～7.62，跃前断面水深为 2.41～6.40cm，跃后断面水深为 16.5～37.2cm，水跃长度为 73.20～253.15cm，试验数据见文献[19]。

第二种类型，即表1-3中以跃前、跃后水深表示的12个公式中，Posey的公式 $L_j=(4.5\sim7.0)(h_2-h_1)$，由于其取值范围不好确定，在此不做分析；Gini 和 Smetana 的公式形式一样，系数差别仅为 0.02，所以取 Gini 公式为代表，与其他 9 个公式进行分析，以跃前断面的弗劳德数 Fr_1 为横坐标，以水跃长度与跃前断面水深的比值 L_j/h_1 为纵坐标，将该类型的 10 个公式的计算结果绘于图 1-7。由图 1-7 可以看出，当弗劳德数为 7.62 时，Walker 公式计算值最大，Шаумян 公式

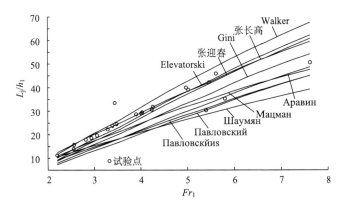

图 1-7 以跃前、跃后水深表示的水跃长度公式比较

计算值最小，二者相差 1.72 倍；当弗劳德数为 2.57 时，Павловский 公式计算值最小，Walker 公式计算值仍最大，二者相差 1.57 倍。

第三种类型，即以跃前断面的弗劳德数和跃前水深或跃后水深表示的 21 个公式中，李炜 2 因超出本研究分析的弗劳德数范围而不做考虑，陈椿庭的 2 个公式依据的是同一试验资料，故采用表 1-3 中陈椿庭 1 公式，对此类所选择的 19 个公式的分析结果如图 1-8 所示。由图 1-8 可以看出，当弗劳德数为 7.62 时，Silvester 公式计算值最大，Пикалов 公式计算值最小，二者相差 1.52 倍；当弗劳德数为 2.57 时，Айвазян 公式计算值最小，刘沛清公式计算值最大，二者相差 1.68 倍。

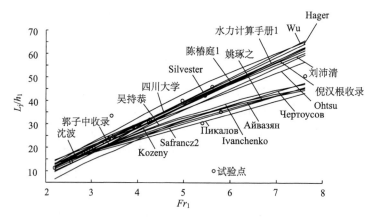

图 1-8　以跃前断面的弗劳德数和跃前（或跃后）水深表示的水跃长度公式比较

第四种类型，即其他表示方法的 5 个公式中，用 Аравин 的公式计算的水跃长度值很大，远远超出了其他公式计算的范围，也远远超出了试验范围，在比较时未予考虑。其他 4 个公式的计算结果如图 1-9 所示，可以看出，芦丁的公式反

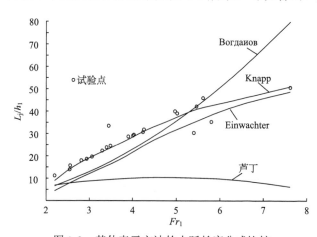

图 1-9　其他表示方法的水跃长度公式比较

映的规律与其他公式相反，即随着弗劳德数的增大，相对水跃长度减小；当弗劳德数为 7.62 时，Boгдаиов 公式计算值最大，Einwachter 公式计算值最小，二者相差 1.64 倍；当弗劳德数为 2.57 时，二者相差 1.79 倍。

1964 年，陈椿庭[20]收集了国内外 12 个水跃长度计算公式，点绘了 Fr_1 与 L_j/h_1 的关系如图 1-10 所示，图中还点绘了 Bradley 的 6 个水槽试验结果。由图 1-10 可以看出，各种公式的计算结果与试验结果相差较大，例如，当 $Fr_1=10$ 时，最大和最小的 L_j/h_1 相差了 2.2 倍，当 $Fr_1=16$ 时，最大与最小的 L_j/h_1 相差了 2.3 倍。

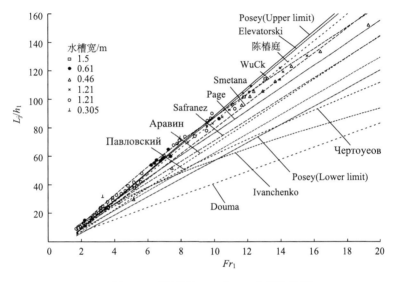

图 1-10　陈椿庭 L_j/h_1 与 Fr_1 分析比较图

由以上分析可以看出，目前对水跃长度的计算尚存在着较大的差异。产生这种差异的原因固然与水跃区水流的紊动特性有关，如水跃的脉动特性、跃后位置摆动的不固定性等，更重要的是人们对水跃长度位置的判断存在着不同的看法。陈椿庭[20]将前人的研究成果归纳为三种情况：一是从水面观测，取水跃旋滚的末端或回流的终止点为水跃长度；二是从底流观测，取较高流速开始离底上升的位置为水跃末端；三是将跃后流速分布为明渠正常流速分布的断面作为水跃长度。

正是由于对水跃末端位置的认识不同，不同学者根据自己对水跃长度的理解进行观测，得出了不同的经验公式，这是造成公式差异的主要原因。另外水跃区水流的紊动特性也是造成水跃长度不确定的重要因素，Bradley 和 Peterka[19]在进行水跃试验时认为，水跃长度重复观测值的差别在 5%之内都是很困难的。

1.4.3　水跃长度的分类

1. 水跃长度和水跃旋滚长度的定义

对水跃长度理解、测量及计算中存在的较大差异，给工程设计中如何选择水跃长度的计算方法带来了一定的困难，本研究试图通过对水跃长度的分类，探求适合工程设计的水跃长度计算公式。

1965 年，Rajaratnam[3]就将水跃分为旋滚长度 L_r 和水跃长度 L_j，其将旋滚长度定义为跃首到水跃表面旋滚末端之间的水平距离，将水跃长度定义为跃首至跃后水深约等于尾水水深断面之间的水平距离，约为 1.43 倍的旋滚长度。1984 年，Hughes 和 Flack[16]也将水跃长度分为旋滚长度和水跃长度，其定义与 Rajaratnam[3]相同，并认为水跃长度的定义与 Bradley 和 Peterka [19]水跃长度的试验资料一致。1987 年，Bretz 认为水跃长度应该有两种定义：一种是以水跃旋滚末端作为水跃长度；另一种是以旋滚后水面基本与渠底平行时的最近点作为旋滚末端，并给出了旋滚长度的计算公式，文献[16]介绍为

$$L_r = (6.29Fr_1 - 3.59)h_1 \tag{1-55}$$

1990 年，Hager 等[22]给出了水跃旋滚长度的公式为

$$L_r = 8(Fr_1 - 1.5)h_1, \quad 2.5 < Fr_1 < 8 \tag{1-56}$$

1994 年，Hager[33]又给出的旋滚长度的公式为

$$L_r = [160 \tanh(Fr_1/20) - 12] h_1, \quad Fr_1 < 15, h_1/b < 0.1 \tag{1-57}$$

$$L_r = [100 \tanh(Fr_1/20) - 12] h_1, \quad Fr_1 < 15, 0.1 < h_1/b < 0.7 \tag{1-58}$$

式中，b 为水槽（即消力池）宽度。作者分析了以上 4 个旋滚长度的计算公式，其中式(1-57)和式(1-58)因涉及消力池宽度而不易比较，故在分析旋滚长度中不考虑采用。式(1-55)和式(1-56)相比，在弗劳德数较小时，式(1-56)计算的旋滚长度小于式(1-55)计算的旋滚长度，而在弗劳德数较大时，式(1-56)计算的旋滚长度大于式(1-55)计算的旋滚长度，且式(1-56)计算的旋滚长度曲线斜率与试验点的变化趋势相差较大，而式(1-55)计算的旋滚长度曲线斜率与试验点的趋势基本一致。由于目前旋滚长度的计算公式很少，所以在旋滚长度的比较中采用式(1-55)。

以上研究对水跃长度和旋滚长度的分类具有重要的借鉴意义，可以根据这种分类来研究不同情况下的水跃长度，从而找出适合工程需要的计算公式。表1-3所列的43个水跃长度计算公式有的可能是用旋滚长度表示的，有的是用水跃长度表示的，但由于未准确区分水跃长度和旋滚长度而混淆了水跃长度的概念，从而使其应用产生了困难。

在对水跃长度和水跃旋滚长度进行分类时，水跃长度采用美国垦务局 Bradley 和 Peterka 的试验数据，旋滚长度采用 Francesco、笔者的试验资料以及用式(1-55)

计算的数据。

2. 以跃后水深表示的水跃长度计算公式的比较

图 1-11 是以跃后水深表示的水跃长度计算公式的计算结果，可以看出，Bradley、Page 公式的计算结果与水跃长度的试验数据接近，而 Safranez 1 公式的计算结果与旋滚长度接近，Safranez 2 公式的计算结果介于旋滚长度与水跃长度之间，Douma 公式的计算结果远小于旋滚长度。

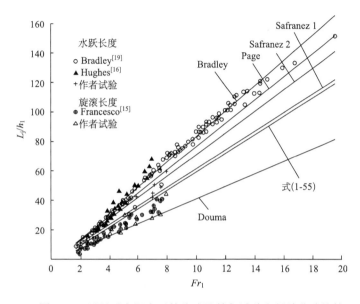

图 1-11　以跃后水深表示的公式计算与试验和经验公式比较

3. 以跃前、跃后水深表示的公式比较

图 1-12 是以跃前、跃后水深表示的水跃长度计算公式的计算结果。可以看出，张长高、Gini 的公式与 Bradley、Hughes 及作者的水跃长度模型试验结果比较接近，而 Павловскйиs 公式的计算结果与旋滚长度模型试验结果接近，Аравин 和 Павловский 公式介于旋滚长度与水跃长度之间。Walker、Elevatorski、张迎春的公式计算的 L_j/h_1 值大于 Bradley、Hughes 和作者的水跃长度模型试验结果，而 Мацман 和 Шаумян 的计算结果略大于旋滚长度模型试验值，但小于式(1-55)的计算值。

4. 以跃前断面的弗劳德数和跃前水深或跃后水深表示的公式比较

图 1-13 是跃前断面的弗劳德数和跃前水深或跃后水深表示的水跃长度计算公式计算结果与试验结果及式(1-55)旋滚长度计算结果的比较。可以看出，陈椿庭 1、陈椿庭 2、吴持恭 1、Bremen、郭子中以及李炜 1 公式与 Bradley、Hughes 和作者的水跃长度模型试验结果比较接近，而 Safranez 3 的计算结果与式(1-55)

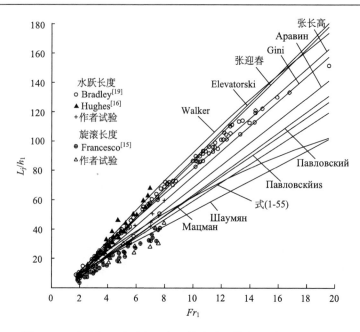

图 1-12　以跃前、跃后水深表示的公式计算与试验和经验公式比较

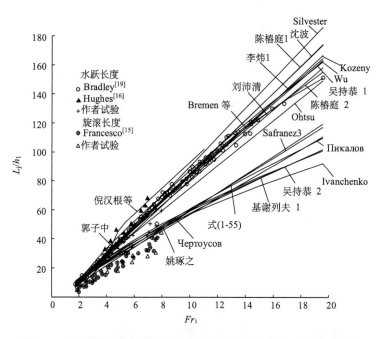

图 1-13　跃前断面的弗劳德数和跃前(或跃后)水深表示的公式计算
与试验和经验公式比较

计算的旋滚长度接近，Ohtsu 和吴持恭 2 公式的计算结果介于旋滚长度与水跃长度之间。Wu、Kozeny、沈波、Silvester、刘沛清和倪汉根公式的计算结果大于 Bradley、Hughes 和作者的模型试验结果，而 Ivanchenko、姚琢之、基谢列夫 1、Чертоусов和 Пикалов 公式计算值均略大于旋滚长度的试验值，但小于用式(1-55)计算的旋滚长度。

5. 其他方法表示的公式比较

图1-14是以其他方法表示的水跃长度计算公式计算结果。可以看出，Вогдаиов的计算值过于偏大，远大于水跃长度的试验值；Einwachter和Knapp的公式介于旋滚长度与水跃长度之间；芦丁公式计算的L_j/h_1随着弗劳德数的增加而减小，与其他公式的规律不同。

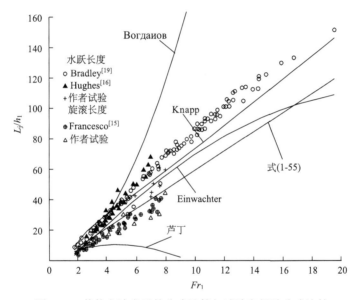

图 1-14 其他方法表示的公式计算与试验和经验公式比较

由以上分析可以看出，水跃长度与 Bradley、Hughes 和作者的模型试验资料比较接近的有 Bradley、Page、张长高、Gini、Smetana、陈椿庭 1、陈椿庭 2、吴持恭 1、Bremen、郭子中公式以及李炜的 2 个公式；与经验公式(1-55)计算的旋滚长度接近的有 Safranez 1、Safranez 3 和 Павловскйиs 的公式；介于水跃长度和旋滚长度之间的有 Safranez 2、基谢列夫 2、Павловский、Ohtsu、吴持恭 2、Einwachter 和 Knapp 的公式；大于 Bradley、Hughes 和作者的水跃长度模型试验的有 Walker、Elevatorski、张迎春、Silvester、Wu、Kozeny、沈波、刘沛清和倪汉根的公式；小于旋滚长度的有 Douma 公式；Мацман、Шаумян、Ivanchenko、姚琢之、基谢列夫 1、Чертоусов 和 Пикалов 公式的计算结果略大于旋滚长度试验结果，但小于用式(1-55)计算的旋滚长度。与试验规律相反的是芦丁公式。

在以上公式中，陈椿庭和吴持恭所依据的资料来自 Bradley 的试验资料，Bremen 的公式与 Bradley 的试验资料基本吻合，张长高公式的数据来源于苏联学者的试验资料(弗劳德数为 1.702~18.450)，与 Bradley 试验的弗劳德数(1.70~19.55)比较接近。作者分析过张长高的公式，发现其计算结果与所使用的资料误差较大，平均误差为 33.5%，而与 Bradley 的试验资料比较接近，误差仅为 5.37%。这是因为张长高在分析其公式中的系数时，参考了 Kozeny、Elevatorski、吴持恭 1 和陈椿庭等的公式，所得结果反而与 Bradley 的试验资料基本一致。由于 Bradley 和张长高所使用资料的弗劳德数范围较大，所以建议在设计消力池时，自由水跃长度使用陈椿庭、吴持恭 1、Bremen 和张长高的公式。对于旋滚长度，由于计算公式较少，下面根据 Francesco 和作者的模型试验资料重新分析给出。

1.4.4　水跃旋滚长度和水跃长度计算的新公式

1. 水跃旋滚长度

2007 年，Francesco 等[15]在粗糙壁面水跃的研究中，为了对比同时测量了光滑壁面水跃的旋滚长度，测量的弗劳德数为 1.87~7.67，共有 72 组数据。作者也进行了旋滚长度的模型试验，共有 10 组数据。用这 82 组数据对式(1-55)和式(1-56)进行验证，结果如图 1-15 所示。可以看出，式(1-55)和式(1-56)与试验点偏离较大，式(1-55)的平均误差为 42.44%，式(1-56)的平均误差为 19.57%。为了提高计算精度，根据 Francesco 和作者共 82 组试验数据，重新拟合得到旋滚长度的计算公式为

$$L_r=5.4506(Fr_1-1)^{1.0376}h_1, \quad 1.82<Fr_1<7.67。 \tag{1-59}$$

将式(1-59)的计算值也列于图 1-15 进行比较，可以看出，该公式的计算精度高于式(1-55)和式(1-56)，平均误差为 11.38%。

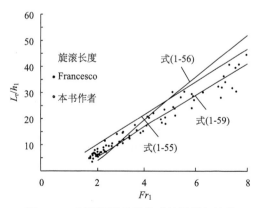

图 1-15　水跃旋滚长度公式的计算与比较

2. 水跃长度

根据 Bradley 于 1957 年得到的水跃长度试验的 117 组数据、Hughes 于 1984 年水跃长度试验的 30 组数据和作者水跃长度模型试验的 10 组数据，绘制 Fr_1-1 和 L_j/h_1 关系如图 1-16 所示。由图 1-16 可以看出，Hughes 与 Bradley 的试验结果在相同弗劳德数的情况下是基本一致的。因此重新对水跃长度进行分析，拟合关系式为

$$L_j=10.55(Fr_1-1)^{0.9416}h_1, \quad 1.7<Fr_1<19.55 \tag{1-60}$$

经分析，式(1-60)的平均误差为 5.05%。

水跃长度还可以用式(1-61)计算，即

$$L_j=7.4257(h_2-h_1)(Fr_1-1)^{-0.0548}, \quad 1.7<Fr_1<19.55 \tag{1-61}$$

式(1-61)的平均误差为 4.5%。

比较式(1-59)和式(1-60)，可得水跃长度和旋滚长度之间的关系为

$$L_j=1.936L_r(Fr_1-1)^{-0.096} \tag{1-62}$$

经计算，在弗劳德数为 1.82～7.67 时，水跃长度是旋滚长度的 1.973～1.614 倍。可见弗劳德数越小，水跃长度与旋滚长度的比值越大。

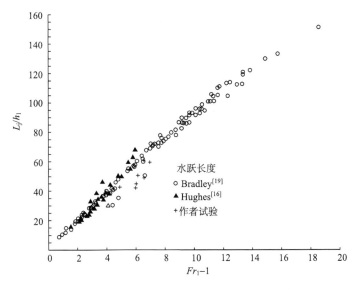

图 1-16　水跃相对长度 L_j/h_1 与 Fr_1-1 的关系

1.5　矩形明渠淹没水跃区紊流边界层的发展和水头损失

1.5.1　淹没水跃研究的现状

对于淹没水跃，1963 年，Rao 和 Rajaratnam[34]对淹没水跃进行了系统地研究，

结果表明，随着淹没度的增加，跃后断面的比能增加，导致水跃长度增加，床底受冲刷和消能效果降低，在跃前断面弗劳德数 $Fr_1 = 4 \sim 10$ 内，淹没度在 $0.1 \sim 0.2$ 时可以获得较好的消能效果。1989 年，张声鸣[35]对淹没水跃的研究表明，在跃前断面弗劳德数为 $3.4 \sim 7.1$，当淹没度小于 0.7 时，淹没水跃不会对护坦冲刷带来不利影响，反而会减小水面波动和河床冲刷，消能效果比自由水跃好。1993 年，潘瑞文[36]通过模型试验验证了张声鸣的研究成果，指出二者的差异主要是进口边界条件的不同造成的。1965 年，Rajaratnam[37]对淹没水跃区的流速分布、最大流速沿程变化以及壁面切应力进行了模型试验，给出了断面流速分布图，最大流速沿程变化、最大流速之半处距壁面距离以及壁面切应力的试验成果和计算公式。

在实际工程中，为了确保消力池形成稳定水跃而又不使消力池太长，一般采用稍有淹没的水跃作为消力池设计的依据，所以研究淹没水跃的水力特性更具有实际工程意义。

本节在 Rajaratnam[3,37]对矩形平底渠道淹没水跃区流速分布、壁面切应力、最大流速试验研究的基础上，试图从边界层理论出发，研究淹没水跃区的边界层发展、最大流速之半处距壁面距离、水跃区零流速线、淹没水跃沿程和局部水头损失的计算方法。

1.5.2　淹没水跃区的流速分布和壁面切应力

1965 年，Rajaratnam[3,37]对淹没水跃进行了试验研究。淹没水跃区的流速分布如图 1-17 所示。图中 h_1 为跃前断面水深；h_2 为由水跃共轭水深计算的自由水跃的跃后水深；h_t 为下游水深；$L_{r\sigma}$ 为水跃的旋滚长度。

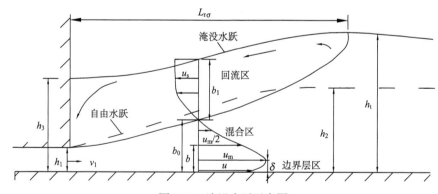

图 1-17　淹没水跃示意图

定义水跃的淹没度

$$\sigma = \frac{h_t - h_2}{h_2} \tag{1-63}$$

式中，σ 为淹没度。当 $\sigma = 0$ 时为自由水跃，当 $\sigma > 0$ 时为淹没水跃。

　　由图 1-17 可以看出，淹没水跃区的流速分布分为三个区域，即底部的边界层区、边界层以上的混合区和回流区。在边界层区域，断面流速从床底为零开始讯速增至最大流速 u_m，最大流速以下的区域称为边界层区域，边界层厚度为 δ，在边界层厚度 δ 以上，流速开始逐渐减小为零，此区域称为混合区，在混合区以上，由于表面旋滚，出现负流速，称为回流区。

　　Rajaratnam 在文献[3]和[37]中给出了淹没水跃的断面流速分布，如图 1-18 所示，图中还给出了笔者用式(1-31)计算的曲线。该图只表示了零流速点以下的区域，图中纵坐标为 u/u_m，横坐标为 y/b，其中 u 为测点流速，m/s；u_m 为断面最大流速，m/s；y 为测点距壁面的距离，m；b 为最大流速之半处距壁面的距离，m。

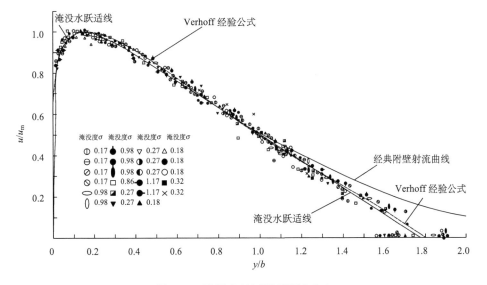

图 1-18　淹没水跃区断面流速分布

　　由图 1-18 可以看出，淹没水跃的断面流速仍可以用 Verhoff 的公式(1-31)计算。由式(1-31)可以看出，当 $u=u_m$ 时，$y=\delta$，这时 $y/b=\delta/b=0.165$；当 $u=0.5u_m$ 时，$y/b=1.0$，这时 $y=b$；当 $y/b=1.797$ 时，$u/u_m=0$，这时 $y=1.797b$，是零流速点的位置，在零流速点以上，为水跃旋滚区。由此可见，b 值的确定对计算边界层的厚度、零流速点位置是非常重要的。

　　对于淹没水跃断面最大流速，Rajaratnam[37]给出的公式为

$$u_m / v_1 = a' - b'(x / h_1) \qquad (1\text{-}64)$$

式中，a' 和 b' 为随淹没度而变化的系数，Rajaratnam[37]给出了图示如图 1-19 所示。

　　用式(1-64)分析边界层的发展比较麻烦。笔者重新分析了 Rajaratnam[37]的资料，Rajaratnam 用 5 张图来表示淹没度为 0.18～1.17 时 u_m / v_1 与 x / h_1 的变化情况，

可见最大流速随淹没度的变化是比较复杂的。为了后面计算边界层厚度的方便，笔者将各种不同淹没度情况下 u_m / v_1 与 x / h_1 点绘在一起，如图 1-20 所示，从图中可以看出，不同淹没度时的 u_m / v_1 与 x / h_1 试验点相对还是比较集中的，拟合图中的曲线近似得

$$\frac{u_m}{v_1} = \frac{5.5}{(x / h_1)^{0.7}} \tag{1-65}$$

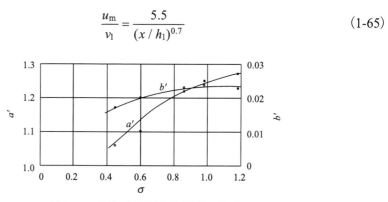

图 1-19　系数 a' 和 b' 与淹没度 σ 关系

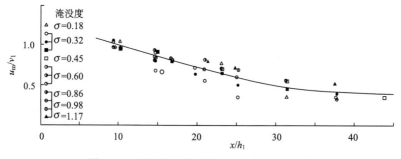

图 1-20　不同淹没度时的 u_m / v_1 与 x / h_1 关系

Rajaratnam[37]给出淹没水跃区的壁面切应力系数的公式为

$$C_f' = 0.055 \left(\frac{u_m \delta}{v} \right)^{-1/4} \tag{1-66}$$

式中，v 为水流的运动黏滞系数，m^2/s。

1.5.3　淹没水跃区紊流边界层的发展和最大流速之半距壁面距离的计算

边界层的发展仍可以用边界层的动量积分方程式(1-6)来计算，式中的 δ_1、δ_2 用式(1-34)和式(1-35)计算。将式(1-31)代入式(1-34)和式(1-35)，文献[38]已求得 $\delta_1 = 0.066043\delta$，$\delta_2 = 0.053624\delta$。将式(1-65)、式(1-66)和 $\delta_1 = 0.066043\delta$、$\delta_2 = 0.053624\delta$ 代入式(1-6)得

$$\delta^{1/4}\frac{\mathrm{d}\delta}{\mathrm{d}x} - 2.262\frac{\delta^{5/4}}{x} = \frac{0.51283v^{1/4}}{(5.5v_1h_1^{0.7})^{1/4}}x^{0.7/4} \tag{1-67}$$

对式(1-67)求解得

$$\frac{\delta}{h_1} = \frac{0.2789}{(v_1h_1/v)^{1/5}}\left(\frac{x}{h_1}\right)^{0.94} \tag{1-68}$$

式(1-68)即为淹没水跃区紊流边界层厚度的计算公式,可以看出,淹没水跃区的相对边界层厚度与相对距离 x/h_1 成正比,与跃前断面的特征雷诺数 $Re_1 v_1h_1/v$ 成反比。

由前面的分析已知, $b = \delta/0.165$,由式(1-68)得

$$\frac{b}{h_1} = \frac{1.6903}{(v_1h_1/v)^{1/5}}\left(\frac{x}{h_1}\right)^{0.94} \tag{1-69}$$

式(1-69)即为 b/h_1 与跃前断面特征雷诺数 $Re_1 = v_1h_1/v$ 和相对距离 x/h_1 的关系。

上面虽然从边界层的动量积分方程推出了淹没水跃区的紊流边界层发展和最大流速之半距壁面距离的计算式(1-68)和式(1-69),但由于淹没水跃区最大流速分布的复杂性,前面给出的式(1-65)只是一个近似公式,用该公式计算边界层的发展可能会有一定的误差。因此需对式(1-68)和式(1-69)进行验证和修正。

下面用 Rajaratnam[37]的实测资料对公式进行验证。Rajaratnam 测量了 b/h_1 与 x/h_1 的关系,给出了三张图,其淹没度的范围为 $\sigma = 0.18\sim1.17$,如图 1-21 所示。从图中可以看出,用式(1-69)计算的 b/h_1 值均高于实测值。分析原因,主要是在对不同淹没度下的 u_m/v_1 与 x/h_1 进行拟合时,取其各种不同淹没度下的均值而非实际值,可能会引起一定的误差,Rajaratnam[37]在分析最大流速沿程变化时,用了 5 张图,其中在淹没度为 0.32 时 u_m/v_1 与 x/h_1 呈曲线变化,其他淹没度时却为直线变化,说明关系比较复杂。

下面对式(1-69)进行修正,修正的方法为将式(1-69)计算的结果与实测值进行比较,求其修正系数 η 。式(1-69)可以写成

$$\frac{b}{h_1} = \eta\frac{1.6903}{(v_1h_1/v)^{1/5}}\left(\frac{x}{h_1}\right)^{0.94} \tag{1-70}$$

η 与 v_1h_1/v 和相对距离 x/h_1 的关系为

$$\eta = \frac{2.11205}{(v_1h_1/v)^{0.062}}\left(\frac{x}{h_1}\right)^{-0.11} \tag{1-71}$$

将式(1-71)代入式(1-70)得

$$\frac{b}{h_1} = \frac{3.57}{(v_1h_1/v)^{0.262}}\left(\frac{x}{h_1}\right)^{0.83} \tag{1-72}$$

由式(1-72)计算的 b/h_1 亦绘于图 1-21 中,可以看出,与实测值比较接近,说明用式(1-72)可以计算最大流速之半处距壁面的距离。

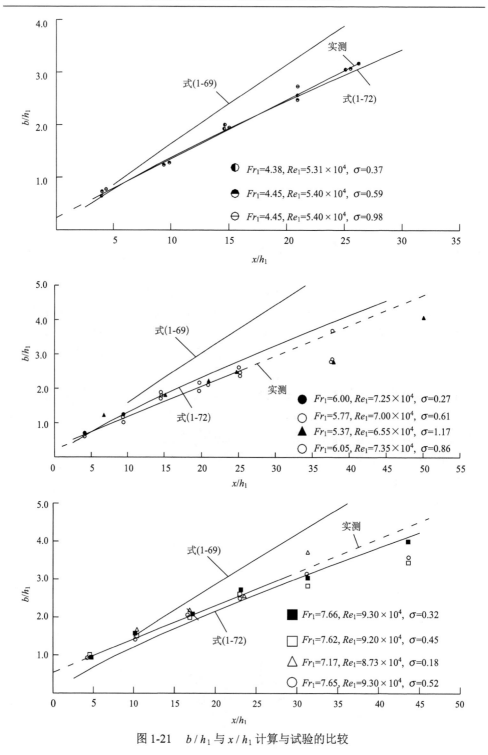

图 1-21　b/h_1 与 x/h_1 计算与试验的比较

有了 b/h_1，边界层厚度 δ、零流速线距壁面的距离 b_0 分别计算如下：

$$\delta = 0.165b = 0.165\frac{3.57h_1}{(v_1h_1/\nu)^{0.262}}\left(\frac{x}{h_1}\right)^{0.83} = \frac{0.58905h_1}{(v_1h_1/\nu)^{0.262}}\left(\frac{x}{h_1}\right)^{0.83} \quad (1\text{-}73)$$

$$b_0 = 1.797b = 1.797\frac{3.57h_1}{(v_1h_1/\nu)^{0.262}}\left(\frac{x}{h_1}\right)^{0.83} = \frac{6.4153h_1}{(v_1h_1/\nu)^{0.262}}\left(\frac{x}{h_1}\right)^{0.83} \quad (1\text{-}74)$$

Rajaratnam[37]根据试验资料给出了 b/h_1 的经验公式为

$$\frac{b}{h_1} = c + m\frac{x}{h_1} \quad (1\text{-}75)$$

Rajaratnam[37]没有给出系数 c 和 m 的计算公式，只给出了 c 和 m 与跃前断面弗劳德数的关系图，如图 1-22 所示。笔者根据此图和 Rajaratnam[37]给出了 c 和 m 与跃前断面弗劳德数 Fr_1 的关系为

$$\begin{cases} c = 0.0442Fr_1^2 - 0.4131Fr_1 + 1.1729 \\ m = 0.0033Fr_1^2 - 0.0474Fr_1 + 0.2543 \end{cases} \quad (1\text{-}76)$$

c 和 m 也可以用跃前断面的特征雷诺数 $Re_1 = v_1h_1/\nu$ 来表示，即

$$\begin{cases} c = 3.02\times10^{-10}Re_1^2 - 3.424\times10^{-5}Re_1 + 1.1798 \\ m = 2.3\times10^{-11}Re_1^2 - 3.93\times10^{-6}Re_1 + 0.2530 \end{cases} \quad (1\text{-}77)$$

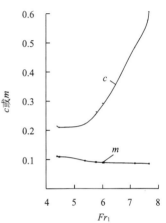

图 1-22　c 和 m 与 Fr_1 关系

为了验证式(1-72)以及用式(1-76)和式(1-77)的系数计算 b/h_1 的正确性，现根据 Rajaratnam[37]的试验来进行分析。Rajaratnam 测量了跃前断面弗劳德数 $Fr_1 = 4.38\sim7.66$、$Re_1 = v_1h_1/\nu = 53100\sim93000$、淹没度 $\sigma = 0.17\sim1.17$ 共 13 组试验。现取淹没度为 0.17、0.32、0.59 和 1.17 的试验来验证式(1-72)以及系数公式(1-76)和公式(1-77)。验证结果如图 1-23 所示。由图 1-23 可以看出，用式(1-76)或式(1-77)计算系数 c 和 m，然后代入式(1-75)计算 b/h_1，计算结果与试验结果一致。而用式(1-72)计算的 b/h_1 与试验结果比较，不仅 b/h_1 随 x/h_1 的沿程变化与试验一致，而且结果也非常接近，实际上，笔者对 13 组试验均进行了比较，结果均与试验一致，说明式(1-72)是正确的。

1.5.4　淹没水跃的水头损失和水跃长度

淹没水跃区的水头损失亦分为沿程水头损失和局部水头损失。沿程水头损失的计算方法与自由水跃的计算方法一样，将式(1-31)代入式(1-43)积分得 $\delta_3 = 0.09723\delta$，将其与式(1-65)一起代入式(1-42)得

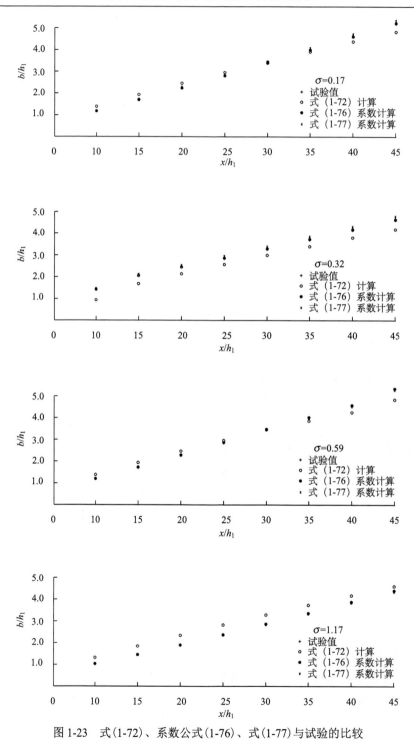

图 1-23 式(1-72)、系数公式(1-76)、式(1-77)与试验的比较

$$h_{\text{fi}} = \frac{9.529}{2gq} \frac{v_1^3 h_1}{(v_1 h_1 / v)^{0.262}} \left(\frac{x}{h_1}\right)^{-1.27} = \frac{4.7645 h_1 Fr_1^2}{(v_1 h_1 / v)^{0.262}} \left(\frac{x}{h_1}\right)^{-1.27} \tag{1-78}$$

对于淹没水跃区的沿程总水头损失，计算公式仍为式(1-46)。因为

$$\frac{\tau_0}{\rho} = \frac{u_{\text{m}}^2 C_{\text{f}}'}{2} \tag{1-79}$$

将式(1-65)、式(1-66)和式(1-73)代入式(1-79)得

$$\frac{\tau_0}{\rho} = \frac{0.62 v_1^2}{(v_1 h_1 / v)^{0.1845} (x / h_1)^{1.4325}} \tag{1-80}$$

将式(1-73)和式(1-80)代入式(1-46)得

$$h_{\text{f}} = \frac{1}{g} \int_{L_2}^{L_1} \left[\frac{0.09664443 v_1^2 (v_1 h_1 / v)^{0.0775}}{h_1 (x / h_1)^{2.2625}} + \frac{1.24 v_1^2}{B(v_1 h_1 / v)^{0.1845} (x / h_1)^{1.4325}} \right] dx \tag{1-81}$$

对式(1-81)积分得

$$h_{\text{f}} = \left[\frac{-0.07655 v_1^2}{g} \left(\frac{v_1 h_1}{v}\right)^{0.0775} \left(\frac{h_1}{x}\right)^{1.2625} - \frac{2.86705 v_1^2 h_1}{gB(v_1 h_1 / v)^{0.1845}} \left(\frac{h_1}{x}\right)^{0.4325} \right]_{L_2}^{L_1} \tag{1-82}$$

下面确定积分区域，对于 L_1 显然应该取水跃长度 $L_{\text{j}\sigma}$，对于 L_2 仍取 $7h_1$，对于 $x / h_1 \leqslant 7$ 范围内的水头损失统一归结为局部水头损失。式(1-82)可以写成

$$h_{\text{f}} = \left[\frac{0.07655 v_1^2}{g} \left(\frac{v_1 h_1}{v}\right)^{0.0775} \left(\frac{1}{7} - \frac{h_1}{L_{\text{j}\sigma}}\right)^{1.2625} + \frac{2.86705 v_1^2 h_1}{gB(v_1 h_1 / v)^{0.1845}} \left(\frac{1}{7} - \frac{h_1}{L_{\text{j}\sigma}}\right)^{0.4325} \right]$$

$$\tag{1-83}$$

式(1-83)即为淹没水跃区总沿程水头损失的计算公式。式中的水跃长度 $L_{\text{j}\sigma}$ 根据 Rajaratnam[37] 的试验，淹没水跃长度比自由水跃长度长了 $4.9\sigma h_2$，自由水跃长度仍可用式(1-60)计算，所以有

$$L_{\text{j}\sigma} = 4.9\sigma h_2 + 10.55(Fr_1 - 1)^{0.9416} h_1 \tag{1-84}$$

式中，σ 为淹没度；h_2 为自由水跃的跃后水深，可以用式(1-27)计算。

淹没水跃区的总水头损失可以通过写图 1-17 中的水跃进口断面和跃后断面的能量方程求得，即

$$\Delta E = \left(h_3 + \frac{\alpha v_3^2}{2g}\right) - \left(h_{\text{t}} + \frac{\alpha_{\text{t}} v_{\text{t}}^2}{2g}\right) \tag{1-85}$$

式中，ΔE 为淹没水跃区的水头损失，m；h_3 为淹没水跃的跃前断面回水水深，m；v_3 为跃前断面的平均流速，试验证明，该流速仍为射流出口的主流流速 v_1，m/s；h_{t} 为下游水深，m；v_{t} 为下游跃后断面的平均流速，m/s。

因为

$$h_t = (1+\sigma)h_2 = \frac{1+\sigma}{2} h_1(\sqrt{1+8Fr_1^2} - 1) \tag{1-86}$$

对于跃前和跃后断面，均假设动能修正系数 $\alpha = \alpha_t = 1.0$ 。因为

$$\frac{v_1^2}{2g} = \frac{h_1}{2}\frac{v_1^2}{gh_1} = \frac{h_1}{2} Fr_1^2 \tag{1-87}$$

$$\frac{v_t^2}{2g} = \frac{1}{2}\frac{q^2}{gh_t^2} = \frac{1}{2} \frac{4q^2 h_1}{g(1+\sigma)^2 h_1^3(\sqrt{1+8Fr_1^2}-1)^2} = \frac{1}{2} \frac{4h_1 Fr_1^2}{(1+\sigma)^2(\sqrt{1+8Fr_1^2}-1)^2} \tag{1-88}$$

式中，$q = v_1 h_1$ 为单宽流量，$\text{m}^3/(\text{s} \cdot \text{m})$；弗劳德数 $Fr_1 = q/\sqrt{gh_1^3}$ 。

将式(1-87)、式(1-88)和式(1-86)代入式(1-85)得

$$\Delta E = h_3 - \frac{1+\sigma}{2} h_1(\sqrt{1+8Fr_1^2}-1) + \frac{h_1 Fr_1^2}{2}\left[1 - \frac{4}{(1+\sigma)^2(\sqrt{1+8Fr_1^2}-1)^2}\right] \tag{1-89}$$

式(1-89)即为 Rajaratnam[37]的淹没水跃的总水头损失的计算公式。式中的跃前断面水深 h_3 可以通过写跃前断面和跃后断面的动量方程，并假设跃前断面的主流流速仍为 v_1，得

$$h_3 = \left[\frac{(1+\sigma)^2}{4}(\sqrt{1+8Fr_1^2}-1)^2 - 2Fr_1^2 + \frac{4Fr_1^2}{(1+\sigma)(\sqrt{1+8Fr_1^2}-1)}\right]^{1/2} h_1 \tag{1-90}$$

淹没水跃区的局部水头损失为式(1-89)和式(1-83)的差值，即

$$h_j = \Delta E - h_f \tag{1-91}$$

局部水头损失也可以写成

$$h_j = \zeta\left(\frac{v_1^2}{2g} - \frac{v_t^2}{2g}\right) \tag{1-92}$$

式中，ζ 为局部阻力系数。将式(1-87)和式(1-88)代入式(1-92)得

$$h_j = \zeta h_1 Fr_1^2 \left[\frac{1}{2} - \frac{2}{(1+\sigma)^2(\sqrt{1+8Fr_1^2}-1)^2}\right] \tag{1-93}$$

将式(1-91)代入式(1-93)，即可得到局部阻力系数的表达式为

$$\zeta = \frac{\Delta E - h_f}{h_1 Fr_1^2\left[\frac{1}{2} - \frac{2}{(1+\sigma)^2(\sqrt{1+8Fr_1^2}-1)^2}\right]} \tag{1-94}$$

用式(1-94)计算局部阻力系数还是比较复杂的，为了简化计算，现将局部阻力系数 ζ 与 $Fr_1\sigma Re_1$ 相关联，结果如图1-24所示。由图可得

$$\zeta = 0.1883(Fr_1\sigma Re_1)^{0.1149} \tag{1-95}$$

式(1-95)适应的弗劳德数 Fr_1 的范围为 4.38～7.66，跃前断面的特征雷诺数 $Re_1 = v_1 h_1 / v$ 的范围为 53100～93000，淹没度 σ 的范围为 0.17～1.17，在此范围内，用式(1-95)计算的 ζ 值与实测值的最大误差为 3.39%。

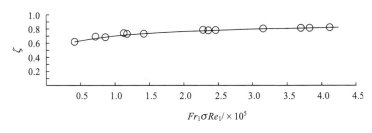

图 1-24　ζ 与 $Fr_1 \sigma Re_1$ 关系

淹没水跃的消能率 η 为

$$\eta = \frac{\Delta E}{E_1} = \frac{\Delta E}{h_3 + v_1^2 / 2g} = \frac{\Delta E}{h_3 + h_1 Fr_1^2 / 2} \tag{1-96}$$

式中，E_1 为跃前断面的比能，m；h_3 用式(1-90)计算；ΔE 用式(1-89)计算。

参 考 文 献

[1] McCorquodale J A, Khalifa A. Internal flow in hydraulic jumps[J]. Journal of Hydraulic Engineering, 1983, 109(5): 684-701.

[2] Myers G E, Schauer J J, Eustis R H. Plane turbulent wall jet flow development and friction[J]. Journal of Basic Engineering, 1963, 85(1): 47-53.

[3] Rajaratnam N. The hydraulic jump as a wall jet [J]. Journal of the Hydraulic Division, 1965, 91(5): 107-132.

[4] Rajaratnam N. Hydraulic jump[J]. Advances in Hydroscience, 1967, (4): 197-280.

[5] Rajaratnam N. Turbulent Jets[M]. Amsterdam: Elsevier Scientific Publishing Company, 1976: 211-225.

[6] 郭子中. 消能防冲原理与水力设计[M]. 北京: 科学出版社, 1982: 348-374.

[7] 刘沛清. 矩形明渠水跃段速度分布的理论分析[J]. 水利学报, 1999, (9): 48-54.

[8] 张长高. 水动力学[M]. 北京: 高等教育出版社, 1993: 856-868.

[9] Schlichting H. 边界层理论[M]. 徐燕候, 徐立功, 徐书轩, 译. 北京: 科学出版社, 1988: 716-787.

[10] 李建中, 宁利中. 高速水力学[M]. 西安: 西北工业大学出版社, 1994: 6-28.

[11] Glauert M R. The wall jet[J]. Journal of Fluid mechanics, 1956, 1(6): 625-643.

[12] 张志昌. 水力学(下册)[M]. 北京: 中国水利水电出版社, 2011: 71-119.

[13] 薛朝阳. 考虑摩阻力影响的水跃方程[J]. 河海大学学报, 1993, 21(2): 109-114.

[14] Ohtsu I, Yasuda Y. Characteristics of supercritical flow below sluice gate[J]. Journal of Hydraulic Engineering, 1994, 120(3): 332-346.

[15] Francesco G C, Vito F, Vincenzo P, et al. Hydraulic jumps on rough beds[J]. Journal of Hydraulic Engineering, 2007, 133(9): 989-999.

[16] Hughes W C, Flack J E. Hydraulic jump properties over a rough bed[J]. Journal of Hydraulic Engineering, 1984, 110 (12): 1755-1771.

[17] 金明, 郭子中. 计算湍流附壁射流的一个简单模型[J]. 水动力学研究与进展, 1987, 2(4): 79-87.

[18] 吴持恭. 水力学(上册)[M]. 北京: 高等教育出版社, 2003: 284-301.

[19] Bradley J N, Peterka A J. The hydraulic design of stilling basins: hydraulic jump on a horizontal apron [J]. Journal of the Hydraulic Division, 1957, 83(5): 1-19.

[20] 陈椿庭. 平底槽二元水跃长度公式的比较[J]. 水利水电技术, 1964, (4): 34-38.

[21] 张长高. 平底矩形明槽中完整水跃的长度[J]. 合肥工业大学学报: 自然科学版, 1979, (1): 15-34.

[22] Hager W H, Bremen R, Kawagowshi N. Classical hydraulic jump length of roller[J]. Journal of Hydraulic Research, 1990, 28(5): 591-608.

[23] 张迎春. 自由临界水跃长度的探讨[J]. 中国农村水利水电, 1997, (10): 38-41.

[24] Агроскин И И. 水力学(下册)[M]. 清华大学水力学教研组, 天津大学水利系水力学教研室, 译. 上海: 商务印书馆, 1954: 537-539.

[25] 武汉水利电力学院水力学教研室. 水力计算手册[M]. 北京: 水利电力出版社, 1983: 192-194.

[26] 吴持恭. 明渠水力学[M]. 上海: 龙门联合书局, 1952: 86.

[27] 基谢列夫. 水力学-流体力学原理[M]. 北京: 水利电力出版社, 1983: 250-254.

[28] 倪汉根, 刘亚坤. 击波 水跃 跌水 消能[M]. 大连: 大连理工大学出版社, 2008: 134-139.

[29] Bremen R, Hager W H. T-jump in abruptly expanding channel [J]. Journal of Hydraulic Research, 1993, 31(1): 61-78.

[30] 沈波. 水跃跃长理论研究[J]. 重庆交通学院学报, 1998, 17(3): 98-101.

[31] Richard H. Open-Channel Hydraulics[M]. New York: Mcgraw-Hill Book Company, 1985: 89-91.

[32] 基谢列夫. 水力学计算手册[M]. 北京: 电力工业出版社, 1957: 321-323.

[33] Hager W H. Impact hydraulic jump[J]. Journal of Hydro-Environment Research, 1994, 120(5): 633-637.

[34] Rao N S G, Rajaratnam N. The submerged hydraulic jump [J]. Journal of the Hydraulic Division, 1963, 89(1): 139-162.

[35] 张声鸣. 溢流坝下游平底消力池淹没水跃特性的探讨[J]. 水利水电技术, 1989, (5): 54-57.

[36] 潘瑞文. 堰闸下游淹没水跃特性的研究[J]. 水动力学研究与进展, 1993, 8(4): 389-395.

[37] Rajaratnam N. Submerged hydraulic jump [J]. Journal of the Hydraulic Division, 1965, 91(4): 71-96.

[38] 张志昌, 赵莹. 矩形明渠水跃段沿程和局部水头损失的计算[J]. 水力发电学报, 2015, 34(11): 88-94.

第2章 矩形明渠波状床面水跃的水力特性

2.1 矩形明渠波状床面自由水跃区的流速分布

波状床面是将消力池底板做成波浪形的粗糙面，利用波浪形粗糙面消能的一种新型消力池。2002年，Ead 和 Rajaratnam[1]对波状床面的水跃进行过研究，认为波状床面的跃后水深减小了20%～30%，水跃的旋滚长度减小了20%～50%。2009年，Abbaspour 等[2]也进行过波状床面水跃特性的研究，研究的波高（模型）为0.015～0.035m，结果表明，跃后水深减小了20%，当弗劳德数小于6时，水跃长度比光滑床面减小了50%，当弗劳德数大于6时，水跃长度减小了42%。2005年，文献[3]对波状床面水跃进行了数值模拟，结果与 Ead 和 Rajaratnam 的试验吻合。

2002 年，Ead 和 Rajaratnam 对波状床面消力池的流速分布进行过试验，试验模型如图 2-1 所示。图中 h_1 为跃前断面水深；h_2 为跃后断面水深；U_m 为断面最大流速；h' 为断面上 $u = 0.5U_m$ 处的高度；v_1 为跃前断面的平均流速；L_r 为水跃的旋滚长度；L_j 为水跃长度；e 为闸门开度；k_s 为波高；S 为波状床面两个波谷之间的距离，即波长。研究的波高分别为 13mm 和 22mm；S 均为 68mm；跃前断面水深为 0.0254m 和 0.0508m；最小单宽流量 $q=0.051\text{m}^3/(\text{s}\cdot\text{m})$；最大单宽流量 $q=0.207\text{m}^3/(\text{s}\cdot\text{m})$。

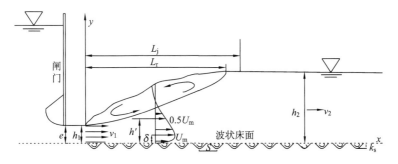

图 2-1　Ead 和 Rajaratnam 波状消力池的试验模型

研究结果表明，断面流速分布具有相似性，即各断面流速具有同一分布规律，如图 2-2 所示。从图中可以看出，断面流速从床面底部开始迅速增大到最大流速，最大流速距床面底部的距离即为边界层厚度，这一区域称为边界层区域，在边界层上部，断面流速迅速衰减，这一区域称为混合区。2004 年，Ead 和 Rajaratnam[4]

对波状床面平板紊动附壁射流进行了研究，结果表明，在附壁射流区，断面流速分布仍具有相似性，且分布规律与图 2-2 一致，但与光滑壁面射流的流速分布有所不同。由图 2-2 还可以看出，与光滑壁面流速分布相比，波状床面的边界层厚度明显增加，文献[4]表明，波状床面的边界层厚度约为 $0.35h'$，文献[1]为 $0.45\ h'$，文献[2]为 $0.57h'$，而光滑壁面的边界层厚度仅为 $0.165\ h'$。由此可以看出，波浪形粗糙壁面的边界层厚度远大于光滑壁面。

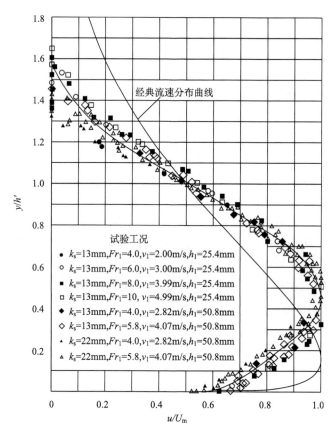

图 2-2　波状床面断面流速分布

虽然波状床面的流速分布具有相似性，但已不像光滑壁面流速分布那样能用一个公式来表达。为了分析方便，笔者根据图 2-2 的关系曲线，将断面流速分布分为两部分，即边界层区和混合区，在边界层区，流速可表示为

$$u\,/\,U_{\mathrm{m}} = 1.176(y\,/\,h')^{0.195} \tag{2-1}$$

式中，y 为距壁面的垂直距离，m。

由图 2-2 可以看出，当 $u = U_{\mathrm{m}}$ 时，$y = \delta$，这时 $y\,/\,h' \approx 0.44$，即 $\delta = 0.44h'$，

代入式(2-1)得

$$u / U_m = (y / \delta)^{0.195} \qquad (2\text{-}2)$$

式中，δ 为边界层厚度，m。

在混合区，需用一个高次方程才能表示断面流速分布，该公式为

$$u / U_m = 1.453(y / h')^3 - 4.335(y / h')^2 + 2.971(y / h') + 0.414 \qquad (2\text{-}3)$$

文献[1]给出了相对最大流速和相对距离的关系，如图 2-3 所示。从图中可以看出，断面最大流速沿程不断衰减，随着弗劳德数 Fr_1 的增大，相对最大流速增大。

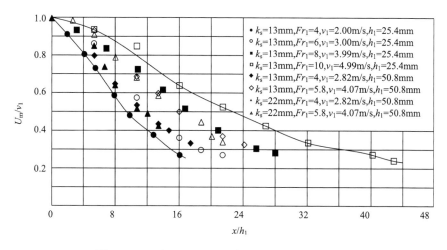

图 2-3　Ead 和 Rajaratnam 试验的 U_m/v_1 和 x/h_1 关系

对文献[1]图中的试验资料进行分析，以 x / h_1 为横坐标，$U_m / \sqrt{gh_1}$ 为纵坐标，分析结果如图 2-4 所示，可以看出，虽然波高不同，但当弗劳德数相近时，相近弗劳德数的试验点相对比较集中，对曲线拟合得

$$U_m / \sqrt{gh_1} = a_0 + b_0(x / h_1) \qquad (2\text{-}4)$$

式中，a_0 和 b_0 为系数，其中 $b_0 = -0.17743$，a_0 为 Fr_1 的函数，经分析得 $a_0 = 0.3236 + 0.9024Fr_1$。

对于最大流速，图 2-3 的关系比较分散，用式(2-4)在以后的积分计算中比较麻烦。现根据 Ead 和 Rajaratnam[1]给出的 U_m / v_1 与 x / L 的关系重新对最大流速进行分析。Ead 和 Rajaratnam[1]给出的 U_m / v_1 与 x / L 的关系如图 2-5 所示，图中 L 为 $U_m = 0.5v_1$ 处距跃首的距离，但 Ead 和 Rajaratnam 没有给出最大流速的计算公式。从图中可以看出，在各种波高和不同弗劳德数情况下，试验点相对集中，图中的关系可以用下面的公式表示，即

$$U_m / v_1 = A / \sqrt{x / L} \qquad (2\text{-}5)$$

式中，A 为一常数，为了使 A 较好地符合图 2-5，A 值需分段确定。A 值的取值范围见表 2-1。

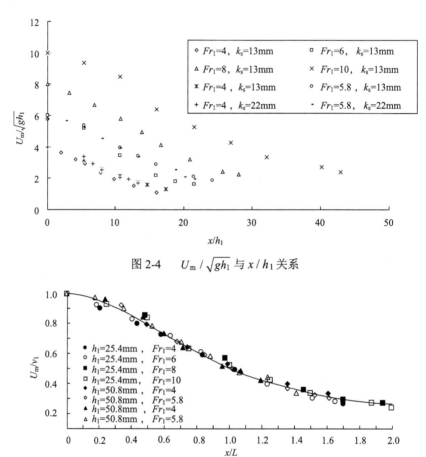

图 2-4　　$U_m / \sqrt{gh_1}$ 与 x / h_1 关系

图 2-5　Ead 和 Rajaratnam 试验的 U_m / v_1 和 x / L 曲线

表 2-1　A 值随相对距离的关系

x / L	0.003～0.1	0.1～0.2	0.2～0.8	0.8～1.0	1.0～1.4	1.4～2
A	0.3	0.43	0.55	0.50	0.46	0.39

2.2　矩形明渠波状床面自由水跃区边界层的发展

2.2.1　用流速分布的对数律研究边界层的发展

对于波状床面，边界层内的流速分布可以用指数律公式(2-2)表示，也可以用对数律表示。指数律公式中不含波高,而对数律公式中含有波高。文献[4]表明,在波状床面自由水跃区底部的边界层区域,流速分布仍可用普朗特的对数律公式表示,即

$$u / v_\bullet = 8.5 + 2.5\ln(y / k_s) \tag{2-6}$$

式中,$v_\bullet = \sqrt{\tau_0 / \rho}$ 为摩阻流速,m/s;τ_0 为壁面切应力,N/m²,ρ 为液体的密度,kg/m³。当 $u = U_m$ 时,$y = \delta$,由式(2-6)得

$$U_m / v_\bullet = 8.5 + 2.5\ln(\delta / k_s) \tag{2-7}$$

则壁面切应力系数为

$$\begin{aligned} C_f' &= 2\left(\frac{v_\bullet}{U_m}\right)^2 = \frac{2}{[8.5 + 2.5\ln(\delta / k_s)]^2} \\ &= \frac{2}{2.5^2[\ln(30\delta / k_s)]^2} \end{aligned} \tag{2-8}$$

将式(2-4)和式(2-8)代入边界层的动量积分方程求解边界层厚度是困难的。现根据式(2-8)和 Schlichting[5]对粗糙壁面切应力系数的研究成果,来探讨波浪形粗糙床面自由水跃区边界层发展的可能性。

根据 Schlichting[5]的研究,在粗糙壁面,壁面切应力系数可以用式(2-9)表示:

$$C_f' = \left(1.58\lg\frac{x}{k_s} + 2.87\right)^{-2.5} \tag{2-9}$$

令式(2-8)式(2-9)相等,并将常用对数化为自然对数,可得波浪形粗糙壁面的边界层厚度为

$$\delta = \frac{k_s}{30}\exp\left[0.35381\left(\ln\frac{65.2x}{k_s}\right)^{5/4}\right] \tag{2-10}$$

Rajaratnam 实测的波状床面的 δ/h_1 与 x/h_1 的关系如图 2-6 所示。由式(2-10)计算的波状床面自由水跃区边界层厚度的沿程发展也绘于图 2-6 中,图 2-6 中的线 1 和线 2 所示,线 1 的 $k_s = 0.013$m,$h_1 = 0.0254$m,$Fr_1 = 10$,线 2 的 $k_s = 0.022$m,$h_1 = 0.0508$m,$Fr_1 = 5.8$。为了对比,图中还绘出了 Ead 和 Rajaratnam 以及 Abbaspour 经验公式计算的边界层厚度,Ead 和 Rajaratnam 的经验公式为 $\delta/h_1 = 0.06x/h_1 + 0.42$,Abbaspour 的经验公式为 $\delta/h_1 = 0.078x/h_1 + 0.73$。从图中可以看出,由式(2-10)计算的波状床面自由水跃区边界层的发展与实测结果吻合,且公式中考虑了不同波高的影响,公式形式比 Ead 和 Rajaratnam 以及 Abbaspour 的更为合理,计算结果与实测值更为接近,由此说明用对数流速分布公式和 Schlichting 的壁面切应力系数公式依然能够反映波浪形粗糙壁面自由水跃区的边界层特性。

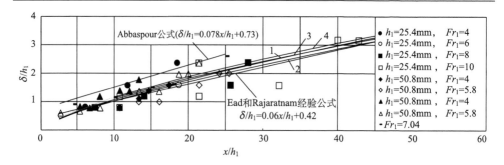

图 2-6　相对边界层厚度 δ/h_1 与相对距离 x/h_1 的关系

2.2.2　用因次分析法研究边界层的发展

式(2-10)是根据边界层内流速分布的对数律和 Schlichting 粗糙壁面切应力公式得到的边界层厚度的计算方法，但公式中没有考虑到波长的影响。分析认为，边界层厚度与跃前断面水深 h_1、波高 k_s、波长 S、波浪线长度 L_0 有关。为了反映 h_1、k_s、S、L_0 对边界层厚度的影响，根据 Ead 和 Rajaratnam 以及 Abbaspour 的实测资料，其试验的波长范围为 $S=0.04\sim0.07\,\mathrm{m}$，波高 $k_s=0.013\sim0.035\,\mathrm{m}$，重新分析边界层的发展，得到边界层厚度新的表达式为

$$\frac{\delta}{h_1}=K\left(\frac{L_0}{h_1}\right)^{0.9}\left(\frac{k_s}{x}\right)^{0.2} \tag{2-11}$$

式中，K 为系数；L_0 为 x 距离内波状床面曲线的长度(波浪线长度)，m；设 $L_0=\beta x$，经计算，$\beta\approx(S+k_s)/S$，S 为一个波的长度。由此得

$$\frac{\delta}{h_1}=K\beta^{0.9}\left(\frac{x}{h_1}\right)^{0.9}\left(\frac{k_s}{x}\right)^{0.2}=K\left(\frac{S+k_s}{S}\right)^{0.9}\left(\frac{x}{h_1}\right)^{0.9}\left(\frac{k_s}{x}\right)^{0.2} \tag{2-12}$$

分析 Ead 和 Rajaratnam 以及 Abbaspour 的试验，式(2-12)中的系数 $K\left(\dfrac{S+k_s}{S}\right)^{0.9}=0.265$，由此得

$$\frac{\delta}{h_1}=0.265\left(\frac{x}{h_1}\right)^{0.9}\left(\frac{k_s}{x}\right)^{0.2} \tag{2-13}$$

由式(2-13)计算的边界层厚度与实测结果比较亦绘于图 2-6，如图中的线 3 和线 4 所示，其中线 3 表示 $k_s=0.022\mathrm{m}$，$h_1=0.0508\mathrm{m}$，线 4 表示 $k_s=0.013\mathrm{m}$，$h_1=0.0254\mathrm{m}$，可以看出，式(2-13)与实测结果也非常吻合。

2.2.3　用流速分布的指数律研究边界层的发展

下面用式(2-2)流速分布的指数律研究波浪形粗糙床面边界层的发展。为了计

算方便，将式(2-2)中指数 0.195 用 n 来表示，并用边界层的动量积分方程推求边界层的发展，边界层的动量积分方程为

$$\frac{d\delta_2}{dx} + \left(2 + \frac{\delta_1}{\delta_2}\right)\frac{\delta_2}{U_m}\frac{dU_m}{dx} = \frac{\tau_0}{\rho U_m^2} = \frac{1}{2}C_f' \tag{2-14}$$

式中，δ_1 为边界层的位移厚度，m；δ_2 为边界层的动量损失厚度，m。

$$\delta_1 = \int_0^\delta \left(1 - \frac{u}{U_m}\right)dy = \int_0^\delta \left[1 - \left(\frac{y}{\delta}\right)^n\right]dy = \frac{n\delta}{1+n} \tag{2-15}$$

$$\delta_2 = \int_0^\delta \left(1 - \frac{u}{U_m}\right)\frac{u}{U_m}dy = \int_0^\delta \left[1 - \left(\frac{y}{\delta}\right)^n\right]\left(\frac{y}{\delta}\right)^n dy = \frac{n\delta}{(1+n)(2n+1)} \tag{2-16}$$

对于波状床面自由水跃区的壁面切应力系数，可以表示为

$$C_f' = \zeta\left(\frac{k_s}{\delta_2}\right)^m \tag{2-17}$$

将式(2-15)～式(2-17)代入式(2-14)得

$$\frac{d\delta_2^{1+m}}{(1+m)dx} + (3+2n)\frac{\delta_2^{1+m}}{U_m}\frac{dU_m}{dx} = \frac{1}{2}\zeta k_s^m \tag{2-18}$$

将式(2-5)代入式(2-18)积分得

$$\delta_2 = \left[\frac{\zeta(1+m)k_s^m}{2-(3+2n)(1+m)}\right]^{1/(1+m)}x^{1/(1+m)} \tag{2-19}$$

将式(2-16)代入式(2-19)得

$$\frac{\delta}{x} = \frac{(n+1)(2n+1)}{n}\left[\frac{\zeta(1+m)}{2-(3+2n)(1+m)}\right]^{1/(1+m)}\left(\frac{k_s}{x}\right)^{m/(1+m)} \tag{2-20}$$

下面确定指数 m。鲍叶[6]用直径为 0.254mm 的钢丝网做成粗糙面，波高 $k_s = 2.74$ mm，在均匀流条件下研究了陡坡上的紊流边界层，得到了局部阻力系数的计算公式为 $1/\sqrt{C_f'} = 8.56 + 4.06\lg(\delta/k_s)$，文献[7]经过变换，将鲍叶的公式写成式(2-17)，式中 $m = 0.2082$。斯边、巴维尔、巴拉夫科夫和巴戈莫洛夫等也研究过粗糙壁面上的切应力系数，研究的粗糙高度为 $k_s = 0.35 \sim 32.8$mm，$\delta/k_s = 1.5 \sim 100$，溢流面坡度 $i = 0 \sim 0.37$，巴戈莫洛夫认为，对于中等粗糙度，$m = 0.2 \sim 0.3$，对于相对糙度较大的渠槽，m 值大得多。根据以上研究，对于波状床面，本书取其均值 $m = 0.25$。

将 $n = 0.195$，$m = 0.25$ 代入式(2-20)得

$$\frac{\delta}{x} = 5.3465\zeta^{4/5}\left(\frac{k_s}{x}\right)^{0.2} \tag{2-21}$$

对于 ζ 值，文献[7]对粗糙壁面给出的 $\zeta = 3 \times 10^{-3}$，巴戈莫洛夫给出的 $\zeta = 8 \times 10^{-3}$，对于波状床面，目前尚未有研究结果。为了确定 ζ 值，根据 Ead 和 Rajaratnam[1]对波状床面消力池边界层的试验结果，得到 $\delta / x = 0.185(k_s / x)^{0.2}$，将此式与式(2-21)比较得 $\zeta = 0.015$。式(2-21)即为用流速分布的指数律得到的波状床面边界层发展的计算公式。

2.3　矩形明渠波状床面的阻力系数

阻力系数有两种计算方法，一种是根据 Schlichting 的壁面切应力系数和式(2-5)得出的阻力系数，另一种是根据流速分布的指数律和式(2-5)得出的阻力系数，分别叙述如下。

第一种方法，对 Schlichting 的壁面切应力系数公式(2-9)变形为

$$C_f' = \left(1.58 \lg \frac{x}{k_s} + 2.87\right)^{-2.5} = \frac{2.5567}{[\ln(65.2x / k_s)]^{2.5}} \tag{2-22}$$

$$\frac{\tau_0}{\rho U_m^2} = \frac{C_f'}{2} = \frac{2.5567}{2[\ln(65.2x / k_s)]^{2.5}} \tag{2-23}$$

由式(2-23)得壁面切应力为

$$\tau_0(x) = \frac{2.5567 \rho U_m^2}{2[\ln(65.2x / k_s)]^{2.5}} \tag{2-24}$$

壁面阻力为

$$F = \int_{\delta_0}^{L_r} \tau_0(x) = \int_{\delta_0}^{L_r} \frac{2.5567 \rho U_m^2}{2[\ln(65.2x / k_s)]^{2.5}} dx \tag{2-25}$$

式(2-25)中最大流速如果用式(2-7)代入，积分将很困难。现将式(2-5)代入式(2-25)积分得

$$F = -\frac{2.5567 \rho v_1^2 A^2 L}{3} \left[\ln\left(65.2 \frac{x}{k_s}\right)\right]^{-1.5} \Bigg|_{\delta_0}^{L_r} \tag{2-26}$$

式中，积分上限取水跃旋滚长度 L_r，下限的 δ_0 为一小量，这是因为如果取积分下限为零，积分无意义，分析原因可能是流速分布的经验公式形式不完全合理造成的，为了能够应用式(2-26)，可以取一小量，本节取积分下限为 $\delta_0 = 0.005L$。式中 A 值的取值见表 2-1；L 用 Ead 和 Rajaratnam 的公式[1]计算，即

$$L / h_1 = 1.74 Fr_1 + 3.62 \tag{2-27}$$

对于波状床面自由水跃区的水跃旋滚长度，Ead 和 Rajaratnam [1]给出的计算

公式为

$$L_r = 1.3(\sqrt{1+8Fr_1^2}-1)h_1 \tag{2-28}$$

计算时，按表 2-1 中的 A 值分段计算各段的阻力 F_i，根据叠加原理求和得到总阻力 F。

波状床面消力池的壁面平均阻力系数可以表示为

$$C_f = \frac{F}{\rho g h_1^2 / 2} = \frac{2F}{\rho g h_1^2} \tag{2-29}$$

将式(2-26)代入式(2-29)，即可求得波状床面自由水跃区的壁面平均阻力系数。

现利用 Ead 和 Rajaratnam [1]的试验数据进行分析，结果如图 2-7 所示。图中有两条曲线，一种为 Abbaspour 等[2]的公式计算的曲线，其计算公式为 $C_f = 1.1Fr_1^2 - 2.4Fr_1 + 1$，另一种为 Ead 和 Rajaratna [1]的试验曲线，其计算公式为 $C_f = (Fr_1-1)^2$，前 11 种符号代表 Ead 和 Rajaratnam 的试验值，最后一种符号为式(2-29)的计算值。可以看出，式(2-29)计算的阻力系数与试验结果吻合，也与 Abbaspour 等的计算结果吻合，且计算公式中不仅含有跃前断面流速、水深的影响，而且含有波高的影响，而 Ead 和 Rajaratnam 以及 Abbaspour 等给出的计算公式没有反映波高对阻力系数的影响。

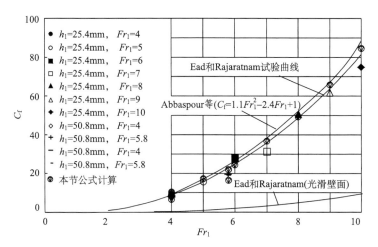

图 2-7 波状床面消力池阻力系数的计算与比较

第二种方法，根据流速分布的指数律已得出了边界层厚度的计算公式(2-21)。将 $n=0.195$ 代入式(2-16)得 $\delta_2 = 0.1174\delta$。将 $\delta_2 = 0.1174\delta$、式(2-21)、$\zeta = 0.015$ 和 $m=0.25$ 代入式(2-17)得

$$C_f = \zeta(k_s/\delta_2)^m = 0.0391(k_s/x)^{0.2} \tag{2-30}$$

壁面切应力为

$$\tau_0 = \frac{C'_f}{2}\rho U_m^2 = 0.0195\left(\frac{k_s}{x}\right)^{0.2}\rho U_m^2 \tag{2-31}$$

将式(2-5)代入式(2-31)得

$$\tau_0 = 0.0195\left(\frac{k_s}{x}\right)^{0.2}\rho\frac{A^2 v_1^2 L}{x} \tag{2-32}$$

式中，L 用式(2-27)计算。单位宽度的壁面阻力为

$$F = \int_{\delta_0}^{L_r}\tau_0(x)\mathrm{d}x = 0.0195k_s^{0.2}\rho A^2 v_1^2 L\int_{L_0}^{L_r}x^{-1.2}\mathrm{d}x = 0.098k_s^{0.2}\rho A^2 v_1^2 L(L_0^{-0.2}-L_r^{-0.2}) \tag{2-33}$$

由式(2-33)可以看出，积分上限为水跃的旋滚长度 L_r，积分下限取 $L_0 = 0.003\mathrm{m}$。阻力系数为

$$C_f = \frac{2F}{\gamma h_1^2} = \frac{2\times0.098k_s^{0.2}\rho A^2 v_1^2 L(L_0^{-0.2}-L_r^{-0.2})}{\gamma h_1^2} \tag{2-34}$$

取 $\rho=1000\mathrm{kg/m^3}$，$\gamma = 9800\mathrm{N/m^3}$，为了计算简便，$A$ 值可取其加权平均值为 0.46，$L_0 = 0.003\mathrm{m}$，并将式(2-27)代入式(2-34)得

$$C_f = \frac{4.232\times10^{-3}k_s^{0.2}v_1^2(1.74Fr_1+3.62)(3.1958-L_r^{-0.2})}{h_1} \tag{2-35}$$

2.4　矩形明渠波状床面水跃的共轭水深和水跃长度

2.4.1　波状床面水跃的共轭水深

对图 2-1 中的跃前和跃后断面写动量方程，可得

$$\frac{1}{2}\gamma h_1^2 - \frac{1}{2}\gamma h_2^2 - F = \frac{\gamma}{g}q(v_2-v_1) \tag{2-36}$$

对于矩形断面，设 $F = C_f\gamma h_1^2/2$，$\eta = h_2/h_1$，代入式(2-36)得

$$\eta^3 - (1-C_f+2Fr_1^2)\eta + 2Fr_1^2 = 0 \tag{2-37}$$

解式(2-37)得

$$\eta = 2\sqrt{\frac{1+2Fr_1^2-C_f}{3}}\cos\left\{\frac{1}{3}\arccos\left[\frac{-3\sqrt{3}Fr_1^2}{(1+2Fr_1^2-C_f)^{3/2}}\right]\right\} \tag{2-38}$$

式(2-38)即为考虑壁面阻力时水跃的共轭水深计算公式。在计算时可将式(2-29)或式(2-35)代入式(2-38)即可求得波状床面自由水跃的共轭水深。

2.4.2　波状床面的水跃长度

波状床面的水跃长度可以根据水跃混合区的流速分布公式(2-3)来推求。对于波状床面,根据 Ead 和 Rajaratnam 的试验,笔者取 $\delta = 0.44h'$。当 $u = 0$ 时,将 $\delta = 0.44h'$ 代入式(2-3)得

$$y / \delta = 3.5227 \tag{2-39}$$

在水跃旋滚的末端,当流速等于零时,水跃高度达 h_2,即 $y = h_2$,代入式(2-39)得

$$h_2 / \delta = 3.5227 \tag{2-40}$$

取 $\zeta = 0.015$,当 $x = L_r$ 时,边界层厚度公式(2-21)可以写成

$$\delta / L_r = 0.185(k_s / L_r)^{0.2} \tag{2-41}$$

将式(2-40)代入式(2-41)得

$$L_r = 1.71(h_2 / k_s^{0.2})^{5/4} \tag{2-42}$$

式(2-42)即为波状床面水跃旋滚长度的计算公式,对于水跃长度 L_j,文献[1]表明,$L_j / L_r = 1.154$,所以水跃长度为

$$L_j = 1.154 L_r \tag{2-43}$$

为了验证式(2-35)、式(2-40)和式(2-42)的正确性,用 Ead 和 Rajaratnam[1]、Abbaspour 等[2]的试验成果来验证,计算结果如表 2-2 和表 2-3 所示,表 2-2 中还给出了文献[3]的数值计算结果。

表 2-2　计算的共轭水深、床面阻力系数、旋滚长度和水跃长度与实测结果比较

q /[m³/(s·m)]	k_s/m	S/m	h_1/m	Fr_1	h_2/m 实测值	h_2/m 计算值
0.051	0.013	0.068	0.0254	4.02445	0.104	0.115
0.063	0.013	0.068	0.0254	4.97138	0.128	0.141
0.076	0.013	0.068	0.0254	5.99722	0.145	0.168
0.089	0.013	0.068	0.0254	7.02306	0.188	0.194
0.101	0.013	0.068	0.0254	7.97000	0.2	0.215
0.114	0.013	0.068	0.0254	8.99583	0.233	0.237
0.127	0.013	0.068	0.0254	10.02167	0.263	0.256
0.143	0.013	0.068	0.0508	3.98958	0.21	0.223
0.207	0.013	0.068	0.0508	5.77513	0.31	0.319
0.143	0.022	0.068	0.0508	3.98958	0.21	0.219
0.207	0.022	0.068	0.0508	5.77513	0.31	0.311

续表

C_f		L_r/m			L_j/m		
实测值	计算值	实测值	计算值	文献[3]数值计算值	实测值	计算值	文献[3]数值计算值
8.420	5.848	0.31	0.338	0.34	0.41	0.390	0.44
15.683	10.640	0.41	0.438		0.48	0.506	
27.799	18.182	0.48	0.546		0.54	0.630	
31.232	28.629	0.61	0.650	0.61	0.75	0.750	0.76
50.744	41.256	0.65	0.742		0.85	0.857	
61.515	58.603	0.88	0.836		1.02	0.965	
74.843	80.212	1.02	0.923	0.98	1.09	1.065	1.08
8.170	6.272	0.75	0.777		0.88	0.897	
19.435	17.718	1.22	1.213	1.28	1.29	1.399	1.42
8.170	6.860	0.61	0.665		0.82	0.768	
19.435	19.402	1.02	1.030	1.04	1.29	1.188	1.24
19.435	19.447	1.02	1.057	1.04	1.29	1.2192	1.24

表 2-3　计算跃后水深和实测跃后水深比较

q/[m³/(s·m)]	k_s/m	S/m	h_1/m	Fr_1	h_2/m	
					实测值	计算值
0.074	0.015	0.04	0.022	7.24410	0.171	0.172
0.109	0.015	0.04	0.033	5.80821	0.209	0.209
0.121	0.015	0.04	0.0455	3.98249	0.207	0.199
0.085	0.02	0.04	0.0225	8.04511	0.193	0.188
0.106	0.02	0.04	0.035	5.17119	0.209	0.197
0.157	0.02	0.04	0.045	5.25370	0.273	0.255
0.060	0.025	0.04		6.77631	0.150	0.145
0.086	0.025	0.04	0.0305	5.15746	0.190	0.170
0.110	0.025	0.04	0.04	4.39228	0.211	0.190
0.068	0.02	0.07	0.024	5.84224	0.155	0.153
0.130	0.02	0.07	0.035	6.34203	0.238	0.236
0.128	0.02	0.07	0.04	5.11101	0.212	0.222
0.071	0.025	0.07	0.0215	7.19428	0.162	0.163
0.110	0.025	0.07	0.033	5.86150	0.206	0.206
0.136	0.025	0.07	0.044	4.70703	0.227	0.223

q /[m³/(s·m)]	k_s/m	S/m	h_1/m	Fr_1	h_2/m	
					实测值	计算值
0.068	0.035	0.07	0.02	7.67982	0.173	0.157
0.098	0.035	0.07	0.033	5.22206	0.197	0.183
0.112	0.035	0.07	0.039	4.64524	0.214	0.193

由以上两个试验和计算结果对比可以看出，本节公式计算的跃后水深与实测的跃后水深相比，表 2-2 中除前三个数据误差大于 10%，其余误差均在 8%以内；表 2-3 中跃后水深的平均误差为 4.37%。表 2-2 中水跃旋滚长度的平均误差为 7.19%，水跃长度的平均误差为 5.47%，文献[3]的数值计算与本节公式计算结果一致，说明本节提出的公式是可行的。

2.5　矩形明渠波状床面水跃区的水头损失

2.5.1　波状床面水跃区的沿程水头损失

对于波状床面水跃区的沿程水头损失，仍可以用边界层的动量损失厚度公式式(1-42)计算。

将式(2-2)代入式(1-43)积分得

$$\delta_3 = \int_0^\delta \left(\frac{y}{\delta}\right)^{0.195}\left[1-\left(\frac{y}{\delta}\right)^{0.39}\right]\mathrm{d}y = 0.2059\delta \tag{2-44}$$

将式(2-41)中的 L_r 改为 x，并与式(2-44)、式(2-27)和式(2-5)一并代入式(1-42)得

$$h_{fx} = 0.01905A^3\left(\frac{k_s}{x}\right)^{0.2}\sqrt{\frac{h_1}{x}}Fr_1^2(1.74Fr_1+3.62)^{3/2}h_1 \tag{2-45}$$

对于边界层内的总水头损失，仍根据水头损失的定义公式(1-45)计算，即

$$h_f = \int_{L_1}^{L_2}\left(\frac{\tau_0}{\rho gy}+\frac{2\tau_0}{\rho gB}\right)\mathrm{d}x \tag{2-46}$$

由式(2-3)知，当 $u=0$ 时，$y/h' \approx 1.5495$，将 $h'=\delta/0.44$ 代入得 $y/\delta=3.5216$，则

$$y = 3.5216\delta = 3.5216\times0.185\left(\frac{k_s}{x}\right)^{0.2}x = 0.6515\left(\frac{k_s}{x}\right)^{0.2}x \tag{2-47}$$

将式(2-47)和式(2-32)代入式(2-46)得

$$h_f = \int_{L_1}^{L_2} \left(\frac{\tau_0}{\rho g y} + \frac{2\tau_0}{\rho g B} \right) dx = \frac{0.03 A^2 v_1^2 L}{g} \int_{L_1}^{L_2} \left(\frac{1}{x^2} + \frac{1.3 k_s^{0.2}}{B x^{1.2}} \right) dx \qquad (2\text{-}48)$$

对式(2-48)积分得

$$h_f = \frac{0.03 A^2 v_1^2 L}{g} \left[-\frac{1}{x} - \frac{1.3 k_s^{0.2}}{0.2 B x^{0.2}} \right]_{L_1}^{L_2} \qquad (2\text{-}49)$$

下面确定积分区域，对于 L_2 显然应该取水跃长度 L_j，对于 L_1 理论上应该取 0，但如果取为 0，积分无意义。Rajaratnam[8]在对光滑壁面附壁射流的研究中，认为在附壁射流中存在一个紊流核心区 x_0，此区的长度约为 x_0/h_1=20，Myers 等[9]的研究为 $4 \leqslant x_0/h_1 \leqslant 14$，在紊流核心区以外，流速分布曲线才是相似的。对于波状床面也应该存在紊流核心区，但 Rajaratnam 和 Abbaspour 等均没有给出试验结果，分析认为，由于壁面粗糙度的影响，紊流核心区的范围可能会大大减小，这里取 x_0/h_1=1.0，所以积分下限 $L_1 = h_1$。对于 $x_0/h_1 < 1.0$ 范围内的水头损失统一归结为局部水头损失。这样式(2-49)可以写成

$$h_f = \frac{0.03 A^2 v_1^2 L}{g} \left\{ \frac{1}{h_1} - \frac{1}{L_j} + \frac{6.5}{B} \left[\left(\frac{k_s}{h_1} \right)^{0.2} - \left(\frac{k_s}{L_j} \right)^{0.2} \right] \right\} \qquad (2\text{-}50)$$

将式(2-27)代入式(2-50)，注意到 $Fr_1^2 = v_1^2/(gh_1)$，式(2-50)变为

$$h_f = 0.03 A^2 Fr_1^2 (1.74 Fr_1 + 3.62) h_1^2 \left\{ \frac{1}{h_1} - \frac{1}{L_j} + \frac{6.5}{B} \left[\left(\frac{k_s}{h_1} \right)^{0.2} - \left(\frac{k_s}{L_j} \right)^{0.2} \right] \right\} \qquad (2\text{-}51)$$

式中，水跃长度 L_j 用文献[10]的公式计算，即

$$L_j = 2.0264 (h_2 / k_s^{0.2})^{5/4} \qquad (2\text{-}52)$$

式中，h_2 为跃后水深，m。文献[10]已给出了理论计算公式，但该公式计算时需要试算或迭代计算，计算比较麻烦。Ead 和 Rajaratnam 通过试验给出的公式为 $h_2/h_1 = Fr_1$，Abbaspour 等给出的公式为 $h_2/h_1 = 1.1146 Fr_1$，Tokyay 给出的公式为 $h_2/h_1 = 1.1223 Fr_1 + 0.0365$。用 Ead 和 Rajaratnam 以及 Abbaspour 等的试验数据验证，3 个公式的最大误差分别为 17.2%、17%和 18.65%。现用 Ead 和 Rajaratnam 以及 Abbaspour 等的试验数据重新分析，给出一个显式公式为

$$\frac{h_2}{h_1} = 0.5487 Fr_1 [1 + \sqrt{1 + 4k_s / (h_1 Fr_1)}]^{0.95} \qquad (2\text{-}53)$$

式(2-53)适应的跃前断面弗劳德数 $Fr_1 = 3.98 \sim 10.02$。式中不仅考虑了跃前水深和跃前弗劳德数，而且考虑了粗糙度的影响，公式的最大误差为 9.45%。

在用式(2-51)计算波状床面水跃区的水头损失时，可以根据已知的跃前水深 h_1、跃前断面的弗劳德数 Fr_1 和波高 k_s，由式(2-53)计算跃后水深 h_2，用式(2-52)

计算水跃长度 L_j，对于系数 A，可取其加权平均值为 0.46，渠道宽度 B 已知，可由式(2-51)计算沿程水头损失。

2.5.2　波状床面水跃区的局部水头损失

水跃区的总水头损失为

$$E_j = h_1 + \frac{\alpha_1 v_1^2}{2g} - \left(h_2 + \frac{\alpha_2 v_2^2}{2g} \right) \tag{2-54}$$

假设跃前断面和跃后断面的动能修正系数均为 1.0，根据连续方程 $v_2 = v_1 h_1 / h_2 = v_1 / \eta$，$Fr_1^2 = v_1^2 / (gh_1)$，代入式(2-54)整理得

$$E_j = h_1 (\eta - 1) \left[\frac{Fr_1^2 (\eta + 1)}{2\eta^2} - 1 \right] \tag{2-55}$$

式中，$\eta = h_2 / h_1$ 为共轭水深比。

局部水头损失为总水头损失减去沿程水头损失，即

$$h_j = E_j - h_f = h_1 (\eta - 1) \left[\frac{Fr_1^2 (\eta + 1)}{2\eta^2} - 1 \right] - h_f \tag{2-56}$$

如果令

$$
\begin{aligned}
h_j &= \xi \left(\frac{v_1^2}{2g} - \frac{v_2^2}{2g} \right) = \xi \left(\frac{v_1^2 h_1}{2gh_1} - \frac{v_1^2 h_1}{2gh_1 \eta^2} \right) = \xi \frac{v_1^2 h_1}{2gh_1} \left(1 - \frac{1}{\eta^2} \right) \\
&= \xi \frac{h_1}{2} Fr_1^2 \left(1 - \frac{1}{\eta^2} \right) = \xi \frac{h_1}{2\eta^2} Fr_1^2 (\eta^2 - 1)
\end{aligned} \tag{2-57}
$$

则局部阻力系数为

$$\xi = \frac{h_j}{h_1 Fr_1^2 (\eta^2 - 1) / (2\eta^2)} = \frac{h_1 (\eta - 1)[Fr_1^2 (\eta + 1) / (2\eta^2) - 1] - h_f}{h_1 Fr_1^2 (\eta^2 - 1) / (2\eta^2)} \tag{2-58}$$

下面用 Ead 和 Rajaratnam 以及 Abbaspour 等的试验资料来分析沿程水头损失、局部水头损失、局部阻力系数和消能率随弗劳德数的变化关系。

图 2-8 为相对沿程水头损失 h_f / E_j、相对局部水头损失 h_j / E_j 与弗劳德数 Fr_1 的关系。从图中可以看出，相对局部水头损失大于相对沿程水头损失，说明水跃区的水头损失仍以局部水头损失为主。从图 2-8 中还可以看出，相对局部水头损失随着弗劳德数的增大稍有减小，而相对沿程水头损失随着弗劳德数的增大而稍有增大，说明随着弗劳德数的增大，沿程水头损失所占的比重逐渐增大。

图 2-9 为局部阻力系数 ξ 与弗劳德数 Fr_1 的关系。从图中可以看出，在弗劳德数 $Fr_1 \leqslant 8.0$ 以前，局部阻力系数 ξ 随弗劳德数 Fr_1 的增大而增大，当 $Fr_1 > 8.0$ 以后，局部阻力系数变化很小，几乎为一常数。

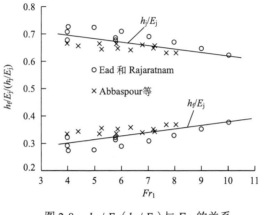

图 2-8　h_f / E_j（h_j / E_j）与 Fr_1 的关系

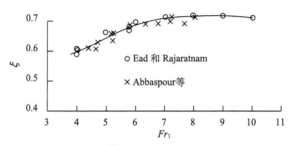

图 2-9　局部阻力系数 ξ 与弗劳德数 Fr_1 的关系

　　图 2-10 为波状床面的消能率与弗劳德数的关系。从图中可以看出，随着跃前断面弗劳德数的增加，水跃的消能率增加。图中还绘出了光滑壁面的消能率，可以看出，波状床面的消能效果的确大于光滑壁面的消能效果，在弗劳德数 $Fr_1 = 3.98 \sim 10.02$，平均消能率提高了 7% 左右。

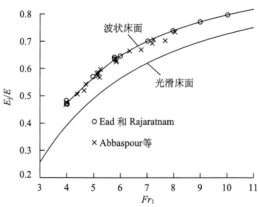

图 2-10　波状床面消能率 E_j / E 随 Fr_1 的变化规律

参 考 文 献

[1] Ead S A, Rajaratnam N. Hydraulic jumps on corrugated beds[J]. Journal of Hydraulic Engineering, 2002, 128(7)：656-663.

[2] Abbaspour A, Hosseinzadeh A D, Farsadizadeh D, et al. Effect of sinusoidal corrugated bed on hydraulic jump characteristics[J]. Journal of Hydroenvir Rescource, 2009, (3)：109-117.

[3] 程香菊, 陈永灿. 波浪形底板上水跃的数值模拟[J]. 水利学报, 2005, 36(10)：1252-1257.

[4] Ead S A, Rajaratnam N. Plane Turbulent wall jets on rough boundaries with limited tailwater[J]. Journal of Engineering Mechanics, 2004, 130(10)：1245-1250.

[5] Schlichting H. 边界层理论[M]. 徐燕候, 徐立功, 徐书轩, 译. 北京：科学出版社, 1988：735-737.

[6] 鲍叶 W J. 陡坡上的紊流边界层[M]. 周模仁, 译. 北京：科学出版社, 1958：186-213.

[7] 陈椿庭, 蒋国干. 水工模型试验[M]. 2 版. 北京：水利电力出版社, 1985：340-346.

[8] Rajaratnam N. Turbulent Jets [M]. Amsterdam: Elsevier Scientific Publishing Company, 1976：211-225.

[9] Myers G E, Schauer J J, Eustis R H. Plane turbulent wall jet flow development and friction[J]. Journal of Basic Engineering ASME, 1963, 85(1)：47-53.

[10] 张志昌, 傅铭焕, 李若冰. 波状床面消力池共轭水深和水跃长度的计算[J]. 水力发电学报, 2014, 33(5)：120-127.

第3章 矩形明渠粗糙壁面水跃的水力特性

3.1 矩形明渠粗糙壁面水跃的研究现状

矩形明渠粗糙壁面水跃有别于一般的粗糙壁面水跃，前者是指人为地在水跃区的底板上加设粗糙块(底部粗糙)，如砾石、横条、方块、波形底部，或做成各种不同形式的粗糙面；后者是指一般的混凝土壁面。

近年来，国外开始研究人工粗糙壁面水跃的水力特性，如第2章提到的波状床面。2007年，文献[1]通过试验研究了在水跃区底板上设置密排砾石的水跃特性，研究的粗糙度范围(模型)为0~3.2cm，结果表明，随着粗糙度的增加，共轭水深比减小，水跃长度减小。2008年，文献[2]在结合河道改建工程中，在消力池底板采用不均匀糙度的新型消能形式，试验表明，不均匀糙度床面的共轭水深比和水跃长度比密排粗糙面更为减小，说明此种消能形式有更好的消能效果。

我国在人工粗糙床面消力池的研究方面有少量成果，1993年，文献[3]研究了壁面摩阻力对水跃的影响。2005年，文献[4]利用 k-ε 紊流模型和体积率跟踪自由水面的方法，模拟了波浪形底板上非恒定的水跃发展过程，计算结果与试验资料基本相符。

本研究在文献[1]和[5]对密排加糙消力池水跃特性试验的基础上，分析密排加糙水跃的共轭水深、水跃旋滚长度、水跃长度和壁面平均切应力随弗劳德数、跃前断面水深、跃后断面水深和壁面粗糙度的变化规律，给出人工密排加糙壁面(以下简称人工粗糙壁面)水跃的共轭水深、水跃旋滚长度、水跃长度、壁面平均切应力和壁面阻力的计算方法，并通过算例说明计算过程。

3.2 矩形明渠粗糙壁面水跃共轭水深的试验分析

本节根据 Hughes 和 Flack [5]对密排砾石粗糙壁面消力池的试验成果，研究密排加糙消力池的共轭水深和水跃长度的计算方法。

密排加糙消力池如图 3-1 所示。图中 h_1 和 h_2 分别为跃前和跃后断面水深，m；L_j 为水跃长度，m；k_s 为粗糙高度，m；v_1 和 v_2 分别为跃前和跃后断面的平均流速，m/s；F 为壁面阻力，N。对矩形断面的跃前和跃后断面写动量方程，可得

$$\frac{1}{2}\gamma h_1^2 - \frac{1}{2}\gamma h_2^2 - F = \frac{\gamma}{g}q(v_2 - v_1) \tag{3-1}$$

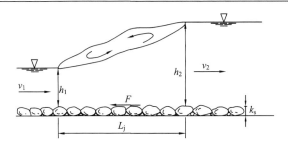

图 3-1　密排砾石的加糙消力池示意图

如果假定 $F = 0$，则得著名的 Belanger 水跃共轭水深公式为

$$\eta = \frac{1}{2}(\sqrt{1+8Fr_1^2} - 1) \tag{3-2}$$

但对于粗糙壁面，如果忽略了壁面阻力，将会带来很大的误差。所以在加糙消力池中，必须考虑壁面阻力的影响。

根据 Leutheusser 和 Kartha[6] 的研究，粗糙壁面水跃共轭水深的公式为

$$(h_2 / h_1)^2 + h_2 / h_1 - 2Fr_1^2(1+\varepsilon) = 0$$

式中，ε 为不均匀流速分布的修正系数。文献[5]研究结果表明，ε 与跃前断面动量修正系数 β_1、跃首处脉动水流的动量通量系数 I_1、跃首处压力非线性分布系数 K_1、壁面切应力 $\tau_0(x)$、水跃长度 L_j、跃前和跃后断面水深有关。ε 的表达式为

$$\varepsilon = (\beta_1 - 1) + \frac{\sqrt{f_1 f_2}}{8}\left(\frac{2.5L_j}{h_2}\right)\frac{h_2 / h_1}{h_2 / h_1 - 1}$$

式中，f_1 和 f_2 分别为跃前断面和跃后断面处考虑壁面和边墙的总摩擦系数。但文献[5]没有给出计算 f_1 和 f_2 的方法，无法计算水跃的共轭水深。

文献[5]和[1]对加糙消力池的共轭水深进行了试验，现将试验结果进行整理，得到水跃的共轭水深比 h_2 / h_1 与跃前断面弗劳德数 Fr_1 的关系如图 3-2 所示，可以看出，在同一弗劳德数的情况下，随着壁面粗糙度的增加，共轭水深比减小，说明壁面粗糙度对减小跃后水深有重要的作用。

2007 年，文献[1]研究了密排加糙床面共轭水深的计算方法，提出的计算公式为

$$\frac{h_2}{h_1} = \frac{1}{2}\left\{-1 + \sqrt{1+8\left[1-\frac{2}{\pi}\arctan\left(0.8\left(\frac{k_s}{h_1}\right)^{0.75}\right)\right]Fr_1^2}\right\} \tag{3-3}$$

经计算，该公式的平均误差为 4.68%，有 28 组数据误差超过 10%。2009 年，文献[1]的作者又发表了题为 New solution of classical hydraulic jump[7] 的新文章，文献中重新提出了水跃共轭水深的计算公式，该公式为

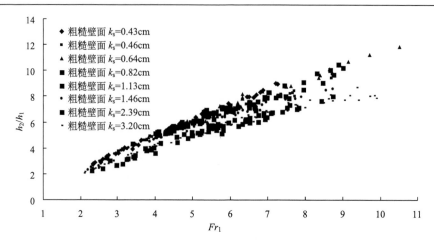

图 3-2　共轭水深比 h_2/h_1 与弗劳德数 Fr_1 的关系

$$\frac{h_2}{h_1} - 1 = \sqrt{2}\left[\exp\left(\frac{-k_s}{h_k}\right)\right](Fr_1 - 1)^{0.963} \qquad (3\text{-}4)$$

但文献[7]的作者并不是应用文献[1]自己的数据进行验证的，而是应用了其他粗糙度 k_s 分别为 0.56cm、0.99cm、1.53cm 和 1.90cm 的 128 组数据。在进行系数分析时，还引进了 Carollo 等的试验资料，连同自己的试验共 451 组数据，结果表明，公式的平均误差为 5.4%，有 21 组数据的误差超过 15%。

可见，密排加糙消力池的水跃共轭水深计算还不够成熟，为此本节根据文献[5]的试验成果，对水跃共轭水深分析如下。

将式(3-2)变形为

$$\frac{h_2}{h_1} = \frac{1}{2}(\sqrt{1 + 8\alpha Fr_1^2} - 1) \qquad (3\text{-}5)$$

式中，α 为考虑壁面粗糙度的系数，该系数需通过试验确定。

根据表 3-1 的试验结果，得出 αFr_1^2 与 $(h_1 + k_s)/(h_2 Fr_1^2)$ 的关系如图 3-3 所示，由图中可得

$$\alpha = \frac{0.9298}{Fr_1^{0.6674}}\left(\frac{h_2}{h_1 + k_s}\right)^{0.6663} \qquad (3\text{-}6)$$

将式(3-6)代入式(3-5)得

$$\frac{h_2}{h_1} = \frac{1}{2}\left(\sqrt{1 + \frac{7.4384 Fr_1^{1.3326}}{(h_1 + k_s)^{0.6663}} h_2^{0.6663}} - 1\right) \qquad (3\text{-}7)$$

式(3-7)中考虑了跃前断面水深、弗劳德数和壁面粗糙度的影响。用式(3-7)计算的跃后水深与实测的跃后水深相比较如表 3-1 所示。用式(3-7)计算的跃后水

深平均误差为 3.77%，在总共 94 组数据中只有 3 组误差超过 10%。可见，除个别点误差较大外，绝大多数的计算结果与实测结果是吻合的。

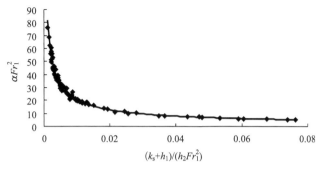

图 3-3　αFr_1^2 与 $(h_1 + k_s)/(h_2 Fr_1^2)$ 的关系

式 (3-7) 计算的误差虽然不大，但必须通过迭代求解，计算过程相对复杂，现将文献[5]和[1]的 408 组试验数据重新分析，得到共轭水深比与弗劳德数和相对粗糙度的关系如图 3-4 所示。

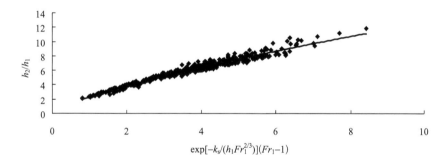

图 3-4　共轭水深比与弗劳德数和相对粗糙度的关系

由图 3-4 可得共轭水深比的关系为

$$\frac{h_2}{h_1} = 2.2978 \left[\exp\left(\frac{-k_s}{h_1 Fr_1^{2/3}} \right) \right]^{0.7409} (Fr_1 - 1)^{0.7409} \tag{3-8}$$

对式 (3-8) 用文献[5]和[1]的 408 组数据验证，平均误差为 4.25%，只有 24 组数据误差超过 10%。

3.3　矩形明渠粗糙壁面的水跃长度和旋滚长度的试验分析

文献[1]给出了密排加糙消力池水跃旋滚长度的公式。水跃旋滚长度与水跃长度是有区别的，水跃长度的末端取在跃后水流比较平稳的流段，而旋滚长度则取在水跃刚刚结束的末端断面，旋滚长度短于水跃长度。文献[5]给出了水跃长度的试验数据，如表 3-1 所示，但未给出水跃长度的计算公式。目前对加糙消力池水跃长度的研究成果还很少。

表 3-1　　用式(3-7)和式(3-9)计算的跃后水深和水跃长度与文献[5]的实测值比较

k_s/m	q /[m³/(s·m)]	实测 h_1/m	Fr_1	式(3-7) h_2/m	实测 h_2/m	误差 /%	实测 L_j/m	式(3-9) L_j/m	误差 /%
0.0043	0.045	0.033	2.400	0.095	0.096	−0.926	0.427	0.466	9.281
0.0043	0.045	0.031	2.610	0.100	0.098	1.119	0.457	0.491	7.318
0.0043	0.048	0.030	2.960	0.110	0.106	3.238	0.488	0.549	12.568
0.0043	0.047	0.027	3.400	0.117	0.106	9.527	0.579	0.591	2.068
0.0043	0.047	0.026	3.560	0.118	0.112	6.158	0.610	0.604	−0.956
0.0043	0.045	0.030	2.730	0.101	0.096	4.637	0.488	0.499	2.340
0.0043	0.045	0.034	2.340	0.093	0.094	−0.209	0.427	0.455	6.658
0.0043	0.045	0.032	2.550	0.098	0.091	6.925	0.457	0.481	5.138
0.0043	0.040	0.028	2.710	0.092	0.094	−1.393	0.488	0.456	−6.549
0.0043	0.041	0.030	2.550	0.091	0.088	2.636	0.457	0.446	−2.542
0.0043	0.042	0.029	2.770	0.097	0.098	−1.504	0.488	0.480	−1.500
0.0043	0.043	0.026	3.200	0.105	0.106	−1.680	0.579	0.526	−9.187
0.0043	0.043	0.027	3.040	0.102	0.098	4.776	0.488	0.511	4.847
0.0043	0.043	0.033	2.340	0.091	0.088	2.565	0.427	0.442	3.532
0.0043	0.035	0.018	4.680	0.107	0.108	−0.532	0.579	0.556	−4.050
0.0043	0.032	0.018	4.300	0.097	0.097	0.693	0.549	0.500	−8.954
0.0043	0.038	0.014	7.260	0.131	0.126	4.470	0.732	0.712	−2.736
0.0043	0.038	0.015	6.630	0.128	0.119	7.688	0.640	0.687	7.341
0.0043	0.038	0.020	4.440	0.110	0.110	0.000	0.579	0.571	−1.325
0.0043	0.037	0.017	5.240	0.117	0.116	1.124	0.640	0.615	−3.961
0.0043	0.037	0.018	5.080	0.115	0.113	1.486	0.671	0.604	−9.984
0.0043	0.037	0.014	7.220	0.130	0.126	3.112	0.701	0.707	0.830
0.0043	0.038	0.015	6.700	0.129	0.122	6.192	0.610	0.696	14.180
0.0043	0.040	0.016	5.970	0.127	0.122	4.403	0.640	0.678	5.952
0.0043	0.039	0.016	5.950	0.127	0.123	3.258	0.701	0.676	−3.638
0.0043	0.041	0.016	6.510	0.134	0.126	5.763	0.732	0.722	−1.350
0.0043	0.040	0.016	6.460	0.133	0.126	4.881	0.732	0.715	−2.286

续表

k_s/m	q /[m³/(s·m)]	实测 h_1/m	Fr_1	式(3-7) h_2/m	实测 h_2/m	误差 /%	实测 L_j/m	式(3-9) L_j/m	误差 /%
0.0043	0.040	0.015	6.810	0.134	0.127	5.529	0.762	0.728	−4.496
0.0043	0.041	0.015	6.880	0.136	0.130	4.945	0.762	0.737	−3.282
0.0043	0.041	0.021	4.360	0.116	0.115	0.849	0.610	0.599	−1.693
0.0043	0.041	0.023	3.640	0.108	0.109	−0.682	0.518	0.549	5.885
0.0064	0.037	0.021	3.840	0.099	0.103	−3.888	0.518	0.494	−4.646
0.0064	0.037	0.015	6.330	0.117	0.119	−1.175	0.579	0.606	4.557
0.0064	0.037	0.015	6.330	0.117	0.125	−5.996	0.671	0.606	−9.700
0.0064	0.037	0.019	4.600	0.106	0.104	1.621	0.549	0.534	−2.578
0.0064	0.032	0.011	9.150	0.115	0.114	0.675	0.640	0.592	−7.451
0.0064	0.032	0.015	5.720	0.100	0.106	−5.248	0.549	0.508	−7.338
0.0064	0.032	0.016	4.800	0.095	0.098	−3.371	0.518	0.476	−8.192
0.0064	0.039	0.017	5.400	0.115	0.104	10.395	0.457	0.587	28.482
0.0064	0.038	0.023	3.480	0.097	0.100	−3.342	0.457	0.481	5.189
0.0064	0.038	0.017	5.350	0.114	0.106	7.375	0.488	0.581	19.089
0.0064	0.038	0.016	6.300	0.120	0.112	6.902	0.518	0.617	19.126
0.0064	0.038	0.016	5.780	0.116	0.117	−0.435	0.579	0.597	3.089
0.0064	0.038	0.017	5.350	0.114	0.114	−0.376	0.579	0.581	0.287
0.0064	0.037	0.015	6.330	0.117	0.121	−2.908	0.610	0.606	−0.651
0.0064	0.038	0.012	9.700	0.135	0.130	3.762	0.640	0.709	10.831
0.0064	0.038	0.013	8.370	0.130	0.121	7.100	0.579	0.678	17.129
0.0064	0.038	0.011	10.500	0.137	0.130	5.812	0.671	0.725	8.178
0.0064	0.032	0.018	4.350	0.094	0.096	−2.126	0.488	0.470	−3.692
0.0064	0.032	0.012	7.500	0.112	0.110	2.014	0.549	0.576	4.976
0.0064	0.032	0.016	5.040	0.098	0.099	−1.064	0.518	0.493	−4.798
0.0064	0.032	0.011	8.640	0.115	0.114	1.202	0.579	0.596	2.903
0.0064	0.033	0.017	4.860	0.098	0.102	−3.803	0.518	0.494	−4.637
0.0064	0.039	0.016	6.050	0.120	0.115	4.085	0.549	0.617	12.399
0.0064	0.038	0.019	4.600	0.108	0.107	0.543	0.518	0.545	5.169
0.0064	0.039	0.016	6.200	0.120	0.119	1.101	0.579	0.620	7.120
0.0064	0.038	0.013	8.400	0.130	0.124	5.129	0.579	0.681	17.636
0.0064	0.038	0.015	6.850	0.122	0.123	−0.606	0.610	0.633	3.799

k_s/m	q /[m³/(s·m)]	实测 h_1/m	Fr_1	式(3-7) h_2/m	实测 h_2/m	误差 /%	实测 L_j/m	式(3-9) L_j/m	误差 /%
0.0064	0.038	0.016	6.100	0.118	0.111	6.408	0.610	0.608	−0.236
0.0064	0.038	0.014	7.620	0.127	0.121	5.000	0.549	0.663	20.771
0.0064	0.039	0.016	5.880	0.118	0.116	2.270	0.518	0.610	17.672
0.0064	0.038	0.019	4.700	0.108	0.108	0.286	0.488	0.549	12.548
0.0064	0.038	0.019	4.800	0.109	0.108	0.795	0.457	0.552	20.800
0.0113	0.045	0.018	6.080	0.123	0.123	−0.112	0.610	0.605	−0.798
0.0113	0.045	0.017	6.730	0.126	0.127	−0.647	0.610	0.621	1.870
0.0113	0.045	0.016	7.290	0.129	0.128	0.263	0.640	0.633	−1.174
0.0113	0.045	0.018	6.210	0.123	0.127	−2.963	0.579	0.606	4.699
0.0113	0.045	0.016	6.910	0.127	0.131	−3.236	0.579	0.625	7.956
0.0113	0.043	0.016	6.630	0.119	0.119	−0.383	0.640	0.581	−9.294
0.0113	0.043	0.016	6.980	0.120	0.123	−2.696	0.640	0.586	−8.506
0.0113	0.044	0.019	5.200	0.112	0.113	−1.317	0.549	0.548	−0.204
0.0113	0.045	0.016	6.690	0.123	0.114	7.327	0.518	0.602	16.117
0.0113	0.045	0.019	5.570	0.116	0.116	0.069	0.549	0.570	3.816
0.0113	0.044	0.014	8.470	0.130	0.127	2.377	0.610	0.637	4.567
0.0113	0.044	0.015	7.950	0.128	0.133	−3.839	0.640	0.628	−1.930
0.0113	0.044	0.014	8.760	0.131	0.133	−1.434	0.640	0.643	0.451
0.0113	0.044	0.014	8.670	0.130	0.138	−6.174	0.732	0.635	−13.159
0.0113	0.044	0.013	9.000	0.131	0.137	−4.179	0.732	0.643	−12.097
0.0113	0.042	0.016	6.660	0.117	0.113	2.804	0.549	0.569	3.716
0.0113	0.040	0.014	7.480	0.117	0.115	1.380	0.610	0.568	−6.827
0.0113	0.040	0.016	6.520	0.111	0.117	−5.258	0.579	0.541	−6.643
0.0113	0.039	0.015	7.040	0.112	0.122	−8.187	0.610	0.545	−10.644
0.0113	0.039	0.013	8.310	0.117	0.128	−8.667	0.671	0.568	−15.356
0.0113	0.039	0.012	8.880	0.119	0.131	−9.720	0.762	0.573	−24.754
0.0113	0.039	0.018	5.300	0.103	0.120	−13.901	0.671	0.503	−25.003
0.0113	0.043	0.021	4.410	0.105	0.111	−5.274	0.549	0.515	−6.149
0.0113	0.043	0.021	4.600	0.107	0.116	−8.031	0.579	0.522	−9.868
0.0113	0.043	0.018	5.780	0.114	0.127	−10.379	0.640	0.557	−12.979
0.0113	0.043	0.015	7.450	0.122	0.132	−7.435	0.671	0.598	−10.747

k_s/m	q /[m³/(s·m)]	实测 h_1/m	Fr_1	式(3-7) h_2/m	实测 h_2/m	误差 /%	实测 L_j/m	式(3-9) L_j/m	误差 /%
0.0113	0.043	0.017	5.990	0.116	0.126	−8.054	0.579	0.568	−1.965
0.0113	0.043	0.019	5.400	0.112	0.120	−6.523	0.579	0.549	−5.190
0.0113	0.043	0.020	4.880	0.108	0.113	−4.600	0.579	0.529	−8.720
0.0113	0.043	0.020	4.660	0.106	0.114	−6.846	0.579	0.520	−10.177
0.0113	0.043	0.016	6.510	0.119	0.120	−0.861	0.579	0.583	0.617

3.3.1　水跃长度

根据文献[5]表 3-1 中实测的水跃长度，笔者给出了相对水跃长度 $L_jFr_1/(h_1+h_2)$ 与 $h_1/(h_2+k_s)$ 的关系如图3-5所示。由图3-5可得水跃长度的计算公式为

$$L_j = 2.3148\frac{h_1+h_2}{Fr_1}\left(\frac{h_2+k_s}{h_1}\right)^{1.2045} \tag{3-9}$$

式(3-9)即为粗糙壁面水跃长度的计算公式，公式中考虑因数比较全面，既有跃前跃后断面水深，又有跃前断面弗劳德数和壁面粗糙度。用式(3-9)计算的水跃长度与实测结果比较如表 3-1 所示，可以看出计算结果与大多数实测结果是吻合的，式(3-9)计算的水跃长度平均误差为 7.43%。其中少数点的计算值与实测值相差较大，主要是由于水流的脉动，跃尾位置不稳定，给测量带来了困难，使得测量结果可能会出现较大的不确定性。

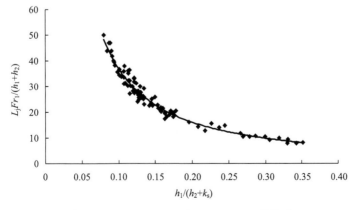

图 3-5　$L_jFr_1/(h_1+h_2)$ 与 $h_1/(h_2+k_s)$ 的关系

3.3.2　水跃旋滚长度

对于水跃的旋滚长度，1932 年和 1937 年，Pietrkowski 和 Smetana 提出的计算公式为

$$L_r = a h_1 (h_2 / h_1 - 1.0) \tag{3-10}$$

Smetana 给出的 $a = 6$，Citrini 给出的 $a = 5.5$，Mavis、Luksch 和 Hager 给出的 $a = 5.2$。文献[1]的作者给出的 $a = 4.616$。

1990 年，Hughes 给出水跃旋滚长度的计算公式为

$$L_r = 8 h_1 (Fr_1 - 1.5) \tag{3-11}$$

2004 年，Carollo 和 Ferro 给出了水跃旋滚长度的两个计算式，即

$$L_r = b h_1 (h_1 / h_2)^{-1.272} \tag{3-12}$$

$$L_r = c h_1 (Fr_1 - 1) \tag{3-13}$$

文献[1]的作者根据 Hughes 和 Flack[5]、Hager 以及自己的试验资料，给出其中的系数 $b = 2.244$，$c = 6.525\exp(-0.6 k_s / h_1)$。

文献[1]根据Hughes和Flack以及自己的试验共544组数据，分析了式(3-10)(取系数为 $a = 4.616$)和式(3-12)，前者的平均误差为 13.6%，其中有 34 组的误差超过了 30%；后者的平均误差为 12.6%，31 组的误差超过了 30%。但以上两式中均未考虑粗糙度的影响，公式似不完善。对于式(3-13)，根据文献[1]的分析，公式的平均误差为 12.3%，544 组数据有 37 组的误差超过了 30%。

笔者用文献[1]的公式验证了文献[1]的试验资料，其粗糙度的范围为 $k_s = $ 0.46cm、0.82cm、1.46cm、2.39cm、3.2cm，共 277 组数据，分析结果表明，式(3-13)的平均误差为 15%，误差大于 10%的有 179 组，其中 10%~20%的 110 组，20%~30%的有 45 组，30%~40%的有 15 组，40%~50%的有 7 组，误差大于 50%的有 2 组。由此可见，用式(3-13)计算水跃的旋滚长度误差较大。

笔者对文献[1]的 277 组试验数据重新分析，得到水跃旋滚长度 $(L_r + k_s) / [(h_1 + h_2)(Fr_1^{1.5} - 1)^2]$ 与 $(Fr_1^{1.01} - 1)^2$ 的关系如图 3-6 所示，由图可得

$$\frac{L_r + k_s}{(h_1 + h_2)(Fr_1^{1.5} - 1)^2} = 0.9782(Fr_1^{1.01} - 1)^{-2.5035} \tag{3-14}$$

整理得

$$L_r = 0.9782(Fr_1^{1.01} - 1)^{-2.5035}(h_1 + h_2)(Fr_1^{1.5} - 1)^2 - k_s \tag{3-15}$$

式(3-15)的平均误差为 4.25%，超过 10%的有 54 组，期中只有 20 组超过了 15%。可见用式(3-15)计算水跃旋滚长度的精度明显高于文献[1]给出的公式。

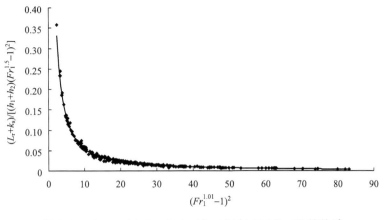

图 3-6 $(L_{\text{r}} + k_{\text{s}}) / [(h_1 + h_2)(Fr_1^{1.5} - 1)^2]$ 与 $(Fr_1^{1.01} - 1)^2$ 的关系

为了分析水跃长度与水跃旋滚长度之间的关系，对文献[5]的试验数据分析得到水跃相对长度 $(L_{\text{j}} + k_{\text{s}}) / [(h_1 + h_2)(Fr_1^{1.5} - 1)^2]$ 与 $(Fr_1^{1.01} - 1)^2$ 的关系为

$$\frac{L_{\text{j}} + k_{\text{s}}}{(h_1 + h_2)(Fr_1^{1.5} - 1)^2} = 1.2621(Fr_1^{1.01} - 1)^{-2.4417}$$

整理得

$$L_{\text{j}} = 1.2621(Fr_1^{1.01} - 1)^{-2.4417}(h_1 + h_2)(Fr_1^{1.5} - 1)^2 - k_{\text{s}} \qquad (3\text{-}16)$$

式(3-16)的平均误差为 7.16%，超过 10%的有 28 组，其中有 6 组数据误差大于 15%且小于 20%。

比较式(3-15)和式(3-16)得水跃长度与水跃旋滚长度的关系为

$$L_{\text{j}} = 1.3(L_{\text{r}} + k_{\text{s}})(Fr_1^{1.01} - 1)^{0.0618} - k_{\text{s}} \qquad (3\text{-}17)$$

3.4 粗糙壁面水跃区的壁面阻力

在通常粗糙度时，由于壁面阻力 F 较小，所以忽略了这个数值。当有人工加糙时，阻力的损失将相当大，不考虑是不可以的。设水跃区的壁面阻力为

$$F = C_{\text{f}} \gamma h_1^2 / 2 \qquad (3\text{-}18)$$

式中，C_{f} 为壁面阻力系数。

分析文献[5]和[1]的数据，得到 $y_2 = C_{\text{f}} \exp[-0.2k_{\text{s}} / (h_1 Fr_1^{2/3})]$ 和 $y_1 = \ln[1 - (h_2 / h_1)^2 + 2Fr_1^2]$ 的关系如图 3-7 所示，由图可得

$$C_{\text{f}} = 0.0494 \exp\left(\frac{0.2k_{\text{s}}}{h_1 Fr_1^{2/3}}\right)\left\{\ln\left[1 - \left(\frac{h_2}{h_1}\right)^2 + 2Fr_1^2\right]\right\}^{4.8269} \qquad (3\text{-}19)$$

式(3-19)的相关系数 $R^2=0.956$。

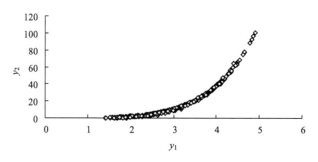

图 3-7　y_1 与 y_2 关系

设人工粗糙壁面阻力为

$$F = \overline{\tau}_0 \chi L_j \tag{3-20}$$

式中，$\overline{\tau}_0$ 为壁面平均切应力，N/m^2；χL_j 为壁面的面积，m^2。由于消力池仅在底部加糙，所以湿周 $\chi = b$，对于单位宽度，$\chi L_j = 1 \times L_j = L_j$，比较式(3-18)和式(3-20)得

$$\overline{\tau}_0 = \frac{1}{2L_j} C_f \gamma h_1^2 \tag{3-21}$$

将式(3-19)代入式(3-21)得

$$\overline{\tau}_0 = \frac{0.0494}{2L_j} \gamma h_1^2 \exp\left(\frac{0.2k_s}{h_1 Fr_1^{2/3}}\right) \left\{ \ln\left[1 - \left(\frac{h_2}{h_1}\right)^2 + 2Fr_1^2 \right] \right\}^{4.8269} \tag{3-22}$$

例 3.1　已知壁面粗糙度 $k_s = 1.13\,\text{cm}$，粗糙壁面的跃前水深 $h_1 = 1.8\,\text{cm}$，单宽流量为 $q = 0.0455\,\text{m}^3/(\text{s}\cdot\text{m})$，求跃后水深 h_2、水跃旋滚长度 L_r、水跃长度 L_j、壁面阻力系数 C_f 和壁面平均切应力 τ_0。

解：

$$Fr_1 = q / \sqrt{gh_1^3} = 0.0455 / \sqrt{9.8 \times 0.018^3} = 6.02$$

$$h_2 = 2.2978 h_1 \left[\exp\left(\frac{-k_s}{h_1 Fr_1^{2/3}}\right) \right]^{0.7409} (Fr_1 - 1)^{0.7409} = 11.88(\text{cm})$$

$$L_r = 0.9782(Fr_1^{1.01} - 1)^{-2.5035}(h_1 + h_2)(Fr_1^{1.5} - 1)^2 - k_s = 41.22(\text{cm})$$

$$L_j = 1.3(L_r + k_s)(Fr_1^{1.01} - 1)^{0.0618} - k_s = 59.78(\text{cm})$$

$$C_f = 0.0494 \exp\left(\frac{0.2k_s}{h_1 Fr_1^{2/3}}\right) \left\{ \ln\left[1 - \left(\frac{h_2}{h_1}\right)^2 + 2Fr_1^2 \right] \right\}^{4.8269} = 18.824$$

$$\overline{\tau}_0 = \frac{1}{2L_j} C_f \gamma h_1^2 = 49.99(\text{N/m}^2)$$

模型实测跃后水深 $h_2 = 12.31\text{cm}$，相差 3.5%，水跃长度为 $L_j = 60.96\text{cm}$，相差 1.94%，壁面阻力系数 $C_f = 17.248$，相差 9.14%。

用例 3.1 的已知参数，可求得一般混凝土壁面水跃的跃后水深和水跃长度，即

$$h_2' = 0.5h_1(\sqrt{1 + 8Fr_1^2} - 1) = 14.45(\text{cm})$$

$$L_j' = 9.4(Fr_1 - 1)h_1 = 82.23(\text{cm})$$

与一般混凝土壁面相比，人工粗糙壁面消力池的跃后水深减小了 $(h_2' - h_2) / h_2' \times 100\% = 17.79\%$，水跃长度减小了 $(L_j' - L_j) / L_j' \times 100\% = 26.35\%$。

3.5　粗糙壁面水跃的消能率

自由水跃的消能量由式(3-23)计算：

$$\Delta E = \left(h_1 + \frac{v_1^2}{2g}\right) - \left(h_2 + \frac{v_2^2}{2g}\right) = h_1\left(1 + \frac{v_1^2}{2gh_1}\right) - h_2\left(1 + \frac{v_2^2}{2gh_2}\right) \tag{3-23}$$

消能率为

$$K_j = \frac{\Delta E}{E_1} = \left[\left(h_1 + \frac{v_1^2}{2g}\right) - \left(h_2 + \frac{v_2^2}{2g}\right)\right] \bigg/ \left(h_1 + \frac{v_1^2}{2g}\right) \tag{3-24}$$

对于矩形断面，$1 + v_1^2 / (2gh_1) = 1 + Fr_1^2 / 2$，$h_1v_1 = h_2v_2$，代入式(3-24)整理得

$$K_j = 1 - \frac{2(h_2 / h_1)^3 + Fr_1^2}{(h_2 / h_1)^2(2 + Fr_1^2)} \tag{3-25}$$

式(3-25)即为矩形断面水跃消能率的计算公式。对于粗糙壁面，将式(3-9)代入式(3-25)，即可得到粗糙壁面的消能率。为了比较，现将粗糙壁面和光滑壁面计算的消能率与弗劳德数的关系绘入图 3-8。可以看出，随着壁面粗糙度的增加，水跃区的消能率增加。在表 3-1 所示的试验结果中，粗糙壁面的消能率比光滑壁面增加了 2%～15%，可见在水跃区增加壁面粗糙度有很好的消能效果。

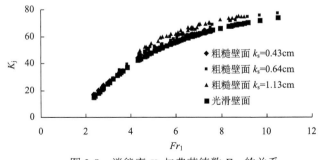

图 3-8　消能率 K_j 与弗劳德数 Fr_1 的关系

3.6 公 式 验 证

式(3-7)是用文献[5]的试验数据得到的,为了验证式(3-7)的通用性,现根据文献[1]对粗糙壁面的试验数据来计算跃后水深。文献[1]试验的粗糙度共有5组,分别为$k_s = 0.46$ cm,0.82cm,1.46cm,2.39cm,3.2cm。由于文献[1]中的试验组粗糙度为$k_s = 0.46$cm与文献[5]试验组粗糙度为$k_s = 0.43$cm相近,这里不再计算。现将粗糙度为$k_s = 0.82$ cm,1.46cm,2.39cm,3.2cm 计算的跃后水深与实测的跃后水深比较结果列于表3-2。可以看出,除个别点误差较大外,其余计算结果与实测值的误差均较小,平均误差为4.43%。个别点误差较大的原因可能与测量时的水面波动、跃后水深难以测准有关,但绝大多数试验结果与计算结果是吻合的,说明式(3-7)是可靠的。

表 3-2 式(3-7)计算跃后水深与文献[1]实测跃后水深比较

k_s/m	h_1/m	Fr_1	q/[m³/(s·m)]	实测 h_2/m	式(3-7) h_2/m	误差/%
0.0082	0.0326	4.00	0.0737	0.1674	0.1616	−3.49
0.0082	0.0322	4.07	0.0736	0.1682	0.1625	−3.37
0.0082	0.0383	4.10	0.0962	0.2022	0.1986	−1.78
0.0082	0.0269	4.27	0.0590	0.1387	0.1402	1.09
0.0082	0.0365	4.39	0.0958	0.1951	0.2035	4.33
0.0082	0.0379	4.45	0.1028	0.2114	0.2154	1.88
0.0082	0.0307	4.49	0.0756	0.1760	0.1722	−2.14
0.0082	0.0358	4.51	0.0956	0.1909	0.2053	7.56
0.0082	0.0295	4.51	0.0715	0.1643	0.1655	0.74
0.0082	0.0374	4.56	0.1032	0.2109	0.2182	3.46
0.0082	0.0300	4.64	0.0755	0.1723	0.1741	1.07
0.0082	0.0338	4.69	0.0912	0.1947	0.2013	3.41
0.0082	0.0258	4.71	0.0611	0.1557	0.1494	−4.03
0.0082	0.0285	4.75	0.0715	0.1620	0.1688	4.21
0.0082	0.0248	4.76	0.0582	0.1406	0.1445	2.81
0.0082	0.0283	5.03	0.0750	0.1698	0.1785	5.13
0.0082	0.0281	5.06	0.0746	0.1722	0.1783	3.54
0.0082	0.0313	5.19	0.0900	0.1928	0.2069	7.32
0.0082	0.0265	5.25	0.0709	0.1616	0.1738	7.57

续表

k_s/m	h_1/m	Fr_1	$q/[m^3/(s \cdot m)]$	实测 h_2/m	式 (3-7) h_2/m	误差/%
0.0082	0.0193	5.31	0.0446	0.1251	0.1223	−2.21
0.0082	0.0211	5.34	0.0512	0.1445	0.1365	−5.52
0.0082	0.0150	5.37	0.0309	0.1050	0.0920	−12.41
0.0082	0.0233	5.46	0.0608	0.1563	0.1568	0.34
0.0082	0.0227	5.53	0.0592	0.1522	0.1544	1.43
0.0082	0.0219	5.56	0.0564	0.1479	0.1490	0.76
0.0082	0.0188	5.79	0.0467	0.1330	0.1306	−1.82
0.0082	0.0174	5.86	0.0421	0.1245	0.1209	−2.92
0.0082	0.0135	5.89	0.0289	0.0921	0.0898	−2.50
0.0082	0.0216	5.93	0.0589	0.1489	0.1575	5.76
0.0082	0.0158	5.97	0.0371	0.1105	0.1101	−0.40
0.0082	0.0134	6.02	0.0292	0.0918	0.0912	−0.69
0.0082	0.0169	6.05	0.0416	0.1182	0.1210	2.33
0.0082	0.0156	6.13	0.0374	0.1101	0.1116	1.37
0.0082	0.0168	6.51	0.0444	0.1265	0.1302	2.90
0.0082	0.0127	6.51	0.0292	0.0908	0.0931	2.55
0.0082	0.0125	6.64	0.0291	0.0898	0.0934	3.96
0.0082	0.0157	6.91	0.0426	0.1225	0.1282	4.66
0.0082	0.0159	7.02	0.0441	0.1325	0.1324	−0.08
0.0082	0.0150	7.21	0.0415	0.1188	0.1272	7.05
0.0082	0.0150	7.32	0.0421	0.1211	0.1293	6.75
0.0082	0.0145	7.56	0.0413	0.1142	0.1286	12.58
0.0082	0.0142	7.96	0.0422	0.1210	0.1326	9.56
0.0082	0.0528	2.80	0.1063	0.1606	0.1806	12.45
0.0082	0.0438	3.40	0.0976	0.1897	0.1855	−2.23
0.0146	0.0568	2.21	0.0937	0.1317	0.1375	4.41
0.0146	0.0549	2.30	0.0926	0.1369	0.1392	1.67
0.0146	0.0544	2.34	0.0929	0.1314	0.1408	7.14
0.0146	0.0522	2.51	0.0937	0.1378	0.1467	6.45
0.0146	0.0519	2.52	0.0933	0.1542	0.1465	−4.99
0.0146	0.0500	2.60	0.0910	0.1473	0.1458	−1.00
0.0146	0.0527	2.76	0.1045	0.1757	0.1667	−5.10

续表

k_s/m	h_1/m	Fr_1	q/[m³/(s·m)]	实测 h_2/m	式(3-7) h_2/m	误差/%
0.0146	0.0522	2.77	0.1034	0.1700	0.1656	−2.58
0.0146	0.0475	2.80	0.0907	0.1456	0.1507	3.52
0.0146	0.0506	2.93	0.1044	0.1807	0.1712	−5.26
0.0146	0.0476	3.17	0.1031	0.1817	0.1754	−3.45
0.0146	0.0469	3.24	0.1030	0.1858	0.1771	−4.70
0.0146	0.0471	3.26	0.1043	0.1842	0.1792	−2.73
0.0146	0.0462	3.30	0.1026	0.1856	0.1779	−4.17
0.0146	0.0451	3.44	0.1031	0.1871	0.1817	−2.90
0.0146	0.0443	3.49	0.1019	0.1895	0.1811	−4.45
0.0146	0.0443	3.51	0.1025	0.1876	0.1822	−2.86
0.0146	0.0398	3.63	0.0902	0.1791	0.1675	−6.45
0.0146	0.0416	3.87	0.1028	0.1879	0.1899	1.07
0.0146	0.0398	3.97	0.0987	0.1862	0.1859	−0.18
0.0146	0.0370	4.03	0.0898	0.1756	0.1738	−1.04
0.0146	0.0390	4.06	0.0979	0.1863	0.1863	0.00
0.0146	0.0345	4.10	0.0822	0.1696	0.1634	−3.66
0.0146	0.0369	4.11	0.0912	0.1850	0.1772	−4.20
0.0146	0.0397	4.12	0.1020	0.1942	0.1934	−0.42
0.0146	0.0363	4.16	0.0901	0.1826	0.1763	−3.45
0.0146	0.0363	4.16	0.0901	0.1745	0.1762	1.00
0.0146	0.0382	4.17	0.0975	0.1887	0.1875	−0.61
0.0146	0.0339	4.18	0.0817	0.1632	0.1636	0.26
0.0146	0.0373	4.38	0.0988	0.1871	0.1930	3.14
0.0146	0.0368	4.43	0.0979	0.1915	0.1924	0.48
0.0146	0.0376	4.45	0.1016	0.2042	0.1983	−2.88
0.0146	0.0347	4.45	0.0900	0.1856	0.1806	−2.68
0.0146	0.0331	4.75	0.0895	0.1810	0.1840	1.66
0.0146	0.0266	4.77	0.0648	0.1495	0.1426	−4.59
0.0146	0.0307	4.85	0.0817	0.1625	0.1724	6.09
0.0146	0.0347	5.00	0.1012	0.2025	0.2060	1.72
0.0146	0.0300	5.05	0.0821	0.1702	0.1756	3.16
0.0146	0.0338	5.19	0.1010	0.2006	0.2083	3.84

k_s/m	h_1/m	Fr_1	q/[m³/(s·m)]	实测 h_2/m	式(3-7) h_2/m	误差/%
0.0146	0.0289	5.29	0.0814	0.1695	0.1769	4.38
0.0146	0.0268	5.67	0.0779	0.1808	0.1747	−3.36
0.0146	0.0293	5.74	0.0901	0.1923	0.1969	2.40
0.0146	0.0263	5.79	0.0773	0.1684	0.1748	3.83
0.0146	0.0271	5.87	0.0820	0.1756	0.1840	4.76
0.0146	0.0260	5.87	0.0770	0.1668	0.1751	4.95
0.0146	0.0306	5.99	0.1004	0.2073	0.2173	4.80
0.0146	0.0283	6.05	0.0902	0.1904	0.2003	5.18
0.0146	0.0263	6.09	0.0813	0.1758	0.1848	5.15
0.0146	0.0254	6.15	0.0779	0.1659	0.1792	8.02
0.0146	0.0229	6.23	0.0676	0.1538	0.1604	4.29
0.0146	0.0254	6.35	0.0805	0.1753	0.1856	5.90
0.0146	0.0252	6.47	0.0810	0.1714	0.1877	9.51
0.0146	0.0232	6.49	0.0718	0.1671	0.1705	2.01
0.0146	0.0269	6.54	0.0903	0.1946	0.2054	5.53
0.0146	0.0263	6.64	0.0887	0.1827	0.2033	11.25
0.0146	0.0216	6.80	0.0676	0.1498	0.1645	9.79
0.0146	0.0243	6.86	0.0813	0.1788	0.1915	7.13
0.0146	0.0256	6.97	0.0894	0.1935	0.2075	7.23
0.0146	0.0213	7.35	0.0715	0.1695	0.1760	3.83
0.0146	0.0211	7.48	0.0718	0.1642	0.1773	7.99
0.0146	0.0205	7.74	0.0711	0.1602	0.1776	10.88
0.0146	0.0198	7.90	0.0689	0.1576	0.1740	10.42
0.0146	0.0184	8.56	0.0669	0.1561	0.1734	11.06
0.0146	0.0177	8.74	0.0644	0.1522	0.1689	11.00
0.0239	0.0208	6.93	0.0651	0.1294	0.1410	8.99
0.0239	0.0204	6.98	0.0637	0.1304	0.1386	6.31
0.0239	0.0198	7.09	0.0618	0.1334	0.1357	1.71
0.0239	0.0248	7.12	0.0871	0.1672	0.1821	8.89
0.0239	0.0198	7.39	0.0645	0.1346	0.1420	5.51
0.0239	0.0217	7.52	0.0753	0.1542	0.1630	5.70
0.0239	0.0188	7.58	0.0612	0.1385	0.1365	−1.45

k_s/m	h_1/m	Fr_1	$q/[\mathrm{m^3/(s \cdot m)}]$	实测 h_2/m	式(3-7) h_2/m	误差/%
0.0239	0.0234	7.77	0.0871	0.1642	0.1861	13.31
0.0239	0.0211	7.84	0.0752	0.1503	0.1645	9.47
0.0239	0.0180	8.43	0.0637	0.1375	0.1448	5.34
0.0239	0.0175	8.74	0.0633	0.1405	0.1452	3.34
0.0239	0.0539	2.31	0.0905	0.1211	0.1264	4.37
0.0239	0.0438	3.14	0.0901	0.1224	0.1443	17.87
0.0239	0.0428	3.24	0.0898	0.1342	0.1457	8.56
0.0239	0.0456	3.29	0.1003	0.1454	0.1602	10.20
0.0239	0.0449	3.42	0.1019	0.1514	0.1647	8.80
0.0239	0.0410	3.46	0.0899	0.1331	0.1496	12.42
0.0239	0.0447	3.47	0.1027	0.1551	0.1667	7.47
0.0239	0.0387	3.75	0.0894	0.1533	0.1533	0.00
0.0239	0.0416	3.78	0.1004	0.1600	0.1690	5.65
0.0239	0.0411	3.90	0.1017	0.1587	0.1728	8.87
0.0239	0.0407	3.97	0.1020	0.1643	0.1743	6.09
0.0239	0.0372	4.00	0.0898	0.1349	0.1576	16.79
0.0239	0.0372	4.15	0.0932	0.1646	0.1644	−0.09
0.0239	0.0333	4.58	0.0871	0.1621	0.1607	−0.85
0.0239	0.0275	4.59	0.0655	0.1220	0.1268	3.92
0.0239	0.0355	4.77	0.0999	0.1805	0.1822	0.94
0.0239	0.0295	4.87	0.0772	0.1404	0.1482	5.58
0.0239	0.0328	4.98	0.0926	0.1720	0.1735	0.90
0.0239	0.0348	4.99	0.1014	0.1777	0.1871	5.30
0.0239	0.0266	5.00	0.0679	0.1330	0.1340	0.78
0.0239	0.0340	5.15	0.1011	0.1766	0.1884	6.71
0.0239	0.0239	5.19	0.0600	0.1219	0.1220	0.08
0.0239	0.0280	5.23	0.0767	0.1460	0.1506	3.12
0.0239	0.0318	5.25	0.0932	0.1694	0.1773	4.65
0.0239	0.0245	5.42	0.0651	0.1298	0.1323	1.92
0.0239	0.0312	5.43	0.0937	0.1777	0.1798	1.20
0.0239	0.0324	5.45	0.0995	0.1798	0.1892	5.25
0.0239	0.0297	5.48	0.0878	0.1655	0.1709	3.25

k_s/m	h_1/m	Fr_1	q/[m³/(s·m)]	实测 h_2/m	式(3-7) h_2/m	误差/%
0.0239	0.0252	5.50	0.0689	0.1432	0.1394	−2.63
0.0239	0.0291	5.52	0.0858	0.1682	0.1679	−0.17
0.0239	0.0271	5.54	0.0774	0.1533	0.1542	0.56
0.0239	0.0250	5.57	0.0689	0.1406	0.1400	−0.43
0.0239	0.0230	5.63	0.0615	0.1313	0.1274	−3.00
0.0239	0.0230	5.63	0.0615	0.1237	0.1274	2.95
0.0239	0.0226	5.68	0.0604	0.1266	0.1257	−0.68
0.0239	0.0265	5.68	0.0767	0.1551	0.1541	−0.64
0.0239	0.0243	5.72	0.0678	0.1398	0.1391	−0.49
0.0239	0.0235	5.77	0.0651	0.1211	0.1346	11.14
0.0239	0.0234	5.81	0.0651	0.1338	0.1349	0.82
0.0239	0.0242	5.82	0.0686	0.1333	0.1411	5.85
0.0239	0.0258	5.82	0.0755	0.1400	0.1531	9.35
0.0239	0.0293	5.96	0.0936	0.1751	0.1845	5.39
0.0239	0.0287	6.12	0.0932	0.1778	0.1852	4.19
0.0239	0.0230	6.22	0.0679	0.1312	0.1424	8.54
0.0239	0.0213	6.32	0.0615	0.1253	0.1313	4.78
0.0239	0.0245	6.39	0.0767	0.1491	0.1591	6.70
0.0239	0.0292	6.42	0.1003	0.1826	0.1995	9.28
0.0239	0.0265	6.48	0.0875	0.1633	0.1785	9.30
0.0239	0.0215	6.53	0.0644	0.1285	0.1378	7.25
0.0239	0.0259	6.53	0.0852	0.1638	0.1749	6.76
0.0239	0.0235	6.75	0.0761	0.1536	0.1603	4.36
0.0239	0.0202	6.76	0.0608	0.1215	0.1321	8.72
0.0239	0.0230	6.89	0.0752	0.1549	0.1595	2.99
0.0239	0.0214	6.89	0.0675	0.1403	0.1454	3.64
0.0239	0.0497	2.61	0.0905	0.1210	0.1339	10.63
0.0239	0.0455	2.98	0.0905	0.1214	0.1418	16.79
0.0320	0.0627	2.10	0.1032	0.1276	0.1260	−1.29
0.0320	0.0624	2.11	0.1030	0.1333	0.1261	−5.42
0.0320	0.0578	2.36	0.1027	0.1366	0.1328	−2.75
0.0320	0.0573	2.39	0.1026	0.1383	0.1336	−3.39
0.0320	0.0544	2.48	0.0985	0.1326	0.1314	−0.92
0.0320	0.0541	2.49	0.0981	0.1346	0.1312	−2.55

续表

k_s/m	h_1/m	Fr_1	q/[m³/(s·m)]	实测 h_2/m	式(3-7) h_2/m	误差/%
0.0320	0.0538	2.52	0.0984	0.1343	0.1323	−1.51
0.0320	0.0551	2.52	0.1020	0.1391	0.1362	−2.06
0.0320	0.0534	2.64	0.1020	0.1442	0.1390	−3.57
0.0320	0.0506	2.75	0.0980	0.1419	0.1369	−3.51
0.0320	0.0489	2.89	0.0978	0.1454	0.1396	−3.98
0.0320	0.0488	2.89	0.0975	0.1485	0.1392	−6.25
0.0320	0.0448	3.27	0.0971	0.1550	0.1456	−6.08
0.0320	0.0441	3.36	0.0974	0.1563	0.1475	−5.63
0.0320	0.0426	3.51	0.0966	0.1568	0.1489	−5.03
0.0320	0.0393	3.85	0.0939	0.1609	0.1501	−6.70
0.0320	0.0398	3.89	0.0967	0.1605	0.1544	−3.78
0.0320	0.0406	3.93	0.1006	0.1610	0.1603	−0.47
0.0320	0.0398	3.98	0.0989	0.1680	0.1586	−5.58
0.0320	0.0389	4.02	0.0966	0.1621	0.1560	−3.79
0.0320	0.0391	4.07	0.0985	0.1692	0.1592	−5.89
0.0320	0.0389	4.17	0.1002	0.1630	0.1628	−0.14
0.0320	0.0373	4.42	0.0997	0.1643	0.1652	0.52
0.0320	0.0360	4.67	0.0999	0.1711	0.1683	−1.67
0.0320	0.0329	4.78	0.0893	0.1619	0.1540	−4.85
0.0320	0.0323	5.22	0.0949	0.1635	0.1664	1.77
0.0320	0.0332	5.33	0.1009	0.1703	0.1765	3.65
0.0320	0.0316	5.39	0.0948	0.1704	0.1678	−1.54
0.0320	0.0328	5.41	0.1006	0.1760	0.1767	0.41
0.0320	0.0298	5.53	0.0891	0.1597	0.1601	0.28
0.0320	0.0286	5.57	0.0843	0.1669	0.1531	−8.28
0.0320	0.0276	5.80	0.0833	0.1597	0.1530	−4.17
0.0320	0.0303	5.86	0.0968	0.1809	0.1747	−3.42
0.0320	0.0305	6.01	0.1002	0.1752	0.1813	3.46
0.0320	0.0281	6.03	0.0889	0.1636	0.1636	0.00
0.0320	0.0272	6.29	0.0883	0.1730	0.1644	−4.95
0.0320	0.0270	6.36	0.0883	0.1685	0.1649	−2.14
0.0320	0.0292	6.39	0.0998	0.1819	0.1835	0.87

续表

k_s/m	h_1/m	Fr_1	q/[m³/(s·m)]	实测 h_2/m	式(3-7)h_2/m	误差/%
0.0320	0.0283	6.47	0.0964	0.1860	0.1787	−3.93
0.0320	0.0253	6.61	0.0833	0.1519	0.1581	4.11
0.0320	0.0273	6.65	0.0939	0.1750	0.1758	0.45
0.0320	0.0213	6.69	0.0651	0.1350	0.1276	−5.48
0.0320	0.0227	6.74	0.0722	0.1491	0.1400	−6.07
0.0320	0.0234	6.95	0.0779	0.1602	0.1509	−5.83
0.0320	0.0275	6.99	0.0998	0.1858	0.1875	0.94
0.0320	0.0240	7.11	0.0828	0.1577	0.1600	1.44
0.0320	0.0225	7.35	0.0777	0.1527	0.1524	−0.20
0.0320	0.0252	7.51	0.0940	0.1729	0.1812	4.78
0.0320	0.0193	7.53	0.0632	0.1451	0.1275	−12.10
0.0320	0.0187	7.73	0.0619	0.1375	0.1258	−8.49
0.0320	0.0219	7.74	0.0785	0.1609	0.1557	−3.24
0.0320	0.0254	7.78	0.0986	0.1846	0.1903	3.09
0.0320	0.0254	7.80	0.0988	0.1788	0.1908	6.72
0.0320	0.0191	7.84	0.0648	0.1319	0.1315	−0.30
0.0320	0.0231	7.99	0.0878	0.1647	0.1730	5.03
0.0320	0.0207	8.12	0.0757	0.1594	0.1522	−4.49
0.0320	0.0194	8.49	0.0718	0.1459	0.1466	0.46
0.0320	0.0173	8.61	0.0613	0.1355	0.1275	−5.87
0.0320	0.0200	8.66	0.0767	0.1622	0.1560	−3.81
0.0320	0.0171	8.71	0.0610	0.1305	0.1272	−2.56
0.0320	0.0196	9.04	0.0777	0.1512	0.1591	5.26
0.0320	0.0202	9.18	0.0825	0.1628	0.1685	3.50
0.0320	0.0180	9.37	0.0708	0.1565	0.1476	−5.69
0.0320	0.0180	9.41	0.0711	0.1390	0.1483	6.68
0.0320	0.0158	9.71	0.0604	0.1271	0.1286	1.16
0.0320	0.0163	9.83	0.0640	0.1317	0.1360	3.24
0.0320	0.0163	9.89	0.0644	0.1283	0.1368	6.66

以上研究是在前人对密排加糙消力池试验研究的基础上进行的。研究表明，密排加糙消力池的共轭水深为弗劳德数和相对粗糙度的函数；水跃长度与跃前和跃后断面水深、跃前断面弗劳德数和壁面粗糙度有关，随着壁面粗糙度的增大而

减小；消能率随着壁面粗糙度的增加而增加，说明粗糙壁面消力池有更高的消能效果，建议在工程中推广应用。

3.7　粗糙壁面水跃共轭水深的理论探讨

上面研究的水跃共轭水深是以试验为基础得出的。由于目前尚没有粗糙壁面水跃区的流速分布公式，对水跃共轭水深的理论计算带来了一定的困难。

假定粗糙壁面的壁面切应力系数仍可用第 2 章式(2-9)计算，最大流速可以用波状床面的最大流速式(2-5)计算，壁面阻力用式(2-26)计算，式中积分上限仍取水跃旋滚长度 L_r，L_r 用经验公式(3-15)计算，积分下限的 δ_0 稍作调整，取为 $\delta_0 = 0.025L$。以此来计算粗糙壁面水跃的共轭水深，计算结果如表 3-3 和表 3-4 所示，其中表 3-3 实测数据来源于文献[5]，表 3-4 实测数据来源于文献[1]，由于文献[1]数据较多，这里只比较和本文数值计算(见 3.8 节)所取的数据。从表中可以看出，用 Schlichting 的壁面切应力系数公式(2-9)、波状床面的最大流速分布公式(2-5)以及本章的经验公式(3-15)计算粗糙壁面的水跃共轭水深，其精度满足一般工程设计要求，但更精确的理论计算，还有待粗糙壁面水跃区流速分布和壁面切应力的研究成果。

表 3-3　跃后水深计算与实测值比较

k_s/m	h_1/m	Fr_1	计算 h_2/m	实测 h_2/m	误差/%	C_f
0.0043	0.026	3.56	0.109	0.112	−3.043	2.834
0.0043	0.032	2.55	0.092	0.091	1.406	1.179
0.0043	0.027	3.04	0.095	0.098	−3.387	1.915
0.0043	0.015	6.63	0.118	0.119	−1.191	16.251
0.0043	0.020	4.44	0.105	0.110	−4.619	5.391
0.0043	0.017	5.24	0.105	0.116	−9.176	8.646
0.0043	0.018	5.08	0.108	0.113	−4.142	7.822
0.0043	0.014	7.22	0.119	0.126	−5.499	20.662
0.0043	0.016	5.95	0.113	0.123	−8.347	12.112
0.0043	0.016	6.51	0.124	0.126	−1.908	15.116
0.0064	0.021	3.84	0.092	0.103	−10.350	4.450
0.0064	0.019	4.60	0.101	0.104	−3.026	7.172
0.0064	0.011	9.15	0.111	0.114	−2.206	49.205
0.0064	0.023	3.48	0.091	0.100	−8.760	3.379

续表

k_s/m	h_1/m	Fr_1	计算 h_2/m	实测 h_2/m	误差/%	C_f
0.0064	0.017	5.35	0.105	0.114	−7.940	10.861
0.0064	0.015	6.33	0.109	0.121	−9.914	17.302
0.0064	0.012	9.70	0.130	0.130	−0.086	54.636
0.0064	0.011	10.50	0.127	0.130	−2.324	69.144
0.0064	0.018	4.35	0.090	0.096	−6.605	6.436
0.0064	0.012	7.50	0.101	0.110	−7.988	29.023
0.0064	0.016	5.04	0.092	0.099	−6.704	9.679
0.0064	0.011	8.64	0.106	0.114	−7.450	42.736
0.0064	0.016	6.10	0.113	0.111	1.407	15.349
0.0113	0.018	6.08	0.121	0.123	−1.848	18.925
0.0113	0.016	6.63	0.115	0.119	−3.043	24.721
0.0113	0.019	5.20	0.109	0.113	−3.446	12.687
0.0113	0.019	5.57	0.117	0.116	1.039	14.938
0.0113	0.014	8.47	0.126	0.127	−0.890	47.691
0.0113	0.015	7.95	0.128	0.133	−3.579	39.528
0.0113	0.013	9.00	0.122	0.137	−10.759	57.328
0.0113	0.014	7.48	0.112	0.115	−2.983	35.350
0.0113	0.015	7.04	0.114	0.122	−6.723	29.502
0.0113	0.021	4.41	0.102	0.111	−7.798	8.164
0.0113	0.017	5.99	0.111	0.126	−11.511	18.804
0.0113	0.016	6.51	0.113	0.120	−5.602	23.664

表 3-4　跃后水深计算与实测值比较

k_s/cm	h_1/cm	Fr_1	计算 h_2/cm	实测 h_2/cm	误差/%	计算 L_r/cm	实测 L_r/cm	误差/%	C_f
3.2	4.48	3.27	15.009	15.500	−3.169	53.440	52	2.768	4.779
3.2	3.60	4.67	17.375	17.110	1.548	59.105	61	−3.107	12.287
3.2	2.72	6.29	16.881	17.300	−2.421	58.018	59	−1.665	28.860
3.2	2.31	7.99	17.313	16.470	5.120	61.599	59	4.404	55.471
3.2	2.02	9.18	16.386	16.280	0.652	59.899	57	5.086	82.964
2.39	3.33	4.58	16.307	16.210	0.598	55.802	60	−6.997	10.405
2.39	3.12	5.43	18.127	17.770	2.010	62.152	66	−5.831	16.064
2.39	2.14	6.89	14.751	14.030	5.142	51.419	48	7.123	34.654

续表

k_s/cm	h_1/cm	Fr_1	计算 h_2/cm	实测 h_2/cm	误差/%	计算 L_r/cm	实测 L_r/cm	误差/%	C_f
2.39	1.98	7.39	14.340	13.460	6.537	50.460	49	2.980	42.691
2.39	1.80	8.43	14.393	13.750	4.674	51.837	48	7.993	61.420
1.46	4.76	3.17	16.891	18.170	−7.039	61.504	66	−6.813	2.842
1.46	3.73	4.38	18.581	18.710	−0.687	64.326	66	−2.536	6.850
1.46	3.00	5.05	17.061	17.020	0.241	58.776	61	−3.645	10.694
1.46	2.54	6.35	17.989	17.530	2.618	62.782	60	4.636	20.099
1.46	1.77	8.74	16.339	15.220	7.350	59.778	58	3.066	52.016

3.8　粗糙壁面水跃水力特性的数值模拟和验证

上面介绍了粗糙壁面消力池水跃水力特性的试验研究成果,但物理模型试验不仅费工费时,而且也不经济。随着计算机的发展以及 CFD 计算软件的日益完善,为消力池的水力计算提供了一种快捷有效的途径。1993 年,刘清朝和陈椿庭[8]采用标准 k-ε 双方程模型,引入 VOF 模型对二维水跃进行了数值计算,成功地揭示了紊流变量沿程以及随时间的变化规律和水跃的非恒定流本质。2004 年,戴会超和王玲玲[9]用 VOF 方法跟踪非恒定自由液体表面,利用标准 k-ε 双方程紊流模型,成功模拟了进口弗劳德数为 8.19,淹没度为 0.24 的闸下出流后的淹没水跃。2012 年,张春财和杜宇[10]在研究低弗劳德数水跃紊流的水力特性时,采用 VOF 方法处理闸门上、下游水流表面,用二维 RNG k-ε 紊流数学模型,对低弗劳德数(2.0~4.5)水跃进行了数值模拟,研究了低弗劳德数水跃的跃后水深、水跃长度及流速分布,并用物理模型进行了验证。2005 年,程香菊和陈永灿[4]利用 k-ε 紊流模型和体积率跟踪自由水面的方法,模拟了 5 种工况下正弦波状消力池底板上的水跃发展过程,数值模拟结果包括自由表面位置、流速分布、旋滚长度以及水跃长度。但是到目前为止,还未看到有关密排砾石粗糙面水跃水力特性的数值模拟结果,所以本节拟通过对密排砾石粗糙壁面水跃的数值模拟,研究粗糙壁面的水跃特性,主要包括粗糙壁面水跃区的流速分布、壁面阻力、压强分布、紊动能和紊动耗散率、水跃的共轭水深、水跃的旋滚长度和水跃长度。

3.8.1　数值模型

采用标准 k-ε 双方程紊流模型,来模拟粗糙壁面水跃的水力特性,其水流控制方程如下[11]。

连续性方程

$$\frac{\partial \rho}{\partial t} + \frac{\partial \rho u_i}{\partial x_i} = 0 \tag{3-26}$$

动量方程

$$\frac{\partial (\rho u_i)}{\partial t} + \frac{\partial (\rho u_i u_j)}{\partial x_j} = -\frac{\partial p}{\partial x_i} + \frac{\partial}{\partial x_j}\left[(\mu + \mu_t)\left(\frac{\partial u_i}{\partial x_j} + \frac{\partial u_j}{\partial x_i}\right)\right] + \rho F_i \tag{3-27}$$

k 方程

$$\frac{\partial (\rho k)}{\partial t} + \frac{\partial (\rho u_i k)}{\partial x_i} = \frac{\partial}{\partial x_i}\left[\left(\mu + \frac{\mu_t}{\sigma_k}\right)\frac{\partial k}{\partial x_i}\right] + \mu_t\left(\frac{\partial \mu_i}{\partial x_j} + \frac{\partial \mu_j}{\partial x_i}\right)\frac{\partial \mu_i}{\partial x_j} - \rho \varepsilon \tag{3-28}$$

ε 方程

$$\frac{\partial (\rho \varepsilon)}{\partial t} + \frac{\partial (\rho u_i \varepsilon)}{\partial x_i} = \frac{\partial}{\partial x_i}\left[\left(\mu + \frac{\mu_t}{\sigma_\varepsilon}\right)\frac{\partial \varepsilon}{\partial x_i}\right] + c_1\frac{\varepsilon}{k}\mu_t\left(\frac{\partial \mu_i}{\partial x_j} + \frac{\partial \mu_j}{\partial x_i}\right)\frac{\partial \mu_i}{\partial x_j} - c_2\rho\frac{\varepsilon^2}{k} \tag{3-29}$$

式中，ρ 为水流的密度，kg/m³；t 为时间，s；x_i、x_j 为直角坐标系的方向，下标 $i=1,2$，$j=1,2$，1,2 分别表示 x、y 方向；u_i、u_j 为 i、j 方向的流速，m/s；p 为动水压强，N/m²；μ 为水流的动力黏滞系数，N·s/m²；$\mu_t = \rho c_\mu k^2 / \varepsilon$ 为紊流黏性系数，N·s/m²；$c_\mu = 0.09$；F_i 为单位体积力，N，$F_1 = 0$，$F_2 = -g$；σ_k、σ_ε 分别为水流紊动能 k、耗散率 ε 的紊流普朗特数，$\sigma_k = 1$，$\sigma_\varepsilon = 1.3$；c_1 和 c_2 均为 ε 方程常数，$c_1 = 1.44$，$c_2 = 1.92$。

3.8.2　模型的建立

采用文献[1]的试验模型，该模型长 14.4m，宽 0.6m，高 0.6m，消力池底部为密排砾石，试验的粗糙高度为 0~3.2cm，试验的跃前断面弗劳德数为 2.1~9.89，单宽流量为 0.06003~0.1046m³/(s·m)。由于实测最大水跃旋滚长度为 0.66m，所以计算模型的长度取为最大水跃旋滚长度的 4 倍左右，取计算段长度为 2.4m，高仍为 0.6m。为了计算方便，在计算模型中将密排砾石壁面转换为均匀的连续半圆形壁面，简称均匀密排砾石壁面，如图 3-9 所示。图中 x 位于水槽底部并指向

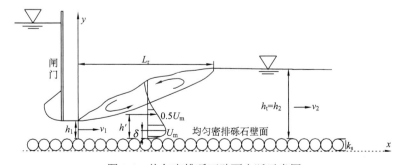

图 3-9　均匀密排砾石壁面水跃示意图

水流方向，y 位于水跃收缩断面并竖直向上。v_1 为跃前断面的平均流速，h_1 为跃前断面水深，h_2 为跃后水深，h_t 为下游水深，L_r 为水跃旋滚长度。U_m 为断面最大流速，h' 为断面上 $u=0.5U_m$ 处的高度，k_s 为粗糙高度，本节研究的粗糙高度分别为 3.2cm、2.39cm 和 1.46cm。

3.8.3　自由液面处理

水跃过程中水面波动较为剧烈，不宜采用刚盖假定或标高函数等方法进行自由表面的跟踪[12]，本研究用 VOF 方法进行水面跟踪。在每个单元中，水和气的体积分数之和为 1，即

$$\alpha_1 + \alpha_2 = 1 \tag{3-30}$$

式中，α_1 为某个控制单元中水所占体积的比率；α_2 为某个控制单元中空气所占体积的比率。对于某个计算单元，存在下面三种情况：$\alpha_1 = 1$ 时，表示该单元完全被水充满；$\alpha_1 = 0$ 时，表示该单元完全被空气充满；$0 < \alpha_1 < 1$ 时，表示该单元部分是水，部分是气，该单元内存在水气交界面。

3.8.4　初始条件和边界条件

控制方程的离散采用一阶迎风格式，对速度-压力耦合求解采用 PISO 算法。计算开始时，尾水水深等于实测的跃后水深。取收缩断面为进口断面，该断面的边界条件采用速度入口；出口条件采用压力出口，自由水面高度为实测跃后水深值；模型壁面采用标准壁面函数处理。计算的 15 种工况的参数如表 3-5 所示。

表 3-5　各计算工况参数表

工况	k_s/cm	h_1/cm	Fr_1	$q/[\text{m}^2/(\text{s} \cdot \text{m})]$	h_t/cm
I	3.20	4.48	3.27	0.097080	15.50
II	3.20	3.60	4.67	0.099858	17.11
III	3.20	2.72	6.29	0.088332	17.30
IV	3.20	2.31	7.99	0.087817	16.47
V	3.20	2.02	9.18	0.082505	16.28
VI	2.39	3.33	4.58	0.087125	16.21
VII	2.39	3.12	5.43	0.093680	17.77
VIII	2.39	2.14	6.89	0.067523	14.03
IX	2.39	1.98	7.39	0.064455	13.46
X	2.39	1.80	8.43	0.063731	13.75
XI	1.46	4.76	3.17	0.103058	18.17

续表

工况	k_s/cm	h_1/cm	Fr_1	q/[m²/(s·m)]	h_t/cm
XII	1.46	3.73	4.38	0.098776	18.71
XIII	1.46	3.00	5.05	0.082146	17.02
XIV	1.46	2.54	6.35	0.080471	17.53
XV	1.46	1.77	8.74	0.064429	15.22

3.8.5　模型网格

采用二维数值模拟，底部壁面采用三角形非结构网格，如图 3-10 所示。远离壁面区域，采用四边形结构网格。沿着水深方向，模型被分成 4 块，从床面开始到水面附近，网格密度越来越稀疏。

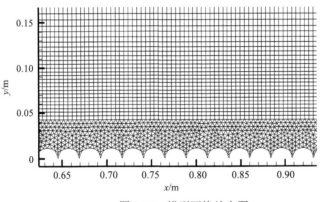

图 3-10　模型网格放大图

3.8.6　粗糙壁面水跃区的速度场

1. 断面流速分布

以工况 V 为例，图 3-11 给出了粗糙壁面消力池中各断面流速沿程分布情况。可以看出，在水跃旋滚区内，流速沿 y（水深方向）方向从零开始逐渐增大到最大流速 U_m，然后逐渐减小，一直到零。断面流速分布反映了水跃的特征，即主流在底部，表面为回流。

对流速分布进行无因次分析，以 u/U_m 为横坐标，y/h' 为纵坐标，结果如图 3-12 ~ 图 3-14 所示。图 3-12 绘入了表 3-5 中的工况 I ~ V，图 3-13 绘入了表 3-5 中的工况 VI ~ X，图 3-14 绘入了表 3-5 中的工况 XI ~ XV。可以看出，水跃区流速分布具有很好的相似性和分区性，流速分布将水跃区分为两个区域，即下部的边界层区和上部的混合区。边界层区域的流速分布 u/U_m 随着 y/h' 的增大而增大，当$u/U_m = 1.0$时，$y/h' \approx 0.5$，边界层厚度$\delta \approx 0.5h'$。在$y/h' > 0.5$以上的混合区，流速沿断面逐渐衰减，在主流区与旋滚区的交界面附近流速为零。

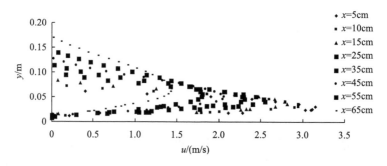

图 3-11　工况 Ⅴ 断面流速沿程分布

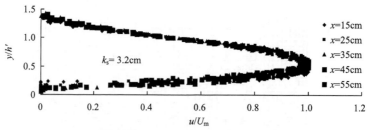

图 3-12　工况 Ⅰ～Ⅴ 断面流速分布图

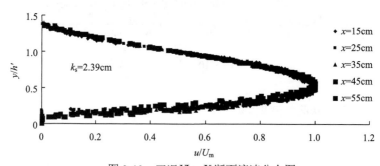

图 3-13　工况 Ⅵ～Ⅹ 断面流速分布图

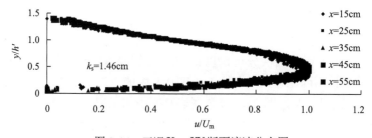

图 3-14　工况 Ⅹ～ⅩⅤ 断面流速分布图

　　对比第2章的图2-2可以看出，无论光滑壁面、波状床面还是粗糙壁面，流速分布均具有相似性。波状床面的边界层厚度 $\delta \approx 0.44h'$，本研究得到粗糙壁面的 $\delta \approx 0.5h'$，而光滑壁面的 $\delta \approx 0.16h'$，可以看出波状床面和粗糙壁面的边界层厚度远大于光滑壁面。在模拟的三种粗糙度情况下，得到主流与回流交界面，即零流速线到底部的相对距离 $y/h'=1.3\sim1.5$，与图2-2中给出的波状床面 $y/h'=1.4\sim1.6$ 接近。

　　根据图 3-12～图 3-14，对粗糙壁面 15 种工况下的流速分布进行分析，得到边界层区和混合区的流速分布如下。

　　混合区

$$\frac{u}{U_{\mathrm{m}}} = 2.583\left(\frac{y}{h'}\right)^3 - 7.7392\left(\frac{y}{h'}\right)^2 + 6.0994\frac{y}{h'} + 0.4483 \tag{3-31}$$

　　边界层区

$$\frac{u}{U_{\mathrm{m}}} = 1.0371\ln\frac{y}{h'} + 2.0893, \qquad 0 < \frac{y}{h'} < 0.25 \tag{3-32}$$

$$\frac{u}{U_{\mathrm{m}}} = 1.4869\left(\frac{y}{h'}\right)^{0.5492}, \qquad 0.25 < \frac{y}{h'} < 0.5 \tag{3-33}$$

　　将 $\delta \approx 0.5h'$ 代入式(3-32)和式(3-33)可得

$$\frac{u}{U_{\mathrm{m}}} = 1.0371\ln\frac{y}{\delta} + 1.3704, \qquad 0 < \frac{y}{\delta} < 0.5 \tag{3-34}$$

$$\frac{u}{U_{\mathrm{m}}} = 1.016\left(\frac{y}{\delta}\right)^{0.5492}, \qquad 0.5 < \frac{y}{\delta} < 1.0 \tag{3-35}$$

　　由以上分析可以看出，水跃区边界层内的流速分布比一般明渠复杂。在 $0 < y/\delta < 0.5$ 时，为对数分布，在 $0.5 < y/\delta < 1$ 时为指数分布，而一般明渠边界层内流速分布符合对数律。

　　2. 最大流速沿程分布

　　水跃旋滚区最大流速沿程分布如图 3-15 所示。图中 x/L 为横坐标，L 为最大流速 $U_{\mathrm{m}}/v_1 = 0.5$ 处距跃前断面的距离；$U_{\mathrm{m}}/\sqrt{gh_1}$ 为纵坐标。可以看出，不同弗劳德数情况下，相对最大流速 $U_{\mathrm{m}}/\sqrt{gh_1}$ 随 x/L 的分布规律基本一致。可以表示为

$$U_{\mathrm{m}}/\sqrt{gh_1} = a_1(x/L) + b_1 \tag{3-36}$$

式中，a_1、b_1 为跃前断面弗劳德数的函数，分别为

$$a_1 = 0.0573Fr_1^2 - 0.9594Fr_1 + 0.6154 \tag{3-37}$$

$$b_1 = 0.7258Fr_1 + 1.4167 \tag{3-38}$$

式(3-36)的平均误差为 5.0%，在 328 组数据中，误差在 20%～23%的有 3 组，误差在 10%～20%的有 37 组，其余 293 组误差均小于 10%。

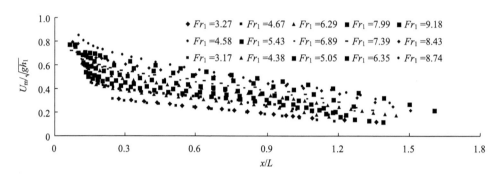

图 3-15　最大流速沿程分布图

各工况下的 L 值如表 3-6 所示，其与跃前断面弗劳德数、跃前水深和粗糙高度的关系为

$$L / h_1 = 3.9939 Fr_1 - 8.5 k_s / h_1 + 1.5634 \tag{3-39}$$

式(3-39)的平均误差为 9.82%。

表 3-6　各工况 L 值

工况	I	II	III	IV	V	VI	VII	VIII
L/cm	36.7	64.36	41.52	59.38	46.69	43.91	53.55	44.98
工况	IX	X	XI	XII	XIII	XIV	XV	
L/cm	42.4	39.83	40.47	56.84	49.61	58.05	48.58	

3.8.7　粗糙壁面水跃区的壁面阻力

1. 壁面切应力

以粗糙高度 k_s=2.39cm 为例，说明粗糙壁面水跃区壁面切应力的分布情况，如图 3-16 所示。可以看出，壁面切应力在跃首附近最大，最大值超过 200N/m²，沿水流方向逐渐减小，在 $x/h_1<4$ 范围内，壁面切应力的衰减速率最快，当 $x/h_1>4$ 时，壁面切应力的衰减速率开始逐渐变缓，到 x/h_1=7 时，壁面切应力减小到只占跃首部分的 2%～9%，当 $x/h_1>7$ 时，壁面切应力虽然仍有衰减，但其衰减程度已不显著，在水跃末端，壁面切应力最小。由此可知，在整个水跃段内，$x/h_1<7$ 范围内的壁面切应力对水流消能影响最大。

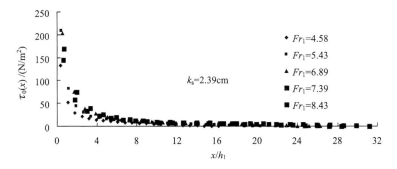

图 3-16　壁面切应力的沿程分布

相对切应力 $\tau_0(x)/(\rho v_1^2)$ 与 x/h_1 的关系如图 3-17 所示，图中两个小图为 $x/h_1 < 7$ 时的放大图，拟合关系为

$$\frac{\tau_0(x)}{(\rho v_1^2)} = \begin{cases} 0.01539(x/h_1 + 0.481)^{-1.549}, & 0.153 < x/h_1 < 2 \\ 0.008974(x/h_1 + 0.17473)^{-1.029}, & 2 < x/h_1 < 7 \\ 0.074128(x/h_1 + 3.819)^{-1.7217}, & x/h_1 > 7 \end{cases} \tag{3-40}$$

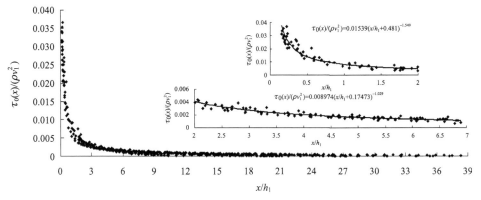

图 3-17　壁面切应力的沿程变化规律

2. 壁面切应力系数

以工况Ⅵ为例，图 3-18 给出了粗糙壁面水跃旋滚区壁面切应力系数的变化规律。可以看出，在水跃跃首附近，壁面切应力系数 $C_f' = 2\tau_0/(\rho U_m^2)$ 最大，沿着水流方向，壁面切应力系数逐渐减小，到水跃旋滚末端附近，壁面切应力系数最小。

壁面切应力系数 C_f' 与 $x/(h_1 Fr_1)$ 的关系如图 3-19 所示，可以看出，壁面切应力系数沿程逐渐减小，并随着跃前断面弗劳德数的增加而增大，可表示为

$$C_f' = 0.0047[x/(h_1 Fr_1)]^{-0.5141}, \qquad x/h_1 > 0.153 \tag{3-41}$$

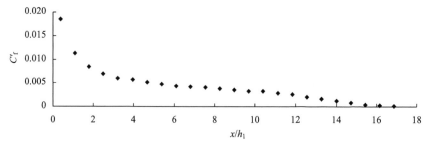

图 3-18　壁面切应力系数的沿程变化

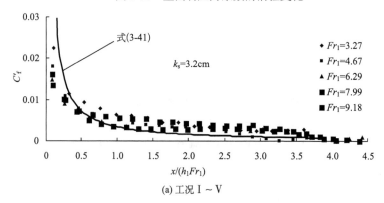

(a) 工况 I ~ V

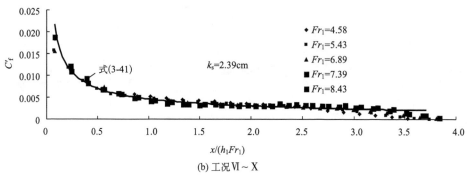

(b) 工况 Ⅵ ~ X

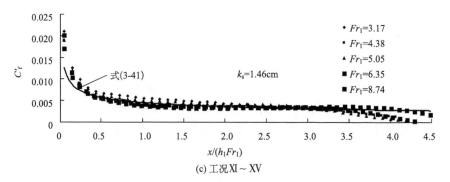

(c) 工况 Ⅺ ~ XV

图 3-19　壁面切应力系数的沿程变化规律

3. 壁面阻力系数

平均壁面阻力系数 C_f 与 $[(h_1 + k_s)/h_1]^{0.35} Fr_1$ 的关系如图 3-20 所示，由图可得

$$C_f = 0.0084 \left\{ [(h_1 + k_s)/h_1]^{0.35} Fr_1 \right\}^{4.7076} 0.8^{[(h_1 + k_s)/h_1]^{0.35} Fr_1} \tag{3-42}$$

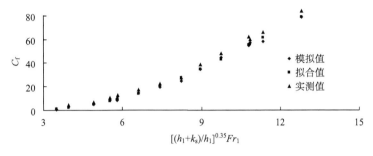

图 3-20　C_f 随 $[(h_1+k_s)/h_1]^{0.35} Fr_1$ 的变化

从图中可以看出，用式(3-42)计算的阻力系数与数值模拟很接近。

将式(3-42)代入第 2 章式(2-38)计算粗糙壁面水跃的跃后水深 h_2 如表 3-7 所示，表中还有实测值和数值模拟值。可以看出，用式(3-42)和式(2-38)计算的跃后水深与实测值比较，平均误差为 4.82%；与模拟值比较，平均误差为 1.89%。

表 3-7　各工况下跃后水深 h_2 的比较

k_s/cm	h_1/cm	Fr_1	实测 h_2/cm	模拟 h_2/cm	计算 h_2/cm	与实测值误差/%	与模拟值误差/%
3.2	4.48	3.27	15.50	16.70	17.08	10.22	2.30
3.2	3.60	4.67	17.11	17.60	18.71	9.33	6.29
3.2	2.72	6.29	17.30	18.00	17.22	−0.47	−4.35
3.2	2.31	7.99	16.47	17.00	17.28	4.92	1.65
3.2	2.02	9.18	16.28	17.00	17.00	4.41	−0.02
2.39	3.33	4.58	16.21	17.10	17.37	7.17	1.60
2.39	3.12	5.43	17.77	18.60	18.74	5.47	0.76
2.39	2.14	6.89	14.03	14.80	14.77	5.24	−0.23
2.39	1.98	7.39	13.46	14.00	14.26	5.97	1.88
2.39	1.80	8.43	13.75	14.80	14.38	4.55	−2.87
1.46	4.76	3.17	18.17	18.77	18.09	−0.46	−3.64
1.46	3.73	4.38	18.71	19.27	19.35	3.43	0.42
1.46	3.00	5.05	17.02	17.77	17.55	3.14	−1.21
1.46	2.54	6.35	17.53	18.07	17.95	2.41	−0.65
1.46	1.77	8.74	15.22	16.07	16.00	5.14	−0.42

图 3-21 给出了相对水跃旋滚长度与共轭水深比的关系,图中还点绘了实测值以及其他作者的计算值。可以看出,模拟的水跃旋滚长度总体大于实测值,但曲线位于其他作者的计算值之间,说明用数值模拟粗糙壁面的水跃旋滚长度是可行的。对于水跃长度仍可用式(3-16)计算。

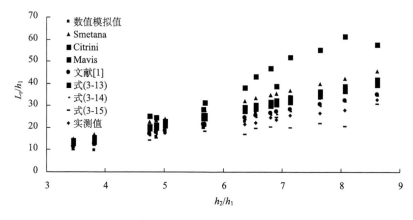

图 3-21　水跃旋滚长度比较图

4. 粗糙壁面边界层的发展

图 3-22 为不同壁面粗糙度,三组相近弗劳德数情况下水跃旋滚区边界层的发展。可以看出,水跃旋滚区边界层从跃首开始,沿着水流方向逐渐增大,在 $x/h_1 < 15$ 范围内,边界层沿程发展相对缓慢,当 $x/h_1 > 15$ 时,边界层的发展出现突增。例如,在 $0 < x/h_1 < 15$ 范围内,边界层相对厚度 δ/h_1 从 0.5 增大到 1.5;而在 $15 < x/h_1 < 23$ 范围内,边界层相对厚度从 1.5 激增到 3.5。分析认为,这可能是在水跃的旋滚末端,流速逐渐趋于均化,最大流速迅速上移造成的。

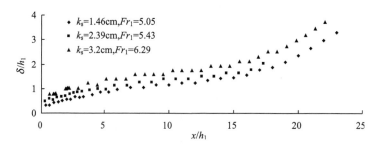

图 3-22　边界层的沿程变化规律

边界层相对厚度与相对粗糙度的关系如图 3-23 所示。可以看出,边界层相对厚度随着相对粗糙度的增大而增大,可以用如下公式表示

$$\delta / x = 0.02708[(k_s / x)^{0.2} + 0.6501]^{6.6046} , \qquad k_s / x > 0.168 \qquad (3\text{-}43)$$

$$\delta / x = 0.4609[(k_s / x)^{0.451}] , \qquad k_s / x < 0.168 \qquad (3\text{-}44)$$

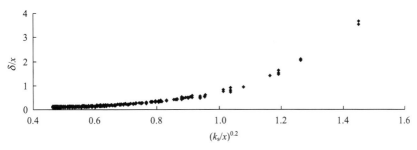

图 3-23　相对边界层 δ / x 随 $(k_s / x)^{0.2}$ 的变化

3.8.8　粗糙壁面水跃区的紊动能和紊动耗散率

1. 水跃区的紊动能

以工况 Ⅰ 为例，图 3-24 给出了粗糙壁面水跃区紊动能的分布情况。可以看出，水跃区的紊动能在跃首附近最大，最大值为 1.5m²/s²，紊动能沿程逐渐减小，到旋滚末端附近紊动能减小到 0.054m²/s²。沿着水深方向，紊动能逐渐增大，到水跃主流区与旋滚区的剪切面附近达到最大，之后，紊动能沿水深逐渐减小，到水面减到最小。这与文献[10]研究的光滑壁面消力池紊动能的变化规律是一致的。

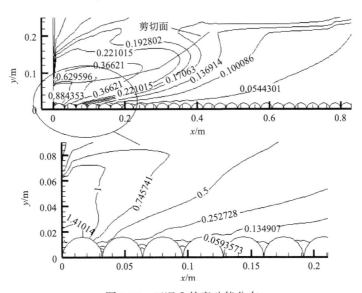

图 3-24　工况 Ⅰ 的紊动能分布

2. 水跃区的紊动耗散率

水跃区的紊动耗散率如图 3-25 所示，从图中可以看出，紊动耗散率在跃首附近最大，最大值为 $1000\text{m}^2/\text{s}^3$。紊动耗散率沿程逐渐减小，到旋滚末端附近减小到 $0.2\text{m}^2/\text{s}^3$。与紊动能不同，紊动耗散率在沿水深方向的变化更加复杂。从粗糙面最底部开始到半圆形凸体顶部附近，紊动耗散率逐渐增大；在凸体顶部附近到断面最大流速处的边界层区域，紊动耗散率逐渐减小；在断面最大流速处到主流与回流交接的剪切面，紊动耗散率又逐渐增大；在剪切面到水面的区域内，紊动耗散率又开始逐渐减小。在整个断面内，剪切面附近的紊动耗散率最大，这也是由于水跃区主流与回流的交界面切应力大，使得紊动耗散率增大。

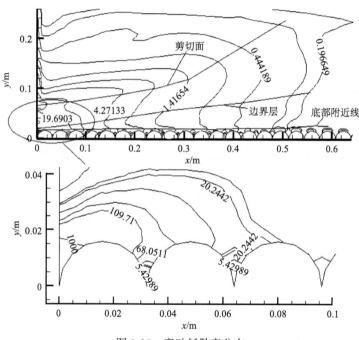

图 3-25　紊动耗散率分布

参 考 文 献

[1] Francesco G C, Vito F, Vincenzo P. Hydraulic jumps on rough beds[J]. Journal of Hydraulic Engneering, 2007, 133(9): 989-999.

[2] Stefano P, Ilaria L, Michele P. Hydraulic jump on rough bed of stream rehabilitation structures[J]. Journal of Hydro-Environment Research, 2008, (2): 29-38.

[3] 薛朝阳. 考虑摩阻力影响的水跃方程[J]. 河海大学学报, 1993, 21(2): 109-114.

[4] 程香菊, 陈永灿. 波浪形底板上水跃的数值模拟[J]. 水利学报, 2005, 36(10): 1252-1257.

[5] Hughes W C, Flack J E. Hydraulic jump properties over a rough bed [J]. Journal of Hydraulic Engineering, 1984, 110(12): 1755-1771.

[6] Leutheusser H J, Kartha V C. Effects of inflow condition on hydraulic jump[J]. Journal of the Hydraulics Division, 1972, 98(8): 1367-1383.

[7] Francesco G C, Vito F, Vincenzo P. New solution of classical hydraulic jump[J]. Journal of Hydraulic Engineering, 2009, 135(6): 527-531.

[8] 刘清朝, 陈椿庭. 水跃紊流特性的数值研究[J]. 水利学报, 1993, (1): 1-10.

[9] 戴会超, 王玲玲. 淹没水跃的数值模拟[J]. 水科学进展, 2004, 15(2): 184-188.

[10] 张春财, 杜宇. 低弗氏数水跃紊流数值模拟研究[J]. 西北农林科技大学学报, 2012, 40(1): 227-234.

[11] 陶文铨. 数值传热学[M]. 2 版. 西安: 西安交通大学出版社, 2011: 370-375.

[12] 郑铁钢, 戴会超, 王玲玲, 等. 低弗汝德数闸后淹没水跃的数值模拟[J]. 水动力学研究与进展, 2010, 25(6): 784-791.

第4章 矩形断面消力池的水力计算

4.1 挖深式消力池的计算方法

底流消力池消能设计的工程措施主要有三种：一是降低护坦高程，增加下游水深，形成挖深式消力池；二是在护坦末端建消力坎，以抬高尾水，形成坎式消力池；三是既有降低护坦又有消力坎的综合式消力池。

降低护坦形成的挖深式消力池如图 4-1 所示。图中 0-0 线为原河床底面线，0'-0'线为挖深 d 后的护坦底面线。当池中形成淹没水跃后，跃后水深 $h_T = \sigma_j h_2$，水流出池时，其水流现象类似于宽顶堰的水流现象，水面跌落高度为 Δz，然后与下面水面相衔接。

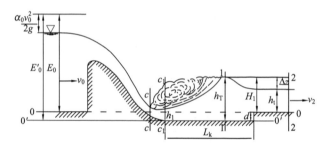

图 4-1 挖深式消力池剖面图

4.1.1 传统计算方法的迭代公式

传统挖深式消力池的计算公式[1]有 4 个，即

$$d = \sigma_j h_2 - h_t - \Delta z \tag{4-1}$$

$$E_0 + d = h_1 + \frac{q^2}{2g\varphi^2 h_1^2} \tag{4-2}$$

$$h_2 = \frac{h_1}{2}\left(\sqrt{1 + 8\frac{q^2}{gh_1^3}} - 1\right) \tag{4-3}$$

$$\Delta z = \frac{q^2}{2g}\left[\frac{1}{(\varphi' h_t)^2} - \frac{1}{(\sigma_j h_2)^2}\right] \tag{4-4}$$

式中，q 为单宽流量，m³/(s·m)；h_2 为护坦降低后收缩断面水深 h_1 的跃后共轭

水深，m；E_0 为原河床以上总水头，m；$\sigma_j = 1.05 \sim 1.1$，常采用 1.05；h_t 为下游河床水深，m；d 为消力池深度，m；φ 为坝面流速系数；φ' 为消力池的流速系数，一般取 $\varphi' = 0.95$；Δz 为跃后水面降落高度，m。

当 E_0、q、φ 已知时，即可用式(4-1)～式(4-4)联立求解消力池深度 d。由于消力池深度 d 未知，所以在计算时先假定一个深度 d，再通过以上的公式计算相应的跃前水深 h_1、跃后水深 h_2、水面降落高度 Δz，再由式(4-1)计算消力池深度 d，如果计算的消力池深度与假定的消力池深度相同，d 即为所求，如果不同，需重新假定 d，重复上面的计算过程，直到相同为止，这种计算过程称为试算法。

为了简化计算，现推求消力池深度的迭代公式。将式(4-4)代入式(4-1)得

$$d = \sigma_j h_2 + \frac{q^2}{2g(\sigma_j h_2)^2} - \left[h_t + \frac{q^2}{2g}\frac{1}{(\varphi' h_t)^2} \right] \tag{4-5}$$

对式(4-3)两边平方得

$$h_2^2 = \left(\frac{h_1}{2}\right)^2 \left(1 + \frac{8q^2}{gh_1^3} - 2\sqrt{1 + \frac{8q^2}{gh_1^3}} + 1\right) \tag{4-6}$$

将式(4-3)和式(4-6)代入式(4-5)得

$$d = \sigma_j \frac{h_1}{2}\left(\sqrt{1 + \frac{8q^2}{gh_1^3}} - 1\right) + \frac{q^2}{2g\sigma_j^2}\frac{1}{(h_1/2)^2[1 + 8q^2/(gh_1^3) - 2\sqrt{1 + 8q^2/(gh_1^3)} + 1]} - A_1 \tag{4-7}$$

式中

$$A_1 = h_t + \frac{q^2}{2g}\frac{1}{(\varphi' h_t)^2} \tag{4-8}$$

令 $1 + 8q^2/(gh_1^3) = x^2$，则

$$h_1 = \frac{(8q^2/g)^{1/3}}{(x^2 - 1)^{1/3}} \tag{4-9}$$

将式(4-9)代入式(4-7)化简得

$$d = \left(\frac{8q^2}{g}\right)^{1/3}\left[\frac{\sigma_j}{2}\frac{x-1}{(x^2-1)^{1/3}} + \frac{(x^2-1)^{2/3}}{4\sigma_j^2(x-1)^2}\right] - A_1 \tag{4-10}$$

将式(4-2)写成

$$d = \frac{q^2}{2g\varphi^2 h_1^2} + h_1 - E_0 \tag{4-11}$$

将式(4-9)代入式(4-11)得

$$d = \left(\frac{8q^2}{g}\right)^{1/3}\left[\frac{(x^2-1)^{2/3}}{16\varphi^2} + \frac{1}{(x^2-1)^{1/3}}\right] - E_0 \tag{4-12}$$

由式(4-10)和式(4-12)得

$$\left(\frac{8q^2}{g}\right)^{1/3}\left[\frac{(x^2-1)^{2/3}}{16\varphi^2}+\frac{1}{(x^2-1)^{1/3}}-\frac{\sigma_j}{2}\frac{x-1}{(x^2-1)^{1/3}}-\frac{(x^2-1)^{2/3}}{4\sigma_j^2(x-1)^2}\right]=E_0-A_1 \quad (4\text{-}13)$$

式(4-13)可以写成

$$\frac{1}{(x^2-1)^{1/3}}\left[\frac{x^2-1}{16\varphi^2}+1-\frac{\sigma_j}{2}(x-1)-\frac{x^2-1}{4\sigma_j^2(x-1)^2}\right]=B_1 \quad (4\text{-}14)$$

式中

$$B_1=(E_0-A_1)/(8q^2/g)^{1/3} \quad (4\text{-}15)$$

将式(4-14)写成迭代形式得

$$x=\frac{16\varphi^2\{B_1(x^2-1)^{1/3}-1+(\sigma_j/2)(x-1)+(x+1)/[4\sigma_j^2(x-1)]\}}{x-1}-1 \quad (4\text{-}16)$$

当已知 φ、B_1、σ_j，即可由式(4-16)求得 x，然后代入式(4-9)求出 h_1，由式(4-11)求出消力池的深度 d。

4.1.2　用动量方程推求挖深式消力池深度的计算公式

如图4-2所示，1-1断面和2-2断面的动量方程为

$$P_1-P_2-P_3=\frac{\gamma}{g}q(v_2-v_1) \quad (4\text{-}17)$$

式中

$$P_1=\frac{1}{2}\gamma(\sigma_j h_2)^2 \quad (4\text{-}18)$$

$$P_2=\frac{1}{2}\gamma h_t^2 \quad (4\text{-}19)$$

$$P_3=\frac{\gamma}{2}(\sigma_j h_2-d+\sigma_j h_2)d=\frac{\gamma}{2}(2\sigma_j h_2-d)d \quad (4\text{-}20)$$

$$v_1=q/(\sigma_j h_2)，\qquad v_2=q/h_t \quad (4\text{-}21)$$

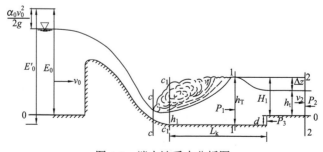

图4-2　消力池受力分析图

将式(4-18)～式(4-21)代入式(4-17)得

$$d^2 - 2d\sigma_j h_2 + (\sigma_j h_2)^2 + \frac{2q^2}{g(\sigma_j h_2)} - h_t^2 - \frac{2q^2}{gh_t} = 0 \tag{4-22}$$

由式(4-22)得

$$d = \sigma_j h_2 \pm \sqrt{h_t^2 + \frac{2q^2}{gh_t} - \frac{2q^2}{g(\sigma_j h_2)}} \tag{4-23}$$

$$h_1 = \frac{h_2}{2}\left(\sqrt{1 + \frac{8q^2}{gh_2^3}} - 1\right) \tag{4-24}$$

式(4-23)中间的正负号应取负号，因为消力池深度要小于跃后水深。由式(4-23)可以看出，该式形式上为消力池深度的显函数计算式，但由于跃后水深 h_2 为跃前水深 h_1 的函数，而跃前水深 h_1 又与消力池深度 d 有关，所以用式(4-23)计算消力池深度仍需要试算。计算时，假定一个 h_2，由式(4-23)求得一个消力池深度 d，将 h_2 代入式(4-24)求跃前水深 h_1，再将跃前水深 h_1 代入式(4-2)求消力池深度 d，如果求得的消力池深度与用式(4-23)计算的深度相同即为所求。

下面推导消力池深度计算的迭代公式。

令 $1 + 8q^2 / (gh_2^3) = y^2$，则

$$h_2 = \left(\frac{8q^2}{g}\right)^{1/3} \frac{1}{(y^2 - 1)^{1/3}} \tag{4-25}$$

$$h_1 = \frac{1}{2}\left(\frac{8q^2}{g}\right)^{1/3} \frac{(y - 1)}{(y^2 - 1)^{1/3}} \tag{4-26}$$

将式(4-26)代入式(4-11)得

$$d = \frac{1}{4\varphi^2}\left(\frac{8q^2}{g}\right)^{1/3} \frac{(y^2 - 1)^{2/3}}{(y - 1)^2} + \frac{1}{2}\left(\frac{8q^2}{g}\right)^{1/3} \frac{y - 1}{(y^2 - 1)^{1/3}} - E_0 \tag{4-27}$$

将式(4-27)代入式(4-23)得

$$d = \sigma_j\left(\frac{8q^2}{g}\right)^{1/3} \frac{1}{(y^2 - 1)^{1/3}} - \sqrt{h_t^2 + \frac{2q^2}{gh_t} - \left(\frac{8q^2}{g}\right)^{2/3} \frac{(y^2 - 1)^{1/3}}{4\sigma_j}} \tag{4-28}$$

由式(4-27)和式(4-28)得 y 的迭代公式为

$$y = 1 + \frac{y + 1}{4\varphi^2\sigma_j + 2\varphi^2 - 2\varphi^2 y + 4\varphi^2 E_0(y^2 - 1)^{1/3} / (8q^2 / g)^{1/3} - C_1} \tag{4-29}$$

$$C_1 = \frac{4\varphi^2(y^2 - 1)^{1/3}}{(8q^2 / g)^{1/3}}\sqrt{h_t^2 + \frac{2q^2}{gh_t} - \left(\frac{8q^2}{g}\right)^{2/3} \frac{(y^2 - 1)^{1/3}}{4\sigma_j}} \tag{4-30}$$

式中，φ、σ_j、q、E_0、h_t、g 为已知，代入式(4-29)迭代出 y，将 y 代入式(4-26)、式(4-25)和式(4-27)或式(4-28)求出跃前和跃后水深 h_1、h_2 和消力池深度 d。

4.1.3　不同方法计算结果比较

例 4.1　溢流坝的流速系数 $\varphi = 0.9$，消力池的流速系数 $\varphi' = 0.95$，某溢流坝的单宽流量 $q = 16.67\text{m}^3/(\text{s}\cdot\text{m})$，下游水深 $h_t = 5\text{m}$，护坦以上总水头 $E_0 = 10.35\text{m}$，经计算需要修建消力池，试计算降低护坦式消力池的深度。

解：(1)传统公式计算。

设消力池深度 $d = 0.949\text{m}$，用式(4-1)～式(4-4)分别求得 $h_1 = 1.3247\text{m}$，$h_2 = 5.9141\text{m}$，$\Delta z = 0.26072\text{m}$，$d = \sigma_j h_2 - h_t - \Delta z = 0.9491\text{m}$，与假设相符。

(2)传统公式的迭代计算。

$$A_1 = h_t + \frac{q^2}{2g}\frac{1}{(\varphi' h_t)^2} = 5 + \frac{16.67^2}{2\times9.8\times(0.95\times5)^2} = 5.62839(\text{m})$$

$$B_1 = (E_0 - A)/(8q^2/g)^{1/3} = (10.35 - 5.62839)/(8\times16.67^2/9.8)^{1/3} = 0.774186$$

将 A_1、B_1 代入式(4-16)迭代得 $x = 9.9287843$，则

$$h_1 = \frac{(8q^2/g)^{1/3}}{(x^2-1)^{1/3}} = \frac{(8\times16.67^2/9.8)^{1/3}}{(9.9287843^2-1)^{1/3}} = 1.32472(\text{m})$$

$$d = \frac{q^2}{2g\varphi^2 h_1^2} + h_1 - E_0 = \frac{16.67^2}{2\times9.8\times0.9^2\times1.32472^2} + 1.32472 - 10.35 = 0.949(\text{m})$$

(3)动量方程公式计算。

将 $\varphi = 0.9$、$\sigma_j = 1.05$、$q = 16.67\text{m}^3/(\text{s}\cdot\text{m})$、$E_0 = 10.35\text{m}$、$h_t = 5\text{m}$、$g = 9.8\text{m/s}^2$ 代入式(4-29)迭代得 $y = 1.4458332$，则

$$h_1 = \frac{1}{2}\left(\frac{8q^2}{g}\right)^{1/3}\frac{y-1}{(y^2-1)^{1/3}} = \frac{1}{2}\left(\frac{8\times16.67^2}{9.8}\right)^{1/3}\frac{1.4458332-1}{(1.4458332^2-1)^{1/3}} = 1.321(\text{m})$$

$$h_2 = \left(\frac{8q^2}{g}\right)^{1/3}\frac{1}{(y^2-1)^{1/3}} = \left(\frac{8\times16.67^2}{9.8}\right)^{1/3}\frac{1}{(1.4458332^2-1)^{1/3}} = 5.9253(\text{m})$$

$$d = \sigma_j h_2 - \sqrt{h_t^2 + \frac{2q^2}{gh_t} - \frac{2q^2}{g(\sigma_j h_2)}} = 1.05\times5.9253 - \sqrt{5^2 + \frac{2\times16.67^2}{9.8\times5} - \frac{2\times16.67^2}{9.8\times1.05\times5.9253}} = 1.0(\text{m})$$

对挖深式消力池深度的计算，还有文献[2]和 Husain 等 [3]给出的简化公式，现将文献[2]和 Husain 的公式与本章的传统公式比较如下。

文献[2]的简化公式为

$$\frac{d}{h_1} = \frac{\sqrt{1+8Fr_1^2}-1}{2} - \sqrt{3Fr_1^{4/3} - \frac{1}{2}(\sqrt{1+8Fr_1^2}-1)} \tag{4-31}$$

在用式(4-31)计算时，先假定一个池深，求出跃前断面水深 h_1，再求跃前断

面的弗劳德数 $Fr_1 = q / \sqrt{gh_1^3}$ ，代入式(4-31)求得池深 d ，经反复试算得 $d = 1.545\text{m}$ ，与传统公式计算相差 62%。

Husain 公式为

$$h_2 / h_1 = -0.699 + 1.43Fr_1 - 0.761d / h_1 \tag{4-32}$$

文献[4]已求得消力池深度为 1.2m，与传统方法计算结果相差 26.4%。

由以上计算可以看出，本研究给出的挖深式消力池传统计算的迭代公式和由动量方程推导的公式计算结果一致，而文献[2]和 Husain 给出的简化公式计算结果不可靠，在设计时慎用。

4.2　消力坎式消力池坎高的计算

4.2.1　消力坎式消力池坎高的传统计算方法

消力坎式消力池如图 4-3 所示。建坎后水流受坎壅阻，池末水深 $h_T = \sigma_j h_2$ 大于下游水深 h_t ，池内形成水跃。从图 4-3 可以得出

$$h_T = c + H_1 \tag{4-33}$$

式中，c 为坎高，m； H_1 为坎上水深，m。由此可得坎高 c 的计算公式为

$$c = \sigma_j h_2 - H_1 \tag{4-34}$$

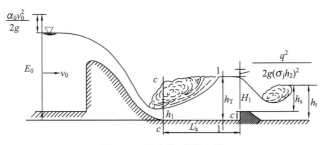

图 4-3　消力坎式消力池

消力坎一般做成折线形或曲线形实用堰，故坎顶水头可用堰流公式计算：

$$H_1 = H_{10} - \frac{q^2}{2g(\sigma_j h_2)^2} = \left(\frac{q}{\sigma_s m_1 \sqrt{2g}} \right)^{2/3} - \frac{q^2}{2g(\sigma_j h_2)^2} \tag{4-35}$$

式中，H_{10} 为消力坎上的总水头，m。跃后水深 h_2 用式(4-36)计算：

$$h_2 = \frac{h_1}{2} \left(\sqrt{1 + \frac{8q^2}{gh_1^3}} - 1 \right) = \frac{h_1}{2} \left(\sqrt{1 + 8Fr_1^2} - 1 \right) \tag{4-36}$$

h_1 用式(4-37)计算

$$h_1 = \frac{q}{\varphi\sqrt{2g(E_0 - h_1)}} \tag{4-37}$$

以上各式中，m_1 为消力坎的流量系数，与坎的形状及池内水流状态有关，目前尚无系统的研究资料，初步设计时可取 $m_1=0.4\sim0.42$；σ_s 为消力坎的淹没系数，它取决于淹没程度 h_s / H_{10}，其中 $h_s = h_t - c$。因为消力坎前有水跃存在，与一般实用堰前的水流状态不同，故淹没系数及淹没条件也有所不同。巴什基洛娃给出判别淹没出流的条件为

$$(h_t - c) / H_{10} = h_s / H_{10} \geqslant 0.45 \tag{4-38}$$

当 $h_s / H_{10} < 0.45$ 时，消力坎为非淹没出流，$\sigma_s = 1$；当 $h_s / H_{10} > 0.45$ 时，消力坎为淹没出流，$\sigma_s < 1$，其值可由表 4-1 查得。

表 4-1 消力坎淹没系数计算精度对照表

h_s/H_{10}	巴什基洛娃 σ_s	式(4-39) σ_s	误差/%	式(4-40) σ_s	误差/%	式(4-41) σ_s	误差/%
0.45	1.000	1.000570	−0.05700	0.996084	0.39157	0.997166	0.28340
0.50	0.990	0.985000	0.50505	0.992708	−0.27352	0.994383	−0.44271
0.55	0.985	0.988930	−0.39898	0.987181	−0.22141	0.989558	−0.46272
0.60	0.975	1.001440	−2.71179	0.978492	−0.35814	0.981575	−0.67435
0.65	0.960	1.011610	−5.37604	0.965254	−0.54730	0.968849	−0.92182
0.70	0.940	1.008520	−7.28936	0.945550	−0.59042	0.949138	−0.97214
0.72	0.930	1.001125	−7.64786	0.935285	−0.56829	0.938621	−0.92696
0.74	0.915	0.989163	−8.10520	0.923342	−0.91167	0.926224	−1.22667
0.76	0.900	0.971933	−7.99260	0.909457	−1.05078	0.911638	−1.29309
0.78	0.885	0.948739	−7.20213	0.893317	−0.93973	0.894493	−1.07269
0.80	0.865	0.918880	−6.22890	0.874540	−1.10283	0.874347	−1.08057
0.82	0.845	0.881658	−4.33822	0.852655	−0.90587	0.850656	−0.66934
0.84	0.815	0.836374	−2.62255	0.827066	−1.48049	0.822743	−0.95001
0.86	0.785	0.782329	0.34030	0.796998	−1.52839	0.789738	−0.60359
0.88	0.750	0.718824	4.15684	0.761402	−1.52027	0.750490	−0.06532
0.90	0.710	0.645160	9.13239	0.718792	−1.23828	0.703397	0.93001
0.92	0.651	0.560639	13.88030	0.666915	−2.44470	0.646091	0.75402
0.95	0.535	0.411970	22.99620	0.562668	−5.17158	0.531776	0.60263
1.00	0		0		0		0

式(4-34)和式(4-35)即为消力坎式消力池的传统计算方法。可以看出，要计算坎高，必须知道淹没系数 σ_s，才能求得堰上总水头 H_{10} 和堰上水深 H_1，进而求

得坎高 c。但淹没系数又与堰上水头有关，所以计算过程一般用试算法。计算时先假定坎高 c，利用上述各式计算 H_1、H_{10}，由表 4-1 查得淹没系数 σ_s，校核单宽流量 q 值，直到与给定值相符为止。

4.2.2　消力坎淹没系数的研究

关于淹没系数，文献[5]根据表 4-1 的数据，拟合了一个方程，即

$$\sigma_s = 3.82 - 14.9\frac{h_s}{H_{10}} + 25.74\left(\frac{h_s}{H_{10}}\right)^2 - 14.56\left(\frac{h_s}{H_{10}}\right)^3 \tag{4-39}$$

文献[6]给出了淹没系数的计算公式为

$$\sigma_s = \left[1 - \left(\frac{h_s}{H_{10}}\right)^{5.58}\right]^{1/2.34} \tag{4-40}$$

现将以上公式的精度比较列于表 4-1，从表中可以看出，式 (4-40) 的计算值与巴什基洛娃的试验值接近，而式 (4-39) 计算值与试验值相差较大，式 (4-40) 的相对误差虽然较小，但在高度淹没时，误差仍然较大，但式 (4-40) 的形式是合理的，因为在淹没度等于 1 时，淹没系数为零，而式 (4-39) 显然做不到这一点。现根据表中的数据重新拟合淹没系数的公式为

$$\sigma_s = \left[1 - \left(\frac{h_s}{H_{10}}\right)^{6.48}\right]^{1/2} \tag{4-41}$$

式 (4-41) 的最大误差仅为 1.29%，尤其在高度淹没时误差没有超过 1%。该公式精度高，所以建议采用式 (4-41) 计算淹没系数。

4.2.3　消力池坎高的迭代计算公式

由式 (4-41) 得

$$H_{10} = \frac{h_s}{(1-\sigma_s^2)^{1/6.48}} = \frac{h_t - c}{(1-\sigma_s^2)^{1/6.48}} \tag{4-42}$$

$$H_{10} = \left(\frac{q}{\sigma_s m_1 \sqrt{2g}}\right)^{2/3} \tag{4-43}$$

由以上两式得

$$c = h_t - (1-\sigma_s^2)^{1/6.48}\left(\frac{q}{\sigma_s m_1 \sqrt{2g}}\right)^{2/3} \tag{4-44}$$

联立式 (4-34)、式 (4-35) 式 (4-44) 得淹没系数的迭代公式为

$$\sigma_s = \left[1 - \left(1 - \frac{\sigma_s^{2/3}}{A_2} \right)^{6.48} \right]^{1/2} \tag{4-45}$$

$$A_2 = \frac{[q/(m_1\sqrt{2g})]^{2/3}}{\sigma_j h_2 + q^2/[2g(\sigma_j h_2)^2] - h_t} \tag{4-46}$$

当单宽流量 q、下游水深 h_t、跃后水深 h_2、$\sigma_j = 1.05 \sim 1.1$、$m_1 = 0.4 \sim 0.42$ 一定时，A_2 为常数。代入式(4-45)即可迭代出淹没系数 σ_s，该式的初值可取为 1，经验算，只需迭代 5 次即收敛。有了淹没系数，坎高可以用式(4-44)直接计算。

例 4.2 某隧洞出口接扩散段，下接矩形消力池，如图 4-4 所示。已知护坦面以上总水头 $E_0 = 11.6\text{m}$，下游水深 $h_t = 3.5\text{m}$，护坦段单宽流量 $q = 8.3\text{m}^3/(\text{s}\cdot\text{m})$，出口至消力池的流速系数 $\varphi = 0.95$。试求：(1)判别下游水流衔接形式，是否设置消能设施；(2)如设置消力坎，求消力坎的高度。

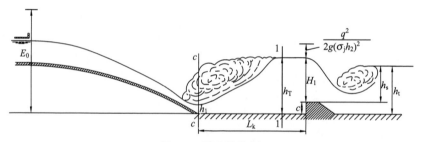

图 4-4　消力池简图

解：(1)判别是否需要修消力池。

$$h_1 = \frac{q}{\varphi\sqrt{2g(E_0 - h_1)}} = \frac{8.3}{0.95\sqrt{2 \times 9.8(11.6 - h_1)}} = \frac{1.9735}{\sqrt{11.6 - h_1}}$$

迭代上式得 $h_1 = 0.595\text{ m}$。跃后水深为

$$h_2 = \frac{h_1}{2}\left(\sqrt{1 + 8\frac{q^2}{gh_1^3}} - 1 \right) = \frac{0.595}{2}\left(\sqrt{1 + \frac{8 \times 8.3^2}{9.8 \times 0.595^3}} - 1 \right) = 4.573(\text{m})$$

因为 $h_2 > h_t = 3.5\text{m}$，为远驱式水跃衔接，需修建消力池。

(2)计算淹没系数。

$$\left(\frac{q}{m_1\sqrt{2g}} \right)^{2/3} = \left(\frac{8.3}{0.42 \times \sqrt{2 \times 9.8}} \right)^{2/3} = 2.711$$

$$\sigma_j h_2 + \frac{q^2}{2g(\sigma_j h_2)^2} - h_t = 1.05 \times 4.573 + \frac{8.3^2}{2 \times 9.8(1.05 \times 4.573)^2} - 3.5 = 1.4541(\text{m})$$

$$A_2 = \frac{[q/(m_1\sqrt{2g})]^{2/3}}{\sigma_j h_2 + q^2/[2g(\sigma_j h_2)^2] - h_t} = \frac{2.711}{1.4541} = 1.8644$$

$$\sigma_s = \left[1 - \left(1 - \frac{\sigma_s^{2/3}}{A_2}\right)^{6.48}\right]^{1/2} = \left[1 - \left(1 - \frac{\sigma_s^{2/3}}{1.8644}\right)^{6.48}\right]^{1/2}$$

由上式迭代得 $\sigma_s = 0.9965$。

(3)计算消力坎高度。

$$c = h_t - (1 - \sigma_s^2)^{1/6.48}\left(\frac{q}{\sigma_s m_1 \sqrt{2g}}\right)^{2/3} = 3.5 - (1 - 0.9965^2)^{1/6.48}\left(\frac{8.3}{0.9965 \times 0.42 \times \sqrt{2 \times 9.8}}\right)^{2/3}$$

$$= 2.237(\text{m})$$

文献[1]用查表和试算法求得坎高为2.238m，可见本节给出的消力坎高度和淹没系数的计算公式有足够的精度。

4.2.4 消力坎高度的简化计算

可以利用梯形堰的受控水跃来计算消力坎式消力池的坎高，由图 4-3 可以看出得

$$H_{10} + c = \sigma_j h_2 + \frac{q^2}{2g(\sigma_j h_2)^2} \tag{4-47}$$

将式(4-35)代入式(4-34)得

$$c = \sigma_j h_2 + \frac{q^2}{2g(\sigma_j h_2)^2} - \left(\frac{q}{\sigma_s m_1 \sqrt{2g}}\right)^{2/3} \tag{4-48}$$

式(4-48)变形为

$$\frac{c}{h_1} = \sigma_j \frac{h_2}{h_1} + \frac{q^2}{2g(\sigma_j h_2)^2 h_1} - \left(\frac{q}{\sigma_s m_1 \sqrt{2g}}\right)^{2/3}\frac{1}{h_1} \tag{4-49}$$

式中

$$\frac{q^2}{g h_2^2 h_1} = \frac{q^2 h_1^2}{g h_2^2 h_1^3} = Fr_1^2\left(\frac{h_1}{h_2}\right)^2$$

$$\left(\frac{q}{m_1 \sqrt{2g}}\right)^{2/3}\frac{1}{h_1} = \left(\frac{q^2}{2m_1^2 g h_1^3}\right)^{1/3} = \left(\frac{Fr_1^2}{2m_1^2}\right)^{1/3}$$

将以上两式和式(4-36)代入式(4-49)得

$$\frac{c}{h_1} = \frac{\sigma_j^3[(1 + 2Fr_1^2)\sqrt{1 + 8Fr_1^2} - 1 - 6Fr_1^2] + Fr_1^2}{\sigma_j^2(1 + 4Fr_1^2 - \sqrt{1 + 8Fr_1^2})} - \left(\frac{Fr_1^2}{2\sigma_s^2 m_1^2}\right)^{1/3} \tag{4-50}$$

由式(4-50)可以看出，消力坎式消力池的坎高是跃前断面 Fr_1 的函数。对于消力坎为自由出流的情况，$\sigma_s = 1$，由式(4-50)可以直接计算出坎高 c，对于消力坎为淹没出流的情况，仍需先求出消力坎的淹没系数 σ_s，再由式(4-50)直接求出坎高 c。

例 4.3 仍用算例 4.2。

解：

$$Fr_1 = q / \sqrt{gh_1^3} = 8.3 / \sqrt{9.8 \times 0.595^3} = 5.777$$

由式(4-45)求淹没系数，上例中已求得 $\sigma_s = 0.9965$，将 $Fr_1 = 5.777$ 和 $\sigma_s = 0.9965$ 代入式(4-50)得 $c = 2.237\text{m}$。可见，简化计算方法求得的坎高与传统计算方法一致。

4.2.5 消力坎的阻力系数

为了求得消力坎的阻力系数，设消力坎的阻力为

$$P = C_d \frac{\rho v_1^2}{2} = \frac{C_d}{2} \rho c \frac{q^2}{h_1^2} \tag{4-51}$$

式中，P 为消力坎的阻力，N；ρ 为水流的密度，kg/m³；v_1 为跃前断面的流速，m/s；C_d 为阻力系数。

跃前断面和下游水深断面的动量方程为

$$\frac{\rho g}{2} h_1^2 - \frac{C_d}{2} \rho c \frac{q^2}{h_1^2} - \frac{\rho g}{2} h_t^2 = \rho q \left(\frac{q}{h_t} - \frac{q}{h_1} \right) \tag{4-52}$$

整理式(4-52)得

$$C_d = \frac{2h_1^2}{c} \left(\frac{1}{h_1} - \frac{1}{h_t} \right) + \frac{gh_1^2}{cq^2} (h_1^2 - h_t^2) \tag{4-53}$$

4.3 综合式消力池坎高和池深的计算

4.3.1 综合式消力池传统计算方法的迭代公式

综合式消力池如图 4-5 所示。在以往的计算中，求综合式消力池参数的基本思路是：先假定消力池内和消力坎的下游河槽内均发生临界水跃，求得所需的池深 d 及坎高 c，然后求临界水跃转变为淹没水跃所需的池深和坎高。求解步骤如下。

假设消力坎后形成二次水跃，已知单宽流量为 q，消力坎后的跃后水深为下游水深 h_t，跃前水深 h'_c 为

$$h'_c = \frac{h_t}{2} \left(\sqrt{1 + 8\frac{q^2}{gh_t^3}} - 1 \right) \tag{4-54}$$

消力坎后的跃前断面总水头 E'_0 为

$$E'_0 = h'_c + \frac{q^2}{2g(\varphi' h'_c)^2} \tag{4-55}$$

取 $m = 0.42$ ，计算坎顶以上的总水头

$$H_{10} = \left(\frac{q}{m\sqrt{2g}}\right)^{2/3} \tag{4-56}$$

求坎高 c ：

$$c = E_0' - H_{10} \tag{4-57}$$

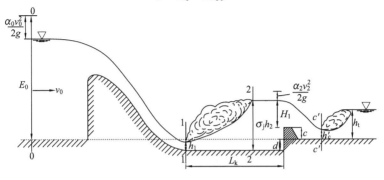

图 4-5 综合式消力池

当求出坎高 c 后，为安全起见，可使坎高比求出的坎高稍低一些，使坎后形成稍有淹没的水跃。

下面求消力池的深度 d ，为了使消力池中形成稍有淹没的水跃，由图 4-5 可得

$$\sigma_j h_2 = H_1 + c + d \tag{4-58}$$

式中， H_1 为坎顶以上水深，m，用式(4-59)计算，即

$$H_1 = H_{10} - \frac{q^2}{2g(\sigma_j h_2)^2} \tag{4-59}$$

式中， H_{10} 为坎顶以上总水头，m； h_2 为挖深式消力池的跃后水深，m。将式(4-59)代入式(4-58)得

$$d = \sigma_j h_2 + \frac{q^2}{2g(\sigma_j h_2)^2} - (H_{10} + c) \tag{4-60}$$

由式(4-60)可以通过试算求得综合式消力池的池深，计算过程比较麻烦。为了简化计算，现推导综合式消力池池深的迭代计算方法。

消力池跃前跃后共轭水深的关系为

$$h_2 = \frac{h_1}{2}\left(\sqrt{1 + \frac{8q^2}{gh_1^3}} - 1\right) = \frac{h_1}{2}\left(\sqrt{1 + 8Fr_1^2} - 1\right) \tag{4-61}$$

式中，h_1 为挖深式消力池的跃前水深，m。令 $1 + 8q^2 / (gh_1^3) = x^2$，则

$$h_1 = \frac{(8q^2 / g)^{1/3}}{(x^2 - 1)^{1/3}} \tag{4-62}$$

将式(4-62)代入式(4-61)得

$$h_2 = \frac{1}{2}\left(\frac{8q^2}{g}\right)^{1/3}\frac{x-1}{(x^2-1)^{1/3}} \tag{4-63}$$

将式(4-63)代入式(4-60)得

$$d = \left(\frac{8q^2}{g}\right)^{1/3}\left[\frac{\sigma_j}{2}\frac{x-1}{(x^2-1)^{1/3}} + \frac{(x^2-1)^{2/3}}{4\sigma_j^2(x-1)^2}\right] - (H_{10} + c) \tag{4-64}$$

如图 4-5 所示，以消力池底板为基准面，写 1-1 断面和 0-0 断面的能量方程，整理后得

$$d = \frac{q^2}{2g\varphi^2 h_1^2} + h_1 - E_0 \tag{4-65}$$

将式(4-62)代入式(4-65)得

$$d = \left(\frac{8q^2}{g}\right)^{1/3}\left[\frac{(x^2-1)^{2/3}}{16\varphi^2} + \frac{1}{(x^2-1)^{1/3}}\right] - E_0 \tag{4-66}$$

由式(4-64)和式(4-66)得

$$\left(\frac{8q^2}{g}\right)^{1/3}\left[\frac{(x^2-1)^{2/3}}{16\varphi^2} + \frac{1}{(x^2-1)^{1/3}} - \frac{\sigma_j}{2}\frac{x-1}{(x^2-1)^{1/3}} - \frac{(x^2-1)^{2/3}}{4\sigma_j^2(x-1)^2}\right] = E_0 - (H_{10} + c)$$
$$\tag{4-67}$$

式(4-67)可以写成

$$\frac{1}{(x^2-1)^{1/3}}\left[\frac{x^2-1}{16\varphi^2} + 1 - \frac{\sigma_j}{2}(x-1) - \frac{x^2-1}{4\sigma_j^2(x-1)^2}\right] = B_3 \tag{4-68}$$

式中

$$B_3 = (E_0 - H_{10} - c) / (8q^2 / g)^{1/3} \tag{4-69}$$

将式(4-68)写成迭代形式得

$$x = \frac{16\varphi^2\{B_3(x^2-1)^{1/3} - 1 + (\sigma_j / 2)(x-1) + (x+1) / [4\sigma_j^2(x-1)]\}}{x-1} - 1 \tag{4-70}$$

当已知 φ、B_3、σ_j，即可由式(4-70)求得 x，然后代入式(4-62)和式(4-63)求出 h_1 和 h_2，由式(4-64)或式(4-65)或式(4-66)求出消力池的深度 d。

例 4.4　有一修筑于河道中的溢流坝如图 4-6 所示,坝顶高程为 110.0m,溢流面长度中等,河床高程为 100.0m,上游水位为 112.96m,下游水位为 103.0m,通过溢流坝的单宽流量 $q = 11.3\text{m}^3/(\text{s}\cdot\text{m})$,试判别下游是否需做消能工,如做消能工,试设计一综合式消力池。

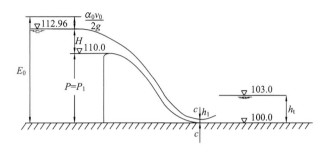

图 4-6　溢流坝示意图

解:(1)判别是否需要修建消力池。

堰上水深为

$$H = 112.96 - 110 = 2.96(\text{m})$$

下游堰高为

$$P_1 = 110 - 100 = 10(\text{m})$$

$$v_0 = \frac{q}{P + H} = \frac{11.3}{10 + 2.96} = 0.872(\text{m/s})$$

$$H_0 = H + \frac{\alpha_0 v_0^2}{2g} = 2.96 + \frac{1 \times 0.872^2}{2 \times 9.8} = 3.0(\text{m})$$

$$E_0 = H_0 + P_1 = 3.0 + 10 = 13(\text{m})$$

溢流面长度中等,查文献[1]得流速系数 $\varphi = 0.95$,则

$$h_1 = \frac{q}{\varphi\sqrt{2g(E_0 - h_1)}} = \frac{11.3}{0.95\sqrt{2 \times 9.8(13 - h_1)}} = \frac{2.687}{\sqrt{13 - h_1}}$$

迭代得 $h_1 = 0.768\text{m}$。

$$h_2 = \frac{h_1}{2}\left(\sqrt{1 + 8\frac{q^2}{gh_1^3}} - 1\right) = \frac{0.768}{2}\left(\sqrt{1 + \frac{8 \times 11.3^2}{9.8 \times 0.768^3}} - 1\right) = 5.451(\text{m})$$

下游水深 $h_t = 103.0 - 100.0 = 3.0(\text{m})$。因为 $h_2 > h_t$,需要修建消力池。

(2)综合式消力池的计算。

①求坎高 c。

假定消力池后形成二次水跃,跃后水深为下游水深 h_t。跃前水深用式(4-54)计算:

$$h_c' = \frac{h_t}{2}\left(\sqrt{1 + 8\frac{q^2}{gh_t^3}} - 1\right) = \frac{3}{2}\left(\sqrt{1 + \frac{8 \times 11.3^2}{9.8 \times 3^3}} - 1\right) = 1.807(\text{m})$$

取 $\varphi' = 0.9$，求消力坎后跃前断面总水头 E_0'

$$E_0' = h_c' + \frac{q^2}{2g(\varphi' h_c')^2} = 1.807 + \frac{11.3^2}{2 \times 9.8 \times (0.9 \times 1.807)^2} = 4.27(\text{m})$$

取 $m = 0.42$，计算坎顶以上总水头

$$H_{10} = \left(\frac{q}{m\sqrt{2g}}\right)^{2/3} = \left(\frac{11.3}{0.42 \times \sqrt{2 \times 9.8}}\right)^{2/3} = 3.33(\text{m})$$

坎高 c 为

$$c = E_0' - H_{10} = 4.27 - 3.33 = 0.94(\text{m})$$

为使坎后形成稍有淹没的水跃，取坎高 $c = 0.9\text{m}$。

②求消力池深度 d。

$$B_3 = (E_0 - H_{10} - c)/(8q^2/g)^{1/3} = (13 - 3.33 - 0.9)/(8 \times 11.3^2/9.8)^{1/3} = 1.86349$$

已知 $\varphi = 0.95$，$\sigma_j = 1.05$，代入式(4-70)得

$$x = \frac{14.44\{1.86349(x^2-1)^{1/3} - 1 + 0.525(x-1) + (x+1)/[4.41(x-1)]\}}{x-1} - 1$$

迭代公式的初值为 $x = \sqrt{1 + 8q^2/(gh_1^3)} = \sqrt{1 + 8 \times 11.3^2/(9.8 \times 0.768^3)} = 15.2$，将 $x = 15.2$ 代入上式迭代得 $x = 17.0124$。

$$h_1 = \frac{(8q^2/g)^{1/3}}{(x^2-1)^{1/3}} = \frac{(8 \times 11.3^2/9.8)^{1/3}}{(17.0124^2-1)^{1/3}} = 0.7123(\text{m})$$

$$h_2 = \frac{1}{2}\left(\frac{8q^2}{g}\right)^{1/3} \frac{x-1}{(x^2-1)^{1/3}} = \frac{1}{2}\left(\frac{8 \times 11.3^2}{9.8}\right)^{1/3} \frac{17.0124-1}{(17.0124^2-1)^{1/3}} = 5.703(\text{m})$$

$$d = \frac{q^2}{2g\varphi^2 h_1^2} + h_1 - E_0 = \frac{11.3^2}{2 \times 9.8 \times 0.95^2 \times 0.7123^2} + 0.7123 - 13 = 1.94(\text{m})$$

文献[1]用试算法求得 $h_1 = 0.7123\text{m}$，$h_2 = 5.703\text{m}$，$d = 1.94\text{m}$。可以看出，与用试算法求得结果相同，但迭代法简单得多。

4.3.2　综合式消力池的简化计算方法

可以利用梯形堰的受控水跃来计算综合式消力池的深度，由式(4-60)和式(4-56)得

$$c + d = \sigma_j h_2 + \frac{q^2}{2g(\sigma_j h_2)^2} - \left(\frac{q}{m\sqrt{2g}}\right)^{2/3} \tag{4-71}$$

将式(4-71)写成

$$\frac{c+d}{h_1} = \sigma_j \frac{h_2}{h_1} + \frac{q^2}{2g(\sigma_j h_2)^2 h_1} - \left(\frac{q}{m\sqrt{2g}}\right)^{2/3} \frac{1}{h_1} \tag{4-72}$$

式中

$$\frac{q^2}{gh_2^2 h_1} = \frac{q^2 h_1^2}{gh_2^2 h_1^3} = Fr_1^2 \left(\frac{h_1}{h_2}\right)^2$$

$$\left(\frac{q}{m\sqrt{2g}}\right)^{2/3} \frac{1}{h_1} = \left(\frac{q^2}{2m^2 gh_1^3}\right)^{1/3} = \left(\frac{Fr_1^2}{2m^2}\right)^{1/3}$$

将以上两式和式(4-61)代入式(4-72)得

$$\frac{c+d}{h_1} = \frac{\sigma_j^3 [(1+2Fr_1^2)\sqrt{1+8Fr_1^2} - 1 - 6Fr_1^2] + Fr_1^2}{\sigma_j^2 (1 + 4Fr_1^2 - \sqrt{1+8Fr_1^2})} - \left(\frac{Fr_1^2}{2m^2}\right)^{1/3} \qquad (4\text{-}73)$$

式中，Fr_1 为消力池池深为 d 时跃前断面的弗劳德数，即 $Fr_1 = q/\sqrt{gh_1^3}$；m 为消力坎的流量系数，一般取 $0.4 \sim 0.42$。跃前断面水深用式(4-74)计算，即

$$h_1 = \frac{q}{\varphi\sqrt{2g(E_0 + d - h_1)}} \qquad (4\text{-}74)$$

由式(4-73)可以看出，综合式消力池坎高和池深是跃前断面 Fr_1 的函数。在计算时，可以假定一个消力池深度，用式(4-74)求跃前断面水深 h_1，再求出 Fr_1，由式(4-73)直接求出坎高 c。

例 4.5　某溢流坝共 5 孔，每孔净宽度 $b = 7$m，闸墩厚度 $s = 2$m，上游河道宽度与下游收缩断面处河道宽度相同，即 $B = nb + (n-1)s = 5 \times 7 + (5-1) \times 2 = 43$(m)，已知坝顶高程为 155.00m，上游水位高程为 162.40m，上下游河床高程同高，均为 100.00m，下游水位为 110.00m，当每孔闸门全开时，通过的泄流量为 $Q = 1400$m³/s，试设计一综合式消力池。

解　文献[5]已求出单宽流量为 $q = 32.56$m³/(s·m)，$E_0 = 62.41$m，溢流坝的流速系数为 $\varphi = 0.885$，$h_1 = 1.065$m，$h_2 = 13.73$m $> h_1' = 10$m，需要修建消力池。并已求得单纯挖深式消力池深度为 4.4m，单纯消力坎式消力池尾坎高度为 7.93m，建议采用综合式消力池，并假定池深 $d = 2$m，用图解法求得消力坎的高度 $c = 6.1$m。

现仍假定消力池深度 $d = 2$m，由式(4-74)得

$$h_1 = \frac{q}{\varphi\sqrt{2g(E_0 + d - h_1)}} = \frac{32.56}{0.885\sqrt{2 \times 9.8(62.41 + 2 - h_1)}} = \frac{8.31023}{\sqrt{64.41 - h_1}}$$

迭代求得 $h_1 = 1.04523$m。

$$Fr_1 = q/\sqrt{gh_1^3} = 32.56/\sqrt{9.8 \times 1.04523^3} = 9.7332$$

取消力坎的流量系数 $m = 0.42$，淹没系数 $\sigma_j = 1.05$，将 $Fr_1 = 9.7332$ 代入式(4-73)得

$$(c+d)/h_1 = 7.73$$

将 $h_1 = 1.04523$m，$d = 2$m 代入上式得 $c = 6.08$m。坎上总水头为

$$H_{10} = \left(\frac{q}{m\sqrt{2g}}\right)^{2/3} = \left(\frac{32.56}{0.42\sqrt{2 \times 9.8}}\right)^{2/3} = 6.7488\text{(m)}$$

$$(h_t - c) / H_{10} = (10 - 6.08) / 6.7488 = 0.581 > 0.45$$

为淹没出流，所求坎高 c 即为所求，所求结果与文献[5]的查图法所求的结果一致。

4.3.3 综合式消力池传统计算方法存在的问题及应用条件的研究

先看一个例题。仍为例 4.5。现在用先求坎高再求消力池深度的方法求解。

假设消力坎后形成临界水跃，跃后水深为 $h_c'' = h_t = 10\text{m}$，则消力坎后的跃前水深为

$$h_c' = \frac{h_t}{2}\left(\sqrt{1 + \frac{8q^2}{gh_t^3}} - 1\right) = \frac{10}{2}\left(\sqrt{1 + \frac{8 \times 32.56^2}{9.8 \times 10^3}} - 1\right) = 1.8329(\text{m})$$

取消力坎的流速系数 $\varphi' = 0.9$，消力坎后的跃前断面总水头 E_0' 为

$$E_0' = h_c' + \frac{q^2}{2g(\varphi' h_c')^2} = 1.8329 + \frac{32.56^2}{2 \times 9.8 \times (0.9 \times 1.8329)^2} = 21.709(\text{m})$$

设消力坎为自由出流，消力坎的淹没系数 $\sigma_s = 1.0$，则消力坎上的总水头为

$$H_{10} = \left(\frac{q}{m\sqrt{2g}}\right)^{2/3} = \left(\frac{32.56}{0.42 \times \sqrt{2 \times 9.8}}\right)^{2/3} = 6.743(\text{m})$$

消力坎高度为

$$c = E_0' - H_{10} = 21.788 - 6.743 = 15.045(\text{m})$$

求得消力池深度 $d = -7.59\text{m}$，为负值。

由以上计算可以看出，先求消力坎高度再求消力池深度的方法不是总可以成功的。这种方法计算的消力坎高度有时会很大，如上例，求得的消力坎高度比例 4.5 高出 8.965m，比下游水深还高出了 5.045m。笔者用单纯式消力坎的计算方法求得坎高为 7.96m，该方法比单纯式消力坎还高出了 7.085m。

为什么会出现这种计算不稳定的现象呢？分析认为，这主要与消力坎后的水流流态有关。当水流通过消力坎时，消力坎前面有水跃存在，消力坎后有下游水深，过坎水流与下游水流的相互作用使得消力坎后的水流流态十分复杂，尤其是下游水深对消力坎后的水流流态影响很大。如果下游水深正好与消力坎后的收缩断面水深构成共轭关系，则先求消力坎高度再求消力池深度的方法是正确的。如果下游水深较小，有可能出现远驱水跃；如果下游水深较大，有可能出现淹没水跃；这与计算消力坎高度时要求坎后发生临界水跃的条件不符，可能是造成计算错误的主要原因。因此采用这种方法设计综合式消力池需要研究下游水深的应用条件。

为了寻求综合式消力池计算方法的应用条件，笔者收集了单宽流量为 2～32.558m³/(s·m) 的 12 种情况进行研究。研究方法为：对于每一个单宽流量，取

消力坎的流速系数 $\varphi' = 0.9$，在计算时改变下游水深，按照先求消力坎高度再求消力池深度的方法，求出消力坎的高度，再求出消力坎的淹没度 $(h_t-c)/H_{10}$ 和下游水流的弗劳德数 Fr_t。将计算结果以弗劳德数 Fr_t 为横坐标，消力坎的淹没度 $(h_t-c)/H_{10}$ 为纵坐标点绘如图 4-7 所示，图中单宽流量 q 的单位为 $m^3/(s \cdot m)$。从图中可以看出，无论单宽流量如何变化，当下游水流的弗劳德数 $Fr_t \leqslant 0.401$ 时，淹没度 $(h_t-c)/H_{10} \leqslant 0$，说明计算的消力坎高度大于或等于下游水深，当弗劳德数 $Fr_t > 0.401$ 时，计算的消力坎高度才小于下游水深。下游水流的弗劳德数越大，计算的消力坎高度越小。同样的方法，当 $\varphi' = 0.75$、0.80、0.85、0.9、0.95、0.98 时，计算的下游水深等于坎高的临界弗劳德数，分别为 0.538、0.481、0.437、0.401、0.372 和 0.356。可见 φ' 越小，所需的下游水流的弗劳德数越大。因此在用这种方法设计消力坎的高度时，必须考虑下游水流的临界弗劳德数。

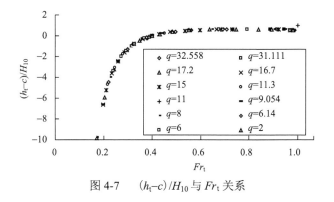

图 4-7　$(h_t-c)/H_{10}$ 与 Fr_t 关系

因为 $Fr_t = q/\sqrt{gh_t^3}$ ，根据上面的研究，在设计综合式消力池时，下游水流的弗劳德数应该大于临界弗劳德数，即

$$Fr_t = q/\sqrt{gh_t^3} > Fr_{临} \tag{4-75}$$

由此得下游水深应用的条件为

$$h_t < \left(\frac{q^2}{gFr_{临}^2}\right)^{1/3} = \frac{h_k}{Fr_{临}^{2/3}} = h_{下临} \tag{4-76}$$

式中，h_k 为临界水深，m。

消力坎的流速系数 φ' 在 0.75～0.98 时的临界弗劳德数可用式(4-77)计算：

$$Fr_{临} = 1.6715\varphi'^2 - 3.6742\varphi' + 2.3527 \tag{4-77}$$

下面验算例 4.5 中下游河床的弗劳德数，经计算 $Fr_t = q/\sqrt{gh^3} = 0.329 < Fr_{临} = 0.401$，说明下游水深较大，会出现淹没水跃，达不到临界水跃的条件，所以用这

种计算方法就会出现上面所说的不合理现象。

由以上分析可以看出，在设计综合式消力池时，首先由下游水深计算出下游水流的弗劳德数 Fr_t，再根据消力坎的流速系数求出临界弗劳德数 $Fr_临$，如果 $Fr_t > Fr_临$，则可以用这种方法设计综合式消力池。或者由式(4-76)求出 $h_{下临}$，如果下游水深 $h_t < h_{下临}$，则可以用这种方法设计综合式消力池，否则，应该用其他方法设计综合式消力池，如假设消力池深度求消力坎的高度，见例4.5。

4.4　平底矩形渐扩式消力池深度的计算

4.4.1　平底渐扩式消力池水跃共轭水深的研究

图4-8 为一渐扩式消力池，在图中取断面 1-1 和 2-2 之间的水体写动量方程，沿水流方向的作用力有断面 1 和 2 上的动水压力 P_1 和 P_2，每边边墙的反力 R_n 在水流方向的分力 R_x，设动量修正系数 $\beta_1 = \beta_2 = \beta$，忽略壁面的摩阻力 F_f，则沿水流方向的动量方程为

$$\beta\gamma Q(v_2 - v_1) / g = P_1 - P_2 + 2R_n \sin\theta \tag{4-78}$$

对于边墙为铅垂的矩形断面，有

$$P_1 = \gamma b_1 h_1^2 / 2, \qquad P_2 = \gamma b_2 h_2^2 / 2 \tag{4-79}$$

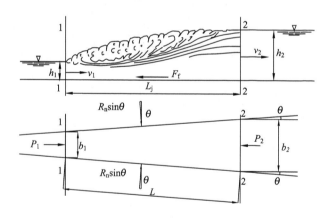

图4-8　扩散水跃示意图

对于边墙反力，因水跃对边墙的作用力比较复杂，对于反力 R_x 有许多不同的计算方法，归纳起来有不计侧墙反力、侧墙反力按矩形水跃轮廓、折线轮廓、梯形轮廓和抛物线轮廓计算。根据对侧墙反力不同的假设，所得到的水跃共轭水深的计算公式不同。文献[7]对以上各种假设通过模型试验进行了研究，认为不计侧墙反力的渐扩式消力池的跃后水深偏小 7%～13%，从而使消力池的深度不足，可

能会发生远驱水跃，造成下游河床的严重冲刷；按折线轮廓计算侧墙反力，计算结果比实测值大 3%～11%；按矩形水跃轮廓计算侧墙反力，求得跃后水深 h_2 过于偏大，比实测值大 8%～24%，特别是尚大于不扩散水跃的共轭水深 h_2，这不仅在理论上不合理，而且在实际中已失去了扩散水跃要求跃后水深较小的优点，从而加深了消力池的深度，增加了工程费用；按梯形轮廓计算侧墙反力，与实测值之间的误差为 1%～3.5%，且公式较简单，便于计算，为目前常用公式之一；用抛物线轮廓计算侧墙反力，抛物线的指数有 1/4 和 1/2 之分，模型试验表明[7]，按指数为 1/2 水跃轮廓计算的水跃共轭水深更接近实测值，且计算比 1/4 轮廓简单。

文献[8]给出的共轭水深的计算公式是按不考虑侧墙反力得出的，但其动量修正系数是通过圆弧闸门控制出流的扩散水跃试验给出的，其动量修正系数为 $\beta_1 = \beta_2 = 1.5$，水跃方程为

$$\xi\eta^2 + 3Fr_1^2 / (\xi\eta) = 3Fr_1^2 + 1 \tag{4-80}$$

式中，$Fr_1^2 = Q^2 / (gb_1^2 h_1^3)$；$\eta = h_2 / h_1$；$\zeta = b_2 / b_1$；$b_1$ 和 b_2 分别为跃首和跃后断面的宽度。

文献[9]根据侧墙反力为抛物线的假设，通过模型试验研究了抛物线指数的变化规律和侧墙反力的变化规律，给出了抛物线指数和侧墙反力的计算方法，重新得出了渐扩式水跃共轭水深的计算公式，该公式反映了抛物线指数、侧墙反力分布系数与跃前断面弗劳德数 Fr_1 和扩散角的关系，计算表明，该公式的误差为 1.03%～4.72%，大于按梯形轮廓计算的误差，而且公式过于复杂，在实际中不便应用。

我国《溢洪道设计规范》[10]给出了渐扩式水跃共轭水深的简单计算公式，该公式假定二元水跃与空间水跃首尾断面的动量改变近似相等，也没有考虑侧墙反力的影响，计算结果表明，用该公式计算的跃后水深偏小较多，正如文献[7]所述，不计侧墙反力显然具有不合理性。

文献[7]通过对比分析阐述了平底渐扩式水跃的计算方法，分析认为，侧墙反力按梯形轮廓和 1/2 抛物线轮廓假定，计算的水跃共轭水深与实测值吻合较好，误差最小。文献[11]～[13]也认为沿边墙长度上其反力按梯形变化计算的共轭水深和试验结果比较符合，但我国《溢洪道设计规范》却给出了不计侧墙反力情况下的渐扩式共轭水深的计算方法。为了对比，本研究主要讨论按梯形轮廓、1/2 抛物线轮廓计算侧墙反力和不计侧墙反力时渐扩式消力池深度的计算方法，以便对比分析。

根据侧墙反力按梯形轮廓假定，边墙每米长度的反力在跃首为 $\gamma h_1^2 / 2$，在跃尾为 $\gamma h_2^2 / 2$（在铅垂方向的压力仍按静水压力分布），于是侧墙反力为

$$R_{\mathrm{n}} = \frac{1}{2}\left(\frac{\gamma}{2}h_1^2 + \frac{\gamma}{2}h_2^2\right)L \tag{4-81}$$

式中，$L = (b_2 - b_1)/(2\sin\theta)$，m，$\theta$ 为边墙扩散角。

将式(4-79)、式(4-81)代入式(4-78)，并注意 $v_2 = Q/(b_2h_2)$，$v_1 = Q/(b_1h_1)$，得

$$4\beta Fr_1^2 = \zeta\eta(\eta^2 - 1)(\zeta + 1)/(\zeta\eta - 1) \tag{4-82}$$

以上各式中，Q 为流量，m³/s；β 为动量修正系数，计算时可取为 1.03。

文献[11]给出了式(4-82)的显函数计算式为

$$\eta = 2\sqrt{\frac{1 + \zeta + 4\beta Fr_1^2}{3(1 + \zeta)}}\cos\frac{\varphi}{3} \tag{4-83}$$

$$\cos\varphi = -\frac{10.4\beta\sqrt{1+\zeta}\,Fr_1^2}{\zeta(1 + \zeta + 4\beta Fr_1^2)^{3/2}} \tag{4-84}$$

对于侧墙反力按 1/2 抛物线形分布，文献[7]给出共轭水深的计算公式为

$$2Fr_1^2 = \frac{\zeta\eta}{6(\zeta\eta - 1)}[(3\eta^2(\zeta + 1) - 2\eta(\zeta - 1) - (\zeta + 5)] \tag{4-85}$$

我国《溢洪道设计规范》[10]给出的计算共轭水深的公式为

$$h_2 = \frac{h_1}{2}(\sqrt{1 + 8Fr_1^2} - 1)(b_1/b_2)^{0.5} \tag{4-86}$$

文献[14]在研究折坡扩散水跃时，提出了折坡扩散水跃的半经验公式，周名德[15]将其应用于平底扩散水跃，公式形式即为式(4-86)，不同的是公式中的指数不是 0.5 而是 0.25。

张志昌[16]给出的公式为

$$h_2 = \frac{h_1}{2}(\sqrt{1 + 8Fr_1^2} - 1)(b_1/b_2)^{0.15} \tag{4-87}$$

4.4.2　平底渐扩式消力池水跃长度的计算

由式(4-82)、式(4-85)、式(4-86)可以看出，式(4-86)形式最为简单，但三个公式在计算扩散宽度 b_2 时，均需知道水跃长度 L_j，对于水跃长度的计算，已有许多经验公式，吴宇峰等[17]比较了 9 个扩散水跃长度公式，认为于志忠[18]的公式或华西列夫的公式计算与实测值比较符合，并根据质点运动原理导出了渐扩式水跃长度的理论公式，即

$$L_{\mathrm{j}} = \frac{2b_1l/\sqrt{1 + 0.6\theta}}{b_1 + \sqrt{b_1^2 + 4b_1l\theta/\sqrt{1 + 0.6\theta}}} \tag{4-88}$$

式中，$l = 6.55h_1 Fr_1 \arctan\sqrt{\eta-1}$。在用式(4-88)计算水跃长度时，要知道跃后水深 h_2，所以需和式(4-82)或式(4-85)或式(4-86)联立求解。为了方便，吴宇峰等建议式(4-88)中的 l 采用矩形断面水跃长度的经验公式，即 $l = 10.8h_1(Fr_1-1)^{0.93}$，则式(4-88)变为

$$L_j = \frac{21.6b_1h_1(Fr_1-1)^{0.93}/\sqrt{1+0.6\theta}}{b_1+\sqrt{b_1^2+43.2b_1h_1\theta(Fr_1-1)^{0.93}/\sqrt{1+0.6\theta}}} \tag{4-89}$$

笔者分析过吴宇峰、于志忠和华西列夫的公式，吴宇峰和于志忠公式计算的水跃长度略小于华西列夫公式计算的水跃长度，为计算简单和安全，建议采用华西列夫公式，即

$$L_j = \frac{10.3b_1h_1(Fr_1-1)^{0.81}}{b_1+1.08h_1(Fr_1-1)^{0.81}\sin\theta} \tag{4-90}$$

4.4.3　渐扩挖深式消力池深度的计算

渐扩式消力池深度的计算简图如图 4-9 所示，设下游水深处的宽度为消力池末端宽度 b_2，写断面 1-1 和断面 2-2 的动量方程为

$$P_1 - P_2 - P_3 = \gamma Q(v_2 - v_1)/g \tag{4-91}$$
$$P_1 = \gamma b_2(\sigma_j h_2)^2/2 \tag{4-92}$$
$$P_2 = \gamma b_2 h_t^2/2 \tag{4-93}$$

式中

$$v_1 = Q/(b_2\sigma_j h_2), \qquad v_2 = Q/(b_2 h_t) \tag{4-94}$$
$$P_3 = \gamma b_2(\sigma_j h_2 - d + \sigma_j h_2)d/2 = \gamma b_2(2\sigma_j h_2 - d)d/2 \tag{4-95}$$

式中，b_2 为消力池末端的宽度，m。将式(4-92)~式(4-95)代入式(4-91)，求解得

$$d = \sigma_j h_2 \pm \left(h_t^2 + \frac{2Q^2}{gb_2^2 h_t} - \frac{2Q^2}{gb_2^2(\sigma_j h_2)}\right)^{0.5} \tag{4-96}$$

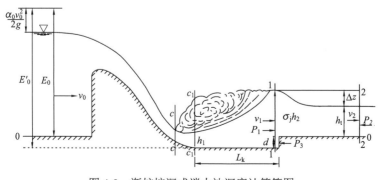

图 4-9　渐扩挖深式消力池深度计算简图

消力池的深度可以由能量方程得，即

$$d = \frac{Q^2}{2gb_1^2\varphi^2 h_1^2} + h_1 - E_0 \tag{4-97}$$

式中，d 为消力池深度，m；σ_j 为淹没系数，一般取 $1.05\sim1.1$；Q 为流量，m³/s；φ 为流速系数；E_0 为以下游河床算起的上游总水头，m；h_t 为下游水深，m。如果下游水深处的宽度不为 b_2，可取其实际宽度计算，式(4-96)可写成

$$d = \sigma_j h_2 \pm \left(\frac{b_t}{b_2} h_t^2 + \frac{2Q^2}{gb_2 b_t h_t} - \frac{2Q^2}{gb_2^2(\sigma_j h_2)} \right)^{0.5} \tag{4-98}$$

式中，b_t 为下游水深处的宽度，m。式(4-96)、式(4-98)中间的正负号应取负号，因为消力池深度要小于跃后水深。

由式(4-96)可以看出，下游水深 h_t、流量 Q、σ_j、E_0 为已知，流速系数 φ 可由有关公式或查图求得。要求解消力池的深度 d，需要知道跃后水深 h_2，消力池的末端宽度 b_2，而 b_2 又与消力池的长度 L_k（可取 $L_k = 0.8L_j$）有关，跃后水深 h_2 与跃前断面水深 h_1 和消力池末端的宽度 b_2 有关，所以在计算消力池的深度时，需用试算法。试算法的步骤如下。

(1)假定一个消力池深度 d，由有关公式或查图求得流速系数 φ，由式(4-97)求得跃前断面水深 h_1。

(2)由已知的扩散角 θ、h_1 和跃前断面的弗劳德数 Fr_1，由式(4-89)或式(4-90)求自由水跃长度 L_j，并取消力池长度 $L_k = 0.8L_j$。

(3)求消力池末端的宽度 b_2，$b_2 = b_1 + 2L_k \tan\theta$。

(4)由式(4-83)、式(4-85)、式(4-86)或式(4-87)计算跃后水深 h_2。

(5)将 Q、σ_j、h_t、h_2、b_2（b_t）代入式(4-96)式(4-98)求消力池深度 d，

如果求得的消力池深度与假设的深度相同，即为所求的消力池深度，如果不符，则重复上面的计算过程，直到相符为止。

例4.6 利用文献[9]的实测资料,已知 $b_1 = 2m$,$\theta = 5.711°$,流量和实测跃前跃后断面水深见表4-2,求渐扩式水跃的跃长和跃后水深。

解:分别用式(4-83)、式(4-85)、式(4-86)、式(4-87)和周名德公式计算跃后水深,用式(4-90)计算水跃长度,计算结果如表4-2所示。

表4-2　用式(4-90)计算水跃长度的跃后水深计算结果

Q/(m³/s)	h_1/m	实测 h_2/m	Fr_1	式(4-83)	式(4-85)	式(4-86)	周名德公式	式(4-87)	水跃长度/m 式(4-90)
1.0000	0.0800	0.7060	7.0587	0.7210	0.7138	0.6542	0.7049	0.7263	3.4809

续表

Q /(m³/s)	h_1/m	实测 h_2 /m	Fr_1	计算 h_2/m					水跃长度/m 式(4-90)
				式(4-83)	式(4-85)	式(4-86)	周名德公式	式(4-87)	
2.0000	0.1500	1.0600	5.4986	1.0150	1.0088	0.8906	0.9870	1.0284	5.0844
4.0000	0.2720	1.4920	4.5036	1.4435	1.4432	1.2130	1.3939	1.4736	7.4351
6.0000	0.3910	1.8000	3.9196	1.7572	1.7654	1.4318	1.6841	1.7970	9.1352
8.0000	0.5000	2.0320	3.6140	2.0300	2.0473	1.6150	1.9347	2.0797	10.5958

从表中可以看出，式(4-83)、式(4-85)和式(4-87)计算的跃后水深均与实测值比较接近，而式(4-86)与实测值相差最远，周名德给出的公式计算值略小于实测值，由此可见，用式(4-83)、式(4-85)和式(4-87)计算水跃共轭水深是可行的。

例4.7　某泄洪洞后为一扩散渥奇段，经扩散消力池与下游河道连接，已知通过泄洪洞的设计流量 $Q=207\text{m}^3/\text{s}$，根据洞身水面线的推算，已知洞出口相对下游河床的能头 $E_0=11.5\text{m}$，消力池开始断面的宽度 $b_1=15\text{m}$，消力池侧墙的扩散角为7.125°，尾水深度 $h_t=4\text{m}$，流速系数 $\varphi=0.95$，试设计渐扩式消力池的深度和长度。

解：（1）假定消力池深度 d，由式(4-97)计算跃前断面的水深 h_1。

（2）用式(4-90)计算水跃长度 L_j，取消力池长度 $L_k=0.8L_j$。

（3）用式(4-96)计算消力池深度 d，如果求得的消力池深度与假设的一致即为所求。

水跃长度按式(4-90)计算，跃后水深用式(4-83)、式(4-85)、式(4-86)、式(4-87)和周名德公式计算，计算结果如表4-3所示。可以看出，式(4-83)、式(4-85)和式(4-87)计算出来的跃后水深和消力池深度差别不大，最大相差3.0%；与式(4-83)和式(4-85)相比，我国《溢洪道设计规范》给出的式(4-86)计算的跃后水深最大减小了11.7%，消力池深度最大减小了36.3%，周名德公式计算的跃后水深减小了3.5%，消力池深度最大减小了10.9%。文献[7]已经述及，不计侧墙反力时，消力池的深度不足，可能会发生远驱水跃，而《溢洪道设计规范》给出的公式正好不计侧墙反力，所以在应用时必须慎重。

表4-3　按式(4-90)计算的消力池深度和水跃长度

侧墙反力假设	假设 d/m	h_1/m	Fr_1	L_k/m	b_2/m	h_2/m	计算 d/m
式(4-83)	1.7952	0.9332	4.8898	22.5428	20.6357	5.7180	1.7952
式(4-85)	1.7472	0.9351	4.8750	22.5194	20.6298	5.6691	1.7472
式(4-86)	1.1376	0.9602	4.6853	22.2096	20.5524	5.0405	1.1376
周名德公式	1.5985	0.9410	4.8290	22.4459	20.6115	5.5170	1.5985
式(4-87)	1.8010	0.9330	4.8916	22.5457	20.6364	5.7240	1.8010

文献[19]用图解法求得消力池深度为 1.78m，与侧墙反力为梯形轮廓假设和本节给出的式(4-87)计算结果基本一致。消力池深度也可以用常规的矩形平底消力池池深的计算方法，即传统的试算法。用式(4-90)计算水跃长度，将其代入传统的试算法公式得到的消力池深度为 1.797m，与本节给出的式(4-96)计算的消力池深度基本一致，说明本节提出的消力池深度计算方法是可行的。

4.4.4　渐扩式消力池坎高的计算

渐扩式消力池坎高的计算可以根据本节和 4.2 节的方法联合求解，具体步骤如下。

(1)已知条件：流量 Q、溢流坝或闸孔出流的流速系数 φ、消力池进口断面宽度 b_1、河床以上总水头 E_0、下游尾水水深 h_t、消力池的扩散角 θ 和消力坎的流量系数 m_1。

(2)用式(4-99)计算跃前断面水深，即

$$h_1 = \frac{Q}{\varphi b_1 \sqrt{2g(E_0 - h_1)}} \qquad (4\text{-}99)$$

(3)用式(4-90)计算水跃长度 L_j，并取消力池长度为 $L_k = 0.8 L_j$。

(4)计算消力池末端断面宽度：

$$b_2 = b_1 + 2L_k \tan\theta \qquad (4\text{-}100)$$

(5)用式(4-87)计算跃后断面水深 h_2。

(6)用式(4-45)和式(4-46)计算消力坎的淹没度 σ_s，计算时的单宽流量应该为跃后断面的单宽流量 q_2，即 $q_2 = Q / b_2$。

(7)用式(4-44)计算消力坎高度 c。

例 4.8　条件同例 4.7，将挖深式消力池改为消力坎式消力池，求消力坎的高度。

解：(1)由式(4-99)求得跃前断面水深为 $h_1 = 1.0132\text{m}$，求得弗劳德数 $Fr_1 = 4.322$。

(2)由式(4-90)求得水跃长度为 $L_j = 26.954\text{m}$。取 $L_k = 0.8 L_j = 21.564\text{m}$。

(3)由式(4-100)求 $b_2 = b_1 + 2L_k \tan\theta = 20.391\text{m}$。

(4)由式(4-87)计算跃后断面水深 $h_2 = 5.451\text{m}$。

(5)求消力池跃后断面单宽流量 $q_2 = Q / b_2 = 10.152\text{m}^3/(\text{m}\cdot\text{s})$。

(6)取消力坎流量系数 $m_1 = 0.42$，由式(4-46)计算 A_2：

$$A_2 = \frac{[q_2 / (m_1\sqrt{2g})]^{2/3}}{\sigma_j h_2 + q_2^2 / [2g(\sigma_j h_2)^2] - h_t} = 1.646$$

(7)由式(4-45)求消力坎的淹没系数：

$$\sigma_s = \left[1 - \left(1 - \frac{\sigma_s^{2/3}}{A_2}\right)^{6.48}\right]^{1/2} = \left[1 - \left(1 - \frac{\sigma_s^{2/3}}{1.646}\right)^{6.48}\right]^{1/2} = 0.9988$$

（8）由式（4-44）求消力池坎高 c：

$$c = h_{\mathrm{t}} - (1 - \sigma_{\mathrm{s}}^2)^{1/6.48} \left(\frac{q_2}{\sigma_{\mathrm{s}} m_1 \sqrt{2g}} \right)^{2/3} = 2.781 (\mathrm{m})$$

4.4.5　渐扩综合式消力池坎高和池深的计算

渐扩综合式消力池计算比较复杂，目前尚未看到有关这方面的文献。因为渐扩式消力池跃后断面的宽度未知，所以无法采用传统的综合式消力池坎高和深度的计算方法。现采用 4.3.2 节的方法对渐扩综合式消力池计算如下。由图 4-5 可以看出，综合式消力池跃后水深 $\sigma_{\mathrm{j}} h_2$ 与坎高 c、消力池深度 d 以及消力坎上的水深 H_1 关系可以用式（4-58）表示。式中，对于扩散式消力池，h_2 用式（4-87）计算；H_1 应该用式（4-59）计算，但式中的单宽流量 q 已不是矩形断面的单宽流量，而应该为渐扩式消力池跃后断面的单宽流量，式（4-59）变为

$$H_1 = H_{10} - \frac{q_2^2}{2g(\sigma_{\mathrm{j}} h_2)^2} = \left(\frac{q_2}{m\sqrt{2g}} \right)^{2/3} - \frac{q_2^2}{2g(\sigma_{\mathrm{j}} h_2)^2} \tag{4-101}$$

将式（4-101）代入式（4-58）得

$$c + d = \sigma_{\mathrm{j}} h_2 + \frac{q_2^2}{2g(\sigma_{\mathrm{j}} h_2)^2} - \left(\frac{q_2}{m\sqrt{2g}} \right)^{2/3} \tag{4-102}$$

因为 $q = Q/b_1$，$q_2 = Q/b_2$，所以 $q_2/q = b_1/b_2$。将式（4-102）除以 h_1，仿照式（4-72）的方法得

$$\frac{c+d}{h_1} = \sigma_{\mathrm{j}} \frac{h_2}{h_1} + \frac{b_1^2}{2b_2^2 \sigma_{\mathrm{j}}^2} \left(\frac{h_1}{h_2} \right)^2 Fr_1^2 - \left(\frac{b_1^2}{2m^2 b_2^2} \right)^{1/3} Fr_1^{2/3} \tag{4-103}$$

式中，Fr_1 为渐扩式消力池池深为 d 时跃前断面的弗劳德数，即 $Fr_1 = q/\sqrt{gh_1^3}$；m 为消力坎的流量系数，一般取 0.4～0.42。b_2 用式（4-100）计算，共轭水深比 h_2/h_1 用式（4-87）计算，水跃长度用式（4-90）计算，跃前断面水深用式（4-104）计算，即

$$h_1 = \frac{q}{\varphi \sqrt{2g(E_0 + d - h_1)}} \tag{4-104}$$

由式（4-103）可以看出，渐扩综合式消力池坎高和池深是跃前断面 Fr_1、跃前跃后断面共轭水深比 h_2/h_1、跃前断面和跃后断面宽度 b_1/b_2 的函数，计算十分复杂。在计算时，可以假定一个消力池深度 d，用式（4-104）求跃前断面水深 h_1，再求出 Fr_1，由式（4-90）计算水跃长度 L_{j}，取消力池长度 $L_{\mathrm{k}} = 0.8 L_{\mathrm{j}}$，由式（4-100）求消力池跃后断面宽度 b_2，由式（4-87）求消力池共轭水深比 h_2/h_1，再由式（4-103）直接求出坎高 c，最后用式（4-38）验算计算是否合适，如果不合适则重新假定消力

池深度 d，重复前面的计算过程，直到合适为止。

例 4.9　条件同例 4.7，将挖深式消力池改为渐扩综合式消力池，求消力坎的高度和池深。

解：(1) 假定消力池深度 $d=1\text{m}$。

(2) 由式 (4-104) 求跃前断面水深 $h_1=0.96614\text{m}$。

(3) $Fr_1=4.642$。

(4) 由式 (4-90) 计算水跃长度 $L_j=27.671\text{m}$，取消力池长度 $L_k=0.8L_j=22.136\text{m}$。

(5) 由式 (4-100) 求消力池跃后断面宽度 $b_2=20.534\text{m}$。

(6) 由式 (4-87) 求消力池共轭水深比 $h_2/h_1=5.804$。

(7) 由式 (4-103) 直接求出坎高 $c=1.951\text{m}$。

(8) 验算，$H_{10}=[Q/(b_2m\sqrt{2g})]^{2/3}=3.086\text{m}$，$(h_t-c)/H_{10}=0.664>0.45$ 为淹没出流，求得消力池深度 $d=1\text{m}$ 和坎高 $c=1.951\text{m}$ 即为所求。

4.5　突然扩大渠道消力池水跃特性的研究

4.5.1　突然扩大渠道水跃共轭水深的研究

突然扩大渠道中的水跃也称为空间水跃，当泄水前沿宽度小于下游河道的宽度，或者泄水建筑物只开启部分闸门泄流，泄流宽度只占河宽的一部分时，在泄水建筑物下游形成的水跃就是空间水跃。

Bremen 和 Hager[20]将水平底突然扩大渠道中的水跃分为 4 种类型，即 R 型水跃、S 型水跃、T 型水跃和经典水跃。R 型水跃就是突扩渠道中的远驱水跃；S 型水跃又称临界水跃或稳定水跃；T 型水跃是指水跃的一部分在突扩渠道的上游，一部分在突扩渠道的下游；经典水跃是指水跃完全发生在上游渠道中。对于 T 型水跃，文献[4]已做了详细的介绍。R 型水跃为远驱水跃。经典水跃实质上就是二元矩形渠道中的水跃，在前面已做了介绍。所以本节只研究 S 型水跃的水力特性。

切尔托乌索夫[21]在《水力学专门教程》中引用了苏联的阿勃拉莫夫在 1940 年对多孔泄水闸的孔口出流进行的试验研究，试验结果如图 4-10 所示。阿勃拉莫夫认为，当水流从上游较窄的断面进入突然扩大断面时，水流扩散是逐渐进行的，故在突然扩大断面水流可分为主流与副流两部分，主流的流速大，流动沿流轴方向，副流为两侧的回流。所以水跃区的中间部分带有远驱水跃的性质，在两侧呈淹没水跃的特性，水跃下面的主流因扩散较缓，跃尾断面的主流宽度 b_1 与跃前断面宽度 b 相比并不很大，在主流与边墙之间形成回流区，在横断面上，由于主流与回流有一定高差，促使回流区的水流从两侧向主流汇注，回流对主流有挤压作用。由此可以看出，空间水跃远比一般二元明渠水跃复杂。正是由于空间水跃的复杂性，对其水力特性的研究远没有一般二元水跃充分和透彻。

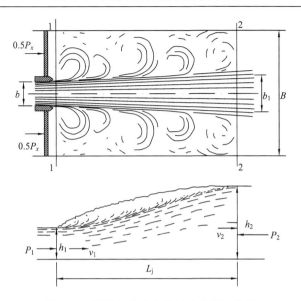

图 4-10　阿勃拉莫夫突然扩大水跃示意图

对于突然扩大断面的水跃共轭水深，前人已做过不少研究。阿勃拉莫夫认为断面 1-1 至断面 2-2 水深由 h_1 到 h_2 按抛物线规律变化，给出了共轭水深的计算公式为

$$\frac{2Fr_1(1-\eta\beta_1)}{\eta\beta_1}=1-\eta^2\beta+(\beta-1)\left[1+\frac{2(\eta-1)}{m+1}+\frac{(\eta-1)^2}{2m+1}\right] \tag{4-105}$$

式中，$\eta=h_2/h_1$ 为共轭水深比；$\beta_1=b_1/b$；$\beta=B/b$；b 为跃首宽度，m；b_1 为主流宽度，m；B 为下游回流宽度，m；$m=0.25$。

Herbrand[22]在扩散型消力池的设计计算中，对突然扩大断面的空间水跃给出了一个简单的公式，即

$$\eta=Fr_1\sqrt{\frac{2}{\beta}-\frac{1}{2\beta}} \tag{4-106}$$

文献[23]在对扩散水跃的研究中，给出了一个公式为

$$\eta=\left[\frac{\beta\eta(2Fr_1^2+1)-2Fr_1^2}{\beta}\right]^{1/3} \tag{4-107}$$

文献[23]认为，式(4-107)对于突然扩大断面仍然适用。

Hasan 和 Matin[24]假设边墙反力 $h_3=h_1$，提出的突扩式水跃共轭水深公式为

$$\eta^3-\eta(1+2Fr_1^2/\beta)+2Fr_1^2/\beta^2=0 \tag{4-108}$$

Hager[25]假设边墙反力 $h_3^2=0.5(h_1^2+h_2^2)$，提出的突扩式水跃共轭水深公式为

$$4(\beta\eta-1)Fr_1^2=(\beta+1)(\eta^2-1)\beta\eta=0 \tag{4-109}$$

卢士强等[26]假设边墙反力 $h_3=0.5(h_1+h_2)$ ，提出的突扩式水跃共轭水深公式为

$$\beta\eta(\eta-1)(3\beta\eta+\beta+\eta+3)-8(\beta\eta-1)Fr_1^2=0 \tag{4-110}$$

文献[27]给出了两个突扩式水跃共轭水深的公式，即

$$\eta=\frac{1}{2\beta}\left[0.8-0.15(0.9-\frac{1}{\beta})\right](\sqrt{1+8\beta Fr_1^2}-1) \tag{4-111}$$

式(4-111)适应的范围为 $\beta=1.0\sim10.0$ ， $Fr_1=1\sim7.25$ 。

$$\eta=\frac{1}{2}(1+K_1\lambda_1Fr_1^2)\left[\sqrt{1+\frac{8Fr_1^2}{(1+K_1\lambda_1Fr_1^2)^2}}-1\right] \tag{4-112}$$

式中， $\lambda_1=h_1/b$ ； K_1 为系数，如果 $\beta=2.0$ ， $K_1=2.2$ 。

Rajaratnam 等[28]根据自己的试验给出了一个经验公式为

$$\eta=1.08Fr_1\sqrt{\frac{b}{b+2h_1}}+1.4\frac{b}{b+2h_1} \tag{4-113}$$

由于文献[21]没有给出 β_1 的计算方法，无法应用；式(4-112)中的系数 K_1 值只有一种，对其他扩大比无法应用。对于其余公式，如果用 Rajaratnam 等[28]和卢士强[26]的试验来进行验证,则式(4-106)的平均误差为18.09%,最大误差为47.30%；式(4-107)的平均误差为 17.86%，最大误差为 40.07%；式(4-108)的平均误差为16.35%,最大误差为38.7%,式(4-109)的平均误差为7.63%,最大误差为29.28%；式(4-110)的平均误差为 9.86%，最大误差为 32.48%；式(4-111)的平均误差为38.53%，最大误差为 63.20%，且计算值均比实测值小得较多；式(4-113)与作者自己的试验相比误差较小，平均误差为 3.73%，最大误差为 15.5%，但与卢士强的试验相比，误差较大，最大误差为 34.07%，式(4-113)没有考虑扩散比的影响似乎也不完善。

由以上分析可以看出，突然扩大断面的水跃共轭水深的计算目前仍没有一个精度较高的公式。分析原因，主要是突然扩大断面的水流流态十分复杂，既有沿程的主流扩散，又有两边的回流扩散，而各研究者根据自己的试验范围以及对突扩断面边墙反力所做的假定不同，其计算结果也不一致。因此突然扩大断面水跃共轭水深的计算还有待进一步的研究。

如果假设回流区的压强近似按直线分布，则可以写出跃前和跃后断面的动量方程为

$$\rho Q(\beta_2v_2-\beta_1v_1)=\frac{1}{2}\rho gbh_1^2+\frac{1}{2}\rho g(B-b)h_3^2-\frac{1}{2}\rho gBh_2^2 \tag{4-114}$$

式中，β_1 和 β_2 为动量修正系数；v_1 和 v_2 分别为跃前断面和跃后断面的平均流速，m/s；b 为跃前断面宽度，m；B 为跃后断面宽度，m；h_1 和 h_2 为跃前断面和跃后断面的平均水深，m；h_3 为回流区的平均水深，m；ρ 为水流的密度，kg/m³。

因为 $v_2 = Q/(Bh_2)$，$v_1 = Q/(bh_1)$，$\eta = h_2/h_1$，$\beta = B/b$，并认为跃前断面和跃后断面均为渐变流断面，取 $\beta_1 = \beta_2 = 1.0$，代入式（4-114）整理得

$$2Fr_1^2(1-\beta\eta) = \beta\eta - \beta^2\eta^3 + \beta\eta(\beta-1)(h_3/h_1)^2 \tag{4-115}$$

式中，$Fr_1^2 = Q^2/(gb^2h_1^3) = v_1^2/gh_1$ 为跃前断面的弗劳德数。

由式（4-115）可以看出，只要知道了回流区水深 h_3，就可以求出水跃的共轭水深比 η。

Rajaratnam 等[28]实测了突然扩大断面水跃区的跃前水深、跃后水深和突然扩大断面回流区的水深。根据此测量结果，笔者分析了回流区相对水深 $Fr_1(h_3/h_1)$ 与 $\beta\eta$ 的关系，如图 4-11 所示。

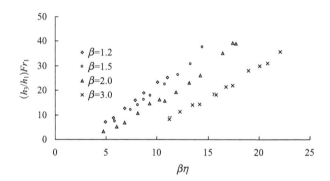

图 4-11　回流区相对水深 $(h_3/h_1)Fr_1$ 与 $\beta\eta$ 的关系

由图 4-11 可得相对回流区水深与共轭水深比 η、扩大比 β 和弗劳德数的关系为

$$\frac{h_3}{h_1} = \frac{A(\beta\eta)^m}{Fr_1} \tag{4-116}$$

式中，系数 A 和指数 m 用式（4-117）计算：

$$
\begin{aligned}
A &= 0.1444\beta^2 - 0.8684\beta + 1.3643 \\
m &= -0.0072\beta^2 + 0.2776\beta + 1.3117
\end{aligned}
\tag{4-117}
$$

式（4-116）和式（4-117）适应的范围为 $1.2 \leqslant \beta \leqslant 3$。

用式（4-116）计算的回流水深 h_3 与 Rajaratnam 等[28]的实测水深相比较，平均误差为 3.63%，最大误差为 15.48%。

将式（4-116）代入式（4-115）可得

$$\eta = \left\{ \frac{\eta[2\beta Fr_1^4 + \beta Fr_1^2 + \beta(\beta-1)A^2\beta^{2m}\eta^{2m}] - 2Fr_1^4}{\beta^2 Fr_1^2} \right\}^{1/3} \qquad (4\text{-}118)$$

用式(4-118)计算跃后水深，计算结果与文献[28]的实测结果比较，平均误差为 10.29%，最大误差为 38.67%，可见计算结果并不理想。将式(4-118)的计算结果与文献[26]的实测结果比较，平均误差为 2.61%，最大误差为 11.6%。而且超过10%的只有一组数据，超过 5%的有两组数据，其余均在 5%以下。为什么会出现这种现象呢？笔者分析了文献[28]和文献[26]的资料，发现文献[28]是以固定跃前水深，改变跃后水深进行试验的，而文献[26]是以改变跃前水深和跃后水深进行试验的，现以 $\beta=2$ 和 $\beta=3$ 为例，点绘共轭水深比与弗劳德数的关系如图 4-12 和图 4-13 所示。从图中可以看出，当 $\beta=2$ 时，固定跃前水深测量，跃前水深 $h_1=2.74\text{cm}$ 时为一条线，$h_1=6.73\text{cm}$ 时为另一条线，而变跃前水深的测量结果与 $h_1=6.73\text{cm}$ 线比较吻合；当 $\beta=3$ 时，固定跃前水深测量，$h_1=3.18\text{cm}$ 和 $h_1=4.29\text{cm}$ 实际上仍是两条线，但区别较小，而变跃前水深的测量结果是另一条线。由此可以看出，两种测量结果有相同的地方，也有不同的地方。分析原因，主要是突然扩大渠道

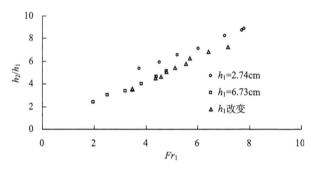

图 4-12　$\beta=2$ 时 h_2/h_1 与 Fr_1 关系

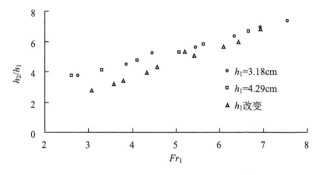

图 4-13　$\beta=3$ 时 h_2/h_1 与 Fr_1 关系

水跃的下游衔接极为复杂，断面回流扩散、跃后水面剧烈波动，要准确测量跃后水深难度较大，而文献[28]的试验出现两条线，实际上是两次测量的结果，由此也不难理解式(4-118)的误差了。

为了得到实用的计算突然扩大渠道水跃共轭水深的简化计算方法，现将 Rajaratnam 等[28]和卢士强[26]的实测数据共 80 组放在一起分析，其中宽度扩大比的范围为 $1.2 \leqslant \beta \leqslant 3$，弗劳德数的范围为 $1.95 \leqslant Fr_1 \leqslant 8.5$，以 $Fr_1 \beta \eta$ 为横坐标、η 为纵坐标，得到的关系如图 4-14 所示。从图中可以看出，随着 $Fr_1 \beta \eta$ 的增大，η 增大，随着扩大比 β 的增大，共轭水深比 η 增大。拟合其关系为

$$\eta = 1.2498 \beta^{0.8854} \left(\frac{Fr_1}{\beta} \right)^{1.0613\beta^{-0.1787}} \tag{4-119}$$

式(4-119)适应的范围为 $1.2 \leqslant \beta \leqslant 3$。

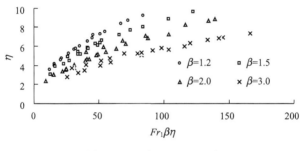

图 4-14　η 与 $Fr_1 \beta \eta$ 关系

式(4-119)的平均误差为 5.98%，最大误差为 22.88%。其中超过 20%的有三组，在 15%～20%的有 8 组，在 10%～15%的有 4 组，在 5%～10%的有 25 组，5%以下有 40 组。与前面各学者提出的公式相比较，式(4-119)计算方法简单，精度较高。

4.5.2　突然扩大渠道水跃长度的研究

突然扩大渠道水跃长度目前的研究成果较少。Hager[25]给出的公式为 $L_j / h_1 = 6\eta$，Rajaratnam 等[28]根据自己的试验结果给出了一张表，卢士强[29]根据自己的试验给出的公式为 $L_j / h_1 = 7.69 Fr_1 - 4.48$，文献[29]引用 Herbramd 的公式为 $L_j / h_1 = 4(\eta - 1)$。

可以看出，以上公式中均没有考虑扩散比 β 的影响，卢士强认为水跃长度与扩散比无明显的相关性。

现将 Rajaratnam 等和卢士强的试验数据以 Fr_1 为横坐标、L_j / h_1 为纵坐标，得到的关系如图 4-15 和图 4-16 所示。从图中可以看出，Rajaratnam 等的试验数据较

分散，而卢士强的试验数据相对比较集中。

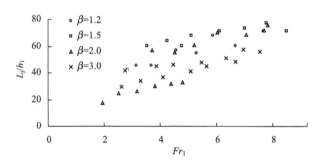

图 4-15　Rajaratnam 等试验的 L_j/h_1 与 Fr_1 关系

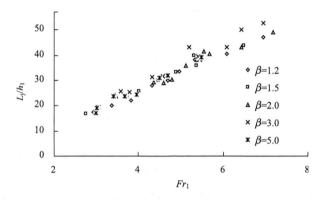

图 4-16　卢士强试验的 L_j/h_1 与 Fr_1 关系

　　笔者用 Rajaratnam 等和卢士强的实测水跃长度进行验证，Hager 和 Herbramd 的公式计算值统一偏小，Hager 公式的计算值与实测值最大相差 89.2%，Herbramd 公式的计算值与实测值最大相差为 95.3%，卢士强公式计算的水跃长度与他自己的实测资料吻合较好，平均误差为 4.76%，最大误差为 18.24%，但与 Rajaratnam 等的实测水跃长度相差较大，且统一偏小，平均偏小 31.05%，最大偏小 59.93%。分析原因，和矩形渠道水跃长度的分析一样，一是各研究者对跃尾位置的确定有不同的看法，二是突然扩大渠道中的水跃流态比二元水跃复杂得多，既有主流扩散，又有回流挤压主流，跃尾位置更难确定，所以要准确测量水跃长度难度很大。Rajaratnam 等认为突然扩大渠道的水跃长度比相应的二元渠道水跃长度稍长，卢士强认为与相同水力条件下的平底二元水跃相差不大，可见对突然扩大渠道水跃长度还需进一步的研究。

　　笔者建议将卢士强公式的计算值作为突然扩大渠道水跃的旋滚长度，而将 Rajaratnam 等的实验值作为水跃长度。为了方便，笔者分析了 Rajaratnam 等的试验数据，以 $Fr_1\beta/(1+2h_1/b)$ 为横坐标、 $(L_j/h_1)Fr_1(1+2h_1/b)^{0.5}$ 为纵坐标，所得结果如图 4-17 所示。从图中可以看出，随着扩散比的增大，曲线下降，由图得到下列关系式：

$$\frac{L_j}{h_1} = m\frac{(Fr_1\beta)^n}{Fr_1(1+2h_1/b)^{n+0.5}} \tag{4-120}$$

式 (4-120) 中的系数 m 和指数 n 按表 4-4 查算。

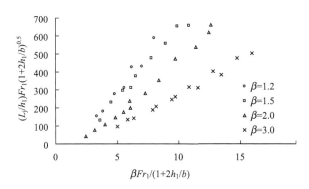

图 4-17　相对水跃长度与 Fr_1、β、b、h_1 关系

表 4-4　公式 (4-120) 中的系数和指数

β	1.2	1.5	2.0	3.0
m	24.976	24.362	11.444	10.775
n	1.5076	1.4298	1.6088	1.3983

在用表 4-4 查算系数和指数时，可以内插。式 (4-120) 的计算值与实测值相比，平均误差为 4.96%，最大误差为 17.06%，其中误差超过 15% 的有 1 组数据，在 10%~15% 的有 3 组数据，在 5%~10% 的有 16 组数据，其余 22 组误差均小于 5%。由式 (4-120) 可以看出，式中考虑了跃前断面的弗劳德数 Fr_1、扩散比 β、跃前水深 h_1 和水跃起始断面的宽度 b，考虑因素比较全面。

但用式 (4-120) 计算时，式中的系数和指数需查表，比较麻烦。卢士强认为，水跃长度与扩散比无明显的关系，现不考虑扩散比，重新分析 Rajaratnam 等的试验数据，以 $Fr_1/(1+2h_1/b)$ 为横坐标、$(L_j/h_1)Fr_1$ 为纵坐标，结果如图 4-18 所示。从图中可以看出，不考虑扩散比，所有试验数据相对比较集中，由此可以给出一个比较简单的公式，即

$$\frac{L_j}{h_1} = 32.453\frac{Fr_1^{0.5488}}{(1+2h_1/b)^{1.5488}} \tag{4-121}$$

式(4-121)的平均误差为 8.75%，最大误差为 31.66%，其中 42 组数据中，误差超过 30%的有 1 组，20%～30%的有 2 组,10%～20%的有 12 组，5%～10%的有 13 组，其余 14 组小于 5%。可见比式(4-120)误差大，但计算简单，可以作为初步设计参考。

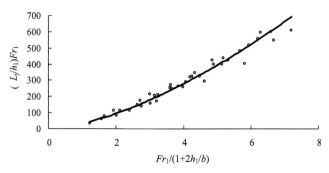

图 4-18　相对水跃长度与 Fr_1、b、h_1 关系

4.5.3　突然扩大渠道消力池的设计

1. 突然扩大渠道挖深式消力池的设计

突然扩大渠道挖深式消力池的设计与二元水跃挖深式消力池的设计相同，但要注意跃前断面和跃后断面单宽流量的区别。设跃前断面的单宽流量为 $q_1 = Q / b$，跃后断面的单宽流量为 $q_2 = Q / B$，则式(4-2)和式(4-4)可以写成

$$T_0 = E_0 + d = h_1 + \frac{q_1^2}{2g\varphi^2 h_1^2} \tag{4-122}$$

$$\Delta z = \frac{q_2^2}{2g}\left[\frac{1}{(\varphi' h_t)^2} - \frac{1}{(\sigma_j h_2)^2}\right] \tag{4-123}$$

将式(4-122)和式(4-123)代入式(4-1)得

$$d = \sigma_j h_2 - h_t - \frac{q_2^2}{2g(\varphi' h_t)^2} + \frac{q_2^2}{2g(\sigma_j h_2)^2} \tag{4-124}$$

$q_1 = Q / b$、$q_2 = Q / B$、E_0、φ、φ'、σ_j、h_t、g 均为已知，在计算消力池深度时，假设一个深度 d，由式(4-122)求出跃前水深 h_1，由式(4-119)计算跃后水深 h_2，由式(4-124)计算消力池深度 d，如果求得的深度 d 与假设相同，消力池深度即为所求。

为了计算方便，现给出跃前水深的显式计算公式为

$$\frac{h_1}{T_0} = \frac{1}{3} + \frac{2}{3}\sin\left(\frac{\pi}{6} - \frac{\theta}{3}\right) \tag{4-125}$$

式中，$\theta = \arccos\left(-1 + \dfrac{27}{2}\dfrac{q_1^2}{2g\varphi^2 T_0^3}\right)$；　$T_0 = E_0 + d$。

2. 突然扩大渠道消力坎式消力池的设计

消力坎式消力池坎高的计算仍用式(4-34)，式中的坎上水深 H_1 为

$$H_1 = H_{10} - \frac{q_2^2}{2g(\sigma_j h_2)^2} = \left(\frac{q_2}{\sigma_s m_1\sqrt{2g}}\right)^{2/3} - \frac{q_2^2}{2g(\sigma_j h_2)^2} \tag{4-126}$$

将式(4-126)代入式(4-34)得

$$c = \sigma_j h_2 - \left(\frac{q_2}{\sigma_s m_1\sqrt{2g}}\right)^{2/3} + \frac{q_2^2}{2g(\sigma_j h_2)^2} \tag{4-127}$$

式中，淹没系数 σ_s 仍用式(4-45)和式(4-46)计算；流量系数 m_1 仍可取 0.42。

在用式(4-45)和式(4-46)计算淹没系数时，注意式中的 A_2 用式(4-128)计算，即

$$A_2 = \frac{[q_2/(m_1\sqrt{2g})]^{2/3}}{\sigma_j h_2 + q_2^2/[2g(\sigma_j h_2)^2] - h_t} \tag{4-128}$$

消力池坎高的计算步骤为：根据已知的 $q_1 = Q/b$、E_0、φ，取 $T_0 = E_0$，由式(4-125)计算跃前水深 h_1，由式(4-119)计算跃后水深 h_2，由式(4-45)计算淹没系数 σ_s，由式(4-127)计算消力坎的高度 c。

3. 突然扩大渠道综合式消力池的设计

综合式消力池的计算最好是先假定池深 d，再计算坎高 c。计算步骤如下。

(1)假设消力池深度 d。

(2)根据 $q_1 = Q/b$、$T_0 = E_0 + d$、φ，由式(4-125)计算跃前水深 h_1。

(3)由式(4-119)计算跃后水深 h_2。

(4)消力坎高度的计算公式为

$$c = \sigma_j h_2 - \left(\frac{q_2}{\sigma_s m\sqrt{2g}}\right)^{2/3} + \frac{q_2^2}{2g(\sigma_j h_2)^2} - d \tag{4-129}$$

在用式(4-129)计算消力坎高度时，取消力坎的流量系数 $m=0.42$，假设淹没系数 σ_s 为 1.0，求出坎高后用式(4-38)进行验算，如果 $(h_t - c)/H_{10} < 0.45$ 时，消力坎为非淹没出流，$\sigma_s = 1$，所求坎高即为所求；如果 $(h_t - c)/H_{10} > 0.45$ 时，消力坎为淹没出流，这时应该按淹没出流重新计算消力坎的高度，计算方法与一般二元综合式消力池相同。

消力坎上的总水头 H_{10} 用式(4-130)计算，即

$$H_{10} = \left(\frac{q_2}{\sigma_s m \sqrt{2g}} \right)^{2/3} \tag{4-130}$$

　　需要说明的是，突然扩大渠道的水流现象非常复杂，属于三元流动，目前的试验研究远不及一般二元水跃成熟。本节提出的突然扩大渠道的水跃共轭水深、水跃长度以及消力池的设计方法仅供工程设计参考，对于重要的工程，还需通过模型试验论证。

参 考 文 献

[1] 张志昌. 水力学[M]. 北京: 中国水利水电出版社, 2011: 149-150.

[2] 郭子中. 消能防冲原理与水力设计[M]. 北京: 科学出版社, 1982: 348-374.

[3] Husain D, Alhamid A A, Negm A A M. Length and depth of hydraulic jump in sloping channels[J]. Journal of Hydro-Environment Research, 1994, (6): 899-910.

[4] 倪汉根, 刘亚坤. 击波 水跃 跌水 消能[M]. 大连: 大连理工大学出版社, 2008: 134-234.

[5] 李鉴初, 杨景芳. 水力学教程 [M]. 北京: 高等教育出版社, 1995: 387-389.

[6] 武永昌, 消力池深(坎高)的迭代计算[J]. 陕西水利, 1987, (3): 28-33.

[7] 张志恒. 矩形扩散水跃的水力计算[J]. 陕西水利, 1973, (1): 10-26.

[8] 陈椿庭, 姜国干. 水工模型试验 [M]. 2 版. 北京: 水利电力出版社, 1985: 316-320.

[9] 吴宝琴, 张志恒. 矩形扩散水跃水力计算新公式[J]. 水利水电工程设计, 2001, 20(2): 42-44.

[10] 李启业, 郭竟章, 夏毓常, 等. 溢洪道设计规范[M]. 北京: 中国水利水电出版社, 2001: 58-59.

[11] 吴持恭. 水力学[M]. 北京: 高等教育出版社, 1983: 357-362.

[12] 清华大学水力学教研组. 水力学[M]. 北京: 高等教育出版社, 1983: 96-97.

[13] 武汉水利电力学院水力学教研室. 水力计算手册[M]. 北京: 水利电力出版社, 1983: 198-200.

[14] 周名德, 毛昶熙. 闸坝下游消能冲刷试验研究[J]. 水利水运科学研究, 1989, (3): 71-81.

[15] 周名德. 低佛氏数新型消力池的水力设计[J]. 水利水运科学研究, 1998, (1): 64-71.

[16] 张志昌, 傅铭焕, 赵莹, 等. 平底渐扩式消力池深度的计算[J]. 武汉大学学报: 工学版, 2013, 46(3): 295-299.

[17] 吴宇峰, 伍超, 刘小兵. 渐扩散水跃跃长的研究[J]. 水科学进展, 2007, 18(2): 210-215.

[18] 于志忠. 矩形扩散水跃的计算方法[J]. 水利学报, 1989, (2): 39-45.

[19] 崔起麟, 蔡报智. 扩散消力池水力计算图解[J]. 河北农业大学学报, 1986, 9(4): 147-154.

[20] Bremen R, Hager W H. T-jump in abruptly expanding channel[J]. Journal of Hydraulic Research, 1993, (1): 61-78.

[21] 切尔托乌索夫 М Д. 水力学专门教程[M]. 沈清濂, 译. 北京: 高等教育出版社, 1958: 137-140.

[22] Herbrand K D J. 扩散型消力池的设计计算(高速水流译文集)[M]. 北京: 水利电力出版社, 1979: 401-413.

[23] Агроскин И И. 水力学(下册)[M]. 清华大学水力学教研组, 天津大学水利系水力学教研室, 译. 上海: 商务印书馆, 1954: 537-539.

[24] Hasan M R, Matin M A. Experimental study for sequent depth ratio of hydraulic jump in horizontal expanding channel[J]. Journal of Civil Engineering, 2009, 37(1): 1-9.

[25] Hager W H. Hydraulic jump in non-prismatic rectangular channels[J]. Journal of Hydraulic Research, 1985, (23): 21-35.

[26] 卢士强, 邹志业, 程胜依. 突然扩散水跃共轭水深研究[C]//第十六届全国水动力学研讨会论文集. 北京: 海洋出版社, 2002: 342-349.

[27] 郭子中. 消能防冲原理与水力设计[M]. 北京: 科学出版社, 1982: 348-374.

[28] Rajaratnam N, Subramanya K. Hydraulic jumps below abrupt symmetrical expansions[J]. Journal of the Hydraulics Division, 1968, 94(2): 481-504.

[29] 卢士强. 两侧突然扩散水跃特性的试验研究[D]. 南京: 河海大学硕士学位论文, 2000: 44-46.

第 5 章　矩形断面明渠水面线和正常水深的计算

5.1　矩形渠道水面线的研究现状

矩形渠道水面线的计算已有一些成果，在一般的水力学教材和水工设计手册中，采取的计算方法多为分段计算法和水力指数法[1,2]，分段计算法的公式为

$$\Delta s = \frac{\Delta E_s}{i - \overline{J}} = \frac{E_{s2} - E_{s1}}{i - \overline{J}} \tag{5-1}$$

式中，E_s 为断面比能，$E_s = h\cos\alpha + v^2/(2g) = h\cos\alpha + Q^2/(2gA^2)$，m；$Q$ 为流量，m^3/s；A 为过水断面面积，m^2；h 为断面水深，m；v 为断面平均流速，m/s；α 为渠底与水平面的夹角；i 为渠道的底坡；Δs 为计算长度，m；$\overline{J}$ 为 Δs 段内的平均水力坡度，其表达式为

$$\overline{J} = 0.5(J_1 + J_2) \tag{5-2}$$

或

$$\overline{J} = \overline{v}^2/(\overline{C}^2\overline{R}) \tag{5-3}$$

式中

$$\begin{cases} \overline{v} = 0.5(v_1 + v_2) \\ \overline{C} = 0.5(C_1 + C_2) \\ \overline{R} = 0.5(R_1 + R_2) \end{cases} \tag{5-4}$$

式中，J 为水力坡度；C 为谢才系数，$m^{1/2}/s$；R 为水力半径，m；$\overline{v}$、$\overline{C}$ 和 $\overline{R}$ 分别为计算段内的平均流速、平均谢才系数和平均水力半径。以上各式中，下标 1 代表上游断面；下标 2 代表下游断面。

分段计算法的优点是不需查表，但计算工程量大，计算精度与所选取的长度有关。

水力指数法根据渠道坡度的不同，有不同的计算公式[1]，在计算时不仅需进行分段，还要查表确定积分参数，计算过程比较麻烦。

近年来，为了简化计算，已有学者试图利用水面线的微分方程，通过积分法求解矩形渠道的水面线。棱柱体明渠水面线的微分方程为

$$\frac{ds}{dh} = \frac{1 - Fr^2}{i - J} = \frac{1 - Q^2B/(gA^3)}{i - n^2Q^2/(A^2R^{4/3})} \tag{5-5}$$

式中，Fr 为水流的弗劳德数；s 为水面线的长度，m；h 为水深，m；n 为渠道的糙率，$s/m^{1/3}$；Q 为流量，m^3/s；A 为过水断面面积，m^2；B 为水面宽度，m；R 为水力半径，m；g 为重力加速度，m/s^2。

对于矩形渠道，$A = Bh$，$R = A / \chi$，χ 为湿周，$\chi = B + 2h$，代入式(5-5)得

$$\frac{\mathrm{d}s}{\mathrm{d}h} = \frac{1 - Q^2 B / (gA^3)}{i - n^2 Q^2 / (A^2 R^{4/3})} = \frac{B^{4/3} h^{1/3} (gB^2 h^3 - Q^2)}{g[iB^{10/3} h^{10/3} - n^2 Q^2 (B + 2h)^{4/3}]} \tag{5-6}$$

可以看出，要积分式(5-6)是困难的，但有一种情况例外，就是渠道底坡 $i = 0$，渠底宽度 $B > 20h$ 时，可以假设水力半径 $R \approx h$，湿周 $\chi \approx B$，式(5-6)变为

$$\frac{\mathrm{d}s}{\mathrm{d}h} = -\frac{h^{1/3} (gB^2 h^3 - Q^2)}{gn^2 Q^2} \tag{5-7}$$

文献[3]给出了积分公式为

$$s = -\frac{3}{gn^2 Q^2} \left[\left(\frac{gB^2 h_2^{13/3}}{13} - \frac{Q^2 h_2^{4/3}}{4} \right) - \left(\frac{gB^2 h_1^{13/3}}{13} - \frac{Q^2 h_1^{4/3}}{4} \right) \right] \tag{5-8}$$

式(5-8)即为平底、宽浅矩形渠道水面线的计算公式，也是水面线计算最简单的公式。

矩形渠道水面线的另一种计算方法[4]是由 Bresse 提出来的，Bresse 仍假定，对于宽浅的矩形断面，$R \approx h$，矩形断面均匀流的正常水深为

$$Q = AR^{1/6} \sqrt{Ri} / n = AC\sqrt{Ri} = Bh_0 C\sqrt{h_0 i}$$

由上式得 $h_0^3 = Q^2 / (C^2 B^2 i)$，将其代入式(5-5)积分得

$$s = \frac{1}{i} \left[h_2 + \frac{h_0^3 - h_k^3}{3h_0^2} \left(\frac{1}{2} \ln \frac{(h_2 - h_0)^2}{h_2^2 + h_0 h_2 + h_0^2} + \sqrt{3} \arctan \frac{2h_2 + h_0}{-\sqrt{3} h_0} \right) \right]$$
$$- \frac{1}{i} \left[h_1 + \frac{h_0^3 - h_k^3}{3h_0^2} \left(\frac{1}{2} \ln \frac{(h_1 - h_0)^2}{h_1^2 + h_0 h_1 + h_0^2} + \sqrt{3} \arctan \frac{2h_1 + h_0}{-\sqrt{3} h_0} \right) \right] \tag{5-9}$$

式中，h_0 为渠道的正常水深，m；h_k 为临界水深，m。

美国学者认为 Bresse 的公式存在误差，对其进行了修正，修正后的公式如下[5]。

当 $h > h_0$ 时

$$\frac{is}{h_0} = \frac{h_0 - h}{h_0} + \left(1 + \frac{\alpha C^2 i}{g} \right) \left(B\left(\frac{h_0}{h}\right) - B\left(\frac{h_0}{h_b}\right) \right) \tag{5-10}$$

当 $h < h_0$ 时

$$\frac{is}{h_0} = \frac{h_b - h}{h_0} + \left(1 + \frac{\alpha C^2 i}{g} \right) \left(B\left(\frac{h}{h_0}\right) - B\left(\frac{h_b}{h_0}\right) \right) \tag{5-11}$$

式(5-10)和式(5-11)中的 h_b 为起始断面的水深。以上两式计算时需查表确定函数

$B(h_0/h)$、$B(h_0/h_b)$、$B(h/h_0)$、$B(h_b/h_0)$，计算并不方便。

文献[6]在水面线的计算公式中引进了系数 $\zeta=(2h/B)/(1+2h/B)$，得到式 (5-12)，即

$$s=\frac{h_k}{i}\left[Y_2-Y_1+\frac{\sqrt{M}}{2}\ln\frac{(Y_1+\sqrt{M})(Y_2-\sqrt{M})}{(Y_1-\sqrt{M})(Y_2+\sqrt{M})}+\frac{1}{2M}\ln\frac{Y_2^2(M-Y_1^2)}{Y_1^2(M-Y_2^2)}\right]\quad(5\text{-}12)$$

式中，$Y_1=h_1/h_k$；$Y_2=h_2/h_k$；$Y_0=h_0/h_k$；$M=Y_0^2(\zeta_0/\zeta)^{4/3}$；$\zeta_0=(2h_0/B)/(1+2h_0/B)$；$\zeta_1=(2h_1/B)/(1+2h_1/B)$；$\zeta_2=(2h_2/B)/(1+2h_2/B)$；$\zeta=0.5(\zeta_1+\zeta_2)$。

文献[6]分析了 ζ 值的变化，认为对于宽浅渠道 $\zeta\to0$，对于窄深渠道 $\zeta\to1.0$，ζ 值在 0～1.0 变化，为了使方程能够积分，在积分时取 ζ 为常数，这样的处理方式有其不合理性，由此得出的计算结果也不稳定(见例 5.1)，另外，文献[6]在结语中指出，用式 (5-12) 需分段计算，但文献中并未说明直接积分法需要分段计算的理由，也没有给出分段的依据。

文献[7]对分段计算法进行了简化，但正如文献[7]的作者在结语中所写的那样，简化方程虽简化了计算过程，但从本质上讲，仍未摆脱试算法。文献[8]将分段计算法的水面线展开，采用迭代法计算水面线，计算时仍需将水面线分为若干段，对每一段进行迭代计算，这种计算方法在某些情况下比分段计算法还要麻烦，经与分段计算法相比，初值范围在 0～1000m 的误差为 3.04%～7.11%。

由以上研究可以看出，矩形断面渠道看似简单，但水面线的计算并不简单，要得出解析解有一定的困难，本章通过对矩形断面水力因素的分析，根据优化拟合原理，给出了一种新的直接积分方法，以简化矩形渠道水面线计算所遇到的困难。

5.2　矩形渠道水面线积分计算的新方法

矩形渠道的水深为 h，则断面面积、水力半径和湿周分别为 $A=Bh$，$R=A/\chi=Bh/(B+2h)$，$\chi=B+2h$。再设 $A/B^2=h/B$，$\chi/B=1+2h/B$，则

$$j=\frac{n^2Q^2(\chi/B)^{4/3}B^{4/3}}{(A/B^2)^{10/3}B^{20/3}}=\frac{n^2Q^2}{B^{16/3}}\frac{(1+2h/B)^{4/3}}{(h/B)^{10/3}}\quad(5\text{-}13)$$

$$Fr^2=\frac{Q^2B}{gA^3}=\frac{Q^2B}{g(A/B^2)^3B^6}=\frac{Q^2}{gB^5(h/B)^3}\quad(5\text{-}14)$$

将式 (5-13) 和式 (5-14) 代入式 (5-5)，并令 $A/B^2=h/B=x$，则得

$$s=B\int_{x_1}^{x_2}\frac{1-b/x^3}{i-a(1+2x)^{4/3}/x^{10/3}}\mathrm{d}x\quad(5\text{-}15)$$

式中，　$a = n^2 Q^2 / B^{16/3}$；　$b = Q^2 / (gB^5)$。可以看出，要对式(5-15)积分是困难的，为了积分式(5-15)，需寻求别的办法。分析认为，$(1+2x)^{4/3} / x^{10/3}$ 与 $1/x^2$ 为二次函数关系如图 5-1 所示，由图可得

$$\frac{(1+2x)^{4/3}}{x^{10/3}} = \frac{a_1}{x^4} + \frac{b_1}{x^2} + c_1 \tag{5-16}$$

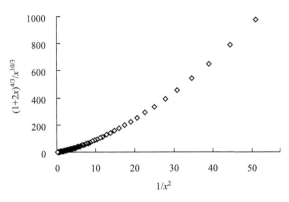

图 5-1　　$(1+2x)^{4/3} / x^{10/3}$ 与 $1/x^2$ 关系

图 5-1 的关系看似很好，但用一个公式表示时误差较大，现进行分段拟合得式(5-16)中的系数为

$$
\begin{aligned}
& a_1 = 0.0525, \ b_1 = 67.409, c_1 = -11193, \quad 0.02 \leqslant x \leqslant 0.05 \\
& a_1 = 0.108, \ \ \ b_1 = 21.05, c_1 = -411.31, \quad 0.05 \leqslant x \leqslant 0.14 \\
& a_1 = 0.215, \ \ \ b_1 = 8.7402, c_1 = -19.072, \quad 0.14 \leqslant x \leqslant 0.35 \\
& a_1 = 0.4608, \ b_1 = 4.7295, c_1 = -0.9614, \quad 0.35 \leqslant x \leqslant 0.95 \\
& a_1 = 1.0586, \ b_1 = 3.3305, c_1 = -0.0046, \quad 0.95 \leqslant x \leqslant 2.8
\end{aligned}
\tag{5-17}
$$

式(5-17)的最大误差为 1.97%，平均误差为 0.365%，其参数基本覆盖了宽浅渠道和窄深渠道。将式(5-16)代入式(5-15)得

$$s = B \int_{x_1}^{x_2} \frac{x^4 - bx}{a[(i / a - c_1)x^4 - b_1 x^2 - a_1]} \mathrm{d}x = B \int_{x_1}^{x_2} \frac{x^4 - bx}{a(dx^4 - b_1 x^2 - a_1)} \mathrm{d}x \tag{5-18}$$

式中，　$d = i / a - c_1$。

进一步整理得

$$s = B \int_{x_1}^{x_2} \frac{x^4 - bx}{a(dx^4 - b_1 x^2 - a_1)} \mathrm{d}x = B \int_{x_1}^{x_2} \frac{x^4 - bx}{ad(x^4 - b_1 x^2 / d - a_1 / d)} \mathrm{d}x \tag{5-19}$$

令 $b_1 / d = e$，$a_1 / d = f$，则

$$s = B \int_{x_1}^{x_2} \frac{x^4 - bx}{ad(x^4 - ex^2 - f)} \mathrm{d}x = \frac{B}{ad} \int_{x_1}^{x_2} \left[1 + \frac{ex^2 + f}{(x^4 - ex^2 - f)} - \frac{bx}{(x^4 - ex^2 - f)} \right] \mathrm{d}x$$

$$(5\text{-}20)$$

对式(5-20)积分得

$$s = \frac{B}{ad} \left[x_2 - x_1 + \frac{ek + f}{k + l} \frac{1}{2\sqrt{k}} \ln \frac{(x_2 - \sqrt{k})(x_1 + \sqrt{k})}{(x_2 + \sqrt{k})(x_1 - \sqrt{k})} \right.$$
$$\left. + \frac{el - f}{k + l} \frac{1}{\sqrt{l}} \left(\arctan \frac{x_2}{\sqrt{l}} - \arctan \frac{x_1}{\sqrt{l}} \right) - \frac{1}{2} \frac{b}{l + k} \ln \frac{(x_2^2 - k)(x_1^2 + l)}{(x_1^2 - k)(x_2^2 + l)} \right]$$

$$(5\text{-}21)$$

式中，$a = n^2 Q^2 / B^{16/3}$；$b = Q^2/(gB^5)$；$k = e/2 + \sqrt{e^2/4 + f}$；$l = -e/2 + \sqrt{e^2/4 + f}$；$e = b_1/d$；$f = a_1/d$；$d = i/a - c_1$。

对于平底矩形明渠，$i = 0$，式(5-15)变为

$$s = -\frac{B}{a} \int_{x_1}^{x_2} \frac{1 - b/x^3}{(1 + 2x)^{4/3} / x^{10/3}} \mathrm{d}x \qquad (5\text{-}22)$$

仍将式(5-16)代入式(5-22)，积分得

$$s = -\frac{B}{ac_1} \left[x_2 - x_1 - \frac{eG - f}{(H + G)\sqrt{G}} \left(\arctan \frac{x_2}{\sqrt{G}} - \arctan \frac{x_1}{\sqrt{G}} \right) \right.$$
$$\left. - \frac{eH + f}{2(H + G)\sqrt{H}} \ln \frac{(x_2 - \sqrt{H})(x_1 + \sqrt{H})}{(x_2 + \sqrt{H})(x_1 - \sqrt{H})} - \frac{b}{2(G + H)} \ln \frac{(x_2^2 - H)(x_1^2 + G)}{(x_2^2 + G)(x_1^2 - H)} \right]$$

$$(5\text{-}23)$$

式中，$G = e/2 + \sqrt{e^2/4 - f}$；$H = \sqrt{e^2/4 - f} - e/2$；$e = b_1/c_1$；$f = a_1/c_1$。

式(5-21)和式(5-23)参数较多，为了计算方便，本文给出了 MATLAB 计算程序，见附录 1。

5.3　积分公式的验证

例 5.1　某水库溢洪道进口为无坎宽顶堰，共分两孔，每孔宽为 10m，堰顶高程为 24.02m，输水段为混凝土矩形断面，底坡 $i = 1/100$，槽宽为 22m，糙率 $n = 0.014 \text{ s/m}^{1/3}$，当通过流量 $Q = 319 \text{m}^3/\text{s}$ 时，试计算陡槽水面线。

解：对于矩形断面，如果已知流量求正常水深可以用下面的迭代公式[9]：

$$h_0 = \left(\frac{Qn}{B\sqrt{i}} \right)^{3/5} \left(1 + \frac{2h_0}{B} \right)^{2/5} = \left(\frac{319 \times 0.014}{22\sqrt{1/100}} \right)^{3/5} \left(1 + \frac{2h}{22} \right)^{2/5} = 1.6155 \text{(m)}$$

临界水深为

$$h_k = \left(\frac{Q^2}{gB^2}\right)^{1/3} = \left(\frac{319^2}{9.8 \times 22^2}\right)^{1/3} = 2.779(\text{m})$$

为急流，水深的控制断面在水槽首部，控制水深为临界水深，水面线为 b_2 型降水曲线。

用积分法计算水面线，计算时下游水深取 $1.01h=1.631655\text{m}$，$x = h/B = 0.12632 \sim 0.074165$，因为 $0.05 \leqslant x \leqslant 0.14$，所以由式(5-17)查得 $a_1 = 0.108$，$b_1 = 21.05$，$c_1 = -411.31$。

计算有关参数：

$$a = n^2Q^2/B^{16/3} = 1.38118 \times 10^{-6}, \quad b = Q^2/(gB^5) = 2.01485 \times 10^{-3}$$

$$d = i/a - c_1 = 7651.496, \quad e = b_1/d = 2.7511 \times 10^{-3}, \quad f = a_1/d = 1.41149 \times 10^{-5}$$

$$k = e/2 + \sqrt{e^2/4 + f} = 5.37643 \times 10^{-3}, \quad l = -e/2 + \sqrt{e^2/4 + f} = 2.63253 \times 10^{-3}$$

将以上参数代入式(5-21)得 $s = 650.69\text{m}$。用分段计算法公式(5-1)计算，取步高为 0.001m，求得 $s = 670.59\text{m}$，两种算法相差 2.97%，但分段计算法需计算 1149 步，而积分法计算显然方便得多。

如果用式(5-12)计算，则

$$Y_1 = h_1/h_k = 2.779/2.779 = 1$$

$$Y_2 = h_2/h_k = 1.631655/2.779 = 0.587137459$$

$$Y_0 = h_0/h_k = 1.6155/2.779 = 0.581324217$$

$$\zeta_1 = (2h_1/B)/(1 + 2h_1/B) = (2 \times 2.779/22)/(1 + 2 \times 2.779/22) = 0.201683721$$

$$\zeta_2 = (2h_2/B)/(1 + 2h_2/B) = (2 \times 1.631655/22)/(1 + 2 \times 1.631655/22) = 0.129171909$$

$$\zeta_0 = (2h_0/B)/(1 + 2h_0/B) = (2 \times 1.6155/22)/(1 + 2 \times 1.6155/22) = 0.128056754$$

$$\zeta = 0.5(\zeta_1 + \zeta_2) = 0.5 \times (0.201683721 + 0.129171909) = 0.165427815$$

$$M = Y_0^2(\zeta_0/\zeta)^{4/3} = 0.581324^2 \times (0.128057/0.165428)^{4/3} = 0.24019405$$

将以上参数代入式(5-12)得 $s = 325.74\text{m}$。可以看出，如果采用一次积分，该值与分段计算法相差了 51.4%，与本章提出的公式相差了 50%。

笔者分析了文献[6]的计算方法，如果采用分段积分，当取水深的步高为 0.1m 时，计算的长度为 638.3m；当取步高为 0.01m 时，计算的长度为 669.53m；当取步高为 0.001m 时，计算的长度为 670.79m。可见，文献[6]的积分方法不能一次直接计算出水面线，需要分段计算才能保证其精度。

例 5.2　用文献[6]的算例进行验证。已知某溢流堰后矩形断面陡槽的底坡 $i = 0.25$，底宽 $B = 25\text{m}$，糙率 $n = 0.014\text{m/s}^{1/3}$，求当泄洪流量 $Q = 825\text{m}^3/\text{s}$ 时，水深为 2.45m 和 1.99m 的两断面间的水面线长度。

解：文献[6]已求得正常水深 $h_0 = 0.983\text{m}$，临界水深 $h_k = 4.808\text{m}$，为急流。已知计算流段的水深 $h_1 = 2.45\text{m}$，$h_2 = 1.99\text{m}$，$x = h/B = 0.098 \sim 0.0796$，查式(5-17)得 $a_1 = 0.108$，$b_1 = 21.05$，

$c_1 = -411.31$。由此得 $a = 4.6718 \times 10^{-6}$，$b = 0.007111837$，$d = 53923.9142$，$e = 0.000390365$，$f = 2.00282 \times 10^{-6}$，$l = 0.001233425$，$k = 0.001623789$，将以上参数代入式(5-21)求得 $s = 18.74$m。

文献[6]用两段法求得 $s = 18.73$m。用分段计算法(间隔为 0.01m)求得的结果是 $s = 18.74$m，与本章的公式一致。

例5.3 有一 0.61m×0.61m 的方形涵洞，长为 115.8m，底板水平 $i = 0$，出口为一跌坎，糙率 $n = 0.013$ s/m$^{1/3}$，出口为自由出流，求流量为 $Q = 0.283$m^3/s 时上游水池中的水深。

解：求临界水深 $h_k = \sqrt[3]{Q^2 / (gB^2)} = 0.28$m，因为 $h_1 > h_k$，为降水曲线。下游为自由出流，又为跌坎，可知临界水深的位置位于出口上游约 $4h_k = 1.12$m，实际计算水面线的长度为 115.8−1.12=114.68m[3]，将已知条件代入式(5-23)得相关参数，其中，x_2=0.28/0.61=0.459，假设 x 的取值范围为 0.35~0.95，查式(5-17)得 $a_1 = 0.4068$，$b_1 = 4.7295$，$c_1 = -0.9614$，求得 $a = 1.89 \times 10^{-4}$，$b = 0.09676$，$e = -4.91939$，$f = -0.4793$，$G = 0.09557$，$H = 5.015$，假定 x_1 的值即可直接计算出水面线长度。通过试算法，得 $x_1 = 0.9384$，在假定范围内，则涵洞入口水深为 0.5724m，文献[3]用分段计算法分六段计算得入口水深为 0.576m，两种算法相差 0.625%。

5.4　矩形渠道正常水深的计算

矩形断面的正常水深在已知流量的情况下为隐函数关系式，求解并不容易。文献[9]给出了迭代公式为

$$h_0 = \left(\frac{nQ}{B\sqrt{i}}\right)^{3/5} \left(1 + \frac{2h_0}{B}\right)^{2/5} \tag{5-24}$$

为了简化计算，本节对式(5-24)进行了分析，得到

$$nQ / (\sqrt{i}B^{8/3}) = (h_0 / B)^{5/3} / (1 + 2h_0 / B)^{2/3} \tag{5-25}$$

由式(5-25)可以看出，相对流量是相对水深的函数，对式(5-25)进行拟合，在 $0 < D \leqslant 1.085767$ (即 h_0/B=0~2)得到了正常水深的显函数计算公式：

$$\frac{h_0}{B} = \begin{cases} 1.10375 \times 3.8974^D \times D^{0.61316}, & 0 < D \leqslant 0.054655 \\ 8.2434D^3 - 4.8962D^2 + 2.8866D + 0.0558, & 0.054655 < D \leqslant 0.198425 \\ 0.5785D^3 - 0.8942D^2 + 2.1666D + 0.1009, & 0.198425 < D \leqslant 0.48075 \\ 0.0543D^3 - 0.1851D^2 + 1.8378D + 0.1533, & 0.48075 < D \leqslant 1.085767 \end{cases} \tag{5-26}$$

式中，$D = nQ / (\sqrt{i}B^{8/3})$。

参　考　文　献

[1] 张志昌. 水力学(下册)[M]. 北京: 中国水利水电出版社,2011: 69-90.

[2] 武汉大学水利水电学院. 水力计算手册[M]. 北京: 中国水利水电出版社, 2006: 60-80.

[3] 李文雄. 水资源工程流体力学[M]. 黄景详, 刘忠潮, 译. 武汉: 武汉大学出版社, 1995: 95-96.

[4] 格拉夫, 阿廷拉卡. 河川水力学[M]. 赵文谦, 万兆惠, 译. 成都: 成都科技大学出版社, 1997: 88-102.

[5] 荒木正夫, 椿东一郎.水力学解题指导[M]. 杨景芳, 译. 北京: 高等教育出版社, 1984: 52-59.

[6] 禹华谦. 矩形渠道恒定渐变流水面线的解析解[J]. 西南交通大学学报, 1985, (4): 95-100.

[7] 张文倬. 渠道矩形断面水面线计算简化[J]. 四川水利, 2002, (2): 37-39.

[8] 张建民, 王玉蓉, 许唯临, 等. 恒定渐变流水面线计算的一种迭代方法[J]. 水利学报, 2005, 36(4): 501-504.

[9] 张志昌, 肖宏武, 毛兆民. 明渠测流的理论和方法[M]. 西安: 陕西人民出版社, 2004: 292-293.

第6章 梯形和三角形明渠的水力特性

6.1 梯形渠道明渠水跃共轭水深的研究现状

明渠水跃共轭水深的一般计算公式为[1]

$$Q^2 / gA_1 + A_1 h_{c1} = Q^2 / gA_2 + A_2 h_{c2} \tag{6-1}$$

式中，Q 为流量，m^3/s；g 为重力加速度，m/s^2；A_1、A_2 分别表示水跃前、后断面的面积，m；h_{c1}、h_{c2} 分别表示水跃前、后断面形心距水面的距离，m。

对于梯形渠道

$$A = (b + mh)h \tag{6-2}$$

$$h_{ci} = \frac{h}{6} \frac{3b + 2mh}{b + mh} \tag{6-3}$$

式中，m 为梯形渠道的边坡系数；h 为梯形渠道的水深，m；b 为梯形渠道的底宽，m。将式(6-2)和式(6-3)代入式(6-1)得

$$\frac{Q^2}{gh_1(b + mh_1)} + \frac{h_1^2}{6}(3b + 2mh_1) = \frac{Q^2}{gh_2(b + mh_2)} + \frac{h_2^2}{6}(3b + 2mh_2) = J(h) \tag{6-4}$$

式(6-4)即为梯形渠道水跃共轭水深的计算公式。

令 $N = mq^{2/3} / b$，$q = Q / b$，代入式(6-4)得梯形渠道的又一水跃方程为[2]

$$
\begin{aligned}
&\frac{6}{g(h_1 / q^{2/3})(1 + Nh_1 / q^{2/3})} + \left(\frac{h_1}{q^{2/3}}\right)^2 \left(3 + 2N\frac{h_1}{q^{2/3}}\right) \\
&= \frac{6}{g(h_2 / q^{2/3})(1 + Nh_2 / q^{2/3})} + \left(\frac{h_2}{q^{2/3}}\right)^2 \left(3 + 2N\frac{h_2}{q^{2/3}}\right) = J(h)
\end{aligned} \tag{6-5}
$$

将式(6-2)和式(6-3)代入式(6-1)，并令 $\beta = b / (mh_1)$，$\eta = h_2 / h_1$，$\sigma^2 = Q^2 / (gm^2 h_1^5)$，则得梯形渠道的另一水跃方程为[3]

$$\eta^4 + (2.5\beta + 1)\eta^3 + (1.5\beta + 1)(\beta + 1)\eta^2 + [(1.5\beta + 1)\beta - 3\sigma^2 / (1 + \beta)]\eta - 3\sigma^2 = 0 \tag{6-6}$$

因为 $\sigma^2 = \dfrac{Q^2}{gm^2 h_1^5} = \dfrac{v_1^2 (b + mh_1)^2 h_1^2}{gm^2 h_1^5} = \dfrac{v_1^2}{gh_1}\left(\dfrac{b}{mh_1} + 1\right)^2 = Fr_1^2(\beta + 1)^2$，代入式(6-6)

得

$$\eta^4 + (2.5\beta+1)\eta^3 + (1.5\beta+1)(\beta+1)\eta^2 + [(1.5\beta+1)\beta - 3Fr_1^2(\beta+1)]\eta \\ -3Fr_1^2(\beta+1)^2 = 0 \tag{6-7}$$

式中，$Fr_1^2 = v_1^2/(gh_1)$ 为梯形渠道跃前断面的虚拟弗劳德数（实际弗劳德数为 $Fr_1^2 = v_1^2/[g(A_1/B_1)]$）；$v_1$ 为跃前断面的流速，m/s；h_1 和 h_2 分别为跃前和跃后断面的水深，m；A_1 为跃前断面面积，m^2；B_1 为跃前水面宽度，m。

由以上梯形渠道明渠水跃共轭水深的计算公式可以看出，式(6-4)和式(6-5)复杂，不易求得解析解，其求解方法主要有试算法、图解法、近似计算法、迭代法和遗传算法。对于式(6-7)，可以求得解析解，但计算过程比较复杂。

试算法是最早应用的方法，该方法的特点是根据已知梯形渠道的有关参数和跃前断面或跃后断面的水深，通过试算求解另一断面的水深，试算法计算工作量大[2]。

苏联的拉赫曼诺夫给出了计算梯形渠道水跃共轭水深的图解法[4]，该图的对数坐标内给出了函数 mh_k/b 曲线。在这些曲线上，位于同一条垂直直线上的每一对点都相当于一对共轭水深，只要知道了梯形渠道的底宽 b、边坡系数 m、临界水深 h_k 和共轭水深之一，就可以从该曲线上查出另一共轭水深。文献[5]根据 $\eta = f(\sigma, \beta)$ 的函数关系，以 σ 为横坐标、η 为纵坐标，以 β 为参数绘制成一组曲线簇，以供计算时查用，图解法计算精度较低。

迭代法近年来应用较多。1998 年，冯家涛[6]根据水跃方程式(6-5)提出了计算跃前和跃后断面水深的迭代公式，其中跃前断面水深的迭代公式为

$$x = \frac{-1 + \sqrt{1 - 24/[J(h) - gx^2(3+2Nx)]}}{2N} \tag{6-8}$$

跃后断面水深的迭代公式为

$$y = \sqrt{\frac{J(h) - 6/[gy(1+Ny)]}{3 + 2Ny}} \tag{6-9}$$

式中，$x = h_1/q^{2/3}$；$N = mq^{2/3}/b$；$y = h_2/q^{2/3}$。

在初值的选取中，冯家涛利用矩形断面共轭水深可以直接求解的特点，将梯形渠道共轭水深的求解近似用矩形断面的公式表达，为了保证一定的精度，引入断面特征修正参数 β_1 得

$$x_0 = \frac{y}{2}\left(\sqrt{1 + \frac{8}{g(\beta_1 y)^3}} - 1\right) \tag{6-10}$$

$$y_0 = \frac{x}{2}\left(\sqrt{1 + \frac{8}{g(\beta_1 x)^3}} - 1\right) \tag{6-11}$$

式中，β_1 用式(6-12)计算，即

$$\beta_1 = 1 + bN^{0.9}/6 \tag{6-12}$$

1999 年．刘玲和刘伊生[7]采用与冯家涛完全相同的迭代方法，其不同点在于 β_1 用式(6-13)计算

$$\beta_1 = 1 + \frac{[N^4 J(h)]^{0.196}}{7} \tag{6-13}$$

2003 年，张小林和刘惹梅[8]利用式(6-5)计算梯形渠道水跃的共轭水深，计算时采用牛顿迭代法，得出梯形渠道水跃的跃前断面和跃后断面水深的迭代公式为

$$x = x - \frac{x^5 + 5x^4/(2N) + 3x^3/(2N^2) - kx^2/(2N) - kx/(2N^2) + 3/(gN^2)}{5x^4 + 10x^3/N + 9x^2/(2N^2) - kx/N - k/(2N^2)} \tag{6-14}$$

$$y = y - \frac{x^5 + 5y^4/(2N) + 3y^3/(2N^2) - ky^2/(2N) - ky/(2N^2) + 3/(gN^2)}{5y^4 + 10y^3/N + 9y^2/(2N^2) - ky/N - k/(2N^2)} \tag{6-15}$$

初值的选取仍用式(6-10)和式(6-11)，式中 β_1 用式(6-12)计算。

2003 年，孙道宗[9]直接利用式(6-4)计算梯形渠道的水跃共轭水深，在计算时，如果已知跃前水深 h_1，计算出 $J(h_1)$，则跃后水深的迭代公式为

$$h_2 = \sqrt{\frac{J(h_1) - Q^2/(gA_2)}{b/2 + mh_2/3}} \tag{6-16}$$

如果知道跃后水深 h_2，计算出 $J(h_2)$，则跃前断面水深的迭代公式为

$$h_1 = \sqrt{\frac{Q^2}{mg[J(h_1) - h_1^2(b/2 + mh_2/3)]} + \left(\frac{b}{2m}\right)^2} - \frac{b}{2m} \tag{6-17}$$

初值选取的公式为

$$h_{10} = h_k + (h_k - h_2)(h_k/h_2)^{1/1.5} \tag{6-18}$$

$$h_{20} = h_k + (h_k - h_1)(h_k/h_2)^{1/2} \tag{6-19}$$

式中，h_k 为梯形渠道的临界水深。

孙道宗还通过三个算例总结出梯形渠道明渠水跃的跃前和跃后断面水深的简单计算公式。

已知跃前水深 h_1，求跃后水深 h_2

$$h_2 = h_k + (h_k - h_1)(h_k/h_1)^{1/z} \tag{6-20}$$

$$z = 2 - 0.065(2.5 - \sqrt{h_k/h_1})^2 \tag{6-21}$$

已知跃后水深 h_2 求跃前水深 h_1

$$h_1 = h_k + (h_k - h_2)(h_k/h_2)^{1/\varepsilon} \tag{6-22}$$

$$\varepsilon = 1.60 - (1 - h_k / h_2)^{2.57} \tag{6-23}$$

式(6-20)和式(6-21)看似简单，实际上，梯形渠道的临界水深 h_k 也需要通过试算或迭代计算。

2009 年，赵延风等[10]对梯形渠道的水跃方程进行了变换，令 $\lambda = B/b = (b+2mh)/b = 1+2mh/b$，由此得 $h = b(\lambda-1)/(2m)$，将其代入水跃方程式(6-4)得

$$\frac{4mq^2}{g(\lambda_1^2-1)} + \frac{b^3}{24m^2}(\lambda_1-1)^2(\lambda_1+2) = \frac{4mq^2}{g(\lambda_2^2-1)} + \frac{b^3}{24m^2}(\lambda_2-1)^2(\lambda_2+2) \tag{6-24}$$

即

$$J(h) = \frac{4mq^2}{g(\lambda+1)(\lambda-1)} + \frac{b^3}{24m^2}(\lambda-1)^2(\lambda+2) \tag{6-25}$$

由式(6-25)得出跃前断面水深的迭代公式为

$$\lambda = \sqrt{\frac{4mq^2}{g[J(h) - b^3(\lambda-1)^2(\lambda+2)/(24m^2)]} + 1} \tag{6-26}$$

跃后断面水深的迭代公式为

$$\lambda = \sqrt{\frac{J(h) - 4mq^2/[g(\lambda^2-1)]}{b^3(\lambda+2)/(24m^2)} + 1} \tag{6-27}$$

初值的计算公式为

$$\lambda_0 = 2\zeta mh/b + 1 \tag{6-28}$$

式中，h 为矩形渠道水跃的共轭水深，m。ζ 用下面的经验公式计算。

求跃前水深时

$$\zeta = 1/(1 + 0.75mh_2/b) \tag{6-29}$$

求跃后水深时

$$\zeta = 1/[1 + 0.35mq^{2/3}/b - 0.025(mq^{2/3}/b)^2] \tag{6-30}$$

式(6-29)和式(6-30)的应用范围为 $h_1/q^{2/3} = 0 \sim 0.45$，$h_2/q^{2/3} = 0.4 \sim 1.5$，$mq^{2/3}/b = 0.1 \sim 4.0$。

2010 年，刘计良等[11]令 $N = mq^{2/3}/b$，$x = h_1/h_k$，$y = h_2/h_k$，$z = mh_k/b$，将其代入梯形渠道的水跃方程式(6-4)，得到水跃方程的另一表达式为

$$\frac{6N}{gzx(1+zx)} + \frac{z^2x^2(3+2zx)}{N^2} = \frac{6N}{gzy(1+zy)} + \frac{z^2y^2(3+2zy)}{N^2} = \gamma \tag{6-31}$$

刘计良等认为 x 和 y 存在下列函数关系，即

$$y = (1-\alpha x)/[(1-\alpha)x] \tag{6-32}$$

式中

$$\alpha = 0.08N - 0.3k \qquad (6\text{-}33)$$

$$k = \gamma / \gamma_{\min} \qquad (6\text{-}34)$$

其中，$\gamma_{\min}$ 为当 $x = y = 1$ 时由式(6-31)计算的最小 γ 值。

2012 年，李蕊等[12]在研究梯形渠道的水跃共轭水深时，采用式(6-5)得到的迭代公式与冯家涛的相同，不同之处是在选取初值时，跃前水深的初值要解一元二次方程，跃后水深的初值要解一元三次方程。

2002 年，金菊良等[13]把求解梯形明渠水跃共轭水深的问题等价为两个非线性优化问题。统一用模拟生物进行过程中优胜劣汰规则与群体内部染色体信息交换机制通用的优化方法——加速遗传算法计算梯形渠道的水跃共轭水深，误差约为4%。

6.2　梯形渠道明渠水跃共轭水深的精确解

由梯形渠道水跃共轭水深公式(6-6)可以看出，共轭水深比为一元四次方程，可以根据一元四次方程的求根公式来求解梯形渠道水跃共轭水深的精确解。对梯形渠道水跃共轭水深求显式解的有倪汉根和刘亚坤[14]、王兴全[15]、王学斌和张毅[16]，都是通过解一元四次方程得到精确解。这里介绍王学斌和张毅的公式。

如果知道跃前断面水深 h_1，可以通过求解式(6-7)计算跃后水深 h_2，如果知道跃后水深 h_2，仍可由式(6-7)求解跃前水深 h_1，这时方程变为

$$\eta_0^4 + (2.5\beta_0 + 1)\eta_0^3 + (1.5\beta_0 + 1)(\beta_0 + 1)\eta_0^2 + [(1.5\beta_0 + 1)\beta_0$$
$$-3Fr_2^2(\beta_0 + 1)]\eta_0 - 3Fr_2^2(\beta_0 + 1)^2 = 0 \qquad (6\text{-}35)$$

式中，$\beta_0 = b / (mh_2)$；$\eta_0 = h_1 / h_2$；$Fr_2^2 = v_2^2 / (gh_2)$。

式(6-7)和式(6-35)均为一元四次方程，可以根据一元四次方程求根的方法来求解。

一元四次方程的标准形式为[17]

$$\eta^4 + a_1\eta^3 + a_2\eta^2 + a_3\eta + a_4 = 0 \qquad (6\text{-}36)$$

对比式(6-7)和式(6-36)得

$$\begin{aligned}
a_1 &= (2.5\beta + 1) \\
a_2 &= (1.5\beta + 1)(\beta + 1) \\
a_3 &= (1.5\beta + 1)\beta - 3Fr_1^2(\beta + 1) \\
a_4 &= -3Fr_1^2(\beta + 1)^2
\end{aligned} \qquad (6\text{-}37)$$

根据文献[18]介绍的费拉里一元四次方程的解法，式(6-36)可以写成

$$(\eta^2 + a_1\eta/2)^2 = -(a_2\eta^2 + a_3\eta + a_4) + a_1^2\eta^2/4 = (a_1^2/4 - a_2)\eta^2 - a_3\eta - a_4$$

(6-38)

引入 t 得

$$\begin{aligned} &(\eta^2 + a_1\eta/2)^2 + (\eta^2 + a_1\eta/2)t + t^2/4 \\ &= (a_1^2/4 - a_2)\eta^2 - a_3\eta - a_4 + (\eta^2 + a_1\eta/2)t + t^2/4 \end{aligned}$$

(6-39)

式(6-39)可以写成

$$(\eta^2 + a_1\eta/2 + t/2)^2 = (a_1^2/4 - a_2 + t)\eta^2 + (a_1 t/2 - a_3)\eta - a_4 + t^2/4 \quad (6\text{-}40)$$

式(6-40)的右边为一元二次方程，为了使式(6-40)的右边变成完全平方式，使其判别式

$$\Delta_0 = B^2 - 4AC = (a_1 t/2 - a_3)^2 - 4(a_1^2/4 - a_2 + t)(-a_4 + t^2/4) = 0 \quad (6\text{-}41)$$

由式(6-41)解出 t

$$t^3 - a_2 t^2 + (a_1 a_3 - 4a_4)t + 4a_2 a_4 - a_1^2 a_4 - a_3^2 = 0 \quad (6\text{-}42)$$

令 $t = y + a_2/3$，式(6-42)化为

$$y^3 + p_0 y + q_0 = 0 \quad (6\text{-}43)$$

式中，$p_0 = a_1 a_3 - a_2^2/3 - 4a_4$；$q_0 = a_1 a_2 a_3/3 - 2a_2^3/27 - a_1^2 a_4 + 8a_2 a_4/3 - a_3^2$。

式(6-43)为一元三次方程，根据卡丹公式，当 $\Delta = (q_0/2)^2 + (p_0/3)^3 > 0$ 时，方程有一个实根和两个虚根，当 $\Delta = (q_0/2)^2 + (p_0/3)^3 < 0$ 时，方程有三个不等的实根，当 $\Delta = (q_0/2)^2 + (p_0/3)^3 = 0$ 时，方程有三个实根，其中至少有两个相等的实根。对于梯形渠道水跃共轭水深比，一般可能会出现 $\Delta = (q_0/2)^2 + (p_0/3)^3 > 0$ 和 $\Delta = (q_0/2)^2 + (p_0/3)^3 < 0$ 两种情况，由此可以得到

当 $\Delta = (q_0/2)^2 + (p_0/3)^3 > 0$ 时

$$y = \sqrt[3]{-\frac{q_0}{2} + \sqrt{\left(\frac{q_0}{2}\right)^2 + \left(\frac{p_0}{3}\right)^3}} + \sqrt[3]{-\frac{q_0}{2} - \sqrt{\left(\frac{q_0}{2}\right)^2 + \left(\frac{p_0}{3}\right)^3}} \quad (6\text{-}44)$$

$$t = y + \frac{a_2}{3} = \sqrt[3]{-\frac{q_0}{2} + \sqrt{\left(\frac{q_0}{2}\right)^2 + \left(\frac{p_0}{3}\right)^3}} + \sqrt[3]{-\frac{q_0}{2} - \sqrt{\left(\frac{q_0}{2}\right)^2 + \left(\frac{p_0}{3}\right)^3}} + \frac{a_2}{3} \quad (6\text{-}45)$$

当 $\Delta = (q_0/2)^2 + (p_0/3)^3 < 0$ 时

$$y = 2\sqrt[3]{r_0}\cos\theta \quad (6\text{-}46)$$

$$t = y + a_2/3 = 2\sqrt[3]{r_0}\cos\theta + a_2/3 \quad (6\text{-}47)$$

式中，$r_0 = \sqrt{-(p_0/3)^3}$；$\theta = 1/3\arccos[-q_0/(2r_0)]$。

下面求共轭水深比 $\eta = h_2 / h_1$，式(6-40)可以写成

$$(\eta^2 + a_1\eta / 2 + t / 2)^2 = (a_1^2 / 4 - a_2 + t)\eta^2 + (a_1 t / 2 - a_3)\eta - a_4 + t^2 / 4 = (\alpha\eta + \gamma)^2$$

$$(6\text{-}48)$$

式中，$\alpha^2 = (a_1^2 - 4a_2) / 4 + t$；$\gamma^2 = -a_4 + t^2 / 4$；$\alpha\gamma = a_1 t / 4 - a_3 / 2$。

解式(6-48)得

$$(\eta^2 + a_1\eta / 2 + t / 2) = \pm(\alpha\eta + \gamma)$$

由此得

$$\eta_{1,2} = \frac{1}{2}\left[\alpha - \frac{a_1}{2} \pm \sqrt{\left(-\alpha + \frac{a_1}{2}\right)^2 - 4\left(\frac{t}{2} - \gamma\right)} \right] \tag{6-49}$$

$$\eta_{3,4} = \frac{1}{2}\left[-\alpha - \frac{a_1}{2} \pm \sqrt{\left(\alpha + \frac{a_1}{2}\right)^2 - 4\left(\frac{t}{2} + \gamma\right)} \right] \tag{6-50}$$

如果已知跃前断面水深 h_1，求跃后断面水深 h_2，由水跃的性质可知，共轭水深比应取大值，所以有

$$\eta = \frac{1}{2}\left[\alpha - \frac{a_1}{2} + \sqrt{\left(-\alpha + \frac{a_1}{2}\right)^2 - 4\left(\frac{t}{2} - \gamma\right)} \right] \tag{6-51}$$

由于跃前断面和跃后断面水深为共轭水深，如果已知 h_2 求 h_1，仍可用式(6-51)计算。

6.3　公式比较和计算步骤

为了比较各学者公式的精度，现用一工程实例进行验证。已知梯形渠道的底宽 b=7m，边坡系数 m=1，渠道通过的流量分别为 4.10m³/s、45.84m³/s、129.64m³/s、366.68m³/s、673.64m³/s 和 1037.14m³/s。工程常用范围内的 $N = mq^{2/3} / b = 0.1 \sim 4$，用本章式(6-51)的精确解与各学者的迭代公式比较如表 6-1 所示。从表中可以看出，刘玲公式计算的误差最小，在所取的误差精度范围内误差均为零(刘玲曾将 86 组数据的迭代计算值与精确解比较，相对误差为 0～1.01%)；刘计良的公式误差最大，误差在 0.677%～17.4%；其余学者的公式误差在 0.013%～2.312%。由此可以看出，梯形渠道水跃共轭水深的精确解公式(6-51)为水跃的一般解，具有普适性，而其他计算方法存在不同程度的误差。

式(6-51)的计算步骤如下。

(1)根据已知的参数 β 或 β_0，由式(6-37)确定系数 a_1、a_2、a_3、a_4。

(2)求一元三次方程的系数 p_0 和求 q_0。

表 6-1　式(6.51)精确解与各学者迭代公式计算结果比较

N	跃前水深 h_1/m	精确解 h_2/m	冯家涛 h_2/m	误差/%	张小林 h_2/m	误差/%	赵延风 h_2/m	误差/%	孙道宗 h_2/m	误差/%	刘玲 h_2/m	误差/%	刘计良 h_2/m	误差/%
0.1	0.019	1.781	1.775	-0.329	1.788	0.385	1.776	-0.304	1.770	-0.610	1.781	0	1.470	-17.440
0.5	0.204	5.222	5.157	-1.250	5.287	1.254	5.180	-0.798	5.101	-2.312	5.222	0	5.187	-0.677
1.0	0.551	8.034	7.915	-1.477	8.129	1.183	7.996	-0.472	8.029	-0.068	8.034	0	8.196	2.018
2.0	1.412	12.101	11.995	-0.874	12.143	0.346	12.170	0.568	12.181	0.662	12.101	0	12.460	2.966
3.0	2.356	15.224	15.249	0.164	15.226	0.013	15.413	1.240	15.290	0.430	15.224	0	15.866	4.212
4.0	3.322	17.834	18.064	1.288	17.997	0.912	18.091	1.440	17.859	0.135	17.834	0	18.934	6.166

(3) 求判别式 $\Delta = (q_0/2)^2 + (p_0/3)^3$。

(4) $\Delta = (q_0/2)^2 + (p_0/3)^3 > 0$，由式(6-44)求 y；$\Delta = (q_0/2)^2 + (p_0/3)^3 < 0$，由式(6-46)求 y。

(5) 求 $t = y + a_2/3$。

(6) 求 $\alpha = \sqrt{(a_1^2 - 4a_2)/4 + t}$，$\gamma = \sqrt{-a_4 + t^2/4}$，且符合 $\alpha\gamma = a_1 t/4 - a_3/2$。

(7) 由式(6-51)求共轭水深比。

(8) 求跃后水深 $h_2 = \eta h_1$ 或跃前水深 $h_1 = \eta_0 h_2$

例 6.1　有一梯形渠道明渠，通过的流量 $Q=54.3\,\text{m}^3/\text{s}$，底宽 $b=7\text{m}$，边坡系数 $m=1$，渠道中发生水跃，已知跃前水深 $h_1=0.8\text{m}$，试求跃后水深 h_2。

解：为了求解方便，列表 6-2 计算如下。

表 6-2　跃后水深计算表

$\beta = b/(mh_1)$	$v_1 = Q/(bh_1 + mh_1^2)$ /(m/s)	$Fr_1^2 = v_1^2/(gh_1)$	a_1 (式 6-37)	a_2 (式 6-37)	a_3 (式 6-37)
8.750	8.7019	9.6586	22.8750	137.7187	-158.9205
a_4 (式 6-37)	$p_0 = a_1 a_3 - a_2^2/3 - 4a_4$	$q_0 = a_1 a_2 a_3/3 - 2a_2^3/27 - a_1^2 a_4 + 8a_2 a_4/3 - a_3^2$	$\Delta = (q_0/2)^2 + (p_0/3)^3$	y (式 6-44)	t (式 6-45)
-2754.5135	1060.5972	44124.0209	530918607.1631>0	-25.6645	20.2418
$\alpha = [(a_1^2 - 4a_2)/4 + t]^{0.5}$	$\gamma = (-a_4 + t^2/4)^{0.5}$	$\alpha\gamma$	$\alpha\gamma = a_1 t/4 - a_3/2$	η (式 6-51)	$h_2 = \eta h_1$/m
3.6523	53.4504	195.2178	195.2178	3.7547	3.0038

如果已知跃后水深 $h_2=3.0038\text{m}$，求跃前水深 h_1。计算时 a_1、a_2、a_3、a_4 仍用式(6-37)计算，但需将 β 换成 β_0，Fr_1 换成 Fr_2。计算过程如表 6-3 所示。

表 6-3　跃前水深计算表

$\beta_0=b/(mh_2)$	$v_2=Q/(bh_2+m\,h_2^2)$ /(m/s)	$Fr_2^2=v_2^2/(gh_2)$	a_1 (式 6-37)	a_2 (式 6-37)	a_3 (式 6-37)
2.3304	1.8070	0.1109	6.8260	14.9720	9.3681
a_4 (式 6-37)	$p_0=a_1a_3-a_2^2/3-4a_4$	$q_0=a_1a_2a_3/3-2a_2^3/27$ $-a_1^2\,a_4+8a_2a_4/3-a_3^2$	$\Delta=(q_0/2)^2+(p_0/3)^3$	y (式 6-44)	t (式 6-45)
−3.6910	3.9903	7.3844	15.9856>0	−1.3000	3.6907
$\alpha=[(a_1^2-4a_2)/4+t]^{0.5}$	$\gamma=(-a_4+t^2/4)^{0.5}$	$\alpha\gamma$	$\alpha\gamma=a_1t/4-a_3/2$	η_0 (式 6-51)	$h_1=\eta h_2/m$
0.6059	2.6639	1.6140	1.6140	0.26633	0.8000

例 6.2　已知某梯形渠道的 $\beta=b/(mh_1)=40$，$Fr_1^2=1.523$，求梯形渠道水跃的共轭水深比 η。

解：列表 6-4 计算如下。

表 6-4　水跃共轭水深计算表

$\beta=b/(mh_1)$	$Fr_1^2=v_1^2/(gh_1)$	a_1(式 6-37)	a_2(式 6-37)	a_3(式 6-37)	a_4(式 6-37)
8.750	9.6586	101.0	2501.0	2252.6710	−7680.4890
$p_0=a_1a_3-a_2^2/3-4a_4$	$q_0=a_1a_2a_3/3-2a_2^3/27$ $-a_1^2\,a_4+8a_2a_4/3-a_3^2$	$\Delta=(q_0/2)^2+(p_0/3)^3$	$r_0=[-(p_0/3)^3]^{0.5}$	$\theta=\frac{1}{3}\arccos[-q_0/(2r_0)]$ (rad)	y (式 6-46)
−1826758.6063	−947070802.485	−1541236274168480<0	475159986.22	0.0276	1560.073
t(式 6-47)	$\alpha=[(a_1^2-4a_2)/4+t]^{0.5}$	$\gamma=(-a_4+t^2/4)^{0.5}$	$\alpha\gamma$	$\alpha\gamma=a_1t/4-a_3/2$	η(式 6-51)
2393.7394	49.4266	1200.0740	59315.5846	59315.5846	1.3321

　　上面介绍了目前梯形渠道水跃共轭水深的计算方法，可以看出，梯形渠道水跃共轭水深的计算有试算法、图解法、迭代计算和精确计算。但无论采用哪种方法，计算过程均十分复杂，即使精确计算也不例外。因此，有必要研究更简便的梯形渠道水跃共轭水深的计算方法。

6.4　梯形渠道明渠水跃共轭水深新的迭代公式

　　下面由式(6-7)来研究梯形渠道水跃共轭水深比 $\eta=h_2/h_1$ 新的迭代公式。将式(6-7)写成

$$\eta^2[\eta^2+(2.5\beta+1)\eta+(1.5\beta+1)(\beta+1)]$$
$$=3Fr_1^2(\beta+1)^2-[(1.5\beta+1)\beta-3Fr_1^2(\beta+1)]\eta \tag{6-52}$$

设 $a_1 = (2.5\beta + 1)$，$a_2 = (1.5\beta + 1)(\beta + 1)$，$c = 3Fr_1^2(\beta + 1)^2$，$d = (1.5\beta + 1)\beta - 3Fr_1^2(\beta + 1)$，则式(6-52)变成

$$\eta = \sqrt{(c - d\eta) / (\eta^2 + a_1\eta + a_2)} \tag{6-53}$$

式(6-53)即为已知跃前水深，求跃后水深的梯形渠道水跃共轭水深比的迭代公式。

下面证明公式的收敛性。根据文献[19]的迭代收敛原理，如果 $\eta = \varphi(\eta)$ 在某一邻域内有唯一的根 α，则迭代形式 $\eta_{k+1} = \varphi(\eta_k)$ 收敛于 α 的条件是在 α 的某一邻域 $|\eta - \alpha| < \delta$ 内 $|\mathrm{d}\varphi / \mathrm{d}\eta| < 1$，那么以该邻域内任一点为初值的迭代都收敛于 α。因此，只要证明以上迭代函数的导数的绝对值小于 1，就可以证明该迭代函数收敛。设

$$\varphi(\eta) = \sqrt{(c - d\eta) / (\eta^2 + a_1\eta + a_2)}$$

对 $\varphi(\eta)$ 求导得

$$\left| \frac{\mathrm{d}\varphi}{\mathrm{d}\eta} \right| = \left| -\frac{1}{2} \left[\frac{d}{\sqrt{\eta^2 + a_1\eta + a_2}\sqrt{c - d\eta}} + \frac{\sqrt{c - d\eta}(2\eta + a_1)}{(\eta^2 + a_1\eta + a_2)^{3/2}} \right] \right|$$

一般来说，公式中的 c 值远大于 a_1、a_2 和 d，$\eta > 1$，式中的第一项分母之积远大于分子，第二项分母为 1.5 次方，其值也远大于分子，故式中的两项之和小于 1，即 $|\mathrm{d}\varphi / \mathrm{d}\eta| < 1$。经过大量的例题分析也证明了这一点。因此式(6-53)是收敛的。

对于已知跃后水深求跃前水深的情况，式(6-7)可以写成

$$\eta_0^4 + a_0\eta_0^3 + b_0\eta_0^2 + d_0\eta_0 - c_0 = 0 \tag{6-54}$$

式中，$\beta_0 = b / (mh_2)$；$\eta_0 = h_1 / h_2$；$Fr_2^2 = v_2^2 / (gh_2)$；$a_0 = (2.5\beta_0 + 1)$；$b_0 = (1.5\beta_0 + 1) \cdot (\beta_0 + 1)$；$c_0 = 3Fr_2^2(\beta_0 + 1)^2$；$d_0 = (1.5\beta_0 + 1)\beta_0 - 3Fr_2^2(\beta_0 + 1)$。

式(6-54)的迭代公式为

$$\eta_0 = c_0 / (\eta_0^3 + a_0\eta_0^2 + b_0\eta_0 + d_0) \tag{6-55}$$

设

$$\varphi(\eta_0) = c_0 / (\eta_0^3 + a_0\eta_0^2 + b_0\eta_0 + d_0)$$

对其求导得

$$\left| \frac{\mathrm{d}\varphi(\eta_0)}{\mathrm{d}\eta_0} \right| = \left| \frac{-c_0(3\eta_0^2 + 2a_0\eta_0 + b_0)}{(\eta_0^3 + a_0\eta_0^2 + b_0\eta_0 + d_0)^2} \right|$$

显然，式中分母为 2 次方，其值远大于分子，因此 $|\mathrm{d}\varphi(\eta_0) / \mathrm{d}\eta_0| < 1$。式(6-55)也是收敛的。

对于迭代初值的选取，当已知跃前水深求跃后水深时，由水跃的试验可知，

跃后水深与来流弗劳德数密切相关，当 $1.7 < Fr_1 < 2.5$ 时，跃后水深为跃前水深的 $2 \sim 3$ 倍；当 $2.5 < Fr_1 < 4.5$ 时，跃后水深为跃前水深的 $3 \sim 6$ 倍；当 $4.5 < Fr_1 < 9.0$ 时，跃后水深为跃前水深的 $6 \sim 12$ 倍；当 $Fr_1 > 9.0$ 时，跃后水深超过跃前水深的 12 倍。因此在选取初值时，可以直接取 Fr_1 的值作为初值。

当已知跃后水深求跃前水深时，$0 < \eta_0 = h_1 / h_2 < 1$，因此取 $0 \sim 1$ 任一值即可。

例 6.3　仍为例 6.1。已知跃前水深 $h_1 = 0.8\text{m}$，试求跃后水深 h_2。

解：计算时取小数点后 15 位数，以表示计算的精确度（如果在小数点某一位后的数值开始全为零时，即取该位数后一位数），在实际工程中，只要取小数点后三位就可以了（以下的例题相同）。

$$\beta = b / (mh_1) = 7 / (1 \times 0.8) = 8.750$$

$$A_1 = (b + mh_1)h_1 = (7 + 1 \times 0.8) \times 0.8 = 6.240(\text{m}^2)$$

$$Fr_1^2 = \frac{v_1^2}{gh_1} = \frac{Q^2}{gh_1 A_1^2} = \frac{54.3^2}{9.8 \times 0.8 \times 6.24^2} = 9.658605259781420$$

$$a_1 = 22.8750, \quad a_2 = 137.718750, \quad c = 2754.513487523920, \quad d = -158.9204538486070$$

将以上数据代入式（6-53）得

$$\eta = \sqrt{\frac{c - d\eta}{\eta^2 + a_1\eta + a_2}} = \sqrt{\frac{2754.513487523920 + 158.9204538486070\eta}{\eta^2 + 22.8750\eta + 137.718750}}$$

初值选 $Fr_1 = \sqrt{9.658605259781420} \approx 3.1$，由上式迭代到第 18 步时收敛，得 $\eta = 3.754747305845840$。

跃后水深为 $h_2 = \eta h_1 = 3.754747305845840 \times 0.8 = 3.003797844676630\text{ m}$，跃后水深的真值为 $h_2 = 3.00379844676670$，二者相差为 -0.0002%。

如果已知跃后水深 $h_2 = 3.00379844676670$，求跃前水深 h_1，计算过程如下

$$\beta_0 = b / (mh_2) = 2.330383188870510$$

$$v_2 = Q / A_2 = Q / [(b + mh_2)h_2] = 1.807025250672380(\text{m/s})$$

$$Fr_2^2 = v_2^2 / (gh_2) = 0.110925569093983$$

$$a_0 = (2.5\beta_0 + 1) = 6.825957972176290$$

$$b_0 = (1.5\beta_0 + 1)(\beta_0 + 1) = 14.97198668263170$$

$$c_0 = 3Fr_2^2(\beta_0 + 1)^2 = 3.690976937003420$$

$$d_0 = (1.5\beta_0 + 1)\beta_0 - 3Fr_2^2(\beta_0 + 1) = 9.368137947746490$$

$$\eta_0 = \frac{c_0}{\eta_0^3 + a_0\eta_0^2 + b_0\eta_0 + d_0}$$
$$= \frac{3.690976937003420}{\eta_0^3 + 6.825957972176290\eta_0^2 + 14.97198668263170\eta_0 + 9.368137947746490}$$

初值选 $\eta_0 = 0.5$，由上式迭代到第 35 步时收敛，得 $\eta_0 = 0.2663295072994880$，真值为 $\eta_0 = 0.2663295072994910$，二者相差 $0.0000000000000112552387\%$。

跃前水深为

$$h_1 = \eta_0 h_2 = 0.2663295072994880 \times 3.003797844676630 = 0.8(\text{m})$$

例 6.4　仍为例 6.2。

解： 求梯形渠道水跃的共轭水深比 η 。

$$a_1 = (2.5\beta + 1) = (2.5 \times 40 + 1) = 101.0$$

$$a_2 = (1.5\beta + 1)(\beta + 1) = (1.5 \times 40 + 1)(40 + 1) = 2501.0$$

$$c = 3Fr_1^2(\beta + 1)^2 = 7680.4890$$

$$d = [(1.5\beta + 1)\beta - 3Fr_1^2(\beta + 1)] = 2252.6710$$

将 a_1 、 a_2 、 c 、 d 代入式(6-53)迭代得 $\eta = 1.332080234721930$ ，真值 $\eta = 1.332080234721930$ ，相差为零。

由以上计算可以看出，迭代公式(6-53)和公式(6-54)计算最简单，精度高，可以作为梯形渠道水跃共轭水深计算的首选公式。

6.5　梯形渠道明渠水跃长度和消力池的水力计算

梯形明渠的水跃长度按照 Hsing 的公式计算，即

$$L_j = 5h_2\{1 + [(B_2 - B_1) / B_1]^{0.25}\} \tag{6-56}$$

梯形渠道消力池水力计算的主要任务是计算消力池的深度，即所谓挖深式消力池；或计算消力坎的高度，即消力坎式消力池；或综合式消力池的深度和坎高。其计算方法与矩形消力池相仿，但梯形渠道跃后消力坎的流量公式与矩形渠道不同，计算过程也比矩形渠道复杂。

6.5.1　梯形渠道挖深式消力池深度的计算

梯形渠道挖深式消力池深度的计算方法与矩形渠道消力池相同，计算时需用试算法。梯形渠道挖深式消力池如图 6-1 所示，消力池深度的计算方法如下。

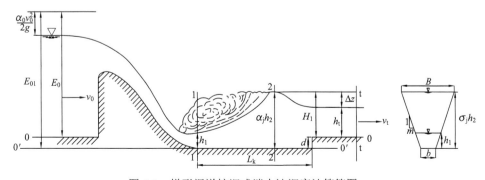

图 6-1　梯形渠道挖深式消力池深度计算简图

已知梯形渠道的底宽为 b，边坡系数为 m，消力池原河床以上总水头为 E_0，流量为 Q，溢流面的流速系数为 φ，设消力池的深度为 d，跃前水深为 h_1，跃后水深为 h_2，下游水深为 h_t，消力池出口下游水面降落为 Δz，由图 6-1 的关系可以看出

$$d = \sigma_j h_2 - h_t - \Delta z \tag{6-57}$$

式中，σ_j 为水跃的淹没系数，一般取 $1.05\sim1.1$，常采用 1.05。以图 6-1 中的 0'-0' 为基准面，写上游断面和消力池断面 1-1 的能量方程得

$$E_0 + d = h_1 + Q^2 / (2g\varphi^2 A_1^2) \tag{6-58}$$

式中，A_1 为跃前断面的面积，m^2；如果已知跃前水深，跃后水深用式(6-53)计算。以下游河床 0-0 为基准面，写断面 2-2 和断面 t-t 的能量方程得水面降落为

$$\Delta z = H_1 - h_t = Q^2 / (2g\varphi'^2 A_2^2) - Q^2 / (2g A_t^2) \tag{6-59}$$

式中，h_t 为下游河床水深，m；φ' 为消力池出口的流速系数，一般取 0.95；A_2 为跃后断面的面积，m^2；A_t 为下游水深断面处的面积，m^2。跃前断面和跃后断面均为梯形渠道，断面面积用式(6-2)计算，计算跃前断面面积时，水深用 h_1，计算跃后断面的面积时，水深用 h_2。

例 6.5 有一梯形渠道的底宽 $b=5\text{m}$，边坡系数 $m=1$，通过的流量 $Q=33.6\text{m}^3/\text{s}$，溢流面的流速系数 $\varphi=0.95$，渠道中发生水跃，已知跃前水深 $h_1=0.5\text{m}$，下游水深 $h_t=2.0\text{m}$，下游断面平均流速 $v_t=1.2\text{m/s}$，消力池后的流速系数 $\varphi'=0.95$，试设计一挖深式消力池。

解：

$$\beta = b/(mh_1) = 5/(1\times0.5) = 10$$
$$A_1 = (b+mh_1)h_1 = (5+1\times0.5)\times0.5 = 2.75(\text{m}^2)$$
$$Fr_1^2 = v_1^2/(gh_1) = Q^2/(gh_1 A_1^2) = 33.6^2/(9.8\times0.5\times2.75^2) = 30.466$$
$$a_1 = (2.5\beta+1) = 26，\quad a_2 = (1.5\beta+1)(\beta+1) = 176$$
$$c = 3Fr_1^2(\beta+1)^2 = 11059.2，\quad d = (1.5\beta+1)\beta - 3Fr_1^2(\beta+1) = -845.382$$
$$\eta = \sqrt{\frac{c-d\eta}{\eta^2+a_1\eta+a_2}} = \sqrt{\frac{11059.2+845.382\eta}{\eta^2+26\eta+176}}$$

迭代得 $\eta=6.53287$，跃后水深为 $h_2=\eta h_1=6.53287\times0.5=3.2664$ （m）。

河床以上总水头为

$$E_0 = h_1 + \frac{Q^2}{2g\varphi^2 A_1^2} = h_1 + \frac{Q^2}{2g\varphi^2(b+mh_1)^2 h_1^2} = 0.5 + \frac{33.6^2}{2\times9.8\times0.95^2\times(5+1\times0.5)^2\times0.5^2}$$
$$= 8.939(\text{m})$$

消力池深度计算过程如下。

设消力池的深度为 $d_i=1.0\text{m}$，$E_{01}=E_0+d_i=8.938+1.0=9.939$ （m）。因为

$$E_{01} = h_{01} + \frac{v_{01}^2}{2g\varphi^2} = h_{01} + \frac{Q^2}{2gA_{01}^2\varphi^2} = h_{01} + \frac{Q^2}{2g(b+mh_{01})^2 h_{01}^2 \varphi^2}$$

由上式得 h_{01} 的迭代公式为

$$h_{01} = \frac{Q}{(b+mh_{01})\varphi\sqrt{2g(E_{01}-h_{01})}} = \frac{33.6}{(5+1\times h_{01})\times 0.95\sqrt{2\times 9.8\times(9.939-h_{01})}}$$

由上式迭代得 $h_{01} = 0.474354\text{m}$。

$$\beta = b/(mh_{01}) = 5/(1\times 0.474354) = 10.54065$$

$$A_{01} = (b+mh_{01})h_{01} = (5+1\times 0.474354)\times 0.474354 = 2.59678(\text{m}^2)$$

$$Fr_{01}^2 = Q^2/(gh_{01}A_{01}^2) = 33.6^2/(9.8\times 0.474354\times 2.59678^2) = 36.01468$$

$$a_1 = (2.5\beta+1) = 27.35163, \quad a_2 = (1.5\beta+1)(\beta+1) = 194.00958$$

$$c = 3Fr_{01}^2(\beta+1)^2 = 14390.0186, \quad d = (1.5\beta+1)\beta - 3Fr_{01}^2(\beta+1) = -1069.7$$

将以上参数代入式(6-53)迭代得 $\eta = 7.08262$，跃后水深为

$$h_{02} = \eta h_{01} = 7.08262\times 0.474354 = 3.35967(\text{m})$$

$$\Delta z = H_1 - h_t = v_t^2/(2g\varphi'^2) - v_{02}^2/(2g)$$

取消力池的淹没系数 $\sigma_j = 1.05$，则

$$A_{02} = [b+m(\sigma_j h_{02})](\sigma_j h_{02}) = (5+1\times 1.05\times 3.35967)\times 1.05\times 3.35967 = 30.0826(\text{m}^2)$$

$$v_{02} = Q/A_{02} = 33.6/30.0826 = 1.116925(\text{m/s})$$

$$\Delta z = v_t^2/(2g\varphi'^2) - v_{02}^2/(2g) = 1.2^2/(2\times 9.8\times 0.95^2) - 1.116925^2/(2\times 9.8) = 0.01776(\text{m})$$

$$d_i = \sigma_j h_{02} - h_t - \Delta z = 1.05\times 3.35967 - 2 - 0.01776 = 1.51(\text{m})$$

与假设不符，重新假设消力池深度 d_i，重复上面的计算过程，结果如表 6-5 和表 6-6 所示。

表 6-5　计算表(a)

$Q/(\text{m}^3/\text{s})$	b/m	m	E_0/m	d_i(假设)/m	h_{01}/m	A_{01}/m^2	Fr_{01}^2	β
33.6	5	1	8.939	1	0.47435400	2.596781733	36.014635	10.54065102
33.6	5	1	8.939	1.509893912	0.46278109	2.528071779	38.949158	10.80424443
33.6	5	1	8.939	1.553907456	0.46182351	2.522398527	39.205684	10.82664665
33.6	5	1	8.939	1.557614885	0.46174314	2.521922424	39.227315	10.82853122
33.6	5	1	8.939	1.557926536	0.46173639	2.521882415	39.229133	10.82868962
33.6	5	1	8.939	1.557952727	0.46173582	2.521879053	39.229286	10.82870293
33.6	5	1	8.939	1.557957039	0.46173572	2.521878499	39.229311	10.82870512
33.6	5	1	8.939	1.557955289	0.46173576	2.521878724	39.229301	10.82870423
33.6	5	1	8.939	1.557955143	0.46173577	2.521878743	39.229300	10.82870416

表 6-6　计算表（b）

a_1	a_2	c	d	η	h_2/m	A_{02}/m^2	v_{02}/(m/s)	Δz/m	d_i(计算)/m
27.3516	194.0096	14390.003	−1069.698	7.082617	3.35966791	30.082581	1.116923	0.0177570	1.509894
28.0106	203.1082	16281.549	−1193.394	7.355061	3.40378310	30.643139	1.096493	0.0200648	1.553907
28.0666	203.8910	16451.046	−1204.364	7.378347	3.40749411	30.690489	1.094802	0.0202539	1.557615
28.0713	203.9570	16465.369	−1205.290	7.380307	3.40780603	30.694471	1.094660	0.0202698	1.557927
28.0717	203.9625	16466.574	−1205.368	7.380472	3.40783224	30.694805	1.094648	0.0202711	1.557953
28.0718	203.9630	16466.675	−1205.375	7.380490	3.40783656	30.694860	1.094646	0.0202713	1.557957
28.0718	203.9630	16466.692	−1205.376	7.380488	3.40783481	30.694838	1.094647	0.0202713	1.557956
28.0718	203.9630	16466.685	−1205.375	7.380487	3.40783466	30.694836	1.094647	0.0202713	1.557955
28.0718	203.9630	16466.684	−1205.375	7.380487	3.40783465	30.694836	1.094647	0.0202713	1.557955

　　从表中可以看出，当 d_i=1.557955m 时，计算值与假定值相同。实际工程可取消力池深度为 1.56m。

　　下面求消力池的长度。跃前和跃后断面的水面宽度为

$$B_1 = b + 2mh_{01} = 5 + 2 \times 1 \times 0.46174 = 5.9235(\text{m})$$

$$B_2 = b + 2m\sigma_j h_2 = 5 + 2 \times 1 \times 1.05 \times 3.4078 = 12.1564(\text{m})$$

$$L_j = 5\sigma_j h_2 \{1 + [(B_2 - B_1)/B_1]^{0.25}\} = 5 \times 1.05 \times 3.4078 \times \{1 + [(12.1564 - 5.9235)/5.9235]^{0.25}\}$$
$$= 36.011(\text{m})$$

$$L_k = 0.8L_j = 0.8 \times 36.011 = 28.809(\text{m})$$

6.5.2　梯形渠道消力池坎高的计算

　　梯形渠道消力池尾坎高度的计算简图如图 6-2 所示，可以仿照矩形渠道消力坎的计算方法来计算梯形渠道消力坎的高度。由图 6-2 可以看出，消力坎的高度为

$$c = \sigma_j h_2 - H_1 \tag{6-60}$$

式中，H_1 为消力坎以上的水深，m。

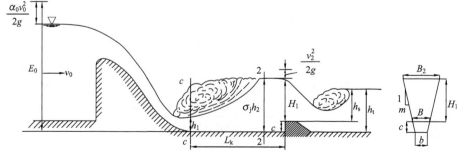

图 6-2　梯形渠道消力坎式消力池

梯形渠道消力坎的过流类似于渠道上的缝式堰，所谓缝式堰是指设在渠道中断面为梯形的墩座，当水流通过墩座时，在墩座后产生水面降落，梯形渠道消力坎后的水面降落与此类似，所以流量可以按照缝式堰的公式计算，文献[4]给出了计算公式为

$$Q = m_0(B + 0.8mH_1)\sqrt{2g}\,H_{10}^{3/2} \tag{6-61}$$

式中，B 为消力坎顶部垂直于水流方向的宽度，m；m_0 为堰的流量系数；H_{10} 为消力坎顶的总水头，m。H_{10} 用式(6-62)计算，即

$$H_{10} = H_1 + Q^2/(2gA_2^2) = H_1 + Q^2/[2g(b + m\sigma_j h_2)^2(\sigma_j h_2)^2] \tag{6-62}$$

将式(6-62)代入式(6-61)得

$$Q = m_0(B + 0.8mH_1)\sqrt{2g}\left[H_1 + \frac{Q^2}{2g(b + m\sigma_j h_2)^2(\sigma_j h_2)^2}\right]^{3/2} \tag{6-63}$$

对于流量系数，根据窿马林院士的意见[4]，在墩座外形匀缓的条件下，当 $H_1<1.0$m、$H_1=1.0\sim1.5$m、$H_1=1.5\sim2.0$m 和 $H_1=2.0\sim2.5$m 时，流量系数 m_0 分别为 0.475、0.485、0.495 和 0.510；文献[2]认为，对于宽顶堰，$m_0=0.35\sim0.37$，对于实用堰，$m_0=0.44\sim0.50$。文献[20]给出的流量系数为，当 $H_1/B=0.5$、1.0、1.5、2.0 和 2.5 时，$m_0=0.37$、0.415、0.43、0.435 和 0.45，显然，0.37 为宽顶堰的流量系数。对于消力坎，应该用实用堰的流量系数。可以看出，消力坎的流量系数为 0.415~0.51。在初步设计时，仍可取流量系数与矩形断面消力坎的流量系数相同，即取流量系数 $m_0=0.42$。

式(6-63)中的 $B=b+2mc$，将式(6-63)写成迭代形式为

$$H_1 = \left[\frac{Q}{m_0(b + 2mc + 0.8mH_1)\sqrt{2g}}\right]^{2/3} - \frac{Q^2}{2g(b + m\sigma_j h_2)^2(\sigma_j h_2)^2} \tag{6-64}$$

计算消力坎高度时，先假定一个坎高 c，代入式(6-64)求 H_1，将求得的 H_1 代入式(6-60)求坎高 c，如果求得的坎高 c 与假设的相同，坎高即为所求，否则需另假设坎高 c，重复上面的步骤，直到达到所需的精度为止。

例 6.6　同例 6.5，试设计一消力坎式消力池。

解：由例 6.5 已求得跃后水深 $h_2=3.2664$m，已知边坡系数 $m=1$，取 $m_0=0.42$。

设消力坎高度为 $c=2.0$m，由式(6-64)得

$$H_1 = \left[\frac{33.6}{0.42\times(5 + 2\times1\times2 + 0.8\times1H_1)\sqrt{2\times9.8}}\right]^{2/3} - \frac{33.6^2}{2\times9.8\times(5 + 1\times1.05\times3.2664)^2\times(1.05\times3.2664)^2}$$

由上式迭代得 $H_1=1.4027$m，则

$$c = \sigma_j h_2 - H_1 = 1.05\times3.2664 - 1.4027 = 2.02702(\text{m})$$

与假设不符，重新假设 c，列表 6-7 计算如下。

表 6-7　消力坎高度计算表

h_2/m	$Q/(\mathrm{m^3/s})$	c（假设）/m	m_0	H_1/m	c（计算）/m
3.2664	33.6	2	0.42	1.402699783	2.027020217
3.2664	33.6	2.027020217	0.42	1.397857507	2.031862493
3.2664	33.6	2.031862493	0.42	1.396993583	2.032726417
3.2664	33.6	2.032726417	0.42	1.396839579	2.032880421
3.2664	33.6	2.032880421	0.42	1.396812130	2.032907870
3.2664	33.6	2.032907870	0.42	1.396807238	2.032912762
3.2664	33.6	2.032912762	0.42	1.396806366	2.032913634
3.2664	33.6	2.032913634	0.42	1.396806211	2.032913789
3.2664	33.6	2.032913789	0.42	1.396806183	2.032913817
3.2664	33.6	2.032913817	0.42	1.396806178	2.032913822
3.2664	33.6	2.032913822	0.42	1.396806177	2.032913823
3.2664	33.6	2.032913823	0.42	1.396806177	2.032913823

从表中可以看出，消力坎高度可取 $c = 2.033\mathrm{m}$。

6.5.3　梯形渠道综合式消力池的计算

综合式消力池如图 6-3 所示。其计算方法可以仿照矩形渠道综合式消力池的方法。由图 6-3 可以看出

$$d + c + H_1 = \sigma_j h_2 \tag{6-65}$$

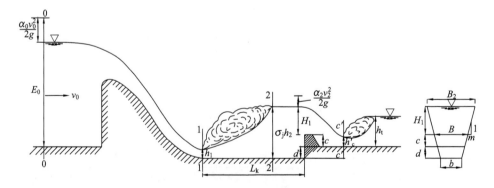

图 6-3　梯形渠道综合式消力池

消力坎顶部的宽度 B 为

$$B = b + 2m(c+d) \tag{6-66}$$

将式(6-66)代入式(6-63)得

$$Q = m_0[b + 2m(c+d) + 0.8mH_1]\sqrt{2g}\left[H_1 + \frac{Q^2}{2g(b+m\sigma_j h_2)^2(\sigma_j h_2)^2}\right]^{3/2} \tag{6-67}$$

计算时,先假定一个消力池深度 d,用式(6-58)计算跃前断面水深 h_1,式(6-58)中的 $A_1 = (b+mh_1)h_1$,式(6-58)的迭代式为

$$h_1 = \frac{Q}{(b+mh_1)\varphi\sqrt{2g(E_0+d-h_1)}} \tag{6-68}$$

有了 h_1,可以计算 $\beta = b/(mh_1)$,计算 a_1、a_2、c 和 d,将计算结果代入式(6-53)求梯形渠道的共轭水深比 η 和跃后断面的水深 h_2。取 $\sigma_j = 1.05$,代入式(6-65)得

$$d + c = \sigma_j h_2 - H_1 \tag{6-69}$$

将式(6-69)代入式(6-67)得

$$Q = m_0[b + 2m(\sigma_j h_2 - H_1) + 0.8mH_1]\sqrt{2g}\left[H_1 + \frac{Q^2}{2g(b+m\sigma_j h_2)^2(\sigma_j h_2)^2}\right]^{3/2} \tag{6-70}$$

从式(6-70)中解出 H_1,得 H_1 的迭代式为

$$H_1 = \left\{\frac{Q}{m_0[b+2m(\sigma_j h_2 - H_1)+0.8mH_1]\sqrt{2g}}\right\}^{2/3} - \frac{Q^2}{2g(b+m\sigma_j h_2)^2(\sigma_j h_2)^2} \tag{6-71}$$

$$c = \sigma_j h_2 - H_1 - d \tag{6-72}$$

当假设消力池深度 d 用式(6-68)求得跃前断面水深 h_1 后,由式(6-53)计算水跃的共轭水深 η,则跃后水深为 $h_2 = \eta h_1$,由式(6-71)求消力坎上水深 H_1,由式(6-72)求坎高 c。

例6.7　同例6.5,试设计一综合式消力池。

解：由例6.5已知,$E_0 = 8.939$m,取 $m_0 = 0.42$,假设 $d=1$m,由例6.5已求得 $d=1$m 时,跃后水深 $h_2 = 3.35967$m,将所求得的 h_2 代入式(6-71)求出 H_1 为 1.382m,再代入式(6-72)求得坎高 $c = 1.146$m。

当求出坎高 c 后,还要校核坎后的水流流态,其方法与矩形渠道消力池相同,此处不再赘述。

6.6　三角形渠道水跃共轭水深的计算

三角形渠道是梯形渠道的特殊形式，当梯形渠道的底宽 $b=0$ 时，即为三角形渠道。所以水跃共轭水深仍为式(6-7)。式(6-7)中的 $\beta=0$，系数 $a_1=1$，$a_2=1$，$a_3=-3Fr_1^2$，$a_4=-3Fr_1^2$，弗劳德数 Fr_1 仍采用虚拟弗劳德数，即 $Fr_1^2=v_1^2/(gh_1)$，式(6-7)变为

$$\eta^4+\eta^3+\eta^2-3Fr_1^2\eta-3Fr_1^2=0 \qquad (6-73)$$

其余参数为

$$p_0=a_1a_3-a_2^2/3-4a_4=-3Fr_1^2-1/3-4(-3Fr_1^2)=9Fr_1^2-1/3$$

$$\begin{aligned}
q_0&=a_1a_2a_3/3-2a_2^3/27-a_1^2a_4+8a_2a_4/3-a_3^2\\
&=\frac{1}{3}(-3Fr_1^2)-\frac{2}{27}-(-3Fr_1^2)+\frac{8}{3}(-3Fr_1^2)-(-3Fr_1^2)^2\\
&=-(6Fr_1^2+2/27+9Fr_1^4)
\end{aligned}$$

当 $\Delta=(q_0/2)^2+(p_0/3)^3>0$ 时

$$\begin{aligned}
y&=\sqrt[3]{-\frac{q_0}{2}+\sqrt{\left(\frac{q_0}{2}\right)^2+\left(\frac{p_0}{3}\right)^3}}+\sqrt[3]{-\frac{q_0}{2}-\sqrt{\left(\frac{q_0}{2}\right)^2+\left(\frac{p_0}{3}\right)^3}}\\
&=\sqrt[3]{3Fr_1^2+\frac{1}{27}+\frac{9}{2}Fr_1^4+\sqrt{\left(3Fr_1^2+\frac{1}{27}+\frac{9}{2}Fr_1^4\right)^2+\left(3Fr_1^2-\frac{1}{9}\right)^3}}\\
&\quad+\sqrt[3]{3Fr_1^2+\frac{1}{27}+\frac{9}{2}Fr_1^4-\sqrt{\left(3Fr_1^2+\frac{1}{27}+\frac{9}{2}Fr_1^4\right)^2+\left(3Fr_1^2-\frac{1}{9}\right)^3}}
\end{aligned}$$

$$t=y+a_2/3=y+1/3$$

$$\alpha^2=(a_1^2-4a_2)/4+t=-3/4+t$$

$$\gamma^2=-a_4+t^2/4=3Fr_1^2+t^2/4$$

$$\alpha\gamma=a_1t/4-a_3/2=t/4+(3/2)Fr_1^2$$

当 $\Delta=(q_0/2)^2+(p_0/3)^3<0$ 时

$$y=2\sqrt[3]{r_0}\cos\theta$$

$$t=y+a_2/3=2\sqrt[3]{r_0}\cos\theta+1/3$$

式中，$r_0=\sqrt{-(p_0/3)^3}$；$\theta=1/3\arccos[-q_0/(2r_0)]$。

共轭水深比仍可以用式(6-51)计算。

例 6.8　已知三角形断面的边坡系数 $m=1$，通过的流量 $Q=4.0\mathrm{m}^3/\mathrm{s}$，跃前水深 $h_1=0.759\mathrm{m}$，试求三角形断面的跃后水深。

解：三角形断面的虚拟弗劳德数为

$$Fr_1^2=\frac{v_1^2}{gh_1}=\frac{Q^2}{gA_1^2h_1}=\frac{Q^2}{g(mh_1^2)^2h_1}=\frac{4^2}{9.8\times1.0^2\times0.759^5}=6.481642$$

$$p_0=9Fr_1^2-1/3=9\times6.481642-1/3=58.001443$$

$$q_0=-6Fr_1^2-2/27-9(Fr_1^2)^2=-417.06905$$

$$\Delta=(q_0/2)^2+(p_0/3)^3=507136.5579>0$$

$$y=\sqrt[3]{-\frac{q_0}{2}+\sqrt{\left(\frac{q_0}{2}\right)^2+\left(\frac{p_0}{3}\right)^3}}+\sqrt[3]{-\frac{q_0}{2}-\sqrt{\left(\frac{q_0}{2}\right)^2+\left(\frac{p_0}{3}\right)^3}}$$

$$=\sqrt[3]{\frac{417.06905}{2}+\sqrt{\left(\frac{-417.06905}{2}\right)^2+\left(\frac{58.001443}{3}\right)^3}}$$

$$+\sqrt[3]{\frac{417.06905}{2}-\sqrt{\left(\frac{-417.06905}{2}\right)^2+\left(\frac{58.001443}{3}\right)^3}}$$

$$=5.0154753$$

$$t=y+a_2/3=5.0154753+1/3=5.348809$$

$$\alpha=\sqrt{(a_1^2-4a_2)/4+t}=\sqrt{-3/4+t}=\sqrt{-3/4+5.348809}=2.144483305$$

$$\gamma=\sqrt{-a_4+t^2/4}=\sqrt{3Fr_1^2+t^2/4}=\sqrt{3\times6.481642+5.348809^2/4}=5.1572632$$

$$\alpha\gamma=a_1t/4-a_3/2=t/4+(3/2)Fr_1^2=5.348809/4+1.5\times6.481642=11.059665$$

$$\alpha\gamma=2.144483305\times5.1572632=11.059665$$

二者计算相符，则

$$\eta=\frac{1}{2}\left[\alpha-\frac{a_1}{2}+\sqrt{\left(-\alpha+\frac{a_1}{2}\right)^2-4\left(\frac{t}{2}-\gamma\right)}\right]$$

$$=\frac{1}{2}\left[2.144483305-\frac{1}{2}+\sqrt{\left(-2.144483305+\frac{1}{2}\right)^2-4\left(\frac{5.348809}{2}-5.1572632\right)}\right]$$

$$=2.59958243$$

$$h_2=\eta h_1=2.59958243\times0.759=1.9731(\mathrm{m})$$

　　三角形断面的水跃共轭水深也可以用式(6-53)计算，式中 $a_1=1$，$a_2=1$，$c=3Fr_1^2$，$d=-3Fr_1^2$，式(6-53)变成

$$\eta=\sqrt{(3Fr_1^2+3Fr_1^2\eta)/(\eta^2+\eta+1)} \tag{6-74}$$

　　仍以例 6.8 的弗劳德数代入式(6-74)迭代，迭代到第 25 步收敛，迭代结果为 $\eta=2.599582455$，跃后水深为 $h_2=\eta h_1=2.599582455\times0.759=1.9731\mathrm{m}$，与精确解相同。

　　如果已知跃后水深，仍可以由式(6-55)计算跃前水深。

　　下面从临界水深出发，来探讨三角形渠道共轭水深更简单的计算方法。

　　已知三角形渠道的跃前断面面积 $A_1 = mh_1^2$，跃后断面面积 $A_2 = mh_2^2$，跃前断面和跃后断面形心距水面的距离分别为 $h_{c1} = (1/3)h_1$，$h_{c2} = (1/3)h_2$，由临界水深的概念知

$$Q^2 / g = A_k^3 / b_k = (mh_k^2)^3 / (2mh_k) \qquad (6-75)$$

将 $A_1 = mh_1^2$、$A_2 = mh_2^2$、$h_{c1} = (1/3)h_1$、$h_{c2} = (1/3)h_2$ 和式(6-75)代入式(6-1)得

$$\frac{h_k^5}{2h_1^2} + \frac{h_1^3}{3} = \frac{h_k^5}{2h_2^2} + \frac{h_2^3}{3} \qquad (6-76)$$

由式(6-76)可得三角形渠道临界水深与跃前和跃后断面水深的关系为

$$h_k^5 = \frac{2(h_1 h_2)^2}{3(h_1 + h_2)}[(h_1 + h_2)^2 - h_1 h_2] \qquad (6-77)$$

　　埃及坦塔大学的易卜拉欣·穆罕默德·侯赛因·拉什万博士设 $y_1 = h_1 / h_k$，$y_2 = h_2 / h_k$，代入式(6-77)并整理得

$$2(y_1 y_2)^2 (y_1 + y_2)^2 - 3(y_1 + y_2) - 2(y_1 y_2)^3 = 0 \qquad (6-78)$$

再设 $y_1 y_2 = \beta$，解式(6-78)得

$$y_1 + y_2 = (3 \pm \sqrt{9 + 16\beta^5}) / (4\beta^2) \qquad (6-79)$$

　　由于 $\beta > 0$，所以式(6-79)中分子的 ± 号取正号，由此得

$$y_1 + y_2 = (3 + \sqrt{9 + 16\beta^5}) / (4\beta^2) \qquad (6-80)$$

　　易卜拉欣·穆罕默德·侯赛因·拉什万博士求解式(6-80)得到两个方程，即

$$y_1 = \frac{1}{2}\left\{ \frac{3 + \sqrt{9 + 16\beta^5}}{4\beta^2} - \left[\left(\frac{3 + \sqrt{9 + 16\beta^5}}{4\beta^2} \right)^2 - 4\beta \right]^{1/2} \right\}$$

$$y_2 = \frac{1}{2}\left\{ \frac{3 + \sqrt{9 + 16\beta^5}}{4\beta^2} + \left[\left(\frac{3 + \sqrt{9 + 16\beta^5}}{4\beta^2} \right)^2 - 4\beta \right]^{1/2} \right\}$$

　　以上公式看起来是一个显式公式，但实际上 β 中含有 y_1 和 y_2，是一个隐式公式，并不好求解。

　　笔者将式(6-80)与 $y_1 y_2 = \beta$ 联立，可以得到两个迭代公式，如果已知 $y_1 = h_1 / h_k$，则

$$\beta = \frac{1}{2}\left[\frac{(3 + \sqrt{9 + 16\beta^5})\, y_1}{\beta + y_1^2} \right]^{1/2} \qquad (6-81)$$

如果已知 $y_2 = h_2 / h_k$，则

$$\beta = \frac{1}{2}\left[\frac{(3 + \sqrt{9 + 16\beta^5})\, y_2}{\beta + y_2^2}\right]^{1/2} \tag{6-82}$$

例 6.9　仍为算例 6.8，试求跃后水深。

解：由式（6-75）得

$$h_k = [2Q^2 / (gm^2)]^{1/5} = [2 \times 4^2 / (9.8 \times 1.0^2)]^{1/5} = 1.267024$$

$$y_1 = h_1 / h_k = 0.759 / 1.267024 = 0.599042$$

代入式（6-81）迭代得 $\beta = 0.932862389$，　$y_2 = \beta / y_1 = 0.932862389 / 0.599042 = 1.557258$，$h_2 = y_2 h_k = 1.557258 \times 1.267024 = 1.973083341\,(\text{m})$，取为 1.9731m，与例 6.8 的计算结果一致。

反过来，已知跃后水深 $h_2 = 1.9733083341\,(\text{m})$，求跃前水深 h_1。

$$y_2 = h_2 / h_k = 1.973083341 / 1.267024 = 1.557258$$

代入式（6-82）迭代得 $\beta = 0.932862389$，　$y_1 = \beta / y_2 = 0.932862389 / 1.557258 = 0.599042$，$h_1 = y_1 h_k = 0.599042 \times 1.267024 = 0.759\,(\text{m})$。

三角形渠道的水跃旋滚长度和水跃长度可以采用 Hager 的经验公式，文献[14]收录了该公式，分别为

$$L_r / h_2 = 1.8\sqrt{m}\,Fr_1^{0.4/m} \tag{6-83}$$

$$L_j / h_2 = 2.4\sqrt{m}\,Fr_1^{0.4/m} \tag{6-84}$$

式（6-83）和式（6-84）的适应条件为 $0.4 < m \leqslant 1.0$，式中 L_r 为水跃的旋滚长度，m；L_j 为水跃长度，m。

三角形渠道消力池的设计方法与梯形渠道相同，这是因为在三角形渠道消力池后修建消力坎，其形状与梯形渠道相同，所以计算方法也相同。

6.7　梯形渠道正常水深和临界水深的计算

梯形渠道如图 6-4 所示。设渠道的底宽为 b，正常水深为 h_0，水面宽度为 B，边坡系数为 m。

梯形渠道的断面面积 A、水面宽度 B、湿周 χ、水力半径 R 为

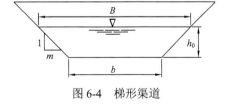

图 6-4　梯形渠道

$$A = (b + mh_0)h_0 \tag{6-85}$$

$$B = b + 2mh_0 \tag{6-86}$$

$$\chi = b + 2\sqrt{1 + m^2}\, h_0 \tag{6-87}$$

$$R = A / \chi = (b + mh_0)h_0 / (b + 2\sqrt{1 + m^2} h_0) \tag{6-88}$$

正常水深的计算公式为

$$Q = AC\sqrt{Ri} \tag{6-89}$$

式中，$C = R^{1/6} / n$，n 为糙率，$s/m^{1/3}$。将以上关系代入式(6-89)得

$$Q = \frac{\sqrt{i}}{n} h_0 (b + mh_0) \left[\frac{h_0 (b + mh_0)}{b + 2\sqrt{1 + m^2} h_0} \right]^{2/3} \tag{6-90}$$

由式(6-90)可以看出，如果知道梯形渠道的正常水深，流量很容易求得。但如果知道流量求正常水深，计算比较麻烦，文献[21]给出了迭代公式

$$h_0 = \left(\frac{nQ}{\sqrt{i}} \right)^{3/5} \frac{(b + 2\sqrt{1 + m^2} h_0)^{2/5}}{b + mh_0} \tag{6-91}$$

对于梯形渠道的临界水深，文献[21]也给出了迭代公式

$$h_k = \left(\frac{Q^2}{g} \right)^{1/3} \frac{(b + 2mh_k)^{1/3}}{b + mh_k} \tag{6-92}$$

在用式(6-91)和式(6-92)计算正常水深和临界水深时，迭代初值可以取任一正值。

对于三角形渠道，式(6-91)和式(6-92)照样适用，在计算时只要取 $b=0$ 即可得到三角形渠道正常水深和临界水深的计算公式。

6.8　梯形渠道水面曲线的计算

梯形渠道水面线的计算一般用分段试算法或水力指数法，计算比较麻烦。本节仍采用积分法，积分法的公式为第 5 章的式(5-5)，将式(5-5)变形为

$$\frac{\mathrm{d}s}{\mathrm{d}h} = \frac{1 - Fr^2}{i - J} = \frac{1 - Q^2 (B / b) / [g(A / b^2)^3 b^5]}{i - n^2 Q^2 (\chi / b)^{4/3} / [(A / b^2)^{10/3} b^{16/3}]} \tag{6-93}$$

进一步整理得

$$\frac{\mathrm{d}s}{\mathrm{d}h} = \frac{1 - Fr^2}{i - J} = \frac{b^{1/3}}{gn^2} \frac{[gb^5 / Q^2 - (B / b) / (A / b^2)^3]}{[ib^{16/3} / (n^2 Q^2) - (\chi / b)^{4/3} / (A / b^2)^{10/3}]} \tag{6-94}$$

令 $a' = ib^{16/3} / (n^2 Q^2)$，$b' = gb^5 / Q^2$，$Fr'^2 = (B / b) / (A / b^2)^3$，$j' = (\chi / b)^{4/3} / (A / b^2)^{10/3}$，则

$$\frac{\mathrm{d}s}{\mathrm{d}h} = \frac{1 - Fr^2}{i - J} = \frac{b^{1/3}}{gn^2} \frac{b' - Fr'^2}{a' - j'} \tag{6-95}$$

研究表明，不同边坡系数情况下 Fr'^2 和 j' 与 $1/(h/b)^2$ 的关系如图 6-5 和图 6-6

所示，由图可得

$$j' = a_1 / (h/b)^4 + b_1 / (h/b)^2 + c_1 \tag{6-96}$$

$$Fr'^2 = a_2 / (h/b)^4 + b_2 / (h/b)^2 + c_2 \tag{6-97}$$

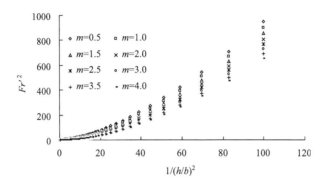

图 6-5 Fr^2 与 $1/(h/b)^2$ 的关系

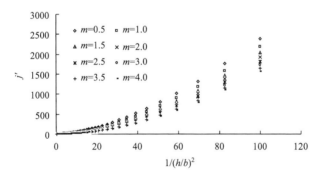

图 6-6 j' 与 $1/(h/b)^2$ 的关系

图 6-5 和图 6-6 的关系看似很好，然而如用同一个系数拟合误差较大，本节采用分段拟合，系数 a_1、b_1、c_1、a_2、b_2、c_2 根据 h/b 的不同可由表 6-8 查算。

将式(6-96)和式(6-97)代入式(6-95)得

$$\frac{\mathrm{d}s}{\mathrm{d}h} = \frac{b^{1/3}}{gn^2} \frac{(b'-c_2)}{(a'-c_1)} \frac{(h/b)^4 - c(h/b)^2 - d}{(h/b)^4 - e(h/b)^2 - f} \tag{6-98}$$

式 中 ， $c = b_2 / (b'-c_2)$, $d = a_2 / (b'-c_2)$, $e = b_1 / (a'-c_1)$, $f = a_1 / (a'-c_1)$ 。 令 $h/b = x$ ，则

$$s = \frac{b^{4/3}}{gn^2} \frac{(b'-c_2)}{(a'-c_1)} \int_{x_1}^{x_2} \left[1 + \frac{(e-c)x^2 + (f-d)}{x^4 - ex^2 - f} \right] \mathrm{d}x \tag{6-99}$$

表 6-8 梯形渠道水面曲线计算参数表

m=0.5

h/b	j'			Fr'^2		
	a_1	b_1	c_1	a_2	b_2	c_2
0.02≤h/b≤0.05	0.0521	62.954	-10973	0.0107	24.194	-3746.2
0.05≤h/b≤0.10	0.0914	23.231	-874.3200	0.0245	10.649	-372.83
0.10≤h/b≤0.20	0.1481	10.148	-95.9890	0.0490	5.0908	-47.276
0.20≤h/b≤0.40	0.2472	4.4724	-11.0560	0.0985	2.2876	-5.7572
0.40≤h/b≤0.60	0.3998	2.1586	-1.9762	0.1780	1.0741	-0.9968
0.60≤h/b≤1.0	0.5870	1.1033	-0.4618	0.2736	0.5363	-0.2225
1.0≤h/b≤1.5	0.8860	0.4424	-0.0879	0.4173	0.2175	-0.0414
1.5≤h/b≤2.0	1.1704	0.1660	-0.0198	0.5498	0.0886	-0.0097

m=1.0

h/b	j'			Fr'^2		
	a_1	b_1	c_1	a_2	b_2	c_2
0.02≤h/b≤0.05	0.0519	60.104	-10812	0.0107	23.6940	-3744.7
0.05≤h/b≤0.10	0.0906	20.940	-847.03	0.0245	10.1510	-371.6000
0.10≤h/b≤0.20	0.1456	8.2205	-89.088	0.0490	4.5996	-46.3830
0.20≤h/b≤0.40	0.2381	2.8904	-8.8730	0.0978	1.8296	-5.2648
0.40≤h/b≤0.60	0.3629	0.9520	-1.1581	0.1717	0.6914	-0.7685
0.60≤h/b≤1.0	0.4804	0.2778	-0.1691	0.2484	0.2542	-0.1312
1.0≤h/b≤1.5	0.5960	0.0098	-0.0112	0.3364	0.0537	-0.0147
1.5≤h/b≤2.0	0.6433	-0.0390	0.0015	0.3892	0.0010	-0.0014

m=1.5

h/b	j'			Fr'^2		
	a_1	b_1	c_1	a_2	b_2	c_2
0.02≤h/b≤0.05	0.0518	58.042	-10690	0.0107	23.194	-3741.1
0.05≤h/b≤0.10	0.090	19.290	-822.70	0.0245	9.6560	-368.86
0.10≤h/b≤0.20	0.1435	6.8836	-81.932	0.0488	4.1274	-44.713
0.20≤h/b≤0.40	0.2284	1.9372	-6.8624	0.0960	1.4362	-4.5748
0.40≤h/b≤0.60	0.3254	0.3970	-0.6234	0.1607	0.4263	-0.5421
0.60≤h/b≤1.0	0.3909	0.0109	-0.0425	0.2161	0.1057	-0.0681
1.0≤h/b≤1.5	0.4215	-0.0675	0.0073	0.2625	-0.0034	-0.0030
1.5≤h/b≤2.0	0.4041	-0.0523	0.0040	0.2763	-0.018	0.0009

m=2.0

h/b	j'			Fr'^2		
	a_1	b_1	c_1	a_2	b_2	c_2
0.02≤h/b≤0.05	0.0516	56.3430	-10587	0.0107	22.696	-3734.7
0.05≤h/b≤0.10	0.0895	17.9320	-799.17	0.0245	9.1682	-364.49
0.10≤h/b≤0.20	0.1415	5.8290	-74.7810	0.0486	3.6830	-42.441
0.20≤h/b≤0.40	0.2186	1.2884	-5.1779	0.0933	1.1126	-3.8470
0.40≤h/b≤0.60	0.2912	0.1049	-0.2900	0.1477	0.2506	-0.3632
0.60≤h/b≤1.0	0.3228	-0.0897	0.0141	0.1854	0.0289	-0.0304
1.0≤h/b≤1.5	0.3147	-0.0792	0.0119	0.2064	-0.023	0.0018
1.5≤h/b≤2.0	0.2795	-0.0459	0.0039	0.2032	-0.0208	0.0015

续表

m=2.5

h/b	j'			Fr²		
	a_1	b_1	c_1	a_2	b_2	c_2
0.02≤h/b≤0.05	0.0515	54.8200	−10490	0.0107	22.199	−3725.1
0.05≤h/b≤0.10	0.0891	16.7220	−755.0100	0.0244	8.6902	−358.5500
0.10≤h/b≤0.20	0.1395	4.9387	−67.6500	0.0482	3.2716	−39.7790
0.20≤h/b≤0.40	0.2081	0.8186	−3.7968	0.0899	0.8520	−3.1653
0.40≤h/b≤0.60	0.2608	−0.0594	−0.0790	0.1344	0.1354	−0.2320
0.60≤h/b≤1.0	0.2705	−0.1283	0.0402	0.1588	−0.0109	−0.0085
1.0≤h/b≤1.5	0.2446	−0.0753	0.0125	0.1650	−0.0288	0.0037
1.5≤h/b≤2.0	0.2059	−0.0381	0.0034	0.1548	−0.0194	0.0016

m=3.0

h/b	j'			Fr²		
	a_1	b_1	c_1	a_2	b_2	c_2
0.02≤h/b≤0.05	0.0514	53.3920	−10394	0.0107	21.7050	−371.2100
0.05≤h/b≤0.10	0.0886	15.6000	−749.54	0.0244	8.2244	−351.2200
0.10≤h/b≤0.20	0.1374	4.1639	−60.617	0.0477	2.8952	−36.9100
0.20≤h/b≤0.40	0.1983	0.4689	−2.6484	0.0861	0.6445	−2.5631
0.40≤h/b≤0.60	0.2339	−0.1538	0.0555	0.1218	0.0598	−0.1385
0.60≤h/b≤1.0	0.2296	−0.1405	0.0518	0.1366	−0.0314	0.0039
1.0≤h/b≤1.5	0.1657	−0.0677	0.0118	0.1343	−0.0294	0.0044
1.5≤h/b≤2.0	0.1584	−0.0315	0.0029	0.1214	−0.0172	0.0015

m=3.5

h/b	j'			Fr²		
	a_1	b_1	c_1	a_2	b_2	c_2
0.02≤h/b≤0.05	0.0510	52.0150	−10100	0.0109	20.121	−3102.9
0.05≤h/b≤0.10	0.0882	14.5410	−722.63	0.0247	7.4402	−292.38
0.10≤h/b≤0.20	0.1361	3.3399	−49.4860	0.0507	2.1915	−25.809
0.20≤h/b≤0.40	0.1886	0.1912	−1.6182	0.0828	0.4556	−1.8639
0.40≤h/b≤0.60	0.2104	−0.2072	0.1403	0.1104	0.0083	−0.0685
0.60≤h/b≤1.0	0.1969	−0.1398	0.0553	0.1182	−0.0414	0.0110
1.0≤h/b≤1.5	0.1600	−0.0596	0.0107	0.1112	−0.0279	0.0044
1.5≤h/b≤2.0	0.1258	−0.0263	0.0025	0.0977	−0.0150	0.0013

m=4.0

h/b	j'			Fr²		
	a_1	b_1	c_1	a_2	b_2	c_2
0.02≤h/b≤0.05	0.0522	47.4480	−8704.9	0.0110	19.635	−3154.3
0.05≤h/b≤0.10	0.0890	12.7910	−604.6600	0.0249	7.0088	−293.45
0.10≤h/b≤0.20	0.1336	2.7479	−43.3190	0.0469	2.1702	−28.7580
0.20≤h/b≤0.40	0.1786	−0.0045	−0.9026	0.0786	0.3295	−1.4611
0.40≤h/b≤0.60	0.1898	−0.2366	0.1945	0.1000	0.0236	−0.0238
0.60≤h/b≤1.0	0.1707	−0.1344	0.0557	0.1031	−0.0457	0.0149
1.0≤h/b≤1.5	0.1337	−0.0528	0.0097	0.0933	−0.0256	0.0042
1.5≤h/b≤2.0	0.1024	−0.0222	0.0021	0.0802	−0.013	0.0012

对式(6-99)积分得

$$s = \frac{b^{4/3}}{gn^2} \frac{(b'-c_2)}{(a'-c_1)} \left[x_2 - x_1 + \frac{A'}{C'} \left(\arctan \frac{x_2}{C'} - \arctan \frac{x_1}{C'} \right) + \frac{B'}{2D'} \ln \frac{(x_2 - D')(x_1 + D')}{(x_2 + D')(x_1 - D')} \right]$$

$$(6\text{-}100)$$

式中

$$A' = [d - f + (e-c)(\sqrt{e^2/4 + f} - e/2)] / (2\sqrt{e^2/4 + f})$$

$$B' = [f - d + (e-c)(e/2 + \sqrt{e^2/4 + f})] / (2\sqrt{e^2/4 + f})$$

$$C' = \sqrt{\sqrt{e^2/4 + f} - e/2}$$

$$D' = \sqrt{\sqrt{e^2/4 + f} + e/2}$$

$$(6\text{-}101)$$

使用文献[3]的两个算例验证梯形渠道水面线积分公式的正确性。

例 6.10　某地下厂房梯形渠道引水渠,底宽 $b=12$m,$m=1.5$,$i=0.0002$,$n=0.025$,$Q=48.1\text{m}^3/\text{s}$,计算渠中水面线。

解:文献[3]已经求得 $h_0=3.041$m,$h_k=1.123$m,渠道为缓坡渠道,计算范围取 $3.041\times(1+0.01)=3.07141$m 至 5m。使用分步试算法公式(5-1),计算步长取水面下降高度为 1mm,计算结果为 23779.09m。使用式(6-100)需分为两部分计算,由表 6-8 查得参数如表 6-9 所示,求得的结果为 23681.66m,误差为 0.41%。

表 6-9　j' 和 Fr'^2 取值表

h/b 范围	j'			Fr'^2		
	a_1	b_1	c_1	a_2	b_2	c_2
0.20≤h/b≤0.40	0.2284	1.9372	−6.8624	0.0960	1.4362	−4.5748
0.40≤h/b≤0.60	0.3254	0.3970	−0.6234	0.1607	0.4263	−0.5421

如果将边坡系数取为 $m=4$,其余参数不变,则求得 $h_0=2.611$m,$h_k=1.043$m,计算范围为 $2.611\times(1+0.01)=2.637$m 至 3.5m,查表 6-8 得参数为 $a_1=0.1786$,$b_1=-0.0045$,$c_1=-0.9026$,$a_2=0.0786$,$b_2=0.3295$,$c_2=-1.4611$,用分段试算法求得水面线长度为 13899.89m,用积分法求得水面线长度为 13770m,误差为 0.935%。

例 6.11　某输水渠道中,$Q=56\text{m}^3/\text{s}$,$i=0.09$,$b=2.5$m,$m=1$,$n=0.014$,计算渠道的水面线。

解:文献[3]已经求得 $h_0=0.9934$m,$h_k=2.64$m,渠道属于陡坡渠道,为了计算方便,此处取计算区间 1.0~2.64m,使用分步试算法,计算步长取水面下降高度为 1mm,计算结果为 419.4552m。使用式(6-100)需根据系数不同分为三部分分别计算,由表 6-8 查得参数如表 6-10 所示,求得的结果为 421.9662m,误差为 0.599%。

表 6-10　j' 和 Fr'^2 取值

h/b 范围	j'			Fr'^2		
	a_1	b_1	c_1	a_2	b_2	c_2
$0.40 \leqslant h/b \leqslant 0.60$	0.3629	0.9520	−1.1581	0.1717	0.6914	−0.7685
$0.60 \leqslant h/b \leqslant 1.00$	0.4804	0.2778	−0.1691	0.2484	0.2542	−0.1312
$1.00 \leqslant h/b \leqslant 1.50$	0.5960	0.0098	−0.0112	0.3364	0.0537	−0.0147

为了计算方便，编制了梯形渠道水面曲线的 MATLAB 计算程序，见附录 1。

参 考 文 献

[1] 张志昌. 水力学(下册)[M]. 北京: 中国水利水电出版社, 2011: 54-57.

[2] 吴持恭. 水力学[M]. 北京: 高等教育出版社, 2006: 283-347.

[3] 张志昌. 水力学习题解析 (下册)[M]. 北京: 中国水利水电出版社, 2012: 25-57.

[4] 基谢列夫 П Г. 水力计算手册[M]. 北京: 电力工业出版社, 1957: 182-321.

[5] 清华大学水力学教研室. 水力学[M]. 北京: 高等教育出版社, 1982: 94-95.

[6] 冯家涛. 梯形渠道水跃共轭水深直接计算公式[J]. 力学与实践, 1998: 20(5): 50-53.

[7] 刘玲, 刘伊生. 梯形渠道水跃共轭水深计算方法[J]. 北方交通大学学报, 1999: 23(3): 44-47.

[8] 张小林, 刘惹梅. 梯形断面渠道水跃共轭水深的计算方法[J]. 水利与建筑工程学报, 2003: 1(2): 41-43.

[9] 孙道宗. 梯形渠道断面中水跃共轭水深计算[J]. 江西水利科技, 2003, 29(3): 133-137.

[10] 赵延风, 王正中, 芦琴, 等. 梯形明渠水跃共轭水深的直接计算方法[J]. 山东大学学报: 工学版. 2009, 39(2): 131-136.

[11] 刘计良, 王正中, 杨晓松, 等. 梯形渠道水跃共轭水深理论计算方法初探[J]. 水力发电学报, 2010, 29(5): 216-219.

[12] 李蕊, 王正中, 张宽地, 等. 梯形明渠共轭水深计算方法[J]. 长江科学院院报, 2012, 29(11): 33-36.

[13] 金菊良, 付强, 魏一鸣, 等. 梯形明渠水跃共轭水深的优化计算[J]. 东北农业大学学报, 2002, 33(1): 58-62.

[14] 倪汉根, 刘亚坤. 击波 水跃 跌水 消能[M]. 大连: 大连理工大学出版社, 2008: 134-192.

[15] 王兴全. 梯形明渠水跃共轭水深的计算[J]. 农田水利与小水电, 1989, (9): 16-18.

[16] 王学斌, 张毅. 梯形明渠水跃共轭水深的精确解[J]. 电网与清洁能源, 2013, 29(11): 118-122.

[17] 王连祥. 数学手册[M]. 北京: 高等教育出版社, 1999: 87-90.

[18] 郭敏. 一元四次方程公式解的追根溯源[J]. 数学之友, 2011, (12): 72-73.

[19] 邓建中, 葛仁兴, 程正兴. 计算方法[M]. 西安: 西安交通大学出版社, 1994: 184-191.

[20] 王常德. 量水技术与设施[M]. 北京: 中国水利水电出版社, 2006: 218-219.

[21] 张志昌, 肖宏武, 毛兆民. 明渠测流的理论和方法[M]. 西安: 陕西人民出版社, 2004: 292-293.

第 7 章　圆形和 U 形渠道的水力特性

7.1　圆形渠道水跃共轭水深的计算

圆形渠道的水跃如图 7-1 所示。图中 B 为水面宽度，θ 为圆心角，r 为圆半径，h_1 为跃前水深，h_2 为跃后水深。

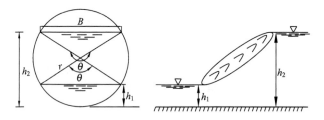

图 7-1　圆形渠道中的水跃

对于圆形渠道水跃的共轭水深，其计算公式为第 6 章的式 (6-1)，即

$$Q^2 / gA_1 + A_1 h_{c1} = Q^2 / gA_2 + A_2 h_{c2}$$

圆形断面面积 A、水面宽度 B、过水断面面积形心在水面下的深度 h_{ci} 分别为

$$A = \frac{r^2}{2}(\theta - \sin\theta) = \frac{d^2}{8}(\theta - \sin\theta) \tag{7-1}$$

$$B = 2r\sin(\theta / 2) = d\sin(\theta / 2) \tag{7-2}$$

$$h_{ci} = \frac{B^3}{12A} - \frac{d}{2}\cos\frac{\theta}{2} \tag{7-3}$$

式中，d 为圆的直径，m。

将以上关系代入式 (6-1) 得

$$
\begin{aligned}
&\frac{8Q^2}{gd^2(\theta_1 - \sin\theta_1)} + \frac{d^3\sin^3(\theta_1 / 2)}{12} - \frac{d^3}{16}(\theta_1 - \sin\theta_1)\cos\frac{\theta_1}{2} \\
&= \frac{8Q^2}{gd^2(\theta_2 - \sin\theta_2)} + \frac{d^3\sin^3(\theta_2 / 2)}{12} - \frac{d^3}{16}(\theta_2 - \sin\theta_2)\cos\frac{\theta_2}{2}
\end{aligned}
\tag{7-4}
$$

由式 (7-4) 可以看出，圆形渠道的水跃计算非常复杂，为了简化计算，对式 (6-1) 变形为

$$\frac{Q^2}{g(A_1 / r^2)} + r^5\frac{A_1 h_{c1}}{r^3} = \frac{Q^2}{g(A_2 / r^2)} + r^5\frac{A_2 h_{c2}}{r^3} \tag{7-5}$$

式中，过水断面面积形心在水面下的深度为 h_{ci} 仍用式(7-3)计算，将式(7-3)写成

$$\frac{h_{ci}}{r} = \frac{(B/r)^3}{12(A/r^2)} - \cos\frac{\theta}{2} \tag{7-6}$$

拟合相对形心与相对水深的关系，当 $0 \leqslant h/r \leqslant 1$ 时

$$h_{ci}/r = 7.236 \times 10^{-6} + 0.4h/r + 0.018373(h/r)^2 + 0.00205(h/r)^3 + 0.0042(h/r)^4 \tag{7-7}$$

当 $1 \leqslant h/r \leqslant 1.86$ 时

$$h_{ci}/r = 8.3364 \times 10^{-4} + 0.38834h/r + 0.05433(h/r)^2 - 0.03714(h/r)^3 + 0.018(h/r)^4 \tag{7-8}$$

下面再拟合 $1/(A/r^2)$、Ah_{ci}/r^3 与 h/r 的关系，即

$$1/(A/r^2) = ab^{h/r}(h/r)^c \tag{7-9}$$

$$Ah_{ci}/r^3 = de^{h/r}(h/r)^f \tag{7-10}$$

式中，参数 a、b、c、d、e、f 如表 7-1 所示。

表 7-1　圆形断面水跃计算参数表

h/r 范围	a	b	c	d	e	f
$0 \leqslant h/r \leqslant 0.8$	0.4556	1.3993	−1.598	0.7603	0.8792	2.5011
$0.8 \leqslant h/r \leqslant 1.86$	0.3810	1.6675	−1.789	0.8844	0.7539	2.6514

式(7-9)和式(7-10)的平均误差为 0.16%，最大误差 1.09%。

将式(7-9)和式(7-10)代入式(7-5)得

$$(Q^2/g)ab^{h_1/r}(h_1/r)^c + r^5 de^{h_1/r}(h_1/r)^f = (Q^2/g)ab^{h_2/r}(h_2/r)^c + r^5 de^{h_2/r}(h_2/r)^f \tag{7-11}$$

如果知道跃前相对水深 h_1/r，计算跃后相对水深的迭代公式为

$$\frac{h_2}{r} = \left\{ \left[\frac{Q^2}{g}ab^{h_1/r}\left(\frac{h_1}{r}\right)^c + r^5 de^{h_1/r}\left(\frac{h_1}{r}\right)^f - \frac{Q^2}{g}ab^{h_2/r}\left(\frac{h_2}{r}\right)^c \right] / (r^5 de^{(h_2/r)}) \right\}^{1/f} \tag{7-12}$$

因为跃后水深大于临界水深，所以式(7-12)的初值选用略大于相对临界水深即可。

如果知道跃后相对水深 h_2/r，计算跃前断面相对水深的迭代公式为

$$\frac{h_1}{r} = \left\{ \left[\frac{Q^2}{g}ab^{h_2/r}\left(\frac{h_2}{r}\right)^c + r^5 de^{h_2/r}\left(\frac{h_2}{r}\right)^f - r^5 de^{h_1/r}\left(\frac{h_1}{r}\right)^f \right] / \left(\frac{Q^2}{g}ab^{h_1/r} \right) \right\}^{1/c} \tag{7-13}$$

式(7-13)迭代的初值只要小于相对临界水深即可。

因为在选择初值时需要用到相对临界水深，下面给出临界水深的迭代公式。临界水深的计算公式为

$$\alpha Q^2 / g = A_k^3 / B_k \qquad (7\text{-}14)$$

式中，A_k 为临界水深对应的面积，m²；α 为动能修正系数，在计算时为方便一般取为 1.0；B_k 为临界水深对应的水面宽度，m。

将式(7-1)和式(7-2)代入式(7-14)，取动能修正系数 $\alpha = 1.0$，并将 θ 用 θ_k 代替，得

$$\frac{(\theta_k - \sin\theta_k)^3}{\sin(\theta_k / 2)} = \frac{16Q^2}{gr^5} \qquad (7\text{-}15)$$

式(7-15)求解比较困难，现给出迭代公式为

$$\theta_k = \left[\theta_k \sin\theta_k + \theta_k \left(\frac{16Q^2}{gr^5} \sin\frac{\theta_k}{2} \right)^{1/3} \right]^{1/2} \qquad (7\text{-}16)$$

式(7-15)的迭代初值为 $0 < \theta_k < 2\pi$。

圆形渠道临界水深的计算公式为

$$h_k = r\left(1 - \cos\frac{\theta_k}{2} \right) \qquad (7\text{-}17)$$

现使用文献[1]中的算例验证式(7-12)和式(7-13)的正确性。

例 7.1 有一水平无压圆管，已知 Q=1.0m³/s，r=0.5m，跃前水深 h_1=0.4m，求跃后水深 h_2。

解：先求临界水深。将 Q=1.0m³/s，r=0.5m 代入式(7-16)迭代得 $\theta_k = 3.43535\text{rad}$。相对临界水深为

$$\frac{h_k}{r} = 1 - \cos\frac{\theta_k}{2} = 1 - \cos\frac{3.43535}{2} = 1.14636$$

使用式(7-12)进行迭代计算，迭代参数从表 7-1 中选取，假设 $0.8 \leq h/r \leq 1.86$，由表 7-1 查得 a=0.381，b=1.6675，c=-1.789，d=0.8844，e=0.7539，f=2.6514，迭代初值选 h/r=1.15，求得结果 h_2=0.802m，文献[1]用试算法求得 h_2=0.801m，误差为 0.13%，为了验证式(7-13)的正确性，将 h_2=0.801m 代入式(7-13)，迭代初值选 h/r=1.0，计算得 h_1=0.401m，与 h_1=0.4m 误差为 0.2%。

7.2　圆形渠道的正常水深和临界水深

圆形渠道水深如图 7-2 所示。对圆形渠道的正常水深和临界水深，由于圆形断面形状为曲线，计算比较复杂。近年来，已有学者对圆形渠道的正常水深和临

界水深做了研究,文献[2]给出了圆形渠道正常水深和临界水深的迭代公式,文献[3]给出了圆形渠道正常水深的近似显式计算,并比较了韩会玲、王正中、陈水俤和文辉的公式,在 h/d=0.01～0.8,韩会玲公式误差为 94.79%,王正中公式误差为 18.54%,陈水俤公式误差为 43.76%,文辉公式误差为 8.46%,而文献[3]的公式误差为 0.9%。文献[4]在文献[3]研究的基础上进一步简化,得到了圆形断面正常水深的计算式为

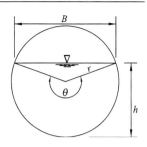

图 7-2　圆形断面正常水深

$$\frac{h_0}{2r} = 1.258 - \sqrt{1.584 - 0.605\left[\frac{2^{2.6}}{(2r)^{1.6}}\left(\frac{nQ}{\sqrt{i}}\right)^{0.6}\right]^{0.75}} \tag{7-18}$$

式中,h_0 为渠道的正常水深,m;r 为圆形渠道的半径,m;n 为糙率,s/m$^{1/3}$;i 为渠道的底坡;Q 为流量,m^3/s。式(7-18)的计算范围为 $h_0/(2r)$=0.01～0.8,公式的最大误差为 0.734%,该公式有一定的适用性。

文献[5]给出了渠道正常水深流量的关系为

$$Q = \frac{r^2}{2}\frac{\sqrt{i}}{n}\left(\frac{r}{2}\right)^{2/3}\frac{(\theta - \sin\theta)^{5/3}}{\theta^{2/3}} \tag{7-19}$$

对式(7-19)变形为

$$\frac{nQ}{\sqrt{i}r^{8/3}} = \frac{(\theta - \sin\theta)^{5/3}}{2^{5/3}\theta^{2/3}} \tag{7-20}$$

将式(7-20)写成

$$\theta = 2\left(\frac{nQ}{\sqrt{i}r^{8/3}}\right)^{3/5}\theta^{2/5} + \sin\theta \tag{7-21}$$

由式(7-21)可以试算求出 θ,正常水深与 θ 的关系为

$$h_0 = r[1 - \cos(\theta/2)] \tag{7-22}$$

式(7-21)计算比较麻烦。笔者分析了圆形渠道相对正常水深与相对流量的关系,得到了以下显式计算的经验公式

$$h_0/r = \begin{cases} 0.862 \times 1.57^x x^{0.464}, & 0 < x \leqslant 0.2252 \\ 0.9008 \times 1.1165^x x^{0.474}, & 0.2252 < x \leqslant 0.9895 \\ \dfrac{-1074.877 + 4626.44x}{1 + 4576.48x - 1048.33x^2}, & 0.9895 < x \leqslant 1.9345 \\ \dfrac{0.80716 - 0.3739x}{1 - 0.71804x + 0.11796x^2}, & 1.9345 < x \leqslant 2.1288 \end{cases} \tag{7-23}$$

式中，$x = nQ/(\sqrt{i}r^{8/3})$。

式 (7-23) 的平均误差为 0.05%，最大误差为 0.556%。

对于临界水深，文献[6]给出了显式计算公式，并分析了赵延风、王正中、孙建、文辉、水力计算手册等提出的公式，认为在 $0.05<h_k/d<0.8$ 范围内，水力计算手册计算误差最大，其次是王正中公式、赵延风公式、文辉公式、文献[6]公式和孙建公式，在 $0<h_k/d<0.05$，文辉公式最大误差为 29.243%，水力计算手册误差为 10.063%，王正中公式最大误差为 4.906%，赵延风公式最大误差为 3.737%，文献[6]最大误差为 0.304%，孙建公式最大误差最小，为 0.122%。孙建公式为[7]

$$h_k/r = \begin{cases} 0.205082\eta + 1.91428\sqrt{\eta}, & 0 < (Q/gr^5)^{1/3} \leqslant 1.2467 \\ -0.83162\eta + 3.14702\sqrt{\eta} - 0.364708, & 1.2467 < (Q/gr^5)^{1/3} \leqslant 2.79813 \end{cases} \quad (7\text{-}24)$$

式中，$\eta = \sqrt{Q^2/(32gr^5)}$。

经验证，孙建公式在 $0<[Q/(gr^5)]^{1/3}<2.1045$ 范围内精度很高，在 $[Q/(gr^5)]^{1/3}>2.1045$ 精度有所降低。为了提高计算精度，扩大孙建公式的应用范围，笔者在$[Q/(gr^5)]^{1/3}>2.1045$，即 $1.5 \leqslant h_k/r \leqslant 1.86$ 范围内，重新给出临界水深计算的新公式：

$$\frac{h_k}{r} = \frac{0.885 + 0.16349Q^2/(gr^5)}{1 + 0.063Q^2/(gr^5) + 2.15487\times10^{-4}[Q^2/(gr^5)]^2} \quad (7\text{-}25)$$

式 (7-25) 的误差最大为 0.012%。

临界水深也可以用式 (7-16) 和式 (7-17) 计算。

7.3　圆形渠道水面曲线的计算

圆形渠道水面曲线的计算主要使用分段计算法和水力指数法，文献[8]和[9]均对圆形断面的水面曲线进行过研究，其中文献[8]采用双曲函数分段拟合，得到了计算水面线的无量纲参数，所得积分公式比较复杂。文献[9]也采用积分公式，分析方法与文献[8]类似，只是公式中的参数有所不同。本节在文献[9]的基础上，给出圆形断面水面曲线的积分公式，同梯形断面水面曲线的分析方法一样，得到圆形断面水面曲线的微分方程为

$$\frac{ds}{dh} = \frac{1-Fr^2}{i-J} = \frac{r^{1/3}}{gn^2}\frac{b'-Fr'^2}{a'-j'} \quad (7\text{-}26)$$

式中，$a' = ir^{16/3}/(n^2Q^2)$；$b' = gr^5/Q^2$；$Fr'^2 = (B/r)/(A/r^2)^3$；$j' = (\chi/r)^{4/3}/(A/r^2)^{10/3}$。

研究表明，Fr'和j'与 $1/(h/r)^2$ 的关系如图 7-3 所示。由图可得

$$j' = a_1 / (h/r)^4 + b_1 / (h/r)^2 + c_1 \tag{7-27}$$

$$Fr'^2 = a_2 / (h/r)^4 + b_2 / (h/r)^2 + c_2 \tag{7-28}$$

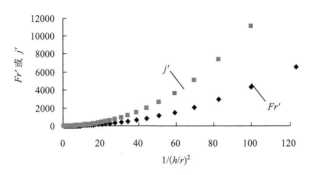

图 7-3　Fr' 和 j' 与 $1/(h/r)^2$ 的关系

和梯形断面一样，仍然采用分段拟合，系数 a_1、b_1、c_1、a_2、b_2、c_2 根据 h/r 的不同可由表 7-2 查算。

表 7-2　圆形断面水面曲线计算参数表

h/r	j'			Fr'^2		
	a_1	b_1	c_1	a_2	b_2	c_2
$0.05 \leqslant h/r \leqslant 0.1$	1.538	−85.3720	4238	0.4239	0.9540	−31.4770
$0.1 \leqslant h/r \leqslant 0.19$	1.2502	−16.8100	239.0700	0.4259	0.4938	−4.8251
$0.19 \leqslant h/r \leqslant 0.38$	1.0247	−2.6432	10.4610	0.4298	0.2605	−0.5823
$0.38 \leqslant h/r \leqslant 0.8$	0.8683	−0.1762	0.4304	0.4380	0.1345	−0.0705
$0.8 \leqslant h/r \leqslant 1.5$	0.8009	0.1309	0.0890	0.4499	0.0855	−0.0193
$1.5 \leqslant h/r \leqslant 1.86$	1.9733	−0.8751	0.3073	0.1068	0.3735	−0.0802

将式(7-27)和式(7-28)代入式(7-26)积分得圆形断面水面曲线的计算公式为

$$s = \frac{r^{4/3}}{gn^2} \frac{(b' - c_2)}{(a' - c_1)} \left[x_2 - x_1 + \frac{A'}{C'} \left(\arctan \frac{x_2}{C'} - \arctan \frac{x_1}{C'} \right) + \frac{B'}{2D'} \ln \frac{(x_2 - D')(x_1 + D')}{(x_2 + D')(x_1 - D')} \right] \tag{7-29}$$

式中，$x = h/r$，系数 A'、B'、C'、D' 的计算公式为

$$A' = [d - f + (e - c)(\sqrt{e^2/4 + f} - e/2)]/(2\sqrt{e^2/4 + f})$$

$$B' = [f - d + (e - c)(e/2 + \sqrt{e^2/4 + f})]/(2\sqrt{e^2/4 + f})$$

$$C' = \sqrt{\sqrt{e^2/4 + f} - e/2}$$

$$D' = \sqrt{\sqrt{e^2/4 + f} + e/2}$$

(7-30)

式中，$c = b_2/(b'-c_2)$；$d = a_2/(b'-c_2)$；$e = b_1/(a'-c_1)$；$f = a_1/(a'-c_1)$。

例 7.2　现使用文献[8]和[9]的例子进行计算以验证积分公式的正确性。

某圆形断面输水隧洞，半径 r=1.5m，i=0.013，n=0.015s/m$^{1/3}$，Q=23.37m^3/s，起始断面水深为 1.9m，计算沿程水面线。

解：文献[9]已经求得 h_0=1.547m，h_k=2.11m，计算范围取 1.547×(1+0.01)=1.56m 至 1.9m，即 h/r=1.04～1.2667。使用分段计算法计算，步长取水面下降高度为 1mm，计算结果为 226.06m。使用式(7-29)，由表 7-2 查得计算参数 a_1=0.8009，b_1=0.1309，c_1=0.089，a_2=0.4499，b_2=0.0855，c_2=−0.0193，代入式(7-29)求得水面线长度为 225.406m，与分段算法相差 0.29%。文献[9]计算值为 191.43m，与分段计算法相差 15.32%。文献[8]没有直接给出计算值，而是给出了一个对比图，从图中可以看出计算值为 213m，与分段计算法相差为 5.8%，可见式(7-29)的精度高。

7.4　U 形渠道正常水深和临界水深

7.4.1　U 形渠道正常水深的计算

U 形渠道断面如图 7-4 所示，从图中可以看出，U 形渠道有两种形式，一种是底部为半圆形，上部为矩形；另一种是底部为弓形，上部为梯形。设 U 形渠道的半径为 r，正常水深为 h_0，圆心角为 θ，外部倾角为 α。当水深处于底部半圆形断面或弓形断面内时，属于圆形渠道的计算范畴。这里仅对水深处于半圆形或弓形断面以上的情况进行讨论。

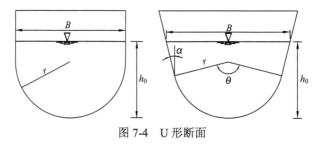

图 7-4　U 形断面

对于渠道底部为半圆形、上部为矩形的 U 形断面，断面面积、湿周、水力半径和正常水深流量关系为

$$A = \frac{\pi}{2}r^2 + 2r(h_0 - r) \tag{7-31}$$

$$\chi = \pi r + 2(h_0 - r) \tag{7-32}$$

$$R = \frac{A}{\chi} = \frac{[\pi r + 4(h_0 - r)]r}{2\pi r + 4(h_0 - r)} \tag{7-33}$$

$$Q = \frac{A}{n}R^{2/3}\sqrt{i} = \frac{\sqrt{i}}{n}\left[\frac{\pi r^2}{2} + 2r(h_0 - r)\right]\left\{\frac{[\pi r + 4(h_0 - r)]r}{2\pi r + 4(h_0 - r)}\right\}^{2/3} \tag{7-34}$$

由式(7-34)可以看出，只要知道正常水深 h_0，很容易计算渠道通过的流量。但如果知道流量要计算正常水深还是困难的。所以本研究给出了正常水深近似显式计算公式(7-35)，其计算参数如表 7-3 所示。

$$\frac{h_0}{r} = a_3 b_3^{\frac{Qn}{\sqrt{i}r^{8/3}}}\left(\frac{Qn}{\sqrt{i}r^{8/3}}\right)^{c_3} \tag{7-35}$$

表 7-3 U 形断面(上部矩形)正常水深计算参数表

相对流量范围	a_3	b_3	c_3
$0 \leqslant Qn/(i^{0.5}r^{8/3}) \leqslant 0.0962$	0.8735	1.259	0.4658
$0.0962 \leqslant Qn/(i^{0.5}r^{8/3}) \leqslant 0.98954$	0.9012	1.116	0.47422
$0.98954 \leqslant Qn/(i^{0.5}r^{8/3}) \leqslant 2.8$	0.9258	1.0845	0.5284

式(7-35)的平均误差为 0.042%，最大误差为 0.961%。

对于底部为弓形、上部为梯形的 U 形断面，在 $h_0 \geqslant r - r\cos(\theta/2)$ 时，水面处于梯形断面内，这时 $\theta/2$ 为一常数，断面面积、湿周、水力半径和正常水深的计算公式为

$$A = \frac{\theta}{2}r^2 + \frac{h_0^2 + 2r^2 - 2rh_0}{\tan\frac{\theta}{2}} + \frac{2r(h_0 - r)}{\sin\frac{\theta}{2}} \tag{7-36}$$

$$\chi = r\theta + \frac{2(h_0 - r + r\cos\frac{\theta}{2})}{\sin\frac{\theta}{2}} \tag{7-37}$$

$$R = \frac{A}{\chi} = \frac{1}{2}\frac{r^2\frac{\theta}{2}\sin\frac{\theta}{2} + (h_0^2 + 2r^2 - 2rh_0)\cos\frac{\theta}{2} + 2r(h_0 - r)}{r\frac{\theta}{2}\sin\frac{\theta}{2} + h_0 - r + r\cos\frac{\theta}{2}} \tag{7-38}$$

$$Q = \frac{A}{n}R^{2/3}\sqrt{i} = \frac{\sqrt{i}}{n}\frac{\left[r^2\frac{\theta}{2}\sin\frac{\theta}{2} + (h_0^2 + 2r^2 - 2rh_0)\cos\frac{\theta}{2} + 2r(h_0 - r)\right]^{5/3}}{\left[2\left(r\frac{\theta}{2}\sin\frac{\theta}{2} + h_0 - r + r\cos\frac{\theta}{2}\right)\right]^{2/3}\sin\frac{\theta}{2}} \tag{7-39}$$

式(7-39)可以写成无因次形式

$$\frac{Qn}{r^{8/3}\sqrt{i}} = \frac{\left[\dfrac{\theta}{2}\sin\dfrac{\theta}{2} + \left(\dfrac{h_0^2}{r^2} + 2 - \dfrac{2h_0}{r}\right)\cos\dfrac{\theta}{2} + 2\left(\dfrac{h_0}{r} - 1\right)\right]^{5/3}}{2^{2/3}\left[\dfrac{\theta}{2}\sin\dfrac{\theta}{2} + \dfrac{h_0}{r} - 1 + \cos\dfrac{\theta}{2}\right]^{2/3}\sin\dfrac{\theta}{2}} \tag{7-40}$$

由式(7-36)~式(7-40)可以看出，底部为弓形、上部为梯形的 U 形断面，计算流量时只要知道正常水深，而 θ 为常数，计算并不复杂，但如果知道流量而求正常水深时，计算复杂，为了简化计算，文献[10]通过优化拟合建立了 U 形渠道正常水深直接计算公式，该公式计算比较简单。文献[10]公式计算出的相对水深的误差不超过 1%，但没有比较流量的误差，众所周知，正常水深对流量的影响很大，例如，文献[10]的算例 2 中正常水深的误差为 0.7018%，但流量的误差却达到了 1.91%。

为了得到更精确的正常水深流量关系，对式(7-40)进行变形，得到下列迭代公式：

$$\frac{h_0}{r} = \frac{2^{2/5}\left(\dfrac{Qn\sin(\theta/2)}{\sqrt{i}r^{8/3}}\right)^{3/5}\left(\dfrac{\theta}{2}\sin\dfrac{\theta}{2} + \dfrac{h_0}{r} - 1 + \cos\dfrac{\theta}{2}\right)^{2/5} + 2 - \dfrac{\theta}{2}\sin\dfrac{\theta}{2} - 2\cos\dfrac{\theta}{2}}{\dfrac{h_0}{r}\cos\dfrac{\theta}{2} + 2 - 2\cos\dfrac{\theta}{2}}$$

$$\tag{7-41}$$

式(7-41)的迭代初值只要大于零即可。

下面证明式(7-41)的收敛性，设

$$\varphi\left(\frac{h_0}{r}\right) = \frac{2^{2/5}\left(\dfrac{Qn\sin(\theta/2)}{\sqrt{i}r^{8/3}}\right)^{3/5}\left(\dfrac{\theta}{2}\sin\dfrac{\theta}{2} + \dfrac{h_0}{r} - 1 + \cos\dfrac{\theta}{2}\right)^{2/5} + 2 - \dfrac{\theta}{2}\sin\dfrac{\theta}{2} - 2\cos\dfrac{\theta}{2}}{\dfrac{h}{r}\cos\dfrac{\theta}{2} + 2 - 2\cos\dfrac{\theta}{2}}$$

$$\tag{7-42}$$

对式(7-42)求导数得

$$\varphi'\left(\frac{h_0}{r}\right) = 2^{2/5}\left(\frac{Qn\sin(\theta/2)}{\sqrt{i}r^{8/3}}\right)^{3/5}\left[\frac{2}{5}\left(\frac{\theta}{2}\sin\frac{\theta}{2} + \frac{h_0}{r} - 1 + \cos\frac{\theta}{2}\right)^{-3/5}\left(\frac{h_0}{r}\cos\frac{\theta}{2} + 2 - 2\cos\frac{\theta}{2}\right)\right.$$

$$\left. - \left(\frac{\theta}{2}\sin\frac{\theta}{2} + \frac{h_0}{r} - 1 + \cos\frac{\theta}{2}\right)^{2/5}\cos\frac{\theta}{2}\right]\bigg/\left(\frac{h_0}{r}\cos\frac{\theta}{2} + 2 - 2\cos\frac{\theta}{2}\right)^2 \tag{7-43}$$

$$- \left(2 - \frac{\theta}{2}\sin\frac{\theta}{2} - 2\cos\frac{\theta}{2}\right)\cos\frac{\theta}{2}\bigg/\left(\frac{h_0}{r}\cos\frac{\theta}{2} + 2 - 2\cos\frac{\theta}{2}\right)^2$$

研究了边坡系数 $m=0\sim4$ 导数的收敛性，为了求导数，先假设不同的 h_0/r，根据式(7-40)求出 $Qn/(r^{8/3}\sqrt{i})$ ，再代入式(7-43)求导数，不同边坡系数情况下 $\varphi'(h_0/r)$ 与 h_0/r 的关系如图 7-5 所示，可以看出，导数的绝对值均小于 1，根据迭代原理，式(7-41)是收敛的。

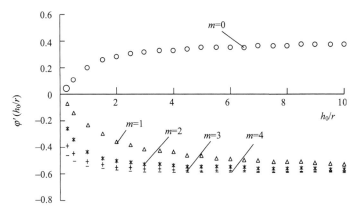

图 7-5　$\varphi'(h_0/r)$ 与 h_0/r 关系

现给出两个算例来比较式(7-41)与文献[10]中公式的精确度。

例 7.3　某底部为弓形，上部为梯形的 U 形渠道，糙率 $n=0.025\text{s/m}^{1/3}$，底坡 $i=5.0\times10^{-4}$，底弧半径 $r=0.6\text{ m}$，边坡系数 $m=3$，流量 $Q=60\text{m}^3/\text{s}$，求正常水深。

解：文献[10]计算的正常水深为 3.8033m，实际正常水深为 3.83m，误差为-0.7018%，将正常水深 3.8033m 代入式(7-40)，求得流量为 58.852m³/s，与实际流量的误差为 1.91%，使用迭代公式(7-41)计算的正常水深为 3.83m，与实际正常水深一致，代入式(7-40)求得流量为 60m³/s，与实际一致。

例 7.4　某底部为弓形，上部为梯形的 U 形渠道，糙率 $n=0.014\text{s/m}^{1/3}$，底坡 $i=0.001$，底弧半径 $r=1.0\text{m}$，$\theta/2=80°(1.39626\text{rad})$，边坡系数 $m=0.17633$，流量 $Q=4.859\text{m}^3/\text{s}$，求正常水深。

解：文献[4]已求得实际正常水深为 1.6m，用式(7-41)计算的正常水深亦为 1.6m，代入式(7-40)计算流量 $Q=4.859\text{m}^3/\text{s}$，与实际流量相同。

我国在 U 形渠道的设计中，外倾角 α 多为 $14°(0.24435\text{rad})$，下面给出这种情况下正常水深的直接计算公式，即

$$\frac{h_0}{r}=a_4 b_4^{\frac{Qn}{\sqrt{i}r^{8/3}}}\left(\frac{Qn}{\sqrt{i}r^{8/3}}\right)^{c_4} \tag{7-44}$$

式中，计算参数如表 7-4 所示。式(7-44)的平均误差为 0.032%，最大误差为 0.96%。

表 7-4　U 形断面 α=14°（0.24435rad）正常水深计算参数表

相对流量范围	a_4	b_4	c_4
$0 \leqslant Qn/(i^{0.5}r^{8/3}) \leqslant 0.0962$	0.8735	1.259	0.4658
$0.0962 \leqslant Qn/(i^{0.5}r^{8/3}) \leqslant 0.9927$	0.90412	1.11125	0.4757
$0.9927 \leqslant Qn/(i^{0.5}r^{8/3}) \leqslant 3.1954$	0.9932	1.0094	0.57725

7.4.2　U 形渠道临界水深的计算

对于临界水深，文献[11]已给出了 U 形渠道临界水深的迭代公式为

$$\lambda = \frac{\{(2Q^2/g)[r + \lambda\cos(\theta/2)]\sin^2(\theta/2)\}^{1/3} - r^2[(\theta/2)\sin(\theta/2) + \cos(\theta/2)] - \lambda^2\cos(\theta/2)}{2r}$$

(7-45)

式（7-45）的迭代初值为 $0 < \lambda < 1.0$。

根据已知流量，由式（7-45）迭代出 λ 后，临界水深用式（7-46）计算：

$$h_k = \lambda + r$$

(7-46)

当 $\theta = 90°（\pi/2）$ 时，渠道的上部为矩形，水面处于矩形断面内，文献[11]给出了显式计算公式：

$$h_k = r - \frac{\pi}{4}r + \frac{1}{2r}\left(\frac{2rQ^2}{g}\right)^{1/3}$$

(7-47)

对于常用的倾角为 α=14°（0.24435rad）的 U 形渠道，临界水深的简化计算公式为

$$\frac{h_k}{r} = a_5 b_5^{Q^2/(gr^5)}\left(\frac{Q^2}{gr^5}\right)^{c_5}$$

(7-48)

式中，参数如表 7-5 所示。式（7-48）的平均误差为 0.03%，最大误差为 0.736%。

表 7-5　U 形断面 α=14°（0.24435rad）临界水深计算参数表

相对流量范围	a_5	b_5	c_5
$0 \leqslant Q^2/(gr^5) \leqslant 0.0181$	0.81945	1.2475	0.25134
$0.0181 \leqslant Q^2/(gr^5) \leqslant 1.8983$	0.8342	1.0095	0.255
$1.8983 \leqslant Q^2/(gr^5) \leqslant 22.93$	0.8593	1.00034	0.27616

7.5　U 形渠道水跃共轭水深的计算

7.5.1　下部为圆形上部为梯形的 U 形渠道水跃共轭水深的计算

1. 渠道中的跃前断面和跃后断面水深均为 $h > r(1 - \sin\alpha)$

过水断面是梯形和弓形的组合形式，设 U 形渠道底部的弓形断面与上部的梯形断面相切点距渠道底部的距离为 T，外倾角为 α，圆心半角为 α_0，跃前断面水深为 h_1，跃后断面水深为 h_2，A_1' 和 A_1'' 表示跃前弓形断面和梯形断面的面积，h_{c1}' 和 h_{c1}'' 表示跃前弓形和梯形断面形心到水面的距离，h_{c1} 表示跃前断面总形心距水面的距离，跃后断面与跃前断面表示的方法相同，只是将角标 1 换成 2，将 h_{c1} 换成 h_{c2} 即可。如图 7-6 所示。

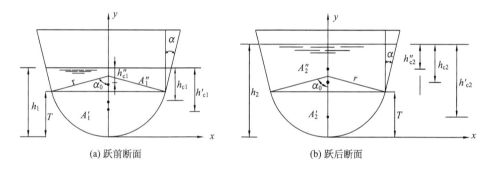

(a) 跃前断面　　　　　　　　　　　　　　(b) 跃后断面

图 7-6　U 形渠道断面面积与形心位置

由图 7-6 可以看出，当跃前水深处于梯形断面内时，弓形断面面积 A_1' 和梯形断面面积 A_1'' 分别为

$$A_1' = r^2(\alpha_0 - \sin\alpha_0 \cos\alpha_0) \tag{7-49}$$

$$A_1'' = (2r\cos\alpha + h_1\tan\alpha - r\tan\alpha + r\sin\alpha\tan\alpha)(h_1 - r + r\sin\alpha) \tag{7-50}$$

当跃后水深处于梯形断面内时，弓形断面面积 A_2' 仍为式 (7-49)，梯形断面面积 A_2'' 为

$$A_2'' = (2r\cos\alpha + h_2\tan\alpha - r\tan\alpha + r\sin\alpha\tan\alpha)(h_2 - r + r\sin\alpha) \tag{7-51}$$

对于跃前断面，弓形断面和梯形断面形心距水面的距离 h_{c1}' 和 h_{c1}'' 分别为

$$h_{c1}' = \frac{2r^3\sin^3\alpha_0}{3A_1'} - r + h_1 \tag{7-52}$$

$$h_{c1}'' = \frac{h_1 - r + r\cos\alpha_0}{6} \cdot \frac{6r\sin\alpha_0 + 2\tan\alpha(h_1 - r + r\cos\alpha_0)}{2r\sin\alpha_0 + \tan\alpha(h_1 - r + r\cos\alpha_0)} \tag{7-53}$$

对于跃后断面，弓形断面和梯形断面形心距水面的距离 h'_{c2} 和 h''_{c2} 分别为

$$h'_{c2} = \frac{2r^3 \sin^3 \alpha_0}{3A'_2} - r + h_2 \tag{7-54}$$

$$h''_{c2} = \frac{h_2 - r + r\cos\alpha_0}{6} \frac{6r\sin\alpha_0 + 2\tan\alpha(h_2 - r + r\cos\alpha_0)}{2r\sin\alpha_0 + \tan\alpha(h_2 - r + r\cos\alpha_0)} \tag{7-55}$$

设跃前断面和跃后断面的面积分别为 A_1 和 A_2，则

$$A_1 = A'_1 + A''_1 \tag{7-56}$$

$$A_2 = A'_2 + A''_2 \tag{7-57}$$

$$h_{c1} = \frac{A'_1 h'_{c1} + A''_1 h''_{c1}}{A'_1 + A''_1} \tag{7-58}$$

$$h_{c2} = \frac{A'_2 h'_{c2} + A''_2 h''_{c2}}{A'_2 + A''_2} \tag{7-59}$$

将式(7-56)～式(7-59)代入水跃方程式(6-1)得

$$\frac{Q^2}{g(A'_1 + A''_1)} + (A'_1 h'_{c1} + A''_1 h''_{c1}) = \frac{Q^2}{g(A'_2 + A''_2)} + (A'_2 h'_{c2} + A''_2 h''_{c2}) \tag{7-60}$$

2. 跃前断面水深 $h < r(1 - \sin\alpha)$，跃后断面水深 $h > r(1 - \sin\alpha)$

跃前断面水深处于弓形断面内，而跃后水深处于梯形断面内，如图7-7所示，这种情况的跃前断面面积和形心距水面的距离为

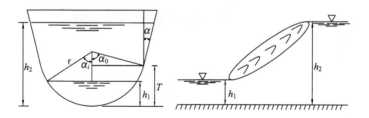

图7-7　U形渠道水跃

$$A_1 = r^2(\alpha_i - \sin\alpha_i \cos\alpha_i) \tag{7-61}$$

$$h_{c1} = \frac{2r^3 \sin^3 \alpha_i}{3A_1} - r\cos\alpha_i \tag{7-62}$$

式中，α_i 为随水深变化的弓形断面半中心角，rad。跃后断面面积和形心到水面的距离用式(7-57)和式(7-59)计算，则水跃公式为

$$\frac{Q^2}{gA_1} + A_1 h_{c1} = \frac{Q^2}{g(A'_2 + A''_2)} + (A'_2 h'_{c2} + A''_2 h''_{c2}) \tag{7-63}$$

式中，A'_2 和 A''_2 分别用式(7-49)和式(7-51)计算，h'_{c2} 和 h''_{c2} 分别用式(7-54)和

式(7-55)计算，α_i 与水深的关系为

$$\alpha_i = 2\arctan\frac{h}{\sqrt{2rh - h^2}} \tag{7-64}$$

例 7.5　某 U 形渠道，已知半径 $r = 0.22\text{m}$，圆心半角 $\alpha_0 = 82°$（1.43117rad），圆弧切点以上梯形断面的外倾角 $\alpha = 8°$（0.13963rad），已知跃前水深 $h_1 = 0.05\text{m}$，通过的流量 $Q = 0.04\text{m}^3/\text{s}$，试求跃后水深 h_2。

解：求渠道切点到渠底的距离 T：

$$T = r(1 - \cos\alpha_0) = 0.22 \times (1 - \cos 82°) = 0.189382(\text{m})$$

求跃前过水断面面积和形心到水面的距离：

$$\alpha_i = 2\arctan\frac{h_1}{\sqrt{2rh_1 - h_1^2}} = 2\arctan\frac{0.05}{\sqrt{2\times0.22\times0.05 - 0.05^2}} = 39.4° (0.68766\text{rad})$$

$$A_1 = r^2(\alpha_i - \sin\alpha_i\cos\alpha_i) = 0.22^2 \times (0.68766 - \sin 39.4°\cos 39.4°) = 9.544\times10^{-3}(\text{m}^2)$$

$$h_{c1} = \frac{2r^3\sin^3\alpha_i}{3A_1} - r\cos\alpha_i = \frac{2\times0.22^3\times\sin^3 39.4°}{3\times9.544\times10^{-3}} - 0.22\times\cos 39.4° = 0.02021(\text{m})$$

式(7-63)左端为

$$\frac{Q^2}{gA_1} + A_1h_{c1} = \frac{0.04^2}{9.8\times9.544\times10^{-3}} + 9.544\times10^{-3}\times0.02021 = 0.0173(\text{m}^3)$$

假设 U 形渠道中的跃后水深处于梯形断面内，将 $\alpha_0 = 82°$（1.43117rad）、$\alpha = 8°$（0.13963rad）、$\alpha_i = 39.4°$（0.68766rad）、$Q = 0.04\text{m}^3/\text{s}$、$r = 0.22\text{m}$ 代入式(7-49)、式(7-51)、式(7-54)、式(7-55)和式(7-63)得

$$A_2' = r^2(\alpha_0 - \sin\alpha_0\cos\alpha_0) = 0.06260(\text{m}^2)$$

$$\begin{aligned}A_2'' &= (2r\cos\alpha + h_2\tan\alpha - r\tan\alpha + r\sin\alpha\tan\alpha)(h_2 - r + r\sin\alpha)\\ &= (0.4091 + 0.140541h_2)(h_2 - 0.189382)\end{aligned}$$

$$h_{c2}' = \frac{2r^3\sin^3\alpha_0}{3A_2'} - r + h_2 = h_2 - 0.10988$$

$$\begin{aligned}h_{c2}'' &= \frac{h_2 - r + r\cos\alpha_0}{6}\frac{6r\sin\alpha_0 + 2\tan\alpha(h_2 - r + r\cos\alpha_0)}{2r\sin\alpha_0 + \tan\alpha(h_2 - r + r\cos\alpha_0)}\\ &= \frac{h_2 - 0.189382}{6}\frac{1.253922 + 0.281082h_2}{0.4091 + 0.140541h_2}\end{aligned}$$

将以上公式代入式(7-63)得

$$\begin{aligned}0.0173 &= \frac{0.04^2}{9.8[0.0626 + (0.4091 + 0.140541h_2)(h_2 - 0.189382)]} + 0.06260(h_2 - 0.10988)\\ &\quad + (h_2 - 0.189382)^2(0.208987 + 0.046847h_2)\end{aligned}$$

由上式试算得 $h_2 = 0.3112\,\text{m}$，由于求得的 $h_2 > T = 0.189382\,\text{m}$，所以假定水深在梯形断面内是正确的。

7.5.2 下部为圆形上部为矩形的 U 形渠道水跃共轭水深的计算

1. 跃前水深处于半圆形断面，跃后水深处于矩形断面内

如图 7-8 所示，这时外倾角 $\alpha = 0$。跃前断面面积和形心的计算方法与式(7-61)、式(7-62)相同。跃后断面的过水断面面积为

$$A_2 = \pi r^2 / 2 + 2r(h_2 - r) \tag{7-65}$$

设半圆面积为 A_2'，矩形面积为 A_2''，半圆形心到水面的距离为 h_{c2}'，矩形形心到水面的距离为 h_{c2}''，则

$$A_2' = \pi r^2 / 2 \tag{7-66}$$

$$A_2'' = 2r(h_2 - r) \tag{7-67}$$

$$h_{c2}' = 2r^3 / (3A_2') + (h_2 - r) = 4r / (3\pi) + (h_2 - r) \tag{7-68}$$

$$h_{c2}'' = (h_2 - r) / 2 \tag{7-69}$$

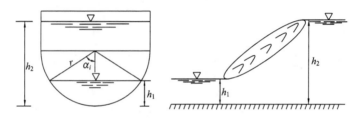

图 7-8 下部为圆形和上部为矩形的 U 形渠道水跃

跃后断面形心到水面的距离为

$$h_{c2} = \frac{A_2' h_{c2}' + A_2'' h_{c2}''}{A_2' + A_2''} = \frac{(\pi r^2 / 2)[4r / (3\pi) + (h_2 - r)] + r(h_2 - r)^2}{\pi r^2 / 2 + 2r(h_2 - r)} \tag{7-70}$$

将式(7-61)、式(7-62)、式(7-65)和式(7-70)代入水跃方程式(7-63)得

$$\frac{Q^2}{gr^2(\alpha_i - \sin\alpha_i \cos\alpha_i)} + \frac{2}{3}r^3 \sin^3\alpha_i - r^3(\alpha_i - \sin\alpha_i \cos\alpha_i)\cos\alpha_i$$
$$= \frac{Q^2}{g[\pi r^2 / 2 + 2r(h_2 - r)]} + \frac{\pi r^2}{2}\left[\frac{4r}{3\pi} + (h_2 - r)\right] + r(h_2 - r)^2 \tag{7-71}$$

2. 跃前跃后水深均处于矩形断面内

仿照式(7-71)的等号右边，可以直接写出水跃方程为

$$\frac{Q^2}{g[\pi r^2 / 2 + 2r(h_1 - r)]} + \frac{\pi r^2}{2}\left[\frac{4r}{3\pi} + (h_1 - r)\right] + r(h_1 - r)^2$$

$$= \frac{Q^2}{g[\pi r^2 / 2 + 2r(h_2 - r)]} + \frac{\pi r^2}{2}\left[\frac{4r}{3\pi} + (h_2 - r)\right] + r(h_2 - r)^2 \tag{7-72}$$

7.5.3　U 形渠道水跃方程的验证

对于 U 形渠道的水跃共轭水深，文献[12]利用连续方程和雷诺方程，推导了圆形渠道和 U 形渠道的水跃方程，结论是该方程与矩形和其他断面形状的共轭水深方程一致，由此证明在 U 形渠道中仍然可以使用水跃的一般方程。

图 7-9 是用本节的公式计算的水跃共轭水深比 h_2 / h_1 与跃前断面弗劳德数 Fr_1 的关系曲线，可以看出 h_2 / h_1 与 Fr_1 为线性关系，图中还点绘了文献[13]的试验资料，该试验资料是在底部为半圆形、上部为矩形的 U 形渠道中得到的。由图 7-9 可以看出，在弗劳德数较小时，试验值与计算值基本一致，随着弗劳德数的增大，试验值略低于计算值。对于上部为梯形的 U 形渠道，笔者[14]已做过试验研究，试验值比理论值亦稍偏低，这与文献[12]的结论基本一致。分析原因，一是在推导水跃方程时忽略了壁面阻力；二是由于 U 形渠道的水跃已非简单的二元流态，而是复杂的三元流态，但计算值与试验值比较误差小于 8.5%，仍然可以满足工程设计要求。

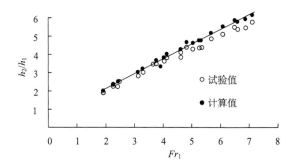

图 7-9　U 形渠道水跃共轭水深计算值与实测值比较

7.6　圆形和 U 形渠道的水跃长度

关于圆形渠道的水跃长度，1965 年，Vybora 给出的公式为[12]

$$L_j / h_1 = 6.34(h_2 / h_1 - 0.8) \tag{7-73}$$

1989 年，Hager 给出的公式为[12]

$$L_j / h_1 = 10Fr_1 \tag{7-74}$$

关于 U 形渠道的水跃长度，笔者提出的公式为[14]

$$L_j / h_1 = 2.5406 + 4.476Fr_1 \tag{7-75}$$

7.7　U 形渠道水面曲线的计算

对于水面曲线仍可用积分公式(7-29)和式(7-30)计算、对于下部为半圆形、上部为矩形的 U 形渠道，式中 j' 和 Fr^2 的值如表 7-6 所示。

表 7-6　U 形断面(上部为矩形)水面曲线计算参数表

h/r	j'			Fr'^2		
	a_1	b_1	c_1	a_2	b_2	c_2
0.05≤h/r≤0.1	1.538	−85.372	4238	0.4239	0.954	−31.477
0.1≤h/r≤0.19	1.2502	−16.81	239.07	0.4259	0.4938	−4.8251
0.19≤h/r≤0.3	1.0247	−2.6432	10.461	0.4292	0.2844	−0.8018
0.3≤h/r≤0.5	0.9373	−0.9025	2.2866	0.4336	0.1811	−0.1906
0.5≤h/r≤1.0	0.8327	0.0234	0.1736	0.4426	0.1081	−0.036
1.0≤h/r≤2.0	0.6853	0.3314	0.0026	0.4516	0.0624	0.0005

对于上部为梯形的 U 形断面渠道，当 U 形渠道的外倾角为 14°(0.24435rad)时，计算公式仍为式(7-29)和式(7-30)，在 $h/r≤0.76$ 时，计算参数与表 7-6 相同，在 $h/r≥0.76$ 时，计算参数如表 7-7 所示。

表 7-7　U 形断面(梯形式)水面曲线计算参数表

h/r	j'			Fr'^2		
	a_1	b_1	c_1	a_2	b_2	c_2
0.76≤h/r≤2.0	0.7395	0.2985	−0.0231	0.4394	0.095	−0.0075

例 7.6　某 U 形渠道半径 r=0.25m，底坡 i=1/1500，糙率 n=0.011s/m$^{1/3}$，圆心角 θ=152°(2.6529rad)，外倾角 α=14°(0.24435rad)，流量 Q=0.1m^3/s，文献[7]已求得正常水深为 0.3442m，设进口断面水深 0.5m，求渠道水面线。

解：使用式(7-48)计算临界水深 h_k=0.213m，因为正常水深大于临界水深，为缓坡，计算范围为 0.3442×(1+1%)=0.347m 至 0.5m，采用分段计算法，计算步长取为 0.01m，计算结果为 711.4828m，采用积分法求得结果为 708.1033m，误差为 0.475%。

7.8　圆形和 U 形渠道弗劳德数的计算

弗劳德数的表达式为

$$Fr = \frac{v}{\sqrt{gA/B}} = \frac{Q}{A\sqrt{gA/B}} = \frac{Q}{\sqrt{gA^3/B}} \tag{7-76}$$

式中，A 为过水断面面积，m^2；B 为水面宽度，m。

将圆形渠道的面积公式 (7-1) 和水面宽度公式 (7-2) 代入式 (7-76) 得圆形断面的弗劳德数公式为

$$Fr = \frac{4Q}{\sqrt{g}r^{5/2}} \sqrt{\frac{\sin(\theta/2)}{(\theta-\sin\theta)^3}} \tag{7-77}$$

对于 U 形渠道的弗劳德数，文献[11]给出的计算式为

$$Fr = \frac{Q}{\sqrt{g}} \frac{[2r+2(h-r)\cos\theta]^{1/2}\sin\theta}{[r^2\theta\sin\theta+(h^2+2r^2-2rh)\cos\theta+2r(h-r)]^{3/2}} \tag{7-78}$$

当 $\theta=90°$ ($\pi/2$rad) 时，式 (7-78) 变为

$$Fr = \frac{Q}{\sqrt{g}} \frac{(2r)^{1/2}}{[r^2\pi/2+2r(h-r)]^{3/2}} \tag{7-79}$$

例 7.7　某 U 形渠道，已知半径 $r=0.3$m，圆中心半角 $\theta=75°$ (1.309rad)，流量为 $Q=0.5m^3/s$，试计算渠道的临界水深和临界水深对应的弗劳德数。

解：将 $r=0.3$m，$\theta=75°$ (1.309rad)，$Q=0.5m^3/s$ 代入式 (7-45)，并取 $\beta=1$ 得

$$\lambda = 0.604031(0.3+\lambda\cos75°)^{1/3} - 0.228482 - 0.4313651\lambda^2$$

取迭代初值为 0.5，由上式迭代得 $\lambda=0.1817444$m，则

$$h_k = \lambda + r = 0.1817444 + 0.3 = 0.4817444(m)$$

$$[2r+2(h-r)\cos\theta]^{1/2}\sin\theta = [2\times0.3+2\times(0.4817444-0.3)\cos75°]^{1/2}\sin75° = 0.804726$$

$$r^2\theta\sin\theta = 0.3^2\times1.309\sin75° = 0.1137955$$

$$(h^2+2r^2-2rh)\cos\theta = (0.4817444^2+2\times0.3^2-2\times0.3\times0.4817444)\cos75° = 0.0318428$$

$$2r(h-r) = 2\times0.3\times(0.4817444-0.3) = 0.10904664$$

$$[r^2\theta\sin\theta+(h^2+2r^2-2rh)\cos\theta+2r(h-r)]^{3/2}$$
$$= (0.1137955+0.0318428+0.10904664)^{3/2} = 0.12853$$

$$Fr = \frac{Q}{\sqrt{g}} \frac{[2r+2(h-r)\cos\theta]^{1/2}\sin\theta}{[r^2\theta\sin\theta+(h^2+2r^2-2rh)\cos\theta+2r(h-r)]^{3/2}} = \frac{0.5}{\sqrt{9.8}}\times\frac{0.804726}{0.12853} = 1.0$$

即渠道的临界水深为 0.4817444m，在临界水深时 U 形渠道的弗劳德数为 1.0，由临界水深的概念知，临界水深对应的弗劳德数应为 1.0，验证了公式的正确性。

U 形渠道消力池的计算，对于下部为圆形、上部为矩形的 U 形渠道，可以近似采用矩形断面消力池的设计方法。对于下部为圆形、上部为梯形的 U 形渠道，可以近似采用梯形断面消力池的设计方法。

参 考 文 献

[1] 张志昌. 水力学习题解析(下)[M]. 北京: 中国水利水电出版社, 2012: 55-56.

[2] 吕宏兴, 把多铎, 宋松柏. 无压流圆形断面水力计算的迭代法[J]. 长江科学院院报, 2003, 20(5): 15-17.

[3] 赵延风, 芦琴, 张宽地. 圆形断面均匀流水深的近似计算公式[J]. 西北农林科技大学学报: 自然科学版, 2008, 36(5): 225-228.

[4] 赵延风, 祝晗英, 王正中. 一种新的圆形过水断面正常水深近似计算公式[J]. 河海大学学报: 自然科学版, 2010, 38(1): 68-71.

[5] 张志昌, 肖宏武, 毛兆民. 明渠测流的理论和方法[M]. 西安: 陕西人民出版社, 2004: 292-293.

[6] 赵延风, 何晓军, 祝晗英, 等. 无压流圆形断面临界水深的新计算公式[J]. 人民长江, 2009, 40(11): 76-79.

[7] 孙建, 李宇. 圆形和 U 形断面明渠临界水深直接计算公式[J]. 陕西水力发电, 1996, 12(3): 38-41.

[8] 黄朝轩. 圆形无压隧洞恒定渐变流水面线计算的近似法[J]. 灌溉排水学报, 2012, 31(5): 113-117.

[9] 滕凯, 李新宇. 圆形无压隧洞水面线解析计算模型[J]. 中国水能及电气化, 2013, (4): 7-11.

[10] 张新燕, 吕宏兴, 朱德兰. U 形渠道正常水深的直接水力计算公式[J]. 农业工程学报, 2013, 29(14): 115-119.

[11] 张志昌, 李若冰. U 形渠道临界水深、弗劳德数和水跃的研究[J]. 西安理工大学学报, 2012, 28(2): 198-203.

[12] Bushra A, Afzal N. Hydraulic jump in circular and U-shaped channels[J]. Journal of Hydraulic Research, 2006, 44(4): 567-576.

[13] Hager W H. Hydraulic jump in U-shaped channel[J]. Journal of Hydraulic Engineering, 1989, 115(5): 667-675.

[14] 张志昌, 李郁侠, 朱岳钢. U 形渠道水跃的试验研究[J]. 西安理工大学学报, 1998, 14(4): 377-381.

第 8 章　抛物线形渠道的水力特性

8.1　抛物线形渠道研究现状

抛物线形渠道也是一种明渠断面形式，近年来，随着施工技术的不断发展，在渠道设计中已由原来单一的梯形向多元化形式变化，如我国河北省石津灌区的分干、支、斗渠等中小型渠道改造工程已采用抛物线形渠道[1]。文献[2]在渠道水力计算中，将抛物线形渠道作为渠道的主要形式之一。文献[3]根据抛物线方程 $y=ax^2$ 推求了抛物线形渠道正常水深与流量的关系，给出了水面宽度 b 的计算公式；文献[4]亦在此方程的基础上用解析法得出了抛物线形渠道正常水深与流量的关系，给出了抛物线形渠道水力最优断面的简单计算公式，即 $ah_0=0.946732$，经分析认为，抛物线形渠道是仅次于 U 形渠道的水力最优断面；文献[5]研究了抛物线形渠道的测流设施，首次提出了抛物线形长喉道测流槽，给出了设计原则和计算方法；文献[6]研究了 $y=ax^{3/2}$ 半立方抛物线形渠道水力最优断面的计算，认为半立方抛物线形渠道的水力最优断面和 U 形渠道几乎相当；文献[7]和[8]给出了抛物线形渠道的正常水深和收缩断面水深的近似计算公式；文献[9]也研究了半立方抛物线形渠道的水力计算，所得理论流量公式与文献[6]一致，为了简化计算，根据恒等变形及优化拟合，得到了正常水深的近似计算公式；文献[10]研究了半立方抛物线形渠道的正常水深算法，给出了断面特征水深及迭代公式；文献[11]研究了三次抛物线形渠道收缩水深的计算方法；文献[12]给出了二次抛物线形渠道水跃的第一共轭水深和第二共轭水深的图解法，但图解法精度较差；文献[13]给出了二次抛物线形渠道水跃共轭水深的理论计算公式。

以上研究成果都是针对二次、半立方或三次抛物线形渠道进行的，由于抛物线形渠道断面随指数变化较大，但方程形式不变，为了便于应用，本章主要研究 m_0 次抛物线形渠道的水力特性，包括抛物线形渠道的临界水深、弗劳德数、水跃方程、水跃消能率、正常水深以及收缩断面水深的计算方法，得出通用公式，为工程设计提供方便。

8.2　抛物线形渠道正常水深的计算

抛物线形渠道断面如图 8-1 所示，设抛物线形渠道的断面方程为

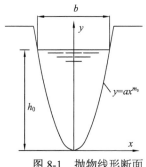

图 8-1　抛物线形断面

$$y = ax^{m_0} \tag{8-1}$$

式中，a 为不等于零的常数；m_0 为指数。

设渠道正常水深为 h_0，当 $x = \pm b/2$ 时，$y = h_0$，代入式 (8-1) 得

$$b = 2(h_0/a)^{1/m_0} \tag{8-2}$$

式中，b 为水面宽度，m；h_0 为正常为水深，m；断面面积 A 为

$$A = 2\int_0^{h_0} x\mathrm{d}y = 2\int_0^{h_0} \left[\frac{y}{a}\right]^{1/m_0} \mathrm{d}y = \frac{2m_0}{m_0+1}\left(\frac{h_0}{a}\right)^{1/m_0} h_0 \tag{8-3}$$

对于抛物线形渠道，湿周可以表示为

$$\chi = 2\int_0^{b/2} \sqrt{1 + (\mathrm{d}y/\mathrm{d}x)^2}\, \mathrm{d}x \tag{8-4}$$

式中，χ 为湿周，m。对式 (8-1) 求导数得 $\mathrm{d}y/\mathrm{d}x = m_0 a x^{m_0-1}$，代入式 (8-4) 得

$$\chi = 2\int_0^{b/2} \sqrt{1 + m_0^2 a^2 x^{2(m_0-1)}}\, \mathrm{d}x \tag{8-5}$$

水力半径为

$$R = \frac{A}{\chi} = \frac{\dfrac{2m_0}{m_0+1}\left(\dfrac{h_0}{a}\right)^{1/m_0} h_0}{2\displaystyle\int_0^{b/2} \sqrt{1 + m_0^2 a^2 x^{2(m_0-1)}}\, \mathrm{d}x} \tag{8-6}$$

式中，R 为水力半径，m。当 $m_0 = 2$ 时，由式 (8-5) 积分得湿周为[4]

$$\chi = \sqrt{\frac{h_0}{a}(1 + 4ah_0)} + \frac{1}{2a}\ln(2\sqrt{ah_0} + \sqrt{1 + 4ah_0}) \tag{8-7}$$

当 $m_0 = 3/2$ 时，由式 (8-5) 积分得湿周为[6]

$$\chi = \frac{16}{27a^2}\left(\sqrt{\left(1 + \frac{9}{4}a^2\frac{b}{2}\right)^3} - 1\right) = \frac{16}{27a^2}\left\{\sqrt{\left[1 + \frac{9}{4}a^2\left(\frac{h_0}{a}\right)^{2/3}\right]^3} - 1\right\} \tag{8-8}$$

抛物线形渠道的正常水深计算公式仍为第 6 章的式 (6-89)，即

$$Q = AC\sqrt{Ri}$$

式中，$C = R^{1/6}/n$；C 为谢才系数，$\mathrm{m}^{1/2}/\mathrm{s}$；$n$ 为糙率，$\mathrm{s/m}^{1/3}$。将 C、A、$R = A/\chi$ 代入式 (6-89)，当 $m_0 = 2$ 时，抛物线形渠道的正常水深流量关系为

$$Q = \frac{A}{n} R^{2/3} \sqrt{i} = \frac{\sqrt{i}}{n} \frac{\left(\dfrac{4}{3} h_0 \sqrt{h_0/a}\right)^{5/3}}{\left[\sqrt{\dfrac{h_0}{a}}(1+4ah_0) + \dfrac{\ln(2\sqrt{ah_0} + \sqrt{1+4ah_0})}{2a}\right]^{2/3}} \tag{8-9}$$

当 $m_0 = 3/2$ 时

$$Q = \frac{A\sqrt{i}}{n} R^{2/3} = \frac{\sqrt{i}}{n} \frac{\left[\dfrac{6}{5} h_0 \left(\dfrac{h_0}{a}\right)^{2/3}\right]^{5/3}}{\left\{\dfrac{16}{27a^2}\left[\left(1+\dfrac{9}{4} a^{4/3} h_0^{2/3}\right)^{3/2} - 1\right]\right\}^{2/3}} \tag{8-10}$$

当 $m_0 > 2$ 时，式(8-5)无法积分，湿周可以用定积分的近似计算来求解，定积分的近似计算方法有矩形法、梯形法和抛物线法[14]。其计算公式分别如下。

矩形法

$$\int_a^b f(x)\mathrm{d}x = \frac{b-a}{m}(y_0 + y_1 + \cdots + y_{m-1}) \tag{8-11}$$

梯形法

$$\int_a^b f(x)\mathrm{d}x = \frac{b-a}{m}\left[\frac{1}{2}(y_0 + y_n) + y_1 + y_2 + \cdots + y_{m-1}\right] \tag{8-12}$$

抛物线法

$$\int_a^b f(x)\mathrm{d}x = \frac{b-a}{3m}[(y_0 + y_n) + 2(y_2 + y_4 + \cdots + y_{m-2}) + 4(y_1 + y_3 + \cdots + y_{m-1})] \tag{8-13}$$

式中，(a, b) 为积分区间；m 为区间等分数；被积函数 $f(x)$ 为

$$f(x) = \sqrt{1 + m_0^2 a^2 x^{2(m_0-1)}} \tag{8-14}$$

下面用算例来验证定积分近似计算公式的精度。

例 8.1　抛物线形渠道断面方程为 $y=0.016x^2$，求最大水深 $h_0=3\mathrm{m}$ 时抛物线形渠道的湿周。

解：已知 $a=0.016$、$m_0=2$，最大水深 $h_0=3\mathrm{m}$ 时的水面宽度为

$$b = 2\sqrt{h_0/a} = 2\sqrt{3/0.016} = 27.39(\mathrm{m})$$

湿周的理论值用式(8-7)计算，将 $a=0.016$，$h_0=3\mathrm{m}$ 代入式(8-7)得

$$\chi = \sqrt{\frac{h_0}{a}}(1+4ah_0) + \frac{1}{2a}\ln(2\sqrt{ah_0} + \sqrt{1+4ah_0}) = 28.239(\mathrm{m})$$

现采用近似计算方法对该例题进行计算，将半区间(0, 27.39/2)分别分成 10 等分和 20 等分来计算湿周，计算结果如下。

10 等分时：矩形法 χ=28.121336m；梯形法 χ=28.247073m；抛物线法 χ=28.243056m。与理论值的误差分别为：矩形法 0.4192%；梯形法 0.0278%；抛物线法 0.0134%。

20 等分时：矩形法 χ=28.181193m；梯形法 χ=28.244061m；抛物线法 χ=28.243057m。与理论值的误差分别为：矩形法 0.2068%；梯形法 0.0170%；抛物线法 0.0134%。

由以上计算可以看出，抛物线法 10 等分和 20 等分的值几乎一致，误差也最小，因此在计算抛物线形渠道的湿周时可以采用抛物线法计算。当然，区间分得越密，计算精度越高，而用 EXCEL 计算工具，使得近似计算变得很容易。

例 8.2　抛物线形渠道断面方程为 $y=2x^3$，糙率 $n=0.025\text{s/m}^{1/3}$，渠道底坡 $i=0.52\times10^{-3}$，已知渠道可以通过的最大正常水深为 1.0m，求抛物线形渠道的正常水深流量关系。

解：已知 $a=2$，$m_0=3$，$n=0.025\text{s/m}^{1/3}$，$i=0.52\times10^{-3}$，断面面积为

$$A=\frac{2m_0}{m_0+1}\left(\frac{h_0}{a}\right)^{1/m_0}h_0=\frac{2\times3}{3+1}\left(\frac{h_0}{2}\right)^{1/3}h_0=1.1906h_0^{4/3}$$

水面宽度为

$$b=2(h_0/a)^{1/m_0}=2(h_0/2)^{1/3}=(4h_0)^{1/3}$$

被积函数为

$$f(x)=\sqrt{1+m_0^2a^2x^{2(m_0-1)}}=\sqrt{1+3^2\times2^2x^{2(3-1)}}=\sqrt{1+36x^4}$$

湿周为

$$\chi=2\int_0^{b/2}\sqrt{1+36x^4}\mathrm{d}x=\frac{b-0}{3m}[(y_0+y_n)+2(y_2+y_4+\cdots+y_{m-2})+4(y_1+y_3+\cdots+y_{m-1})]$$

水力半径和流量分别用式 (8-6) 和式 (6-89) 计算。

设渠道水深 h_0 分别为 0.1 m、0.2 m、0.3 m、…、1m，求出各对应的水面宽度 b 和面积 A，将每一对应宽度的半区间 $(0, b/2)$ 分为 10 等分，用抛物线法计算湿周，从而可以计算出各水深对应的水力半径 R，最后将 A、R 代入流量公式，得到各对应水深的流量，计算过程如表 8-1 所示。

表 8-1　流量计算过程表

h/m	b/m	$\chi_{计}$/m	$\chi_{作用}$/m	A/m²	R/m	Q/(m³/s)
0.1	0.7368	0.78196	0.7820	0.05526	0.07067	0.00862
0.2	0.9283	1.05944	1.0594	0.13925	0.13144	0.03284
0.3	1.0627	1.30064	1.3006	0.23911	0.18384	0.07051
0.4	1.1696	1.52740	1.5274	0.35090	0.22973	0.12006
0.5	1.2599	1.74683	1.7468	0.47249	0.27048	0.18025
0.6	1.3389	1.96202	1.9620	0.60251	0.30709	0.25015
0.7	1.4095	2.17415	2.1740	0.74000	0.34036	0.32904

h/m	b/m	$\chi_{\text{计}} / m$	$\chi_{\text{作图}} / m$	A/m^2	R/m	$Q/(m^3/s)$
0.8	1.4736	2.38402	2.3842	0.88420	0.37089	0.41633
0.9	1.5326	2.59252	2.5926	1.03456	0.39906	0.51149
1.0	1.5874	2.79996	2.7998	1.19060	0.42522	0.61410

表中湿周的计算，$\chi_{\text{计}}$ 为用式(8-13)计算，$\chi_{\text{作图}}$ 为用 Auto CAD 作图，二者相比较，结果基本一致，表明用抛物线法计算湿周是正确的，计算出正常水深流量关系之后，即可列出表格、作图或拟合出公式，供设计查用。

8.3　抛物线形渠道临界水深的计算

明渠临界水深的一般公式为

$$\alpha Q^2 / g = A_k^3 / b_k \tag{8-15}$$

式中，α 为动能修正系数，在计算时一般取为 1；A_k 为临界水深时的断面面积，m；b_k 为临界水深对应的水面宽度，m。当水深为临界水深 h_k 时，抛物线形渠道断面面积为

$$A_k = \frac{2m_0}{m_0 + 1}\left(\frac{h_k}{a}\right)^{1/m_0} h_k \tag{8-16}$$

$$b_k = 2\left(\frac{h_k}{a}\right)^{1/m_0} \tag{8-17}$$

将式(8-16)和式(8-17)代入式(8-15)得临界水深 h_k 的通用计算公式为

$$h_k = \left[\frac{Q^2 a^{2/m_0}}{4g}\left(\frac{m_0+1}{m_0}\right)^3\right]^{\frac{m_0}{2+3m_0}} \tag{8-18}$$

8.4　抛物线形渠道弗劳德数的计算

弗劳德数的计算公式为

$$Fr = \frac{v}{\sqrt{gA/b}} = \frac{Q}{A\sqrt{gA/b}} = \frac{Q}{\sqrt{gA^3/b}} \tag{8-19}$$

式中，v 为断面平均流速，m/s。将断面面积 A、水面宽度 b 的计算公式代入式(8-19)

化简得

$$Fr = \frac{Q}{2\sqrt{g}} \left(\frac{m_0 + 1}{m_0} \right)^{3/2} a^{1/m_0} h^{\frac{-(3m_0+2)}{2m_0}} \qquad (8\text{-}20)$$

8.5 抛物线形渠道的水跃方程

明渠水跃的一般方程为公式(6-1)，即

$$Q^2 / gA_1 + A_1 h_{c1} = Q^2 / gA_2 + A_2 h_{c2} \qquad (8\text{-}21)$$

式中，A_1、A_2 分别为跃前和跃后断面的面积，m^2；h_{c1}、h_{c2} 分别为跃前和跃后断面形心距水面的距离，m。

抛物线形断面为对称分布，其形心应在 y 坐标轴上，断面形心距坐标轴原点的距离 y_c 的公式为

$$y_c = \frac{1}{A} \int_A y \mathrm{d}A \qquad (8\text{-}22)$$

抛物线形渠道的面积公式可以写成

$$A = 2\int_0^y x\mathrm{d}y = 2\int_0^y \left(\frac{y}{a} \right)^{1/m_0} \mathrm{d}y = \frac{2m_0}{m_0+1} \left(\frac{y}{a} \right)^{1/m_0} y \qquad (8\text{-}23)$$

对式(8-23)求微分得

$$\mathrm{d}A = 2\left(\frac{y}{a} \right)^{1/m_0} \mathrm{d}y \qquad (8\text{-}24)$$

将式(8-24)代入式(8-22)积分得

$$y_c = \frac{2}{A}\int_0^h \left(\frac{y}{a} \right)^{1/m_0} \mathrm{d}y = \frac{2m_0}{(2m_0+1)A} \left(\frac{h}{a} \right)^{1/m_0} h^2 \qquad (8\text{-}25)$$

将式(8-3)代入式(8-25)，可化简为

$$y_c = \frac{m_0+1}{2m_0+1} h \qquad (8\text{-}26)$$

则形心点到水面的距离 h_c 为

$$h_c = h - y_c = h - \frac{m_0+1}{2m_0+1} h = \frac{m_0 h}{2m_0+1} \qquad (8\text{-}27)$$

将式(8-27)和式(8-23)代入式(8-21)得抛物线形渠道水跃的一般方程为

$$\frac{m_0+1}{2m_0} \frac{Q^2}{gh_1} \left(\frac{a}{h_1} \right)^{1/m_0} + \frac{2m_0^2}{(2m_0+1)(m_0+1)} \left(\frac{h_1}{a} \right)^{1/m_0} h_1^2$$

$$= \frac{m_0+1}{2m_0} \frac{Q^2}{gh_2} \left(\frac{a}{h_2} \right)^{1/m_0} + \frac{2m_0^2}{(2m_0+1)(m_0+1)} \left(\frac{h_2}{a} \right)^{1/m_0} h_2^2 \qquad (8\text{-}28)$$

对式 (8-28) 的左边简化为

$$\frac{m_0+1}{2m_0}\frac{Q^2}{gh_1}\left(\frac{a}{h_1}\right)^{1/m_0}+\frac{2m_0^2}{(2m_0+1)(m_0+1)}\left(\frac{h_1}{a}\right)^{1/m_0}h_1^2$$

$$=\frac{2m_0^2}{(m_0+1)^2\,a^{1/m_0}}\left[\frac{Q^2a^{2/m_0}}{4g}\left(\frac{m_0+1}{m_0}\right)^3 h_1^{-(m_0+1)/m_0}+\frac{m+1}{2m_0+1}h_1^{(2m_0+1)/m_0}\right]$$

由式 (8-20) 得

$$Fr_1^2=\frac{Q^2a^{2/m_0}}{4g}\left(\frac{m_0+1}{m_0}\right)^3 h_1^{-(3m_0+2)/m_0}$$

比较以上两式可得

$$\frac{m_0+1}{2m_0}\frac{Q^2}{gh_1}\left(\frac{a}{h_1}\right)^{1/m_0}+\frac{2m_0^2}{(2m_0+1)(m_0+1)}\left(\frac{h_1}{a}\right)^{1/m_0}h_1^2$$

$$=\frac{2m_0^2}{(m_0+1)^2\,a^{1/m_0}}\left(Fr_1^2 h_1^{(2m_0+1)/m_0}+\frac{m_0+1}{2m_0+1}h_1^{(2m_0+1)/m_0}\right)$$

同理得式 (8-28) 的右边为

$$\frac{m_0+1}{2m_0}\frac{Q^2}{gh_2}\left(\frac{a}{h_2}\right)^{1/m_0}+\frac{2m_0^2}{(2m_0+1)(m_0+1)}\left(\frac{h_2}{a}\right)^{1/m_0}h_2^2$$

$$=\frac{2m_0^2}{(m_0+1)^2\,a^{1/m_0}}\left(Fr_2^2 h_2^{(2m_0+1)/m_0}+\frac{m_0+1}{2m_0+1}h_2^{(2m_0+1)/m_0}\right)$$

式 (8-28) 可以写成

$$Fr_1^2 h_1^{(2m_0+1)/m_0}+\frac{m_0+1}{2m_0+1}h_1^{(2m_0+1)/m_0}=Fr_2^2 h_2^{(2m_0+1)/m_0}+\frac{m_0+1}{2m_0+1}h_2^{(2m_0+1)/m_0} \quad (8\text{-}29)$$

又因为 $Fr_2^2 / Fr_1^2 = h_2^{-(3m_0+2)/m_0} / h_1^{-(3m_0+2)/m_0}$，$Fr_2^2 = Fr_1^2 h_2^{-(3m_0+2)/m_0} / h_1^{-(3m_0+2)/m_0}$，代入式 (8-29) 整理得

$$\left(\frac{h_2}{h_1}\right)^{(3m_0+2)/m_0}-\left(1+\frac{2m_0+1}{m_0+1}Fr_1^2\right)\left(\frac{h_2}{h_1}\right)^{(m_0+1)/m_0}+\frac{2m_0+1}{m_0+1}Fr_1^2=0 \quad (8\text{-}30)$$

同理得

$$\left(\frac{h_1}{h_2}\right)^{(3m_0+2)/m_0}-\left(1+\frac{2m_0+1}{m_0+1}Fr_2^2\right)\left(\frac{h_1}{h_2}\right)^{(m_0+1)/m_0}+\frac{2m_0+1}{m_0+1}Fr_2^2=0 \quad (8\text{-}31)$$

式 (8-30) 的迭代公式为

$$\frac{h_2}{h_1}=\left[1+\frac{2m_0+1}{m_0+1}Fr_1^2-\frac{Fr_1^2(2m_0+1)/(m_0+1)}{(h_2/h_1)^{(m_0+1)/m_0}}\right]^{m_0/(2m_0+1)} \quad (8\text{-}32)$$

式 (8-31) 的迭代公式为

$$\frac{h_1}{h_2} = \left[\frac{Fr_2^2 (2m_0 + 1)/(m_0 + 1)}{1 + Fr_2^2 (2m_0 + 1)/(m_0 + 1) - (h_1/h_2)^{(2m_0+1)/m_0}} \right]^{m_0/(m_0+1)} \tag{8-33}$$

迭代初值的选取，经过大量的试算，在求跃后水深时，初值可以直接取跃前断面的弗劳德数，在求跃前水深时，初值直接取跃后断面的弗劳德数，这样取值收敛速度较快。

例 8.3 某抛物线形渠道的抛物线方程为 $y = x^2$，通过的流量为 $Q = 2.0\text{m}^3/\text{s}$，已知跃前水深 $h_1 = 0.2\text{ m}$，试判断在渠道中是否会发生水跃，如果发生水跃，求跃前断面的弗劳德数 Fr_1 和第二共轭水深 h_2。

解：因为 $y = x^2$，可知 $a = 1$，$m_0 = 2$，抛物线渠道跃前断面的面积为

$$A_1 = \frac{2m_0}{m_0 + 1} \left(\frac{h_1}{a} \right)^{1/m_0} h_1 = \frac{2 \times 2}{2 + 1} \left(\frac{0.2}{1} \right)^{1/2} \times 0.2 = 0.11926 (\text{m}^2)$$

跃前断面的平均流速为

$$v_1 = Q / A_1 = 2 / 0.11926 = 16.77 (\text{m/s})$$

$$h_k = \left[\frac{Q^2 a^{2/m_0}}{4g} \left(\frac{m_0 + 1}{m_0} \right)^3 \right]^{\frac{m_0}{2+3m_0}} = \left[\frac{2^2 \times 1^{2/2}}{4 \times 9.8} \left(\frac{2+1}{2} \right)^3 \right]^{\frac{2}{2+3\times2}} = 0.766(\text{m})$$

因为 $h_1 < h_k$，渠道中会发生水跃。跃前断面的弗劳德数为

$$Fr_1 = \frac{Q}{2\sqrt{g}} \left(\frac{m_0 + 1}{m_0} \right)^{3/2} a^{1/m_0} h_1^{\frac{-(3m_0+2)}{2m_0}} = \frac{2}{2\sqrt{9.8}} \left(\frac{2+1}{2} \right)^{3/2} \times 1 \times 0.2^{\frac{-(3\times2+2)}{2\times2}} = 14.67114$$

将 $m_0 = 2$，$Fr_1 = 14.67114$ 代入式(8-32)迭代，如果取小数点后 5 位，只需迭代 4 步，得 $h_2/h_1 = 10.40286$，水深 $h_2 = 10.40286h_1 = 2.08057\text{m}$，文献[15]用试算法求得跃后水深为 2.08m，与本节计算结果基本一致。

将 $h_2 = 2.08057\text{ m}$，$Q = 2.0\text{m}^3/\text{s}$，$a = 1$，$m_0 = 2$，$g = 9.8\text{m/s}^2$ 代入式(8-20)得

$$Fr_2 = \frac{Q}{2\sqrt{g}} \left(\frac{m_0 + 1}{m_0} \right)^{3/2} a^{1/m_0} h_2^{\frac{-(3m_0+2)}{2m_0}} = \frac{2}{2\sqrt{9.8}} \left(\frac{2+1}{2} \right)^{3/2} \times 1 \times 2.08057^{\frac{-(3\times2+2)}{2\times2}} = 0.135568$$

将 $Fr_2 = 0.135568$ 代入式(8-33)迭代，取小数点后 5 位，迭代 2 步就收敛，得 $h_1/h_2 = 0.09613$，$h_1 = 0.09613$，$h_2 = 0.20000\text{m}$，与给定的跃前水深 0.2m 相同。

8.6 抛物线形渠道水跃的消能率

明渠水跃前后断面的水头损失为

$$\Delta E = E_1 - E_2 = \left(h_1 + \frac{v_1^2}{2g} \right) - \left(h_2 + \frac{v_2^2}{2g} \right) \tag{8-34}$$

由式 (8-3) 可得 $v = \dfrac{Q}{A} = \dfrac{(m_0+1)Q}{2m_0 h}\left(\dfrac{a}{h}\right)^{1/m_0}$ ，则有

$$v^2 = \frac{(m_0+1)^2 Q^2}{4m_0^2 h^2}\left(\frac{a}{h}\right)^{2/m_0} \tag{8-35}$$

将式 (8-35) 代入式 (8-34)，可化简为

$$\Delta E = \left[h_1 + \frac{Q^2}{8gh_1^2}\left(\frac{m_0+1}{m_0}\right)^2\left(\frac{a}{h_1}\right)^{2/m_0}\right] - \left[h_2 + \frac{Q^2}{8gh_2^2}\left(\frac{m_0+1}{m_0}\right)^2\left(\frac{a}{h_2}\right)^{2/m_0}\right] \tag{8-36}$$

水跃段总水头损失 ΔE 与跃前断面比能 E_1 之比称为水跃的消能率，表示为

$$\eta = \Delta E / E_1 \tag{8-37}$$

将式 (8-34)、式 (8-36) 代入式 (8-37)，化简得消能率公式为

$$\eta = 1 - \frac{8gm_0^2 h_2^{3+2/m_0} + Q^2(m_0+1)^2 a^{2/m_0}}{8gm_0^2 h_1^{3+2/m_0} + Q^2(m_0+1)^2 a^{2/m_0}}\left(\frac{h_1}{h_2}\right)^{2+2/m_0} \tag{8-38}$$

例 8.4　同例 8.3，求水跃消能率。

解：已知 $h_1 = 0.2$ m，$h_2 = 2.08057$ m，$Q = 2.0$ m³/s，$a=1$，$m_0=2$，将其代入式 (8-38) 得消能率为

$$\eta = 1 - \frac{8\times9.8\times2^2\times2.08057^{3+2/2} + 2^2\times(2+1)^2\times1}{8\times9.8\times2^2\times0.2^{3+2/2} + 2^2\times(2+1)^2\times1}\left(\frac{0.2}{2.08057}\right)^{2+2/2} = 85.612\%$$

8.7　抛物线形渠道收缩断面水深的计算

渠道收缩断面水深与收缩断面以上的总水头有关，设以收缩断面底部为基准面的上游总水头为 E_0，收缩断面水深为 h_c'，则总水头与收缩断面水深的关系为

$$E_0 = h_c' + \frac{Q^2}{2g\varphi^2 A_c^2} \tag{8-39}$$

式中，φ 为流速系数，可查阅相关文献；h_c' 为收缩断面水深，m；A_c 为收缩断面的面积，m²。

将式 (8-3) 代入式 (8-39) 得

$$E_0 = h_c' + \frac{Q^2}{8g\varphi^2 h_c'^2}\left(\frac{m_0+1}{m_0}\right)^2\left(\frac{a}{h_c'}\right)^{2/m_0} \tag{8-40}$$

设无量纲收缩水深 $\zeta = h_c' / E_0$，则式 (8-40) 可以写成

$$\zeta^{2+2/m_0} = \frac{Q^2 a^{2/m_0}}{8g\varphi^2 E_0^{3+2/m_0}} \left(\frac{m_0+1}{m_0}\right)^2 \frac{1}{1-\zeta} \tag{8-41}$$

令 $k = \left[\dfrac{Q^2 a^{2/m_0}}{8g\varphi^2 E_0^{3+2/m_0}} \left(\dfrac{m_0+1}{m_0}\right)^2\right]^{\frac{m_0}{2+2m_0}}$，则可得抛物线形渠道无量纲收缩水深的

迭代方程为

$$\zeta = k(1-\zeta)^{-\frac{m_0}{2+2m_0}} \tag{8-42}$$

迭代初值可取 0～0.5 内的任意正数。

参 考 文 献

[1] 马艳菊. 抛物线形渠道测流断面面积的计算方法[C]. 水利量测技术论文集(第五集), 2006: 300～304.

[2] 武汉水利电力学院水力学教研室. 水力计算手册[M]. 北京: 中国电力出版社, 1983: 74-78.

[3] 季国文. 抛物线形及悬链线形断面明渠的水力设计[J]. 水利水电科技进展, 1997, 17(2): 43-45.

[4] 张志昌, 刘亚菲, 刘松舰. 抛物线形渠道水力最优断面的计算[J]. 西安理工大学学报, 2002, 18(3): 235-237.

[5] 张志昌, 刘松舰, 刘亚菲. 抛物线形渠道长喉道测流槽的水力设计方法[J]. 西安理工大学学报, 2003, 19(1): 51-55.

[6] 魏文礼, 杨国丽. 立方抛物线形渠道水力最优断面的计算[J]. 武汉大学学报: 工学版, 2006, 39(3): 49-51.

[7] 王羿, 王正中, 赵延风, 等. 抛物线断面河渠正常水深的近似计算公式[J]. 人民长江, 2011, 42(11): 107-109.

[8] 芦琴, 王正中, 任武刚. 抛物线形渠道收缩水深简捷计算公式[J]. 干旱地区农业研究, 2007, 25(2): 134-136.

[9] 文辉, 李凤玲. 立方抛物线形渠道水力计算的显式计算式[J]. 人民黄河, 2010, 32(1): 75-76.

[10] 赵延风, 王正中, 方兴. 半立方抛物线形渠道正常水深算法[J]. 排灌机械工程学报, 2011, 29(3): 241-245.

[11] 冷畅俭, 王正中. 三次抛物线形渠道断面收缩水深的计算公式[J]. 长江科学院院报, 2011, 28(4): 30-35.

[12] 华东水利学院. 水工设计手册(第六卷·泄水与过坝建筑物)[M]. 北京: 水利电力出版社, 1982: 329-330.

[13] 张志昌. 水力学(下册)[M]. 北京: 中国水利水电出版社, 2011: 76-77.

[14] 同济大学数学教研室. 高等数学[M]. 北京: 高等教育出版社, 2005.

[15] 张志昌. 水力学习题解析(下册)[M]. 北京: 中国水利水电出版社, 2012: 56-57.

第 9 章 马蹄形断面明渠的水力特性

9.1 马蹄形断面水力特性的研究现状

马蹄形断面是水工隧洞中常用的断面形式之一，例如，我国锦屏二级水电站 2 号引水隧洞就采用马蹄形断面，断面最大直径为 11.8m，是目前世界上直径最大的马蹄形隧洞。马蹄形断面形式较多，但最常用的有两种形式，即标准 I 型和标准 II 型。标准 I 型马蹄形断面由底部的弓形、下部两侧的扇形以及顶拱半圆形[1]四段圆弧组成，标准 II 型马蹄形断面的组成形式与标准 I 型相同，不同点在于标准 I 型的底部弓形和两侧扇形的圆心半径在马蹄形断面外部，而标准 II 型圆弧的圆心均在断面内部。

对于马蹄形断面水力特性的研究，文献[2]在 20 世纪 80 年代给出了马蹄形断面正常水深的计算表格。近年来，对马蹄形断面水力特性的研究取得了一些成果，这些成果主要集中在正常水深和临界水深的计算上。文献[3]～[5]给出了马蹄形断面正常水深的迭代公式和简化计算公式。文献[6]引入准一次函数、准二次函数的概念，给出了两种标准马蹄形断面正常水深的简化计算公式。文献[7]引入无量纲参数得到了平底 II 型马蹄形断面正常水深和临界水深的直接计算公式。文献[8]研究了标准 I 型马蹄形断面正常水深、弗劳德数和收缩断面水深的计算方法。文献[9]给出了标准 II 型马蹄形断面弓形底以上正常水深的计算公式。文献[10]给出了 $Q^2/r^5 < 26.1313$、$Q^2/r^5 = 26.131$ 和 $Q^2/r^5 > 26.1313$ 三种情况下标准 II 型马蹄形断面临界水深的计算公式。文献[11]通过迭代和逐步优化拟合，给出了标准 I 型和 II 型马蹄形断面临界水深的直接计算方法，该公式比较简单，最大误差为 1.59%；文献[12]也给出了马蹄形断面临界水深的直接计算公式；文献[13]研究了非标准平底马蹄形断面隧洞的临界水深；文献[14]给出了马蹄形断面临界水深的计算公式。文献[15]给出了非标准平底马蹄形断面的水跃计算方法，由于计算过程复杂，文献中给出了非标准平底马蹄形断面共轭水深的计算曲线。文献[16]研究了标准 I 型马蹄形断面水跃的共轭水深，在计算中采用试算法，计算比较麻烦。文献[17]研究了标准 I 型马蹄形断面水面线的积分算法。本章主要介绍作者的研究成果。

9.2　标准Ⅰ型马蹄形断面水力特性的研究

9.2.1　标准Ⅰ型马蹄形断面面积、形心和湿周的计算

标准Ⅰ型马蹄形断面如图 9-1 所示，由图可见，底部弓形断面和两侧扇形断面的半径均为 3r，顶拱半圆形断面的半径为 r，下部弓形断面的圆心角为 2α，侧面扇形圆心角为 α。由图中的几何关系可以解出 α = 16.87449°（0.29452rad），即标准Ⅰ型马蹄形断面的圆心角为常数。

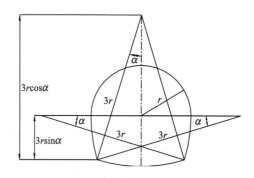

图 9-1　标准Ⅰ型马蹄形断面

1. 水深处于底部弓形断面内

如图 9-2 所示，断面的面积 A 为

$$A = A_1 = 9r^2(\varphi - \sin\varphi\cos\varphi) \tag{9-1}$$

式中，φ 为当水深为 h 时的半圆心角，rad。其形心距水面的距离 h_c 为

$$h_c = \frac{2}{3}\frac{(3r)^3\sin^3\varphi}{A_1} - 3r\cos\varphi \tag{9-2}$$

水深 h 为

$$h = 3r(1 - \cos\varphi) \tag{9-3}$$

湿周 χ 为

$$\chi = 6r\varphi \tag{9-4}$$

2. 水深处于下部扇形断面内

如图 9-3 所示，为了求面积和形心，将断面分为面积 A_1 的底部弓形、面积 A_2、A_3 的两侧弓形和面积 A_4 的中间梯形四部分。其面积分别为

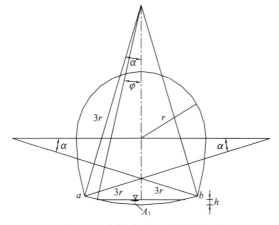

图 9-2　水深处于弓形断面内时

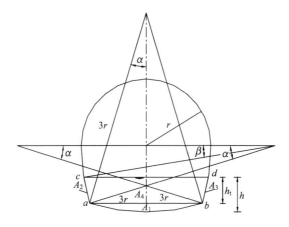

图 9-3　水深处于下部扇形断面内时

$$A_1 = 9r^2(\alpha - \sin\alpha\cos\alpha) = 0.150639r^2$$

$$A_2 = A_3 = 9r^2[(\alpha - \beta) - \sin(\alpha - \beta)] / 2$$

$$ab = 6r\sin\alpha$$

$$cd = 6r\cos\beta - 4r$$

$$h_t = 3r(\sin\alpha - \sin\beta)$$

$$A_4 = (ab + cd)h_t / 2 = 3r^2(3\sin\alpha + 3\cos\beta - 2)(\sin\alpha - \sin\beta)$$

式中，β 为水面以上扇形断面的圆心角，rad。各断面的形心分别为

$$y_{c1} = \frac{2}{3}\frac{(3r)^3\sin^3\alpha}{A_1} - 2r - 3r\sin\beta$$

$$y_{c2} = y_{c3} = \frac{18r^3}{A_2}\sin^3\frac{\alpha - \beta}{2}\sin\frac{\alpha + \beta}{2} - 3r\sin\beta$$

$$y_{c4} = \frac{h_t(2ab+cd)}{3(ab+cd)}$$

则断面面积 A 为四个部分面积之和，即

$$
\begin{aligned}
A &= r^2\{0.150639 + 9[(\alpha-\beta)-\sin(\alpha-\beta)] + 3(3\sin\alpha + 3\cos\beta - 2)(\sin\alpha - \sin\beta)\} \\
&= r^2(1.81796 - 9\beta + 12\sin\beta - 9\sin\beta\cos\beta)
\end{aligned}
$$

(9-5)

断面的总形心距水面的距离 h_c 为[18]

$$h_c = \frac{A_1 y_{c1} + A_2 y_{c2} + A_3 y_{c3} + A_4 y_{c4}}{A_1 + A_2 + A_3 + A_4} = \frac{C+D+E}{A}$$

(9-6)

式中

$$C = r^3(0.138979 - 0.451917\sin\beta)$$

$$D = 36r^3\sin^3\frac{\alpha-\beta}{2}\sin\frac{\alpha+\beta}{2} - 27r^3\sin\beta[(\alpha-\beta)-\sin(\alpha-\beta)]$$

$$E = 3r^3(\sin\alpha - \sin\beta)^2(6\sin\alpha + 3\cos\beta - 2)$$

水深 h 为

$$h = r(1 - 3\sin\beta)$$

(9-7)

湿周 χ 为

$$\chi = 3r\times 2\alpha + 3r(\alpha-\beta)\times 2 = r(3.53418 - 6\beta)$$

(9-8)

3. 水深处于顶拱半圆断面内

如图9-4所示，将断面分为底部弓形断面 A_1、下部两侧弓形及中间梯形断面 A_2、A_3 和 A_4、上部两侧扇形和中间三角形断面 A_5、A_6 和 A_7，面积分别为

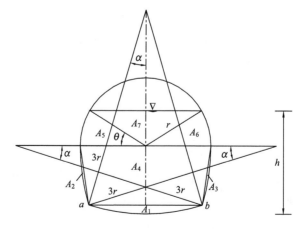

图9-4　水深位于顶拱半圆断面内

$$A_1 = 9r^2(\alpha - \sin\alpha\cos\alpha) = 0.150639r^2$$

$$A_2 = A_3 = 9r^2(\alpha - \sin\alpha)/2 = 0.0190766r^2$$

$$A_4 = 3r\sin\alpha(6r\sin\alpha + 2r)/2 = 1.62917r^2$$

$$A_5 = A_6 = r^2\theta/2$$

$$A_7 = r\sin\theta(2r\cos\theta/2) = r^2\sin\theta\cos\theta$$

式中，θ 为水深处于顶拱半圆形断面所对应的圆心角，rad。各断面形心距水面的距离分别为

$$y_{c1} = \frac{2(3r)^3\sin^3\alpha}{3A_1} - r - (r - r\sin\theta) = 0.922559r + r\sin\theta$$

$$y_{c2} = y_{c3} = \frac{2(3r)^3}{3A_2}\sin^4\frac{\alpha}{2} + r\sin\theta = 0.43732r + r\sin\theta$$

$$y_{c4} = \frac{3r\sin\alpha(12r\sin\alpha + 2r)}{3(6r\sin\alpha + 2r)} + r\sin\theta = 0.42539r + r\sin\theta$$

$$y_{c5} = y_{c6} = r\sin\theta - 4r\sin^2(\theta/2)/(3\theta)$$

$$y_{c7} = r\sin\theta/3$$

整理得断面面积 A 为

$$A = r^2(1.81796 + \theta + \sin\theta\cos\theta) \tag{9-9}$$

断面的总形心距水面距离为

$$h_c = \frac{0.848698 + 1.81796\sin\theta + \theta\sin\theta - (4/3)\sin^2(\theta/2) + (1/3)\sin^2\theta\cos\theta}{1.81796 + \theta + \sin\theta\cos\theta}r \tag{9-10}$$

水深 h 为

$$h = r(1 + \sin\theta) \tag{9-11}$$

湿周 χ 为

$$\chi = 12r\alpha + 2r\theta \tag{9-12}$$

9.2.2 标准Ⅰ型马蹄形断面水跃共轭水深的计算

明渠水跃的基本方程仍为式(6-1)，即

$$Q^2/(gA') + A'h_{c1} = Q^2/(gA'') + A''h_{c2} \tag{9-13}$$

式(9-13)可以写成

$$J(h_1) = J(h_2) \tag{9-14}$$

式中，A' 为跃前断面面积，m²；A'' 为跃后断面面积，m²；h_{c1} 为跃前断面的形心距水面的距离，m；h_{c2} 为跃后断面的形心距水面的距离，m；h_1、h_2 分别为跃前

跃后断面的水深，m。

标准Ⅰ型马蹄形断面水跃方程的计算比较复杂，水深处于断面不同位置时，有不同的计算公式，可能有以下组合形式，如表 9-1 所示，在计算时，根据不同的组合形式，选择相应的计算公式。

表 9-1　标准Ⅰ型马蹄形断面不同工况下共轭水深的计算公式选用表

工况	跃前水深处于底部弓形断面 跃后水深处于两侧扇形断面	跃前水深处于底部弓形断面 跃后水深处于顶拱半圆形断面	跃前水深处于两侧扇形断面 跃后水深处于顶拱半圆形断面	跃前水深处于顶拱半圆形断面 跃后水深处于顶拱半圆形断面
跃前断面计算公式	面积公式(9-1) 形心公式(9-2)	面积公式(9-1) 形心公式(9-2)	面积公式(9-5) 形心公式(9-6)	面积公式(9-9) 形心公式(9-10)
跃后断面计算公式	面积公式(9-5) 形心公式(9-6)	面积公式(9-9) 形心公式(9-10)	面积公式(9-9) 形心公式(9-10)	面积公式(9-9) 形心公式(9-10)

水跃计算可以用试算法，如果已知跃前或跃后断面水深，根据相应公式计算出断面面积和形心距水面的距离，求得 $J(h_1)$ 或 $J(h_2)$，代入式(9-13)，试算求解另一个断面的水深。

9.2.3　标准Ⅰ型马蹄形断面临界水深的计算

临界水深的一般公式为

$$A_k^3 / B_k = Q^2 / g \tag{9-15}$$

式中，A_k 为临界水深对应的断面面积，m^2；B_k 为水面宽度，m。对于标准Ⅰ型马蹄形断面，临界水深有三种情况。

1. 水深处于底部弓形断面内

临界断面面积和水面宽度分别用下式计算

$$A_k = 9r^2(\varphi_k - \sin\varphi_k\cos\varphi_k) \tag{9-16}$$

$$B_k = 6r\sin\varphi_k \tag{9-17}$$

将式(9-16)、式(9-17)代入式(9-15)，得 φ_k 的迭代公式为

$$\varphi_k = \left(\frac{Q^2\sin\varphi_k}{121.5gr^5}\right)^{1/3} + \sin\varphi_k\cos\varphi_k \tag{9-18}$$

$$h_k = 3r(1 - \cos\varphi_k) \tag{9-19}$$

2. 水深处于下部扇形断面内

临界断面面积和水面宽度分别为

$$A_k = r^2(1.81796 - 9\beta_k + 12\sin\beta_k - 9\sin\beta_k\cos\beta_k) \tag{9-20}$$

$$B_k = 6r\cos\beta_k - 4r \tag{9-21}$$

将式(9-20)、式(9-21)代入式(9-15)，得 β_k 的迭代公式为

$$\beta_k = 0.201996 + \frac{4}{3}\sin\beta_k - \sin\beta_k\cos\beta_k - \frac{1}{9}\left[\frac{Q^2(6\cos\beta_k - 4)}{gr^5}\right]^{1/3} \tag{9-22}$$

$$h_k = r(1 - 3\sin\beta_k) \tag{9-23}$$

3. 水深处于顶拱半圆断面内

临界断面面积和水面宽度分别用如下公式计算：

$$A_k = r^2(1.81796 + \theta_k + \sin\theta_k\cos\theta_k) \tag{9-24}$$

$$B_k = 2r\cos\theta_k \tag{9-25}$$

将式(9-24)、式(9-25)代入式(9-15)，得 θ_k 的迭代公式为

$$\theta_{k+1} = \frac{[2Q^2\cos\theta_k / (gr^5)]^{1/3} - 1.81796]}{\theta_k + \sin\theta_k\cos\theta_k}\theta_k \tag{9-26}$$

$$h_k = r(1 + \sin\theta_k) \tag{9-27}$$

可以看出，标准 I 型马蹄形断面临界水深的计算并不简单，为了简化计算，分段给出以下显函数公式：

$$\frac{h_k}{r} = \begin{cases} 0.614 \times 1.77^x x^{0.25}, & 0 < x \leqslant 0.000706 \\ 0.579 \times 3.24^x x^{0.242}, & 0.000706 \leqslant x \leqslant 0.051822 \\ 0.691 \times 1.06^x x^{0.283}, & 0.051822 \leqslant x \leqslant 0.55341 \\ 0.721 \times 0.995^x x^{0.314}, & 0.55341 \leqslant x \leqslant 34.9592 \end{cases} \tag{9-28}$$

式中，$x = Q^2 / (gr^5)$。式(9-28)的平均误差为 0.221%，最大误差为 0.537%。

例 9.1　标准 I 型马蹄形断面，已知顶拱半径 $r=5$m，渠道过流量 $Q=290$m³/s，跃前水深 $h_1=2.5$m，试判断是否会发生水跃，若发生水跃，试计算跃后水深。

解：底部弓形断面高度为

$$h_{底} = 3r(1 - \cos\alpha) = 3 \times 5 \times (1 - \cos16.87449°) = 0.64586(\text{m})$$

因为 $h_{底} < h_1 < r$，所以跃前水深位于下部扇形断面内，可用式(9-7)、式(9-5)、式(9-6)分别计算跃前断面的夹角 β、面积和形心。

$$\beta = \arcsin[(r - h_1) / (3r)] = \arcsin[(5 - 2.5) / (3 \times 5)] = 9.59407° \ (0.16745\text{rad})$$

$$\begin{aligned} A' &= r^2(1.81796 - 9\beta + 12\sin\beta - 9\sin\beta\cos\beta) \\ &= 5^2(1.81796 - 9 \times 0.16745 + 12\sin9.59407° - 9\sin9.59407°\cos9.59407°) \\ &= 20.79776(\text{m}^2) \end{aligned}$$

$$C = 5^3 \times (0.138979 - 0.451917 \sin 9.59407°) = 7.95744$$

$$D = 36 \times 5^3 \times \sin^3 \left(\frac{16.87449 - 9.59407}{2} \right)° \sin \left(\frac{16.87449 + 9.59407}{2} \right)° - 27 \times 5^3 \times \sin 9.59407°$$
$$\times [(16.87449 - 9.59407)° \times \pi / 180° - \sin(16.87449 - 9.5407)°] = 0.07148$$

$$E = 3 \times 5^3 \times (\sin 16.87449° - \sin 9.59407°)^2 \times (6 \sin 16.87449° + 3 \cos 9.59407° - 2) = 15.46855$$

跃前断面形心距水面距离为

$$h_{c1} = \frac{C + D + E}{A'} = \frac{7.95744 + 0.07148 + 15.46855}{20.79776} = 1.12981 \text{(m)}$$

$$Q^2 / (gA') + A'h_{c1} = 290^2 / (9.8 \times 20.79776) + 20.79776 \times 1.12981 = 436.12046 \text{(m}^3\text{)}$$

$$Q^2 / (gr^5) = 290^2 / (9.8 \times 5^5) = 2.74612$$

由式(9-28)计算临界水深 h_k

$$h_k = r(0.721 \times 0.995^x \times x^{0.314}) = 5 \times (0.721 \times 0.995^{2.74612} \times 2.74612^{0.314}) = 4.883 \text{(m)}$$

如果用理论公式计算，$Q^2 / g = 290^2 / 9.8 = 8581.633 \text{ m}^5$，假定临界水深位于下部扇形断面内，并假设 $\beta_k = 0.51268°(0.008948 \text{rad})$，代入式(9-20)和式(9-21)，求得 $A_k = 44.10687 \text{m}^2$，$B_k = 9.9988 \text{m}$，$A_k^3 / B_k = 8581.6505 \text{m}^5$，与 $Q^2 / g = 8581.633 \text{ m}^5$ 非常接近，则

$$h_k = r(1 - 3 \sin \beta_k) = 5(1 - 3 \sin 0.51268) = 4.8658 \text{(m)}$$

由以上临界水深的计算结果可以看出，经验公式的误差为 0.35%。

因为跃前断面水深小于临界水深，所以在渠道中发生水跃。

跃后水深假定在顶拱断面内，用试算法，计算时假设一个 θ，用式(9-9)和式(9-10)计算跃后断面面积和形心高度，由式(9-13)计算等式的右边，直到计算值与等式左边的值 436.12046 相等为止，计算结果为 $\theta = 43.3324°(0.75629 \text{rad})$，$A'' = 72.93418 \text{m}^2$，$h_{c2} = 4.36637 \text{m}$，$h_2 = 8.43115 \text{m}$。

9.2.4　标准 I 型马蹄形断面水跃共轭水深的简化算法

由例 9.1 可以看出，标准 I 型马蹄形断面水跃共轭水深的计算比较麻烦，下面寻求比较简单的计算方法，将水跃方程(9-13)改写成

$$\frac{Q^2}{g(A' / r^2)r^2} + r^3 \frac{A'h_{c1}}{r^3} = \frac{Q^2}{g(A'' / r^2)r^2} + r^3 \frac{A''h_{c2}}{r^3} \tag{9-29}$$

式(9-29)可以写成

$$J(h_1 / r) = J(h_2 / r) \tag{9-30}$$

由以上对面积和形心的推导过程可以看出，面积和形心需分段计算，计算过程比较复杂，为了简化计算，分析了相对面积、相对形心与相对水深的关系，如图 9-5 和图 9-6 所示，拟合公式如下。

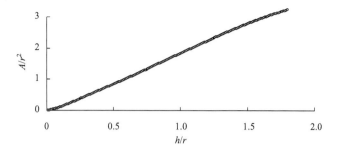

图 9-5　相对面积与相对水深关系

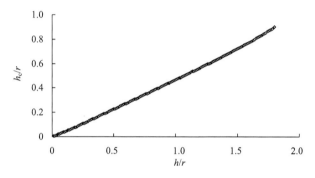

图 9-6　相对形心与相对水深关系

当 $0.02 < h/r \leqslant 0.27$ 时

$$A/r^2 = 5.35 \times 0.195^{(h/r)}(h/r)^{1.64} \tag{9-31}$$

$$h_c/r = 0.335 \times 2.017^{(h/r)}(h/r)^{0.9556} \tag{9-32}$$

式(9-31)的平均误差为 0.646%，最大误差为 1.77%；式(9-32)的平均误差为 0.417%，最大误差为 1.01%。

当 $0.27 < h/r \leqslant 1.9$ 时

$$A/r^2 = -0.2879(h/r)^3 + 0.7649(h/r)^2 + 1.3496(h/r) - 0.0036 \tag{9-33}$$

$$h_c/r = 0.0492(h/r)^3 - 0.1101(h/r)^2 + 0.5557(h/r) - 0.0291 \tag{9-34}$$

式(9-33)的平均误差为 0.271%，最大误差为 1.602%；式(9-34)的平均误差为 0.242%，最大误差为 1.149%。Ah_c/r^3 与 h/r 的关系如图 9-7 所示，分段拟合如下。

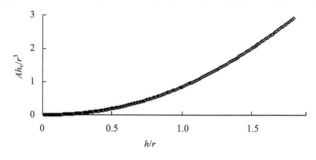

图 9-7 Ah_c/r^3 与 h/r 关系

当 $0.02 < h/r \leqslant 0.27$ 时

$$Ah_c/r^3 = 1.382 \times 0.7094^{(h/r)}(h/r)^{2.507} \tag{9-35}$$

当 $0.27 < h/r \leqslant 1.9$ 时

$$Ah_c/r^3 = 0.992 \times 0.857^{(h/r)}(h/r)^{2.3} \tag{9-36}$$

式(9-35)的平均误差为 0.902%,最大误差为 2.298%;式(9-36)的平均误差为 0.24%,最大误差为 0.87%。

对于跃前和跃后水深均在 $0.02 < h/r \leqslant 0.27$ 的情况,在实际中应用较小,如果出现这种情况,无论已知跃前水深还是已知跃后水深,用式(9-31)和式(9-35)分别计算 A'/r^2 和 $A'h_{c1}/r^3$,代入式(9-29)可以计算出跃后水深或跃前水深。但对于跃前和跃后水深均在 $0.27 < h/r < 1.9$ 范围内,计算比较麻烦,下面给出该范围内跃后和跃前水深的迭代公式。

若知道跃前水深 h_1,可由式(9-33)和式(9-36)计算出 A'/r^2 和 $A'h_{c1}/r^3$,代入式(9-30)计算出跃前断面的 $J(h_1/r)$。对于跃后相对水深,可用下面的迭代公式计算:

$$\frac{h_2}{r} = \frac{1}{-0.2879\left(\dfrac{h_2}{r}\right)^2 + 0.7649\dfrac{h_2}{r} + 1.3496}\left[\frac{J(h_1/r)}{r^3(h_{c2}/r)} - \frac{Q^2}{gr^5(A''/r^2)(h_{c2}/r)} + 0.0036\right]$$

$$\tag{9-37}$$

h_2/r 的迭代初值选用大于 h_k/r 即可。如果已知跃后水深 h_2,则可由式(9.30)计算出 $J(h_2/r)$,跃前断面相对水深的迭代公式为

$$\frac{h_1}{r} = \frac{1}{-0.2879\left(\dfrac{h_1}{r}\right)^2 + 0.7649\dfrac{h_1}{r} + 1.3496}\left[\frac{Q^2}{g[J(h_2/r)r^2 - r^5(A'/r^2)(h_{c1}/r)]} + 0.0036\right]$$

$$\tag{9-38}$$

h_1/r 的迭代初值选用小于 h_k/r 即可。

例 9.2　仍为例 9.1。求跃后水深 h_2。

解：

$$A'/r^2 = -0.2879(h_1/r)^3 + 0.7649(h_1/r)^2 + 1.3496(h_1/r) - 0.0036$$
$$= -0.2879 \times (2.5/5)^3 + 0.7649 \times (2.5/5)^2 + 1.3496 \times (2.5/5) - 0.0036$$
$$= 0.82644$$

$$A'h_{c1}/r^3 = 0.992 \times 0.857^{h_1/r}(h_1/r)^{2.3} = 0.992 \times 0.857^{2.5/5} \times (2.5/5)^{2.3} = 0.18648$$

$$J\left(\frac{h_1}{r}\right) = \frac{Q^2}{g(A'/r^2)r^2} + r^3\frac{A'h_{c1}}{r^3} = \frac{290^2}{9.8 \times 5^2 \times 0.82644} + 5^3 \times 0.18648 = 438.6642$$

将 $J(h_1/r) = 438.6642$ 代入式(9-37)迭代得 $h_2/r = 1.71095$，$h_2 = 1.71095 \times 5 = 8.5548\text{m}$，与用理论公式(9-13)试算结果 $h_2 = 8.4312\text{m}$ 的误差为 1.47%。

如果已知跃后水深 $h_2 = 8.4312\text{m}$，则

$$A''/r^2 = -0.2879(h_2/r)^3 + 0.7649(h_2/r)^2 + 1.3496(h_2/r) - 0.0036$$
$$= -0.2879 \times (8.4312/5)^3 + 0.7649 \times (8.4312/5)^2 + 1.3496 \times (8.4312/5) - 0.0036$$
$$= 3.06669$$

$$A''h_{c2}/r^3 = 0.992 \times 0.857^{h_2/r}(h_2/r)^{2.3} = 0.992 \times 0.857^{8.4312/5} \times (8.4312/5)^{2.3} = 2.543407$$

$$J\left(\frac{h_2}{r}\right) = \frac{Q^2}{g(A''/r^2)r^2} + r^3\frac{A''}{r^2}\frac{h_{c2}}{r} = \frac{290^2}{9.8 \times 5^2 \times 3.06669} + 5^3 \times 2.543407 = 429.85935$$

将 $J(h_2/r) = 429.85935$ 代入式(9-38)迭代得 $h_1/r = 0.51086$，$h_1 = 0.51086 \times 5 = 2.5543\text{(m)}$，与实际 $h_1 = 2.5\text{m}$ 的误差为 2.17%。

9.2.5　标准 I 型马蹄形断面的正常水深

文献[8]已给出了正常水深的迭代公式，但计算仍比较麻烦。现重新给出显式计算公式，如果已知正常水深求流量，用下面的理论公式计算

$$\frac{nQ}{\sqrt{i}r^{8/3}} = \begin{cases} 11.79334\dfrac{(\varphi - \sin\varphi\cos\varphi)^{5/3}}{\varphi^{2/3}}, & \varphi = \arccos\left(1 - \dfrac{h_0}{3r}\right), & 0 < \dfrac{h_0}{r} \leqslant 0.12917 \\[3mm] \dfrac{(1.81796 - 9\beta + 12\sin\beta - 9\sin\beta\cos\beta)^{5/3}}{(3.53418 - 6\beta)^{2/3}}, & \beta = \arcsin\left(\dfrac{1}{3} - \dfrac{h_0}{3r}\right), & 0.12917 \leqslant \dfrac{h_0}{r} \leqslant 1 \\[3mm] \dfrac{(1.81796 + \theta + \sin\theta\cos\theta)^{5/3}}{(3.53418 + 2\theta)^{2/3}}, & \theta = \arcsin\left(\dfrac{h_0}{r} - 1\right), & 1 \leqslant \dfrac{h_0}{r} \leqslant 1.90 \end{cases}$$

$$(9\text{-}39)$$

如果已知流量求正常水深，用下面的经验公式计算：

$$
\frac{h_0}{r} = \begin{cases}
0.677 \times 0.636^{\frac{Qn}{\sqrt{i}r^{8/3}}}\left(\dfrac{Qn}{\sqrt{i}r^{8/3}}\right)^{0.466}, & 0 < \dfrac{Qn}{\sqrt{i}r^{8/3}} \leqslant 0.0412 \\[3mm]
\dfrac{0.0825 + 2.08\dfrac{Qn}{\sqrt{i}r^{8/3}}}{1 + 2.8\dfrac{Qn}{\sqrt{i}r^{8/3}} - 1.91\left(\dfrac{Qn}{\sqrt{i}r^{8/3}}\right)^2}, & 0.0412 \leqslant \dfrac{Qn}{\sqrt{i}r^{8/3}} \leqslant 0.3964 \\[6mm]
\dfrac{0.129 + 1.24\dfrac{Qn}{\sqrt{i}r^{8/3}}}{1 + 0.674\dfrac{Qn}{\sqrt{i}r^{8/3}} - 0.154\left(\dfrac{Qn}{\sqrt{i}r^{8/3}}\right)^2}, & 0.3964 \leqslant \dfrac{Qn}{\sqrt{i}r^{8/3}} \leqslant 2.0537 \\[6mm]
\dfrac{0.853 - 0.364\dfrac{Qn}{\sqrt{i}r^{8/3}}}{1 - 0.646\dfrac{Qn}{\sqrt{i}r^{8/3}} + 0.0936\left(\dfrac{Qn}{\sqrt{i}r^{8/3}}\right)^2}, & 2.0537 \leqslant \dfrac{Qn}{\sqrt{i}r^{8/3}} \leqslant 2.309
\end{cases}
\tag{9-40}
$$

式(9-40)的平均误差为 0.161%，最大误差为 0.951%。

例 9.3　现以文献[2]的例子进行验证，某马蹄形标准 I 型断面，已知顶拱半径 r=1.5m，渠道底坡 i=1/2000，糙率 n=0.014s/m$^{1/3}$，试计算正常水深与流量的关系。

解：底部弓形断面高度为

$$h_1 = 3r(1 - \cos\alpha) = 3 \times 1.5 \times (1 - \cos 16.87449°) = 0.19376(\text{m})$$

计算时应注意，顶拱上要留出一定的余幅，根据文献[1]，对于低流速的无压隧洞，在通气良好的情况下，净空断面积一般不得小于隧洞断面面积的 15%，或净空高度不小于 40cm，本例中隧洞高度为 3.0m，设水深为 0.15～2.4m，用式(9-39)计算流量，将计算的流量代入经验公式(9-40)反求正常水深，与实际水深的比较结果如表 9-2 表示。

表 9-2　正常水深–流量关系计算表

水深 h/m	角度 φ/(°)	角度 β/(°)	角度 θ/(°)	流量 Q/(m³/s)	$Qn/(i^{0.5}r^{8/3})$	经验公式 h/m	误差/%
0.15	14.83511			0.079148	0.01681	0.15013	0.086
0.19376	16.87449			0.137401	0.02918	0.19305	−0.368
0.3		15.46601		0.356188	0.07564	0.29957	−0.143
0.6		11.53696		1.28194	0.27223	0.60042	0.071
0.9		7.66226		2.51134	0.53330	0.90103	0.115

续表

水深 h/m	角度 φ/(°)	角度 β/(°)	角度 θ/(°)	流量 Q/(m³/s)	Qn/(i^{0.5}r^{8/3})	经验公式 h/m	误差/%
1.2		3.82255		3.93948	0.83658	1.20154	0.128
1.5		0		5.49602	1.16712	1.49939	−0.040
1.8			11.53696	7.11013	1.50989	1.80122	0.068
2.1			23.57818	8.56616	1.81908	2.08393	−0.765
2.4			36.8699	9.96406	2.11594	2.38066	−0.806

由表 9-2 可以看出，用经验公式求得的水深与实际水深最大误差为 0.806%。将经验公式求得的正常水深代入理论公式(9-39)反算流量，求得流量与实际流量相比，最大误差为 0.788%。

9.2.6 标准 I 型马蹄形断面的弗劳德数

文献[8]给出了弗劳德数的计算方法为

$$Fr = \begin{cases} \dfrac{Q}{\sqrt{gr^5}}\sqrt{\dfrac{\sin\varphi}{121.5(\varphi-\sin\varphi\cos\varphi)^3}}, & \varphi = \arccos\left(1-\dfrac{h}{3r}\right), \quad 0<\dfrac{h}{r}\leqslant 0.12917 \\[3mm] \dfrac{Q}{\sqrt{gr^5}}\sqrt{\dfrac{6\cos\beta-4}{(1.81796-9\beta+12\sin\beta-9\sin\beta\cos\beta)^3}}, & \beta = \arcsin\left(\dfrac{1}{3}-\dfrac{h}{3r}\right), \quad 0.12917\leqslant\dfrac{h}{r}\leqslant 1 \\[3mm] \dfrac{Q}{\sqrt{gr^5}}\sqrt{\dfrac{2\cos\theta}{(1.81796+\theta+\sin\theta\cos\theta)^3}}, & \theta = \arcsin\left(\dfrac{h}{r}-1\right), \quad 1\leqslant\dfrac{h}{r}\leqslant 1.90 \end{cases}$$

$$(9-41)$$

9.3 标准 II 型马蹄形断面水力特性的研究

9.3.1 标准 II 型马蹄形断面面积、形心、水深和湿周的计算

标准 II 型马蹄形断面如图 9-8 所示，它由下部的三圆弧段和顶拱的半圆形组成，三圆弧段的半径均为 2r，顶拱半径为 r，下部弓形断面的圆心角为 2α，侧面扇形圆心角 α=24.29519°（0.42403rad）。

1. 水深处于底部弓形断面（图 9-9 中的 ab 线以下含 ab 线）

如图 9-9 所示，水深处于底部弓形断面的相对断面面积、相对形心距水面的距离为

$$A/r^2 = 2(2\varphi-\sin 2\varphi) \tag{9-42}$$

$$h_c/r = 8\sin^3\varphi/[3(2\varphi-\sin 2\varphi)]-2\cos\varphi \tag{9-43}$$

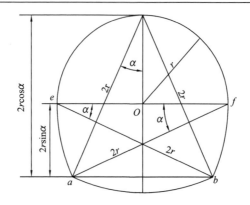

图 9-8　标准Ⅱ型马蹄形断面

式中，φ 为当水深为 h 时的半圆心角，rad。弓形断面的相对水深为

$$h/r = 2(1-\cos\varphi) \tag{9-44}$$

式中，$0 < \varphi \leqslant 24.29519°\,(0.42403\text{rad})$，$0 < h/r \leqslant 0.1771244$。

相对湿周 χ/r 为

$$\chi/r = 4\varphi \tag{9-45}$$

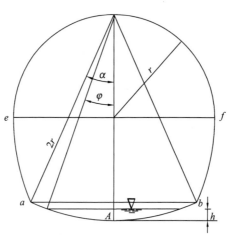

图 9-9　水深处于底部弓形断面内

2. 水深处于最大直径以下（含最大直径）的断面（图 9-10 中的 ef 线以下）

如图 9-10 所示，将图中的几何图形分为 4 部分，即底部的弓形面积 A_1、两侧的弓形面积 A_2、A_3 和中间的梯形面积 A_4。分别计算各块的面积和形心距水面的距离，根据叠加原理求出面积和，而断面形心距水面的距离用式（9-46）计算

$$h_c = \frac{A_1 y_{c1} + A_2 y_{c2} + A_3 y_{c3} + A_4 y_{c4}}{A_1 + A_2 + A_3 + A_4} \tag{9-46}$$

式中，y_{c1}、y_{c2}、y_{c3}、y_{c4} 分别为底部弓形断面、两侧的弓形断面和中间的梯形断面形心距水面的距离，m。略去繁琐的推导过程，得断面相对面积和形心距水面的距离为

$$A/r^2 = 0.196124152 + 4[(\alpha-\beta) - \sin(\alpha-\beta)] + (2\sin\alpha + 2\cos\beta - 1)(2\cos\alpha - 1 - 2\sin\beta) \tag{9-47}$$

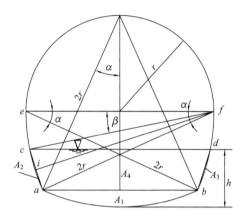

图 9-10　水深处于最大直径以下（含最大直径）断面内

将 α=24.29519°（0.42403rad）代入式（9-47）简化为

$$A/r^2 = 1.7465 - 4\beta - 2\sin(2\beta) + 4\sin\beta \tag{9-48}$$

$$h_c = (C + D + E)/A \tag{9-49}$$

式中

$$C = r^3(0.175335314 - 0.392248304\sin\beta)$$

$$D = \frac{32r^3}{3}\sin^3\left(\frac{\alpha-\beta}{2}\right)\sin\left(\frac{\alpha+\beta}{2}\right) - 8r^3\sin\beta[(\alpha-\beta) - \sin(\alpha-\beta)]$$

$$E = r^3(4\sin\alpha + 2\cos\beta - 1)(2\cos\alpha - 2\sin\beta - 1)^2/3$$

相对水深为

$$h/r = 1 - 2\sin\beta \tag{9-50}$$

式中，$0 < \beta \leqslant 24.29519°$（0.42403rad），$0 < h/r \leqslant 1.0$。相对湿周 χ/r 为

$$\chi/r = 4\alpha + 2[2(\alpha-\beta)] = 8\alpha - 4\beta \tag{9-51}$$

3. 水深处于最大直径以上的断面（图 9-11 中的 ef 线以上）

如图 9-11 所示，将断面面积分为 7 部分，即底部的弓形断面面积 A_1、两侧的

弓形面积 A_2 和 A_3、中间的梯形面积 A_4、ef 线以上的扇形面积 A_5 和 A_6 以及三角形面积 A_7。由图可得断面相对面积为

$$A / r^2 = 1.7465 + \theta + \sin\theta\cos\theta \tag{9-52}$$

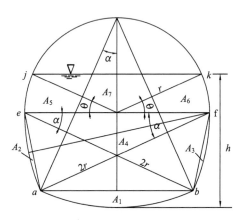

图 9-11　水深位于最大直径以上断面

断面形心距水面的相对距离为

$$\frac{h_c}{r} = \frac{0.793418211 + 1.7465\sin\theta + \theta\sin\theta - (4/3)\sin^2(\theta/2) + (1/3)\sin^2\theta\cos\theta}{1.7465 + \theta + \sin\theta\cos\theta} \tag{9-53}$$

相对水深为

$$h / r = 1 + \sin\theta \tag{9-54}$$

式中，$0 < \theta < 90°\,(\pi/2)$；$0 < h/r < 2$。

相对湿周为

$$\chi / r = 8\alpha + 2\theta \tag{9-55}$$

9.3.2　标准 Ⅱ 型马蹄形断面水跃共轭水深的计算

标准 Ⅱ 型马蹄形断面水跃共轭水深仍然用式 (9-13) 计算，当水深处于断面不同位置时，有不同的计算公式，可能有以下组合形式，如表 9-3 所示，在计算时，根据不同的组合形式，选择相应的计算公式。

水跃计算可以用试算法，如果已知跃前或跃后断面水深，根据相应公式计算出断面面积和形心距水面的距离，求得 $J(h_1)$ 或 $J(h_2)$，代入式 (9-13)，试算求解另一个断面的水深。

表 9-3　不同工况下共轭水深的计算公式

工况	跃前水深处于图 9-9 中 ab 线以下(含 ab 线)、跃后水深处于图 9-10 中 ab 线与 ef 线之间(含 ef 线)	跃前水深处于图 9-9 中 ab 线以下(含 ab 线)、跃后水深处于图 9-11 中 ef 线以上	跃前水深处于图 9-10 中 ab 线与 ef 线之间,跃后水深亦处于图 9-10 中的 ab 线与 ef 线之间	跃前水深处于图 9-10 中 ab 线与 ef 线之间,跃后水深处于图 9-11 中的 ef 线以上
跃前断面计算公式	面积公式(9-42) 形心公式(9-43)	面积公式(9-42) 形心公式(9-43)	面积公式(9-48) 形心公式(9-49)	面积公式(9-48) 形心公式(9-49)
跃后断面计算公式	面积公式(9-48) 形心公式(9-49)	面积公式(9-52) 形心公式(9-53)	面积公式(9-48) 形心公式(9-49)	面积公式(9-52) 形心公式(9-53)

9.3.3　标准 II 型马蹄形断面临界水深的计算

临界水深用式(9-15)计算,对于标准 II 型马蹄形断面,临界水深有三种情况。

1. 水深处于底部弓形断面内

临界断面面积和水面宽度分别用式(9-56)和式(9-57)计算

$$A_k / r^2 = 4(\varphi_k - \sin\varphi_k \cos\varphi_k) \tag{9-56}$$

$$B_k / r = 4\sin\varphi_k \tag{9-57}$$

将式(9-56)、式(9-57)代入式(9-15),得 φ_k 迭代公式为

$$\varphi_k = [Q^2 \sin\varphi_k / (16gr^5)]^{1/3} + \sin\varphi_k \cos\varphi_k \tag{9-58}$$

$$h_k / r = 2(1 - \cos\varphi_k) \tag{9-59}$$

2. 水深处于下部扇形断面内

临界断面相对面积和相对水面宽度分别用式(9-60)和式(9-61)计算

$$A_k / r^2 = 1.7465 - 4\beta_k - 2\sin(2\beta_k) + 4\sin\beta_k \tag{9-60}$$

$$B_k / r = 4\cos\beta_k - 2 \tag{9-61}$$

$$\beta_k = 0.436625 - \frac{1}{2} - \sin(2\beta_k) + \sin\beta_k - \frac{1}{4}\left[\frac{2Q^2(2\cos\beta_k - 1)}{gr^5}\right]^{1/3} \tag{9-62}$$

$$h_k / r = 1 - 2\sin\beta_k \tag{9-63}$$

3. 水深处于顶拱半圆形断面内

临界断面相对面积和相对水面宽度分别用式(9-64)和式(9-65)计算

$$A_k / r^2 = 1.7465 + \theta_k + \sin\theta_k \cos\theta_k \tag{9-64}$$

$$B_k / r = 2\cos\theta_k \tag{9-65}$$

$$\theta_{k+1} = \frac{[2Q^2 \cos\theta_k / (gr^5)]^{1/3} - 1.7465}{\theta_k + \sin\theta_k \cos\theta_k} \theta_k \tag{9-66}$$

$$h_k / r = 1 + \sin\theta_k \tag{9-67}$$

由以上计算可以看出，临界水深的计算比较麻烦，现将式(9-15)变形为

$$Q^2 / (gr^5) = (A_k / r)^3 / (B_k / r) \tag{9-68}$$

根据式(9-56)～式(9-67)，对公式进行无因次化，分段拟合相对临界水深与 $Q^2 / (gr^5)$ 的关系为

$$\frac{h_k}{r} = \begin{cases} 0.6766\left(\dfrac{Q^2}{gr^5}\right)^{0.2497}, & 0 < \dfrac{Q^2}{gr^5} \leqslant 0.037956 \\[3mm] 0.7536\left(\dfrac{Q^2}{gr^5}\right)^{0.2856}, & 0.037956 \leqslant \dfrac{Q^2}{gr^5} \leqslant 12.976873 \\[3mm] 0.9317\left(\dfrac{Q^2}{gr^5}\right)^{0.2017}, & 12.976873 \leqslant \dfrac{Q^2}{gr^5} \leqslant 31.401738 \end{cases} \tag{9-69}$$

式(9-69)的平均误差为 0.337%，最大误差为 1.095%。

9.3.4　标准Ⅱ型马蹄形断面水跃共轭水深的简化算法

同标准Ⅰ型马蹄形断面一样，标准Ⅱ型马蹄形断面水跃共轭水深的计算比较复杂，为了简化计算，分析了相对面积、相对形心与相对水深的关系如图 9-12 和图 9-13 所示，拟合公式如下。

当 $0.01 < h / r \leqslant 0.27$ 时

$$A / r^2 = 2.5078(h / r)^{1.4812} \tag{9-70}$$

$$h_c / r = 0.407(h / r)^{1.0051} \tag{9-71}$$

式(9-70)的平均误差为 1.1%，最大误差为 2.24%；式(9-71)的平均误差为 0.54%，最大误差为 2.23%。

当 $0.27 < h / r \leqslant 1.9$ 时

$$A / r^2 = -0.3051(h / r)^3 + 0.8324(h / r)^2 + 1.265(h / r) - 0.0411 \tag{9-72}$$

$$h_c / r = 0.0487(h / r)^3 - 0.1042(h / r)^2 + 0.5385(h / r) - 0.0298 \tag{9-73}$$

式(9-72)的平均误差为 0.276%，最大误差为 0.836%；式(9-73)的平均误差为 0.246%，最大误差为 2.0%。

Ah_c / r^3 与 h / r 的关系如图 9-14 所示，分段拟合如下。

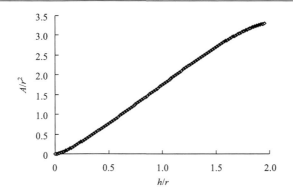

图 9-12　A/r^2 与 h/r 关系

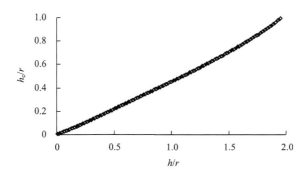

图 9-13　h_c/r 与 h/r 关系

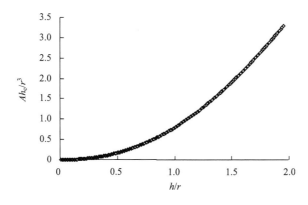

图 9-14　Ah_c/r^3 与 h/r 关系

当 $0.01 < h/r \leqslant 0.27$ 时

$$Ah_c/r^3 = 1.0361(h/r)^{2.4915} \tag{9-74}$$

当 $0.27 < h/r \leqslant 1.9$ 时

$$Ah_c/r^3 = -0.0192(h/r)^3 + 1.0127(h/r)^2 - 0.2228(h/r) + 0.0268 \tag{9-75}$$

式(9-74)的平均误差为 0.393%，最大误差为 1.07%；式(9-75)的平均误差为 0.4236%，最大误差为 1.64%。

当水深处于底部弓形断面以上时，即跃前和跃后水深均在$0.27 < h/r < 1.9$范围内，如果知道跃前断面水深h_1，可由式(9-72)和式(9-73)计算出A'/r^2和h_{c1}/r，代入式(9-30)计算出跃前断面的$J(h_1/r)$，将式(9-72)和式(9-75)代入式(9-29)得跃后断面相对水深的迭代式为

$$\frac{h_2}{r} = \frac{1}{-0.0192(h_2/r)^2 + 1.0127(h_2/r)}$$

$$\times \left[\frac{J(h_1/r)}{r^3} - \frac{Q^2}{gr^5(-0.3051(h_2/r)^3 + 0.8324(h_2/r)^2 + 1.265(h_2/r) - 0.0411)} - 0.0268 + 0.2228(h_2/r) \right]$$

$$(9-76)$$

如果已知跃后水深h_2，则可由式(9-30)计算出$J(h_2/r)$，跃前断面相对水深的迭代公式为

$$\frac{h_1}{r} = \frac{1}{-0.3051(h_1/r)^2 + 0.8324(h_1/r) + 1.265}$$

$$\times \left\{ \frac{Q^2}{gr^2[J(h_2/r) - r^3(-0.0192(h_1/r)^3 + 1.0127(h_1/r)^2 - 0.2228(h_1/r) + 0.0268)]} + 0.0411 \right\}$$

$$(9-77)$$

例 9.4　标准Ⅱ型马蹄形断面，已知顶拱半径$r=5$m，渠道过流量$Q=290$m^3/s，跃前水深$h_1 = 2.5$ m，试判断是否会发生水跃，若发生水跃，试计算跃后水深。

解：试算法：

底部弓形断面高度为

$$h_{底} = 2r(1 - \cos\alpha) = 2 \times 5 \times (1 - \cos 24.29519) = 0.8856(\text{m})$$

因为$h_{底} < h_1 < r$，所以跃前水深位于图 9-8 中的ab线与ef线之间，则可用式(9-50)计算跃前断面的夹角β为

$$\beta = \arcsin(0.5 - 0.5 \times h_1/r) = \arcsin(0.5 - 0.5 \times 2.5/5) = 14.4775° \ (0.25268\text{rad})$$

将$\alpha = 24.29519° \ (0.42403\text{rad})$、$\beta = 14.4775° \ (0.25268\text{rad})$，$r = 5$ m 代入式(9-48)得断面面积$A' = 19.18827$ m^2。将α、β、r代入式(9-49)中计算有关参数为$C = 9.659165$，$D = 0.068$，$E = 11.216505$，跃前断面的总形心到水面的距离为

$$h_{c1} = \frac{C + D + E}{A'} = \frac{9.659165 + 0.068 + 11.216505}{19.18827} = 1.091483(\text{m})$$

$$\frac{Q^2}{gA'} + A'h_{c1} = \frac{290^2}{9.8 \times 19.18827} + 19.18827 \times 1.091483 = 468.177(\text{m}^3)$$

临界水深用式(9-69)计算，当$0.037956 < Q^2/(gr^5) = 290^2/(9.8 \times 5^5) = 2.74612 < 12.976873$时

$$h_k = 0.7536[Q^2 / (gr^5)]^{0.2856} r = 0.7536 \times 2.74612^{0.2856} \times 5 = 5.0282(\text{m})$$

因为跃前断面水深小于临界水深，所以在渠道中发生水跃。

跃后水深假定在图 9-8 中的 ef 线以上，计算时假设一个 θ，用式(9-52)～式(9-54)计算跃后断面面积、形心高度和跃后水深，由式(9-13)试算结果为 $\theta = 55.93°$（0.97616rad），$A'' = 79.6677$ m²，$h_{c2} = 4.52453$ m，$h_2 = 9.142$ m。

简化公式计算：

已知 $h_1 = 2.5$ m，$h_k = 5.0282$ m，渠道中发生水跃。因为 $h_1 / r = 2.5 / 5 = 0.5$，所以跃后水深一定在 $0.27 < h / r \leqslant 1.9$，由式(9-72)和式(9-75)得

$$A' / r^2 = -0.3051 \times 0.5^3 + 0.8324 \times 0.5^2 + 1.265 \times 0.5 - 0.0411 = 0.7613625$$

$$A' h_{c1} / r^3 = -0.0192 \times 0.5^3 + 1.0127 \times 0.5^2 - 0.2228 \times 0.5 + 0.0268 = 0.166175$$

$$J(h_1 / r) = \frac{Q^2}{g(A' / r^2)r^2} + r^3 \frac{A' h_{c1}}{r^3} = \frac{290^2}{9.8 \times 0.7613625 \times 5^2} + 5^3 \times 0.166175 = 471.6285$$

跃后水深用式(9-76)求解，将 $J(h_1 / r) = 471.6285$ 代入式(9-76)迭代得 $h_2 / r = 1.836677$，$h_2 = 9.1834$ m。与理论公式计算的 9.142m 相差了 0.475%。

例 9.5　某标准 Ⅱ 型马蹄形断面，已知半径 $r = 1.5$ m，渠道过流量 $Q = 14.079$ m³/s，跃后水深 $h_2 = 2.5$ m，求跃前水深。

解：已知 $0.27 < h_2 / r = 1.667 \leqslant 1.9$

$$A'' / r^2 = -0.3051(h_2 / r)^3 + 0.8324(h_2 / r)^2 + 1.265(h_2 / r) - 0.0411 = 2.966955554$$

$$A'' h_{c2} / r^3 = -0.0192(h_2 / r)^3 + 1.0127(h_2 / r)^2 - 0.2228(h_2 / r) + 0.0268 = 2.379633335$$

$$J(h_2 / r) = \frac{Q^2}{g(A'' / r^2)r^2} + r^3 \frac{A'' h_{c2}}{r^3} = 11.06113$$

将 $J(h_2 / r) = 11.06113$，$Q = 14.079$ m³/s，$r = 1.5$m 代入式(9-77)迭代得 $h_1 / r = 0.5572$，$h_1 = 0.8358$m。

用理论公式计算，求得 $J(h_2) = 11.0726$，代入理论公式(9-13)试算得 $\beta = 12.911°$（0.22534rad），跃前水深为 0.83m，简化公式的误差为 0.7%。

9.3.5　标准 Ⅱ 型马蹄形断面的正常水深

一般明渠的正常水深流量关系为第 6 章的式(6-89)，即

$$Q = AC\sqrt{Ri} = \frac{AR^{1/6}}{n}\sqrt{Ri} = \frac{A\sqrt{i}}{n}R^{2/3} = \frac{A\sqrt{i}}{n}\left(\frac{A}{\chi}\right)^{2/3}$$

上面已经给出了水深处于不同位置时的断面面积和湿周，正常水深计算如下。

1. 水深处于 ab 线以下（含 ab 线）

$$\frac{Qn}{\sqrt{i}r^{8/3}} = \frac{4(\varphi - \sin\varphi\cos\varphi)^{5/3}}{\varphi^{2/3}}$$

(9-78)

如果已知流量，则可写成迭代公式

$$\varphi = \left(\frac{nQ}{4\sqrt{i}r^{8/3}}\right)^{0.6} \varphi^{0.4} + \sin\varphi\cos\varphi$$

(9-79)

相对正常水深为

$$h_0 / r = 2(1 - \cos\varphi)$$

(9-80)

2. 水深处于 ab 线与 ef 线之间（含 ef 线）

$$\frac{Qn}{\sqrt{i}r^{8/3}} = \frac{\{0.1961242 + 4(\beta - \sin\beta) + [2\cos(\alpha - \beta) - 0.1771243][0.82287564 - 2\sin(\alpha - \beta)]\}^{5/3}}{(4\alpha + 4\beta)^{2/3}}$$

(9-81)

用式 (9-81) 计算水深流量关系时，β 的取值范围为 $0° \sim 24.29519°$ (0.42403rad)，如果水深已知，则可由式 (9-50) 求出 β，代入式 (9-81) 即可计算出流量。如果已知流量求水深，可以将式 (9-81) 写成迭代公式为

$$\beta = \sin\beta - 0.049031 + \frac{1}{4}\left(\frac{nQ}{\sqrt{i}r^{8/3}}\right)^{0.6}(1.6961242 + 4\beta)^{0.4}$$

$$- \frac{1}{4}[2\cos(\alpha - \beta) - 0.1772143][0.82287564 - 2\sin(\alpha - \beta)]$$

(9-82)

相对正常水深为

$$h_0 / r = 1 - 2\sin\beta$$

(9-83)

3. 水深处于 ef 线以上

相对正常水深流量关系为

$$\frac{Qn}{\sqrt{i}r^{8/3}} = \frac{(1.74649703 + \theta + \sin\theta\cos\theta)^{5/3}}{(3.39225 + 2\theta)^{2/3}}$$

(9-84)

式 (9-84) 中只有一个变量 θ，$0 < \theta < 90°$ ($\pi/2$)，计算时如果已知水深，可由式 (9-54) 求出 θ，代入式 (9-84) 求出流量；如果已知流量，则可写出迭代公式为

$$\theta = \left(\frac{nQ}{\sqrt{i}r^{8/3}}\right)^{0.6}(3.39225 + 2\theta)^{0.4} - 1.7465 - \sin\theta\cos\theta$$

(9-85)

相对正常水深为

$$h_0 / r = 1 + \sin\theta$$

(9-86)

由以上公式可以看出，标准Ⅱ型马蹄形断面计算正常水深时需先判断水深所

处的位置，然后选用合适的公式，而且计算时均为隐函数关系，不易求解。为了简化计算，分段拟合了 $nQ/(\sqrt{i}r^{8/3})$ 与 h_0/r 的显函数关系，相对水深或相对流量可以表示如下。

已知正常水深求流量时

$$\frac{Qn}{\sqrt{i}r^{8/3}} = \begin{cases} 1.9888(h_0/r)^{2.165437}, & 0 < h_0/r \leqslant 0.25 \\ 1.35(h_0/r)^{1.61843} - 0.02714\,\mathrm{e}^{2.12744(h/r)}, & 0.25 \leqslant h_0/r \leqslant 1.85 \end{cases} \quad (9\text{-}87)$$

已知流量求正常水深时

$$\frac{h_0}{r} = \begin{cases} 0.73265\left(\dfrac{Qn}{\sqrt{i}r^{8/3}}\right)^{0.463585}, & 0 < \dfrac{Qn}{\sqrt{i}r^{8/3}} \leqslant 0.098337 \\[3mm] \dfrac{0.681276}{[Qn/(\sqrt{i}r^{8/3})]^{-0.47735} - 0.26564}, & 0.098337 \leqslant \dfrac{Qn}{\sqrt{i}r^{8/3}} \leqslant 1.1219 \\[3mm] \dfrac{-2.509055 + Qn/(\sqrt{i}r^{8/3})}{0.97845 - 0.1376[Qn/(\sqrt{i}r^{8/3})]^2} + 2.72824, & 1.1219 \leqslant \dfrac{Qn}{\sqrt{i}r^{8/3}} \leqslant 2.26294 \end{cases}$$

$$(9\text{-}88)$$

式 (9-87) 的最大误差为 1.025%，平均误差为 0.093%；式 (9-88) 的最大误差为 1.114%，平均误差为 0.225%。

9.3.6 标准 II 型马蹄形断面的弗劳德数

弗劳德数的计算公式为

$$Fr = \frac{v}{\sqrt{gA/B}} = \frac{Q}{\sqrt{gA^3/B}} \quad (9\text{-}89)$$

标准 II 型马蹄形断面的弗劳德数用式 (9-90) 计算，即

$$Fr = \begin{cases} \dfrac{Q}{\sqrt{gr^5}}\sqrt{\dfrac{\sin\varphi}{16(\varphi - \sin\varphi\cos\varphi)^3}}, & \varphi = \arccos\left(1 - \dfrac{h}{2r}\right), & 0 < \dfrac{h}{r} \leqslant 0.1771244 \\[4mm] \dfrac{Q}{\sqrt{gr^5}}\sqrt{\dfrac{2\cos\beta - 1}{4(0.87325 - 2\beta - \sin 2\beta + 2\sin\beta)^3}}, & \beta = \arcsin\left(\dfrac{1}{2} - \dfrac{h}{2r}\right), & 0.1771244 \leqslant \dfrac{h}{r} \leqslant 1 \\[4mm] \dfrac{Q}{\sqrt{gr^5}}\sqrt{\dfrac{2\cos\theta}{(1.7465 + \theta + \sin\theta\cos\theta)^3}}, & \theta = \arcsin\left(\dfrac{h}{r} - 1\right), & 1 \leqslant \dfrac{h}{r} \leqslant 1.90 \end{cases}$$

$$(9\text{-}90)$$

9.4 马蹄形断面水面线的计算

标准 I 型和标准 II 型马蹄形断面的水面线可以用分段试算法计算，本节使用

积分公式计算，积分公式仍为第 7 章的式(7-26)～式(7-30)，计算参数如表 9-4 所示。

表 9-4　马蹄形断面水面线计算参数表

断面形式	h/r	j'			Fr^2		
		a_1	b_1	c_1	a_2	b_2	c_2
标准 I 型	$0.25 \leqslant h/r \leqslant 0.5$	0.2457	0.6440	−0.165	0.1195	0.4276	−0.2518
	$0.5 \leqslant h/r \leqslant 1.0$	0.2583	0.5902	−0.1206	0.1410	0.2973	−0.1105
	$1.0 \leqslant h/r \leqslant 1.5$	0.4072	0.2819	0.0465	0.1856	0.1861	−0.0385
	$1.5 \leqslant h/r \leqslant 1.86$	1.6635	−0.7855	0.2755	−0.0964	0.4053	−0.0805
标准 II 型	$0.25 \leqslant h/r \leqslant 0.4$	0.4198	−0.5099	3.9349	0.1948	0.1465	0.6784
	$0.4 \leqslant h/r \leqslant 0.8$	0.3508	0.5465	−0.1179	0.1849	0.3405	−0.1815
	$0.8 \leqslant h/r \leqslant 1.35$	0.4085	0.3789	0.0068	0.2239	0.1975	−0.0460
	$1.35 \leqslant h/r \leqslant 1.8$	0.9718	−0.2300	0.1750	0.1771	0.2283	−0.0486

标准 I 型马蹄形断面 j' 拟合的平均误差和最大误差分别为 0.193% 和 0.848%，Fr^2 拟合的平均误差和最大误差分别为 0.264% 和 1.524%。标准 II 型马蹄形断面 j' 拟合的平均误差和最大误差分别为 0.14% 和 0.81%，Fr'^2 拟合的平均误差和最大误差分别为 0.13% 和 1.25%。

例 9.6 某引水式电站输水隧洞断面为标准 II 型马蹄形断面，已知 $r=1.5$m，底坡 $i=0.0131$，粗糙系数 $n=0.015\text{s/m}^{1/3}$，引渠的过水断面面积 A_0 为 51.83m²，喇叭形进口，进口局部阻力系数 $\xi=0.1$，上游进口高程为 100m，水面高程为 103.455m，流量 $Q=26.22\text{m}^3/\text{s}$，隧洞长 1000m，试计算沿程水面线。

解： 求临界水深，$Q^2/(gr^5)=26.22^2/(9.8\times1.5^5)=9.238$，用式(9-69)求临界水深：

$$h_k=0.7536[Q^2/(gr^5)]^{0.2856}r=0.7536\times9.238^{0.2856}\times1.5=2.133(\text{m})$$

求正常水深，$Qn/(\sqrt{i}r^{8/3})=1.1655$，用式(9-88)求正常水深：

$$h_0=r\left\{\frac{-2.509055+Qn/(\sqrt{i}r^{8/3})}{0.97845-0.1376[Qn/(\sqrt{i}r^{8/3})]^2}+2.72824\right\}=1.546(\text{m})$$

经验算，临界水深的理论值为 2.129m，误差为 0.19%，正常水深的理论值为 1.538m，误差为 0.52%。

假设隧洞进口相对水深 $0.27 \leqslant h/r \leqslant 1.9$，忽略行近流速水头，上游水深为 $H=103.455-100=3.455$m，$H/2r=3.455/3=1.152<1.2$，为无压流[19]。根据文献[19]，隧洞进口收缩断面水深 h_d 可以用下式计算

$$H_0 = h_\mathrm{d} + \frac{Q^2}{2gA_\mathrm{d}^2}\left[1 + \xi\left(1 - \frac{A_\mathrm{d}^2}{A_0^2}\right)\right]$$

式中，A_d 为隧洞收缩断面的面积，m^2；可以用式(9-72)计算，将式(9-72)、H、Q、A_0、b、ξ 代入上式求得收缩断面水深为 $h_\mathrm{d}=1.7975\mathrm{m}$，计算时取为 1.8m。

水面线水深的计算范围为 1.8～1.56m，使用第 5 章的式(5-1)，采用分段试算法，计算的步高间隔取为 1mm，计算结果为 175.04m。使用积分法求得结果为 176.73m。误差为 0.965%。

例 9.7　将例 9.6 断面形式改为标准Ⅰ型马蹄形断面进行验证计算。

解：用式(9-40)计算正常水深为 1.498m(实际值为 1.4986m，误差为 0.04%)，用式(9-28)计算临界水深为 2.0754m(实际值为 2.0811m，误差为 0.274%)，水面线水深的计算范围为 2.0811～1.513m，使用第 5 章的式(5-1)，采用分段试算法，计算的步高间隔取为 1mm，计算结果为 219.64m。使用积分法求得结果为 221.49m。误差为 0.84%。

参 考 文 献

[1] 林继镛. 水工建筑物[M]. 4 版. 北京：中国水利水电出版社, 2007: 402-412.
[2] 武汉水利电力学院水力学教研室. 水力计算手册[M]. 北京：水利电力出版社, 1983: 399-409.
[3] 吕宏兴, 辛全才, 花立峰. 马蹄形过水断面正常水深的迭代计算[J]. 长江科学院院报, 2001, 18(3)：7-10.
[4] 张润生, 刘学文, 彭月琴. 马蹄形断面隧洞各水力要素的求解[J]. 山西水利科技, 1994, (4)：44-47.
[5] 腾凯, 刘继忠, 李松岩, 等. 马蹄形过水断面均匀流水深的简化计算方法[J]. 人民黄河, 1997, (1)：36-38.
[6] 赵延风, 王正中, 芦琴. 马蹄形断面正常水深的直接计算公式[J]. 水力发电学报, 2012, 31(1)：173-177.
[7] 文辉, 李风玲. 平底马蹄形断面的水力计算[J]. 农业工程学报, 2013, 29(10)：130～134.
[8] 张志昌, 李若冰. 标准Ⅰ型马蹄形断面水力特性的研究[J]. 长江科学院院报, 2013, 30(5)：55-59.
[9] 谭新莉. 马蹄形断面水力学计算[J]. 新疆水利, 2003, (2)：20-23.
[10] 李永刚. 马蹄形隧洞水力计算迭代法[J]. 人民黄河, 1955, (11)：42-44.
[11] 王正中, 陈涛, 芦琴, 等. 马蹄形断面隧洞临界水深的直接计算[J]. 水力发电学报, 2005, 24(5)：95-98.
[12] 张宽地, 吕宏兴, 陈俊英. 马蹄形断面临界水深的直接计算方法[J]. 农业工程学报, 2009, 25(4)：15-18.
[13] 马吉明, 梁海波, 梁元博. 城门洞形及马蹄形过水隧洞的临界水流[J]. 清华大学学报：自然科学版, 1999, 39(11)：32-34.
[14] 赵延风, 王正中, 卢琴. 马蹄形断面临界水深的一种计算公式[J]. 农业工程学报, 2011, 27(2)：28-32.

[15] 马吉明, 谢省宗, 梁元博. 城门洞形及马蹄形输水隧洞内的水跃[J]. 水利学报, 2000,（7）：
　　　20-24.

[16] 李若冰, 张志昌. 标准 I 型马蹄形断面水跃共轭水深的计算[J]. 西北农林科技大学学报,
　　　2012, 40（8）：230-234.

[17] 黄朝轩. 马蹄形无压隧洞恒定渐变流水面线计算的新解析法[J]. 中国农村水利水电, 2012,
　　　（10）：91-94.

[18] 单辉祖. 材料力学教程[M]. 北京：高等教育出版社, 2007: 321-340.

[19] 成都科学技术大学水力学教研室. 水力学（下册）[M]. 北京：人民教育出版社, 1979: 60-65.

第 10 章　蛋形断面明渠的水力特性

10.1　蛋形断面水力特性的研究现状

蛋形断面由于受力条件好、水流条件优越，常用于城市的排水工程和水工建筑物隧洞工程，如美国曼哈顿的排水工程、印度卡纳塔克邦 Varahi 水电站的输水工程[1]，我国湖南省的临澧县青山水轮泵站灌区的冉铺湾隧洞[2]和衡东县白莲灌区武家坳隧洞[3]均采用蛋形断面。

蛋形断面形状比较复杂，形式多样。断面形式主要有下部为半圆形、上部为半椭圆形断面[4]，底部为半圆形、上部为抛物线形断面[3]，四圆弧蛋形断面[5]以及六圆弧蛋形断面[1, 2]等。

目前有关蛋形断面水力特性的研究主要集中在正常水深和临界水深方面，就正常水深而言，文献[4]研究了下部为半圆、上部为半椭圆蛋形断面正常水深的近似计算方法。文献[6]编制了倒立式四圆弧蛋形断面诺谟图。文献[7]对倒立式四圆弧蛋形断面水力要素进行了分析，给出了正常水深的计算方法。文献[8]将倒立式四圆弧蛋形断面根据 $y/H<0.1$、$0.1<y/H<0.625$ 和 $y/H>0.625$ 分成三个区域，分别给出了正常水深的迭代公式，与理论公式相比，迭代公式的误差小于 1%。文献[9]研究了四圆弧蛋形断面隧洞正常水深的简易算法，但从公式结构来看，计算过程比较复杂。文献[5]研究了四圆弧蛋形断面的正常水深，但在计算时需借助表格查算，比较麻烦。文献[1]研究了六圆弧蛋形断面的正常水深和临界水深，断面形式与本章研究的形式相比，其各圆弧的圆心位置均不同。文献[10]依据优化拟合理论，研究了六圆弧蛋形断面水面线的简化计算方法，但在计算湿周时误将底部弓形断面的半角当成全角。文献[5]仍用分段试算法计算四圆弧蛋形断面的水面线。对于水跃共轭水深的研究目前尚未看到相关文献。

本章将详细推导蛋形断面的相对面积、相对形心、相对湿周、相对水面宽度与相对水深的关系，以期确定蛋形断面的正常水深、临界水深、水跃共轭水深、水面线的计算方法，为工程设计提供技术支撑。

10.2　六圆弧蛋形断面水力特性的研究

六圆弧蛋形断面是在文献[11]的基础上改进的。文献[11]在设计中取 r_1=280cm，

r_2=120cm，r_3=85cm，α_1=25.375°（0.44288rad），α_2=122.2°（2.13279rad），α_3=27.0667°（0.4724rad），α_4 没有给出角度，渠道最大宽度为 r_1，最宽处距渠底的距离为 82cm，但使用计算机作图时发现，在每个圆弧与圆弧相切点都找不到切点。因此，作者对原设计进行了修改，在修改中仍保持 r_1、r_3、α_1，如图 10-1 所示。由图 10-1 的几何关系计算得：h_{ab}=27.01374cm，h_2=54.78239cm，h_3=78.91202cm，r_2=119.29186cm，α_2=121.1838°（2.11506rad），α_3=29.4081°（0.51327rad），α_4=40.12811°（0.70037rad）。为了使蛋形断面具有通用性，作者在文献[12]中将 h_{ab}、h_2、h_3、r_2、r_3 均换成 r_1 的函数，得 h_{ab}=0.096478r_1，h_2=0.1956514r_1，h_3=0.281829r_1，r_2=0.426042r_1，r_3=（17/56）r_1。

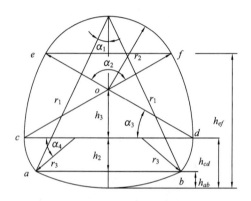

图 10-1　六圆弧蛋形断面

10.2.1　六圆弧蛋形断面面积、形心和湿周的计算

现以图 10-1 中 ab、cd、ef 作为分界线，对应水深分别为 h_{ab}、h_{cd}、h_{ef}，则可以将断面水深分为四个部分，即 $h \leqslant h_{ab}$、$h_{ab} \leqslant h \leqslant h_{cd}$、$h_{cd} \leqslant h \leqslant h_{ef}$ 和 $h_{ef} \leqslant h$。

1. 水深处于底部弓形断面（$h \leqslant h_{ab}$）

如图 10-2 所示，φ 为水深处于底部弓形断面时对应的半圆心角，$0 < \varphi \leqslant 25.375°$（0.4429rad），$A_0$ 为计算区域断面面积，y_{c0} 为计算区域形心距水面的距离，则当 $h \leqslant h_{ab}$ 时断面相对面积 A / r_1^2 和相对形心距水面的距离 y_{c0} / r_1 为

$$A / r_1^2 = A_0 / r_1^2 = (2\varphi - \sin 2\varphi) / 2 \tag{10-1}$$

$$y_c / r_1 = y_{c0} / r_1 = 4\sin^3 \varphi / [3(2\varphi - \sin 2\varphi)] - \cos \varphi \tag{10-2}$$

相对水深为

$$h / r_1 = 1 - \cos \varphi \tag{10-3}$$

相对湿周为

$$\chi / r_1 = 2\varphi \tag{10-4}$$

相对水力半径为

$$R / r_1 = A_0 / (\chi r_1) = (2\varphi - \sin 2\varphi) / (4\varphi) \tag{10-5}$$

水面相对宽度为

$$B / r_1 = 2\sin\varphi \tag{10-6}$$

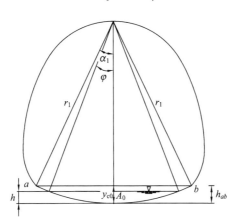

图 10-2　水深处于底部弓形断面

2. 水深处于最大宽度以下 (含最大宽度) 断面 ($h_{ab} \leqslant h \leqslant h_{cd}$)

水深处于最大宽度以下断面时，断面面积和形心距水面的距离如图 10-3 所示。将计算区域分为底部、两侧弓形和中间梯形四个部分，其面积分别为 A_1、A_2、A_3、A_4，对应形心距水面的距离分别为 y_{c1}、y_{c2}、y_{c3}、y_{c4}，由图 10-3 的几何关系得

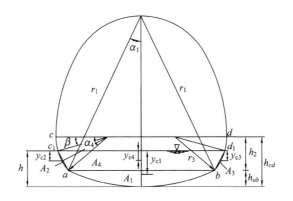

图 10-3　水深处于最大宽度 (含最大宽度) 以下断面

$$A_1 = r_1^2(2\alpha_1 - \sin 2\alpha_1)/2 = 0.055681r_1^2$$

$$A_2 = A_3 = \frac{r_3^2}{2}[(\alpha_4 - \beta) - \sin(\alpha_4 - \beta)] = \left(\frac{17}{56}\right)^2\frac{r_1^2}{2}[(\alpha_4 - \beta) - \sin(\alpha_4 - \beta)]$$

$$ab = 2r_1\sin\alpha_1 = 2r_1\sin 25.375° = 0.857082r_1$$

$$c_1d_1 = r_1 - 2r_3(1-\cos\beta) = \left[\frac{11}{28} + \frac{17}{28}\cos\beta\right]r_1$$

$$A_4 = 0.5(ab + c_1d_1)(h_2 - r_3\sin\beta) = \left(0.6249695 + \frac{17}{56}\cos\beta\right)\left(0.1956514 - \frac{17}{56}\sin\beta\right)r_1^2$$

$$y_{c1} = 2r_1^3\sin^3\alpha_1/(3A_1) - r_2 - h_3 - r_3\sin\beta$$

$$h_3 = (r_1/2)\tan\alpha_3 = (r_1/2)\tan 29.4081° = 0.281829r_1$$

将 A_1、h_3、$r_2 = 0.426042r_1$，$r_3 = (17/56)r_1$ 代入 y_{c1} 公式得

$$y_{c1} = \frac{2r_1^3\sin^3\alpha_1}{3A_1} - r_2 - h_3 - r_3\sin\beta = \left(0.2344061 - \frac{17}{56}\sin\beta\right)r_1$$

$$y_{c2} = y_{c3} = \frac{2}{3}\frac{r_3^3}{A_2}\sin^3\frac{\alpha_4-\beta}{2}\sin\frac{\alpha_4+\beta}{2} - r_3\sin\beta$$

$$= \frac{4}{3}\frac{(17/56)\ r_1}{(\alpha_4-\beta) - \sin(\alpha_4-\beta)}\sin^3\frac{\alpha_4-\beta}{2}\sin\frac{\alpha_4+\beta}{2} - \frac{17}{56}r_1\sin\beta$$

$$y_{c4} = \frac{(h_2 - r_3\sin\beta)(2ab + c_1d_1)}{3(ab + c_1d_1)} = \frac{\left(0.1956514 - \frac{17}{56}\sin\beta\right)\left(2.107021 + \frac{17}{28}\cos\beta\right)}{3(1.24994 + 17/28\cos\beta)}r_1$$

则断面面积 A 和形心距水面的距离 y_c 为

$$\frac{A}{r_1^2} = \frac{(A_1 + 2A_2 + A_4)}{r_1^2} = 0.055681 + \left(\frac{17}{56}\right)^2[(\alpha_4-\beta) - \sin(\alpha_4-\beta)]$$

$$+ \left(0.6249695 + \frac{17}{56}\cos\beta\right)\left(0.1956514 - \frac{17}{56}\sin\beta\right) \tag{10-7}$$

$$= 0.2425 - \left(\frac{17}{56}\right)^2\beta - 0.11926\sin\beta - \left(\frac{17}{56}\right)^2\sin\beta\cos\beta$$

$$y_c = (A_1y_{c1} + A_2y_{c2} + A_3y_{c3} + A_4y_{c4})/A \tag{10-8}$$

水深计算公式为

$$h = h_{ab} + h_2 - r_3\sin\beta = 0.2921294r_1 - \frac{17}{56}r_1\sin\beta \tag{10-9}$$

或

$$h / r_1 = 0.2921294 - \frac{17}{56}\sin\beta \tag{10-10}$$

式中，$0 \leqslant \beta \leqslant 40.12811°$（0.70037rad）。

相对湿周和相对水力半径为

$$\frac{\chi}{r_1} = 2\alpha_1 + \frac{34}{56}(\alpha_4 - \beta) = 1.310978 - \frac{34}{56}\beta \tag{10-11}$$

$$\frac{R}{r_1} = \frac{0.2425 - \left(\frac{17}{56}\right)^2 (\beta + \sin\beta\cos\beta) - 0.11926\sin\beta}{1.310978 - \frac{34}{56}\beta} \tag{10-12}$$

水面相对宽度为

$$\frac{B}{r_1} = \frac{11}{28} + \frac{17}{28}\cos\beta \tag{10-13}$$

式中，$0 \leqslant \beta \leqslant 40.12811°$（0.70037rad）

3. 水深处于 ef 线（含 ef 线）以下断面（$h_{cd} \leqslant h \leqslant h_{ef}$）

如图 10-4 所示，将计算区域分为 7 部分，其中底部弓形断面面积 A_1、ab 线与 cd 线之间的两侧扇形断面面积 A_2' 和 A_3'、中部梯形断面面积 A_4'、cd 线与 c_2d_2 线之间两侧弓形断面面积 A_5'、A_6' 和梯形断面面积 A_7'，对应形心距水面的距离分别为 y_{c1}'、y_{c2}'、y_3'、y_{c4}'、y_{c5}'、y_6'、y_{c7}'，则几何关系为

$$A_2' = A_3' = r_3^2\alpha_4 / 2 = 0.0322714r_1^2$$

$$A_4' = (2r_1\sin\alpha_1 + r_1 - 2r_3)h_2 / 2 = 0.1222762r_1^2$$

$$A_5' = A_6' = r_1^2(\beta_1 - \sin\beta_1) / 2$$

$$c_2d_2 = r_1(2\cos\beta_1 - 1)$$

$$A_7' = (1 / 2)(c_2d_2 + r_1)r_1\sin\beta_1 = (1 / 2)2r_1^2\cos\beta_1\sin\beta_1 = r_1^2\cos\beta_1\sin\beta_1$$

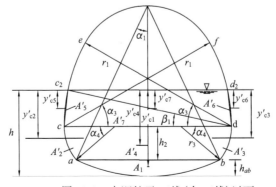

图 10-4　水深处于 ef 线（含 ef 线）以下

将 $r_3 = 17r_1/56$，$h_2 = 0.1956514r_1$，$\alpha_1 = 25.375°\ (0.4429\text{rad})$，$\alpha_4 = 40.12811°$ (0.70037rad)代入以上各式，得断面相对面积 A/r_1^2 为

$$A/r_1^2 = (A_1 + A_2' + \cdots + A_7')/r_1^2 = 0.2425 + \beta_1 - \sin\beta_1 + \sin\beta_1\cos\beta_1 \quad (10\text{-}14)$$

$$y_{c1}' = r_1\sin\beta_1 + (h_2 + h_{ab}) - [r_1 - (2r_1^3\sin^3\alpha_1)/(3A_1)]$$

将 $h = h_{ab} + h_2 = 0.2921294r_1$ 代入式(10-14)得

$$y_{c1}' = r_1\sin\beta_1 + 0.2921294r_1 - \left(r_1 - \frac{2}{3}\frac{r_1^3\sin^3\alpha_1}{0.055681r_1^2}\right) = (0.234407 + \sin\beta_1)r_1$$

$$y_{c2}' = y_{c3}' = \frac{2}{3}\frac{r_3\sin(\alpha_4/2)}{\alpha_4/2}\sin\frac{\alpha_4}{2} + r_1\sin\beta_1 = (0.0680206 + \sin\beta_1)r_1$$

$$y_{c4}' = h_2 - \frac{h_2[2(r_1 - 2r_3) + 2r_1\sin\alpha_1]}{3(r_1 - 2r_3 + 2r_1\sin\alpha_1)} + r_1\sin\beta_1 = (0.109936 + \sin\beta_1)r_1$$

$$y_{c5}' = y_{c6}' = r_1\sin\beta_1 - \frac{2}{3}\frac{r_1^3\sin^3(\beta_1/2)}{A_5}\sin\frac{\beta_1}{2} = r_1\sin\beta_1 - \frac{4}{3}\frac{r_1\sin^4(\beta_1/2)}{\beta_1 - \sin\beta_1}$$

$$y_{c7}' = r_1\sin\beta_1 - \frac{r_1\sin\beta_1[2(2r_1\cos\beta_1 - r_1) + r_1]}{3(2r_1\cos\beta_1 - r_1 + r_1)} = r_1\sin\beta_1\left(1 - \frac{4\cos\beta_1 - 1}{6\cos\beta_1}\right)$$

断面总形心距水面的距离为

$$y_c = (A_1y_{c1}' + 2A_2'y_{c2}' + A_4'y_{c4}' + 2A_5'y_{c5}' + A_7'y_{c7}')/A \quad (10\text{-}15)$$

水深计算公式为

$$h = h_{ab} + h_2 + r_1\sin\beta_1 = 0.2921294r_1 + r_1\sin\beta_1 \quad (10\text{-}16)$$

或相对水深为

$$h/r_1 = 0.2921294 + \sin\beta_1 \quad (10\text{-}17)$$

相对湿周和相对水力半径为

$$\frac{\chi}{r_1} = 2\alpha_1 + \frac{34}{56}\alpha_4 + 2\beta_1 = 1.310978 + 2\beta_1 \quad (10\text{-}18)$$

$$R/r_1 = (0.2425 + \beta_1 - \sin\beta_1 + \sin\beta_1\cos\beta_1)/(1.310978 + 2\beta_1) \quad (10\text{-}19)$$

相对水面宽度为

$$B/r_1 = 2\cos\beta_1 - 1 \quad (10\text{-}20)$$

式中，$0 \leqslant \beta_1 \leqslant \alpha_3 = 29.4081°(0.51327\text{rad})$。

4. 水深处于 ef 线以上顶部弓形断面内（$h_{ef} \leqslant h$）

如图 10-5 所示，将计算区域分为 10 部分，其中底部弓形断面面积 A_1，ab 线与 cd 线之间的两侧扇形断面面积 A_2'、A_3' 和中部的梯形断面面积 A_4'，cd 线与 ef 线之间的两侧弓形断面面积 A_5''、A_6'' 和中部梯形断面面积 A_7''，ef 线与 c_3d_3 线之间的两侧弓形断面面积 A_8'''、A_9''' 和中部梯形断面面积 A_{10}'''，对应形心距水面的距离分别

为 y''_{c1}、y''_{c2}、y''_{c3}、y''_{c4}、y''_{c5}、y''_{c6}、y''_{c7}、y''_{c8}、y''_{c9}、y''_{c10}，则几何关系为

$$A''_5 = A''_6 = r_1^2(\alpha_3 - \sin\alpha_3)/2 = 0.011121r_1^2$$

$$A''_7 = 0.5[r_1 + 2r_2\sin(\alpha_2/2)]r_1\sin\alpha_3 = 0.427755r_1^2$$

$$A''_8 = A''_9 = r_2^2(\beta_2 - \sin\beta_2)/2 = 0.426042^2 r_1^2(\beta_2 - \sin\beta_2)/2$$

$$c_3d_3 = 2r_2\sin(\alpha_2/2 - \beta_2)$$

$$A''_{10} = 0.5[c_3d_3 + 2r_2\sin(\alpha_2/2)][r_2\cos(\alpha_2/2 - \beta_2) - r_2\cos(\alpha_2/2)]$$

$$= [\sin(\alpha_2/2 - \beta_2) + \sin(\alpha_2/2)][\cos(\alpha_2/2 - \beta_2) - \cos(\alpha_2/2)]r_2^2$$

$$= 0.426042^2 r_1^2[\sin(\alpha_2/2 - \beta_2) + \sin(\alpha_2/2)][\cos(\alpha_2/2 - \beta_2) - \cos(\alpha_2/2)]$$

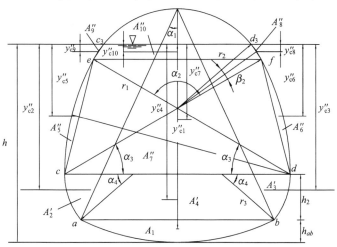

图 10-5　水深处于 ef 线以上弓形断面内

则断面相对面积 A/r_1^2 为

$$A/r_1^2 = (A_1 + A_2' + \cdots + A''_{10})/r_1^2 = 0.614854 + 0.181512[\beta_2 + 0.5\sin(\alpha_2 - 2\beta_2)] \quad (10\text{-}21)$$

$$y''_{c1} = 2r_1^3\sin^3\alpha_1/(3A_1) - r_2 + r_2\cos\left(\frac{\alpha_2}{2} - \beta_2\right) = \left[0.516236 + 0.426042\cos\left(\frac{\alpha_2}{2} - \beta_2\right)\right]r_1$$

$$y''_{c2} = y''_{c3} = \frac{2}{3}\frac{r_3\sin(\alpha_4/2)}{\alpha_4/2}\sin\frac{\alpha_4}{2} + r_1\sin\alpha_3 + r_2\left[\cos\left(\frac{\alpha_2}{2} - \beta_2\right) - \cos\frac{\alpha_2}{2}\right]$$

$$= \left[0.34985 + 0.426042\cos\left(\frac{\alpha_2}{2} - \beta_2\right)\right]r_1$$

$$y''_{c4} = h_2 - \frac{h_2[2(r_1 - 2r_3) + 2r_1\sin\alpha_1]}{3(r_1 - 2r_3 + 2r_1\sin\alpha_1)} + r_1\sin\alpha_3 + r_2\left[\cos\left(\frac{\alpha_2}{2} - \beta_2\right) - \cos\frac{\alpha_2}{2}\right]$$

$$= \left[0.391765 + 0.426042\cos\left(\frac{\alpha_2}{2} - \beta_2\right)\right]r_1$$

$$y''_{c5} = y''_{c6} = r_1 \sin \alpha_3 - \frac{2}{3} \frac{r_1^3 \sin^3(\alpha_3 / 2)}{A_5} \sin \frac{\alpha_3}{2} + r_2 \left[\cos\left(\frac{\alpha_2}{2} - \beta_2 \right) - \cos \frac{\alpha_2}{2} \right]$$

$$= \left[0.03299 + 0.426042 \cos\left(\frac{\alpha_2}{2} - \beta_2 \right) \right] r_1$$

$$y''_{c7} = r_1 \sin \alpha_3 - \frac{r_1 \sin \alpha_3 [4r_2 \sin(\alpha_2 / 2) + r_1]}{3\left(2r_2 \sin \frac{\alpha_2}{2} + r_1 \right)} + r_2 \left[\cos\left(\frac{\alpha_2}{2} - \beta_2 \right) - \cos \frac{\alpha_2}{2} \right]$$

$$= r_1 \sin \alpha_3 - \frac{r_1 \sin \alpha_3 \left[4r_2 \sin \frac{\alpha_2}{2} + r_1 \right]}{3\left(2r_2 \sin \frac{\alpha_2}{2} + r_1 \right)} + 0.426042 r_1 \left[\cos\left(\frac{\alpha_2}{2} - \beta_2 \right) - \cos \frac{\alpha_2}{2} \right]$$

$$= \left[0.04842 + 0.426042 \cos\left(\frac{\alpha_2}{2} - \beta_2 \right) \right] r_1$$

$$y''_{c8} = y''_{c9} = r_2 \cos\left(\frac{\alpha_2}{2} - \beta_2 \right) - \frac{2}{3} \frac{r_2^3 \sin^3(\beta_2 / 2)}{A_8} \cos \frac{\alpha_2 - \beta_2}{2}$$

$$= 0.426042 r_1 \left[\cos\left(\frac{\alpha_2}{2} - \beta_2 \right) - \frac{4}{3} \frac{\sin^3(\beta_2 / 2)}{\beta_2 - \sin \beta_2} \cos \frac{\alpha_2 - \beta_2}{2} \right]$$

$$y''_{c10} = r_2 \left[\cos\left(\frac{\alpha_2}{2} - \beta_2 \right) - \cos \frac{\alpha_2}{2} \right] - \left\{ r_2 \left[\cos\left(\frac{\alpha_2}{2} - \beta_2 \right) - \cos\left(\frac{\alpha_2}{2} \right) \right] \right.$$

$$\left. \times \left[4r_2 \sin\left(\frac{\alpha_2}{2} - \beta_2 \right) + 2r_2 \sin \frac{\alpha_2}{2} \right] \right\} / \left[6r_2 \sin\left(\frac{\alpha_2}{2} - \beta_2 \right) + 6r_2 \sin \frac{\alpha_2}{2} \right]$$

$$= 0.426042 r_1 \left\{ \cos\left(\frac{\alpha_2}{2} - \beta_2 \right) - 0.49103 - \left[\cos\left(\frac{\alpha_2}{2} - \beta_2 \right) - 0.49103 \right] \right.$$

$$\left. \times \left[2 \sin\left(\frac{\alpha_2}{2} - \beta_2 \right) + 0.871144 \right] / \left[3 \sin\left(\frac{\alpha_2}{2} - \beta_2 \right) + 2.613432 \right] \right\}$$

断面形心距水面的距离 y_c 为

$$y_c = (A_1 y''_{c1} + 2A'_2 y''_{c2} + A'_4 y''_{c4} + 2A'_5 y''_{c5} + A''_7 y''_{c7} + 2A''_8 y''_{c8} + A''_{10} y''_{c10}) / A \quad (10\text{-}22)$$

水深的计算公式为

$$h = h_{ab} + h_2 + r_1 \sin \alpha_3 + r_2 \left[\cos\left(\frac{\alpha_2}{2} - \beta_2 \right) - \cos \frac{\alpha_2}{2} \right]$$

$$= 0.2921294 r_1 + r_1 \sin \alpha_3 + 0.426042 r_1 \left[\cos\left(\frac{\alpha_2}{2} - \beta_2 \right) - \cos \frac{\alpha_2}{2} \right] \quad (10\text{-}23)$$

或相对水深为

$$h / r_1 = 0.573958 + 0.426042 \cos\left(\frac{\alpha_2}{2} - \beta_2 \right) \quad (10\text{-}24)$$

相对湿周和相对水力半径为

$$\chi / r_1 = 2.337514 + 0.852084\beta_2 \tag{10-25}$$

$$R / r_1 = \frac{0.614854 + 0.181512[\beta_2 + 0.5\sin(\alpha_2 - 2\beta_2)]}{2.337514 + 0.852084\beta_2} \tag{10-26}$$

相对水面宽度为

$$B / r_1 = 0.852\sin\left(\frac{\alpha_2}{2} - \beta_2\right) \tag{10-27}$$

式中，$0 \leqslant \beta_2 < \alpha_2 / 2 = 121.1838° / 2(1.05753\text{rad})$。

10.2.2　六圆弧蛋形断面水跃共轭水深的计算

水跃共轭水深的一般计算公式为

$$Q^2 / (gA') + A'y_c' = Q^2 / (gA'') + A''y_c'' \tag{10-28}$$

式中，A' 和 A'' 分别为跃前和跃后断面的面积，m^2；y_c' 和 y_c'' 分别为跃前和跃后断面形心距水面的距离，m；Q 为流量，m^3/s；g 为重力加速度，m/s^2。式(10-28)可以表示为

$$J(h') = J(h'') \tag{10-29}$$

式中，$J(h')$ 和 $J(h'')$ 分别对应式(10-28)的左边和右边，h'、h'' 分别为跃前、跃后断面的水深，m。

水跃共轭水深的计算一般采用试算法，根据跃前和跃后水深的位置不同，有下列组合形式，如表 10-1 所示。

表 10-1　六圆弧蛋形断面不同工况时面积和形心公式

工况		$h' \leqslant h_{ab}$ $h_{ab} \leqslant h'' \leqslant h_{cd}$	$h' \leqslant h_{ab}$ $h_{cd} \leqslant h'' \leqslant h_{ef}$	$h' \leqslant h_{ab}$ $h_{ef} \leqslant h''$	$h_{ab} \leqslant h' \leqslant h_{cd}$ $h_{ab} \leqslant h'' \leqslant h_{cd}$
跃前断面 计算公式	面积/m^2	式(10-1)	式(10-1)	式(10-1)	式(10-7)
	形心/m	式(10-2)	式(10-2)	式(10-2)	式(10-8)
跃后断面 计算公式	面积/m^2	式(10-7)	式(10-14)	式(10-21)	式(10-7)
	形心/m	式(10-8)	式(10-15)	式(10-22)	式(10-8)
工况		$h_{ab} \leqslant h' \leqslant h_{cd}$ $h_{cd} \leqslant h'' \leqslant h_{ef}$	$h_{ab} \leqslant h' \leqslant h_{cd}$ $h_{ef} \leqslant h''$	$h_{cd} \leqslant h' \leqslant h_{ef}$ $h_{cd} \leqslant h'' \leqslant h_{ef}$	$h_{cd} \leqslant h' \leqslant h_{ef}$ $h_{ef} \leqslant h''$
跃前断面 计算公式	面积/m^2	式(10-7)	式(10-7)	式(10-14)	式(10-14)
	形心/m	式(10-8)	式(10-8)	式(10-15)	式(10-15)
跃后断面 计算公式	面积/m^2	式(10-14)	式(10-21)	式(10-14)	式(10-21)
	形心/m	式(10-15)	式(10-22)	式(10-15)	式(10-22)

10.2.3　六圆弧蛋形断面临界水深的计算

六圆弧蛋形断面的临界水深文献[12]已给出了计算公式：

$$\frac{h_k}{r_1} = \begin{cases} 0.8097\left(\dfrac{Q^2}{gr_1^5}\right)^{0.2502}, & 0 < \dfrac{Q^2}{gr_1^5} \leqslant 0.0002 \\[3mm] 0.8772\left(\dfrac{Q^2}{gr_1^5}\right)^{0.2613}, & 0.0002 < \dfrac{Q^2}{gr_1^5} \leqslant 0.01426 \\[3mm] 0.9904\left(\dfrac{Q^2}{gr_1^5}\right)^{0.2882}, & 0.01426 < \dfrac{Q^2}{gr_1^5} \leqslant 0.4474 \\[3mm] 0.9505\left(\dfrac{Q^2}{gr_1^5}\right)^{0.2371}, & 0.4474 < \dfrac{Q^2}{gr_1^5} \leqslant 0.7 \end{cases} \tag{10-30}$$

当临界水深大于底部弓形断面时，如果已知临界水深，临界水深对应的断面面积可用式(10-31)计算，即

$$A_k / r_1^2 = -0.4908(h_k / r_1)^3 + 0.5236(h_k / r_1)^2 + 0.8104 h_k / r_1 - 0.0274 \tag{10-31}$$

例 10.1　某六圆弧蛋形断面，已知半径 $r_1 = 1.5\text{m}$，试求流量为 $0.05 \sim 7.0\text{m}^3/\text{s}$ 时渠道的临界水深。

解：计算时，由已知流量求出 $Q^2 / (gr_1^5)$，然后从式(10-30)中找出相应的计算公式，解出 h_k，计算结果如表 10-2 中第四列所示。表中还列出了文献[12]用理论公式计算的临界水深，可以看出，理论值与用式(10-30)计算的值最大误差为 1.0088%。

表 10-2　临界水深计算表

$Q/(\text{m}^3/\text{s})$	$Q^2/(gr_1^5)$	h_k/r_1	式(10-30) h_k/m	(理论) h_k/m	误差/%
0.05	3.36E-05	0.061517	0.092275	0.092283	−0.0084
0.1	0.000134	0.087022	0.130533	0.13055	−0.0131
0.5	0.003359	0.19802	0.29703	0.295257	0.6007
1.0	0.013437	0.284464	0.426697	0.431045	−1.0088
1.5	0.030234	0.361319	0.541978	0.541163	0.1507
2.0	0.05375	0.426487	0.63973	0.638296	0.2247
2.5	0.083984	0.485025	0.727538	0.726636	0.1241
3.0	0.120937	0.538771	0.808157	0.808283	−0.0156
3.5	0.164609	0.588834	0.88325	0.88434	−0.1232
4.0	0.215	0.635944	0.953917	0.955499	−0.1656

续表

$Q/(\text{m}^3/\text{s})$	$Q^2/(gr_1^5)$	h_k/r_1	式(10-30) h_k/m	(理论) h_k/m	误差/%
4.5	0.272109	0.680618	1.020927	1.022322	−0.1364
5.0	0.335937	0.723233	1.084849	1.085505	−0.0604
5.5	0.406484	0.764076	1.146115	1.14453	0.1385
6.0	0.483749	0.800158	1.200236	1.207552	−0.6058
6.5	0.567733	0.831112	1.246669	1.248233	−0.1253
7.0	0.658436	0.860839	1.291258	1.290842	0.0322

例 10.2　验证式(10-31)的正确性。仍为例 10.1，已知临界水深为 1.085505m，试求流量。

解： 将临界水深代入式(10-31)得

$$\frac{A_k}{r_1^2} = -0.4908\left(\frac{1.085505}{1.5}\right)^3 + 0.5236\left(\frac{1.085505}{1.5}\right)^2 + 0.8104 \times \frac{1.085505}{1.5} - 0.0274 = 0.647265$$

$$A_k = 0.647265 \times 1.5^2 = 1.456346(\text{m}^2)$$

由式(10-14)计算 β_1，对式(10-14)变形为

$$\beta_1 = A/r_1^2 - 0.2425 + \sin\beta_1 - \sin\beta_1\cos\beta_1$$

将 $A_k/r_1^2 = 0.647265$ 代入上式迭代得 $\beta_1 = 25.6299°$。

由式(10-20)得

$$B_k = r_1(2\cos\beta_1 - 1) = 1.5 \times (2 \times \cos 25.6299° - 1) = 1.204282(\text{m})$$

$$Q = (gA_k^3/B_k)^{0.5} = 5.0124(\text{m}^3/\text{s})$$

由此得出的流量与例 10.1 中的流量之间的误差为 0.249%，验证了式(10-31)的正确性。

10.2.4　六圆弧蛋形断面水跃共轭水深的简化算法

由以上推导过程可以看出，除了水深处于底部弓形断面内时，断面面积和形心计算比较简单，当水深处于底部弓形断面以上时，水跃共轭水深的计算十分复杂，计算工作量大。为了简化计算，分析了水深大于底部弓形断面时的相对形心、相对面积与相对水深的关系，结果如图 10-6 和图 10-7 所示。由图 10-6 和图 10-7 的关系可得相对形心和相对面积与相对水深的关系为

$$y_c/r_1 = 0.1263(h/r_1)^3 - 0.0527(h/r_1)^2 + 0.4607h/r_1 - 0.0055 \qquad (10\text{-}32)$$

$$A/r_1^2 = -0.5384(h/r_1)^3 + 0.5825(h/r_1)^2 + 0.7896h/r_1 - 0.0255 \qquad (10\text{-}33)$$

在 $h/r_1 = 0.095\sim0.96$ 时，式(10-32)的平均误差为 0.585%，最大误差为 1.7%；式(10-33)的平均误差为 0.337%，最大误差为 0.71%。

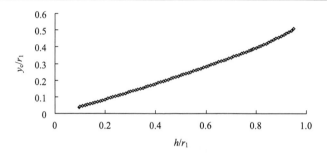

图 10-6　y_c/r_1 与 h/r_1 的关系

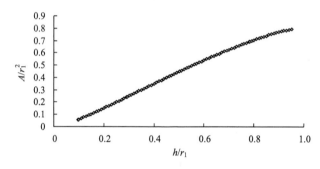

图 10-7　A/r_1^2 与 h/r_1 的关系

如果知道跃前断面水深 h'，可由式(10-32)和式(10-33)计算出 y_c' 和 A'，代入式(10-28)计算出跃前断面的 $J(h')$，跃后断面相对水深可由下面的迭代公式计算

$$\frac{h''}{r_1}=\frac{\left[\dfrac{J(h')}{r_1^3(y_c''/r_1)}-\dfrac{Q^2}{gr_1^5(y_c''/r_1)(A''/r_1^2)}+0.0255\right]}{[-0.5384(h''/r_1)^2+0.5825(h''/r_1)+0.7896]} \tag{10-34}$$

式中，y_c'' 和 A'' 用式(10-32)和式(10-33)计算，计算时公式中的 h 用 h'' 代替。

如果已知跃后水深 h''，则可由式(10-28)计算出 $J(h'')$，跃前断面相对水深的迭代公式为

$$\frac{h'}{r_1}=\frac{\left\{\dfrac{Q^2}{gr_1^2[J(h'')-r_1^3(y_c'/r_1)(A'/r_1^2)]}+0.0255\right\}}{[-0.5384(h'/r_1)^2+0.5825(h'/r_1)+0.7896]} \tag{10-35}$$

式中，y_c' 和 A' 用式(10-32)和式(10-33)计算，计算时公式中的 h 用 h' 代替。

由式(10-34)和式(10-35)可以看出，h''/r_1 和 h'/r_1 均小于 1，所以迭代的初值取 0～1 即可。

需要强调的是，式(10-34)和式(10-35)适应于跃前和跃后断面水深在底部弓形断面以上(图 10-1 的 ab 线以上)的情况。跃后水深大多数情况下均在底部弓形

断面以上，在用式(10-35)计算时，如果求得的跃前断面水深 $h'<h_{ab}$，则应用试算法求 h'。

例 10.3　某泄洪隧洞采用六圆弧蛋形断面，已知六圆弧蛋形断面的最大半径 $r_1=10$m，消力池以上总水头 $E_0=50$m，流速系数 $\varphi=0.86$，渠道通过的流量 $Q=150$m³/s，试判断是否会发生水跃，若发生水跃，试计算跃后水深。

解：已知六圆弧蛋形断面参数如下：

$$r_2=0.426042r_1=4.26042\text{m}, \qquad r_3=(17/56)r_1=3.03571\text{m}$$

$$\alpha_1 = 25.375° \ (0.4429\text{rad})$$

$$\alpha_2 = 121.18380° \ (2.11506\text{rad})$$

$$\alpha_3 = 29.4081° \ (0.51327\text{rad})$$

$$\alpha_4 = 40.12811° \ (0.70037\text{rad})$$

$$h_{ab} = r(1-\cos\alpha_1) = 0.90352\text{m}$$

$$h_2 = 0.1956514r_1 = 1.95651\text{m}$$

解法一：用理论公式(10-28)计算水跃共轭水深。坝趾收缩断面以上的总水头 E_0 为

$$E_0 = h' + Q^2 / (2g\varphi^2 A^2) = h_c + Q^2 / (2g\varphi^2 A^2)$$

假定收缩断面的水深在最大宽度以下扇形断面内，计算时，用 Excel 列表，假设一个 β，求出各分块的面积和形心，然后用式(10-7)和式(10-8)计算出总面积 A' 和总形心 y_c'，再用式(10-10)求出收缩断面水深 h_c，然后将 A' 和 h_c 代入总水头公式，如果求得的 E_0 与已知的 E_0 相等，则 h_c 即为跃前水深。通过试算求得 $\beta=39.96°$（0.69743rad），$h'=0.97161$m，$A_1=5.5681$m²，$y_{c1}=0.39437$m，$A_2=1.94^{-8}$m²，$y_{c2}=0.00341$m，$A_4=0.05848$m²，$y_{c4}=0.00341$m，$A'=5.62658$m²，$y_c'=0.39030$m，$E_0=49.99922$m，$J(h')=410.2448$m³，$h_c=0.97161$m，水深处于底部弓形断面以上的扇形断面内，与假设相符。

临界水深用式(10-30)计算，计算公式为

$$Q^2 / (gr^5) = 150^2 / (9.8 \times 10^5) = 0.02296$$

$$h_k / r_1 = 0.9904[Q^2 / (gr_1^5)]^{0.2882} = 0.33376$$

求得临界水深为 3.3376m，大于跃前断面水深，因此会发生水跃。

假定跃后水深在顶拱圆形断面内，计算时，假设一个 β_2，求出各部分断面的面积和形心，然后用式(10-21)和式(10-22)计算总面积和总形心距水面的距离，用式(10-29)计算 $J(h'')$，求得：$\beta_2=29.4°$（0.51313rad），$h''=9.384105$m，$A_1=5.5681$m²，$y_{c1}''=8.806883$m，$A_2'=3.22714$m²，$y_{c2}''=7.143023$m，$A_4''=12.22762$m²，$y_{c4}''=7.562173$m，$A_5''=1.1121$m²，$y_{c5}''=3.974423$m，$A_7''=42.7755$m²，$y_{c7}''=4.128723$m，$A_8''=0.201687$m²，$y_{c8}''=0.737391$m，$A_{10}''=9.187846$m²，$y_{c10}''=0.842066$m，最后得 $A''=78.84092$m²，$y_c''=4.833662$m，$J(h'')=410.2113$m³。即当跃后水深为 9.384105m 时，计算的 $J(h'')$ 与 $J(h')$ 相近，此时的水深即为跃后水深。

解法二：用简化公式计算水跃共轭水深。仍假定跃前水深大于底部弓形断面，跃前断面面积用式(10-33)计算，则跃前断面相对水深的迭代公式为：

$$\frac{h'}{r_1} = \frac{\dfrac{Q}{\varphi r_1^2 \sqrt{2g(E_0 - r_1(h'/r_1))}} + 0.0255}{-0.5384(h'/r_1)^2 + 0.5825(h'/r_1) + 0.7896}$$

已知 E_0=50m，φ = 0.86，Q=150m³/s，代入上式迭代得 h'/r_1 = 0.09721，h' = 0.9721 m，将 h'/r_1 = 0.09721 代入式(10-32)和式(10-33)分别求得 y'_c = 0.389m，A' = 5.62614m²，由式(10-29)求 $J(h')$ = 410.269m³。由此法计算的跃前水深与用理论公式计算的跃前水深相差 0.04%。

将跃前断面的水跃函数 $J(h')$，流量 Q 和 r_1 代入式(10-34)迭代得 h''/r_1 = 0.9399167，跃后水深为 h'' = 9.399167m，验算得 $J(h'')$=410.269m³。求得的跃后水深与理论公式计算的跃后水深相差 0.16%。

10.2.5　六圆弧蛋形断面的正常水深

六圆弧蛋形断面正常水深的计算公式仍为第 6 章的式(6-89)，式(6-89)可以写成

$$Q = \frac{r^{8/3}\sqrt{i}}{n}\frac{(A/r^2)^{5/3}}{(\chi/r)^{2/3}} \tag{10-36}$$

式中，i 为明渠的比降；n 为糙率，s/m$^{1/3}$。

由以上对六圆弧蛋形断面面积、湿周的计算公式可以看出，六圆弧蛋形断面可以分为 $h \leqslant h_{ab}$、$h_{ab} \leqslant h \leqslant h_{cd}$、$h_{cd} \leqslant h \leqslant h_{ef}$ 和 $h_{ef} \leqslant h$ 四种水力条件，表 10-3 给出了四种水力条件下已知水深求流量和已知流量求水深的计算公式及迭代初值。

表 10-3　六圆弧蛋形断面正常水深计算公式

范围	已知水深求流量	已知流量求水深（迭代法）	迭代初值
$h \leqslant h_{ab}$	$Qn/(\sqrt{i}r_1^{8/3}) = (\varphi - \sin\varphi\cos\varphi)^{5/3}/(2\varphi)^{2/3}$	$\varphi = [Qn/(\sqrt{i}r_1^{8/3})]^{0.6}(2\varphi)^{0.4} + \sin\varphi\cos\varphi$ $h/r_1 = 1 - \cos\varphi$	0～0.44288 rad
$h_{ab} \leqslant h \leqslant h_{cd}$	$Qn/(\sqrt{i}r_1^{8/3})$ $= [0.2425 - (17/56)^2(\beta + \sin\beta\cos\beta)$ $- 0.11926\sin\beta]^{5/3}/[1.310978 - (34/56)\ \beta]^{2/3}$	$\beta = \{2.63142 - 10.85121[Qn/(\sqrt{i}r_1^{8/3})]^{0.6}$ $[1.310978 - (17/28)\ \beta]^{0.4}$ $- 1.29412\sin\beta\}/(\beta + \sin\beta\cos\beta)$ $h/r_1 = 0.292129 - (17/56)\sin\beta$	0～0.70037 rad
$h_{cd} \leqslant h \leqslant h_{ef}$	$Qn/(\sqrt{i}r_1^{8/3})$ $= (0.2425 + \beta_1 - \sin\beta_1 + \sin\beta_1\cos\beta_1)^{5/3}/$ $(1.310978 + 2\beta_1)^{2/3}$	$\beta_1 = [Qn/(\sqrt{i}r_1^{8/3})]^{0.6}(1.310978 + 2\beta_1)^{0.4}$ $- 0.2425 + \sin\beta_1 - \sin\beta_1\cos\beta_1$ $h/r_1 = 0.292129 + \sin\beta_1$	0～0.51327 rad
$h_{ef} \leqslant h$	$Qn/(\sqrt{i}r_1^{8/3})$ $= \{0.614854 + 0.181512[\beta_2 + 0.5\sin(\alpha_2 - 2\beta_2)]\}^{5/3}/$ $(2.337514 + 0.8520812\beta_2)^{2/3}$	$\beta_2 = 5.50928[Qn/(\sqrt{i}r_1^{8/3})]^{0.6}$ $(2.337514 + 0.8520812\beta_2)^{0.4} -$ $3.3874 - 0.5\sin(\alpha_2 - 2\beta_2)$ $h/r_1 = 0.573958 + 0.426042\cos$ $(\alpha_2/2 - \beta_2)$	0～1.05753 rad

根据以上计算公式，求得相对面积、相对湿周、相对水力半径和相对水深的关系如表 10-4 所示。

表 10-4　六圆弧蛋形断面的相对断面面积、相对湿周、相对水力半径和相对水深的关系

h/r_1	A/r_1^2	χ/r_1	R/r_1	$Qn/(i^{0.5}r_1^{8/3})$	h/r_1	A/r_1^2	χ/r_1	R/r_1	$Qn/(i^{0.5}r_1^{8/3})$
当水深处于底部弓形断面时					当水深处于最大直径以下(含最大直径)时				
0.01	0.00188	0.28308	0.00665	6.7E-05	0.26	0.21041	1.24597	0.16887	0.06426
0.02	0.00532	0.40067	0.01327	0.00030	0.27	0.22038	1.26605	0.17407	0.06868
0.03	0.00975	0.49113	0.01986	0.00072	0.28	0.23037	1.28609	0.17913	0.07318
0.04	0.01499	0.56759	0.02642	0.00133	0.29	0.24037	1.30609	0.18404	0.07775
0.05	0.02092	0.63512	0.03294	0.00215	0.292129	0.24250	1.31035	0.18507	0.07873
0.06	0.02746	0.69633	0.03944	0.00318	当水深处于图 10-4 中的 ef 线以下(含 ef 线)时				
0.07	0.03455	0.75277	0.04590	0.00443	0.30	0.25037	1.32672	0.18871	0.08238
0.08	0.04215	0.80543	0.05233	0.00590	0.31	0.26037	1.34672	0.19334	0.08706
0.09	0.05022	0.85502	0.05873	0.00759	0.32	0.27036	1.36673	0.19782	0.09180
0.096478	0.05568	0.88576	0.06286	0.00880	0.33	0.28035	1.38674	0.20217	0.09658
当水深处于最大直径以下(含最大直径)时					0.34	0.29033	1.40676	0.20639	0.10140
.10	0.05871	0.89428	0.06565	0.00955	0.35	0.30031	1.42678	0.21048	0.10627
0.11	0.06742	0.91969	0.07331	0.01180	0.36	0.31027	1.44682	0.21445	0.11117
0.12	0.07628	0.94432	0.08078	0.01425	0.37	0.32021	1.46688	0.21830	0.11610
0.13	0.08527	0.96828	0.08807	0.01687	0.38	0.33014	1.48695	0.22203	0.12106
0.14	0.09440	0.99166	0.09519	0.01967	0.39	0.34006	1.50703	0.22565	0.12605
0.15	0.10364	1.01452	0.10215	0.02264	0.40	0.34995	1.52714	0.22916	0.13106
0.16	0.11298	1.03694	0.10896	0.02576	0.41	0.35982	1.54727	0.23255	0.13608
0.17	0.12242	1.05897	0.11561	0.02904	0.42	0.36967	1.56742	0.23585	0.14113
0.18	0.13195	1.08065	0.12210	0.03246	0.43	0.37949	1.58760	0.23904	0.14618
0.19	0.14156	1.10203	0.12846	0.03603	0.44	0.38929	1.60781	0.24212	0.15124
0.20	0.15124	1.12314	0.13466	0.03972	0.45	0.39905	1.62805	0.24511	0.15631
0.21	0.16099	1.14402	0.14072	0.04354	0.46	0.40879	1.64832	0.24800	0.16137
0.22	0.17079	1.16470	0.14664	0.04747	0.47	0.41849	1.66862	0.25080	0.16644
0.23	0.18064	1.18521	0.15241	0.05152	0.48	0.42815	1.68897	0.25350	0.17150
0.24	0.19053	1.20557	0.15804	0.05567	0.49	0.43777	1.70935	0.25611	0.17656
0.25	0.20045	1.22582	0.16353	0.05992	0.50	0.44736	1.72977	0.25862	0.18161

h/r_1	A/r_1^2	χ/r_1	R/r_1	$Qn/(i^{0.5}r_1^{8/3})$	h/r_1	A/r_1^2	χ/r_1	R/r_1	$Qn/(i^{0.5}r_1^{8/3})$
0.51	0.45690	1.75024	0.26105	0.18664	0.75	0.66728	2.26218	0.29497	0.29570
0.52	0.46640	1.77076	0.26339	0.19165	0.76	0.67501	2.28474	0.29544	0.29945
0.53	0.47585	1.79132	0.26564	0.19665	0.77	0.68263	2.30744	0.29584	0.30310
0.54	0.48525	1.81194	0.26780	0.20162	0.78	0.69015	2.33028	0.29617	0.30666
0.55	0.49460	1.83261	0.26989	0.20657	0.78316	0.69250	2.33751	0.29625	0.30776
0.56	0.50389	1.85334	0.27188	0.21149	当水深处于图 10-5 中的 *ef* 线以上时				
0.57	0.51313	1.87413	0.27380	0.21638	0.79	0.69755	2.35331	0.29641	0.31010
0.58	0.52232	1.89498	0.27563	0.22123	0.80	0.70483	2.37671	0.29656	0.31344
0.59	0.53144	1.91590	0.27738	0.22605	0.81	0.71199	2.40051	0.29660	0.31666
0.60	0.54050	1.93689	0.27906	0.23083	0.82	0.71902	2.42477	0.29653	0.31973
0.61	0.54950	1.95794	0.28065	0.23556	0.83	0.72590	2.44953	0.29634	0.32266
0.62	0.55843	1.97908	0.28216	0.24025	0.84	0.73264	2.47484	0.29603	0.32542
0.63	0.56728	2.00029	0.28360	0.24489	0.85	0.73921	2.50076	0.29559	0.32802
0.64	0.57607	2.02158	0.28496	0.24948	0.86	0.74561	2.52738	0.29501	0.33043
0.65	0.58479	2.04295	0.28625	0.25401	0.87	0.75184	2.55477	0.29429	0.33264
0.66	0.59342	2.06441	0.28745	0.25848	0.88	0.75786	2.58303	0.29340	0.33463
0.67	0.60198	2.08597	0.28859	0.26290	0.89	0.76369	2.61231	0.29234	0.33639
0.68	0.61046	2.10762	0.28964	0.26725	0.90	0.76929	2.64274	0.29109	0.33789
0.69	0.61885	2.12937	0.29062	0.27154	0.91	0.77465	2.67452	0.28964	0.33911
0.70	0.62715	2.15122	0.29153	0.27575	0.92	0.77976	2.70790	0.28796	0.34002
0.71	0.63537	2.17318	0.29237	0.27990	0.93	0.78458	2.74322	0.28601	0.34059
0.72	0.64349	2.19525	0.29313	0.28397	0.94	0.78911	2.78092	0.28376	0.34075
0.73	0.65152	2.21744	0.29382	0.28796	0.95	0.79329	2.82165	0.28114	0.34045
0.74	0.65945	2.23974	0.29443	0.29187					

由表 10-4 可以看出，六圆弧蛋形断面的正常水深流量关系计算相当复杂，现根据表 10-4 中的数据，拟合 $Qn/(\sqrt{i}r_1^{8/3})$ 与 h/r_1 的关系如图 10-8 和图 10-9 所示。

由图 10-8 和图 10-9 可得以下关系。

当 $0 < h/r_1 \leqslant 0.15$ 时

$$Qn/(\sqrt{i}r_1^{8/3}) = 1.3638(h/r_1)^{2.1547} \tag{10-37}$$

式（10-37）的平均误差为 0.336%，最大误差为 1.074%。

当 $0.15 < h/r_1 \leqslant 0.9$ 时

$$Qn / (\sqrt{i}r_1^{8/3}) = -0.5912(h / r_1)^3 + 0.8307(h / r_1)^2 + 0.1208(h / r_1) - 0.0127 \qquad (10\text{-}38)$$

式(10-38)的平均误差为 0.204%，最大误差为 1.129%。

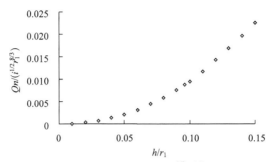

图 10-8　当 $0 < h/r_1 \leqslant 0.15$ 时 $Qn/(i^{1/2}r_1^{8/3})$ 与 h/r_1 关系

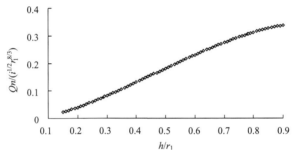

图 10-9　当 $0.15 < h/r_1 \leqslant 0.9$ 时 $Qn/(i^{1/2}r_1^{8/3})$ 与 h/r_1 关系

如果知道流量求水深，则当 $0 < Qn / (\sqrt{i}r_1^{8/3}) \leqslant 0.062238$ 时

$$h / r_1 = [0.733245Qn / (\sqrt{i}r_1^{8/3})]^{1/2.1547} \qquad (10\text{-}39)$$

当 $0.062238 < Qn / (\sqrt{i}r_1^{8/3}) \leqslant 0.337893$ 时，可用下面的迭代公式，即

$$h / r_1 = \frac{(h / r_1)^3 + 1.691475Qn / (\sqrt{i}r_1^{8/3}) + 0.021482}{1.40511h / r_1 + 0.20433} \qquad (10\text{-}40)$$

在迭代时，初值 h/r_1 可取 0.15～0.9。

为了更加简化计算，下面给出 $0.062238 < Qn / (\sqrt{i}r_1^{8/3}) \leqslant 0.337893$ 范围内的显函数关系式

$$\frac{h}{r_1} = \frac{a + b(Qn / \sqrt{i}r_1^{8/3})}{1 + c(Qn / \sqrt{i}r_1^{8/3}) + d(Qn / \sqrt{i}r_1^{8/3})^2} \qquad (10\text{-}41)$$

当 $0.062238 < Qn / (\sqrt{i}r_1^{8/3}) \leqslant 0.313445$ 时，$a=0.0786, b=3.93, c=4.86, d=-8.97$。

当 $0.313445 < Qn / (\sqrt{i}r_1^{8/3}) \leqslant 0.337893$ 时，$a=0.808, b=-1.81, c=-1.2, d=-3.31$。

式(10-41)的平均误差为 0.229%，最大误差为 1.057%。

例 10.4　已知某输水隧洞为六圆弧蛋形断面,最大半径 r_1=1.5m,洞底设计坡降 i=1 / 2500,洞内壁糙率 n=0.014s/m$^{1/3}$,试求当设计流量 Q=0.1～1.2m³/s 时隧洞内相应的正常水深 h 值。

解：计算结果及误差分析如表 10-5 所示。

表 10-5　计算结果及误差分析

Q/(m³/s)	$Qn / (\sqrt{i}r_1^{8/3})$	理论值 h/m	式(10-40) h/m	误差/%	式(10-41) h/m	误差/%
0.1	0.02374	0.23392	0.23233	0.679	0.23223	0.723
0.2	0.04748	0.33051	0.32887	0.496	0.32861	0.574
0.3	0.07123	0.41352	0.41311	0.099	0.41348	0.009
0.4	0.09497	0.48999	0.49054	0.113	0.49089	−0.184
0.5	0.11871	0.56293	0.56393	0.177	0.56372	−0.141
0.6	0.14245	0.63398	0.63499	0.159	0.63408	−0.016
0.7	0.16620	0.70431	0.70499	0.098	0.70364	0.095
0.8	0.18994	0.77491	0.77504	0.017	0.77374	0.151
0.9	0.21368	0.84675	0.84622	0.063	0.84568	0.127
1.0	0.23742	0.92099	0.91982	0.127	0.92067	0.034
1.1	0.26116	0.99913	0.99762	0.151	1	−0.087
1.2	0.28491	1.08355	1.08249	0.098	1.08506	−0.140

由以上计算可以看出，理论值和用简化公式计算的值非常接近，最大误差为 0.723%。

10.2.6　六圆弧蛋形断面的弗劳德数

蛋形断面的弗劳德数仍用第 7 章的式(7-76)计算，即

$$Fr = Q / \sqrt{gA^3 / B}$$

根据上面推出的断面面积和水面宽度，六圆弧蛋形断面的弗劳德数为

$$Fr = \begin{cases} \dfrac{Q}{\sqrt{gr^5}}\sqrt{\dfrac{16\sin\varphi}{(2\varphi - \sin 2\varphi)^3}}, & \varphi = \arccos\left(1 - \dfrac{h}{n}\right) \\[3mm] \dfrac{Q}{\sqrt{gr^5}}\sqrt{\dfrac{\dfrac{11}{28} + \dfrac{17}{28}\cos\beta}{\left[0.2425 - \left(\dfrac{17}{56}\right)^2\beta - 0.11926\sin\beta - \left(\dfrac{17}{56}\right)^2\sin\beta\cos\beta\right]^3}}, & \beta = \arcsin\left|0.96231 - \dfrac{56}{17}\dfrac{h}{n}\right| \\[3mm] \dfrac{Q}{\sqrt{gr^5}}\sqrt{\dfrac{2\cos\beta_1 - 1}{(0.2425 + \beta_1 - \sin\beta_1 + \sin\beta_1\cos\beta_1)^3}}, & \beta_1 = \arcsin\left(\dfrac{h}{n} - 0.2921294\right) \\[3mm] \dfrac{Q}{\sqrt{gr^5}}\sqrt{\dfrac{0.852\sin(\alpha_2 / 2 - \beta_2)}{\{0.614854 + 0.181512[\beta_2 + 0.5\sin(\alpha_2 - 2\beta_2)]\}^3}}, & \beta_2 = \dfrac{\alpha_2}{2} - \arccos\left(2.3472\dfrac{h}{n} - 1.3472\right) \end{cases}$$

$$(10\text{-}42)$$

10.3　四圆弧蛋形断面水力特性的研究

四圆弧蛋形断面的标准形式有四种，即Ⅰ、Ⅱ、Ⅲ、Ⅳ型蛋形断面，如图 10-10所示。

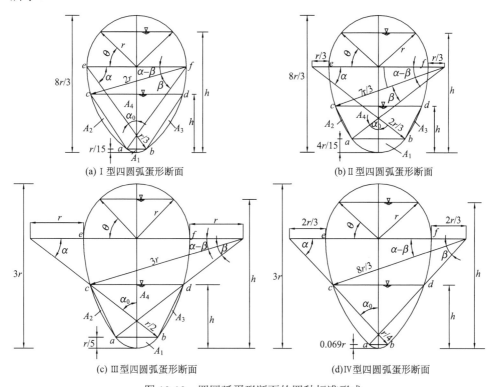

(a) Ⅰ型四圆弧蛋形断面　　　　　　　(b) Ⅱ型四圆弧蛋形断面

(c) Ⅲ型四圆弧蛋形断面　　　　　　　(d) Ⅳ型四圆弧蛋形断面

图 10-10　四圆弧蛋形断面的四种标准形式

由图 10-10 可以看出，四种形式的四圆弧蛋形断面均是由上部半径为 r 的半圆形、中间的扇形和底部的弓形构成。Ⅰ型四圆弧蛋形断面的扇形半径为 $2r$，底部弓形断面的半径为 $r/3$，弓形高度为 $r/15$；Ⅱ型四圆弧蛋形断面的扇形半径为 $7r/3$，底部弓形断面的半径为 $2r/3$，弓形高度为 $4r/15$；Ⅲ型四圆弧蛋形断面的扇形半径为 $3r$，底部弓形断面的半径为 $r/2$，弓形高度为 $r/5$；Ⅳ型四圆弧蛋形断面的扇形半径为 $8r/3$，底部弓形断面的半径为 $r/4$，弓形高度为 $0.069r$。Ⅰ、Ⅱ型四圆弧蛋形断面的高度均为 $8r/3$，Ⅲ、Ⅳ型四圆弧蛋形断面的高度均为 $3r$。Ⅰ型四圆弧蛋形断面构成断面的各圆弧的圆心均在蛋形断面内部，Ⅱ、Ⅲ、Ⅳ型四圆弧蛋形断面的扇形圆弧的圆心均在蛋形断面的外部。

10.3.1　四圆弧蛋形断面水力参数的计算

1. 标准Ⅰ型四圆弧蛋形断面水力参数的计算

Ⅰ型四圆弧蛋形断面如图 10-11 所示，图中 r 为蛋形断面上部半圆的半径；h 为水深；α、α_0、β、θ 为角度。从图中可以看出，两侧扇形和底部弓形断面的圆心角分别为 α、α_0，则

$$\tan\alpha = (8r/3 - r - r/3)/r = 4/3$$

$$\alpha = \arctan(4/3) = 53.13°(0.92729\,\text{rad}) \tag{10-43}$$

$$\alpha_0 = 90° - \alpha = 36.87°\,(0.6435\text{rad}) \tag{10-44}$$

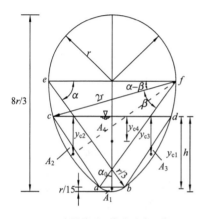

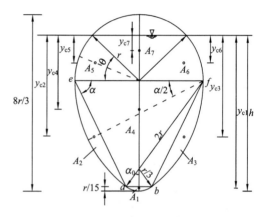

(a) 水深处于 ef 线以下（含 ef 线）　　　　(b) 水深处于 ef 线以上

图 10-11　Ⅰ型四圆弧蛋形断面

1) 当水深处于图 10-11 中的 ef 线以下（含 ef 线）时

$$ab = \frac{2}{3}r\sin\alpha_0$$

$$cd = 2[2r\cos(\alpha-\beta) - r]$$

$$ca = \frac{8}{5}r - 2r\sin(\alpha-\beta)$$

相对水深为

$$\frac{h}{r} = \frac{1}{15} + \frac{8}{5} - 2\sin(\alpha-\beta) = \frac{5}{3} - 2\sin(\alpha-\beta) \tag{10-45}$$

$$\beta = \alpha - \arcsin\left(\frac{5}{6} - \frac{h}{2r}\right) \tag{10-46}$$

将断面面积分为四部分，如图 10-11 中的底部弓形面积 A_1、两侧的扇形面积

A_2 和 A_3，中间的梯形面积 A_4，分别计算如下：

$$A_1 = \frac{1}{2}\left(\frac{r}{3}\right)^2 (2\alpha_0 - \sin 2\alpha_0) = 0.018166931 r^2$$

$$A_2 = A_3 = \frac{1}{2}(2r)^2(\beta - \sin\beta) = 2r^2(\beta - \sin\beta)$$

$$A_4 = \frac{1}{2}(ab + cd)ca = \frac{1}{2}\left[\frac{2r}{3}\sin\alpha_0 + 4r\cos(\alpha-\beta) - 2r\right]\left[\frac{8r}{5} - 2r\sin(\alpha-\beta)\right]$$

$$= r^2[2\cos(\alpha-\beta) - 0.8][1.6 - 2\sin(\alpha-\beta)]$$

$$\frac{A}{r^2} = \frac{A_1 + 2A_2 + A_4}{r^2} = 0.018166931 + 4(\beta - \sin\beta) + [2\cos(\alpha-\beta) - 0.8][1.6 - 2\sin(\alpha-\beta)]$$

$$(10\text{-}47)$$

相对湿周为

$$\frac{\chi}{r} = \frac{2}{3}\alpha_0 + 2\beta + 2\beta = \frac{2}{3}\alpha_0 + 4\beta = 0.429 + 4\beta \qquad (10\text{-}48)$$

相对水面宽度为

$$B / r = cd / r = 2[2\cos(\alpha-\beta) - 1] = 4\cos(\alpha-\beta) - 2 \qquad (10\text{-}49)$$

式中，A 为断面面积，m^2；χ 为湿周，m；B 为水面宽度，m；$0 \leqslant \beta \leqslant \alpha = 53.13°$（0.92729rad）。

各断面形心距水面的距离分别为

$$y_{c1} = \frac{2}{3}\left(\frac{r}{3}\right)^3 \frac{\sin^3\alpha_0}{A_1} + r\tan\alpha - 2r\sin(\alpha-\beta)$$

将面积 $A_1 = 0.018166931 r^2$、$\alpha = 53.13°$（0.92729rad）和 $\alpha_0 = 36.87°$（0.6435rad）代入上式得

$$y_{c1} = 1.6269042 r - 2r\sin(\alpha-\beta)$$

$$y_{c2} = y_{c3} = \frac{2}{3}(2r)^3 \frac{\sin^3\frac{\beta}{2}}{A_2}\sin\left(\alpha - \frac{\beta}{2}\right) - 2r\sin(\alpha-\beta)$$

将 $A_2 = 2r^2(\beta - \sin\beta)$ 代入上式得

$$y_{c2} = y_{c3} = \frac{8r}{3}\frac{\sin^3\frac{\beta}{2}}{\beta - \sin\beta}\sin\left(\alpha - \frac{\beta}{2}\right) - 2r\sin(\alpha-\beta)$$

$$y_{c4} = \frac{ca}{3} \frac{2ab+cd}{ab+cd} = \frac{\dfrac{8}{5}r - 2r\sin(\alpha-\beta)}{3} \frac{\dfrac{4}{3}r\sin\alpha_0 + 4r\cos(\alpha-\beta) - 2r}{\dfrac{2}{3}r\sin\alpha_0 + 4r\cos(\alpha-\beta) - 2r}$$

$$= \frac{r[1.6 - 2\sin(\alpha-\beta)]}{3} \frac{4\cos(\alpha-\beta) - 1.2}{4\cos(\alpha-\beta) - 1.6}$$

水面以下总形心距水面的距离为

$$\frac{y_c}{r} = \frac{A_1 y_{c1} + 2A_2 y_{c2} + A_4 y_{c4}}{(A_1 + 2A_2 + A_4)r}$$

$$= \frac{0.018166931[1.6269042 - 2\sin(\alpha-\beta)] + 4(\beta-\sin\beta)\left[\dfrac{8\sin^3\dfrac{\beta}{2}}{3(\beta-\sin\beta)}\sin\left(\alpha - \dfrac{\beta}{2}\right) - 2\sin(\alpha-\beta)\right]}{0.018166931 + 4(\beta-\sin\beta) + [2\cos(\alpha-\beta) - 0.8][1.6 - 2\sin(\alpha-\beta)]}$$

$$+ \frac{[2\cos(\alpha-\beta) - 0.8][1.6 - 2\sin(\alpha-\beta)]^2[4\cos(\alpha-\beta) - 1.2]/[4\cos(\alpha-\beta) - 1.6]}{3\{0.018166931 + 4(\beta-\sin\beta) + [2\cos(\alpha-\beta) - 0.8][1.6 - 2\sin(\alpha-\beta)]\}}$$

$$\tag{10-50}$$

2) 当水深处于图 10-11 中的 ef 线以上时

此时，$\beta = \alpha = 53.13°$ (0.92729rad)，则

$$A_1 = \frac{1}{2}\left(\frac{r}{3}\right)^2 (2\alpha_0 - \sin 2\alpha_0) = 0.018166931 r^2$$

$$A_2 = A_3 = \frac{1}{2}(2r)^2 (\alpha - \sin\alpha) = 2r^2(\alpha - \sin\alpha) = 0.254589 r^2$$

$$A_4 = \frac{1}{2}(ab + ef)ae = \frac{1}{2}\left(\frac{2r}{3}\sin\alpha_0 + 2r\right)\left(\frac{8r}{5} - r - \frac{r}{15}\right) = \frac{4r}{5}\left(\frac{2r}{3}\sin\alpha_0 + 2r\right) = 1.92r^2$$

$$A_5 = A_6 = 0.5r^2\theta$$

$$A_7 = r^2\sin\theta\cos\theta$$

$$\frac{A}{r^2} = \frac{A_1 + 2A_2 + A_4 + 2A_5 + A_7}{r^2} = 2.44734493 + \theta + \sin\theta\cos\theta \tag{10-51}$$

$$\frac{\chi}{r} = (2/3)\alpha_0 + 4\alpha + \theta + \theta = 4.138175585 + 2\theta \tag{10-52}$$

$$\frac{h}{r} = \frac{8}{3} - 1 + \sin\theta = \frac{5}{3} + \sin\theta \tag{10-53}$$

$$\theta = \arcsin\left(\frac{h}{r} - \frac{5}{3}\right) \tag{10-54}$$

水面相对宽度为

$$B/r = 2\cos\theta \tag{10-55}$$

各断面形心距水面的距离分别为

$$y_{c1} = \frac{2}{3}\left(\frac{r}{3}\right)^3 \frac{\sin^3 \alpha_0}{A_1} + r\tan\alpha + r\sin\theta$$

将面积 $A_1 = 0.018166931r^2$、$\alpha = 53.13°\,(0.92729\mathrm{rad})$ 和 $\alpha_0 = 36.87°\,(0.6435\mathrm{rad})$ 代入上式得

$$y_{c1} = 1.6269042r + r\sin\theta$$

$$y_{c2} = y_{c3} = \frac{2}{3}(2r)^3 \frac{\sin^3\frac{\alpha}{2}}{A_2}\sin\frac{\alpha}{2} + r\sin\theta$$

将 $A_2 = 0.254589r^2$ 代入上式得

$$y_{c2} = y_{c3} = 0.8379459r + r\sin\theta$$

$$y_{c4} = \frac{ae}{3}\frac{2ab+ef}{ab+ef} + r\sin\theta = \frac{\frac{24}{15}r\,\frac{4}{3}r\sin\alpha_0 + 2r}{\frac{2}{3}r\sin\alpha_0 + 2r} + r\sin\theta$$

$$= 0.6222222r + r\sin\theta$$

$$y_{c5} = y_{c6} = r\sin\theta - \frac{4r}{3\theta}\sin^2\frac{\theta}{2} = r\left(\sin\theta - \frac{4}{3\theta}\sin^2\frac{\theta}{2}\right)$$

$$y_{c7} = \frac{1}{3}r\sin\theta$$

断面总形心距水面的距离为

$$\frac{y_c}{r} = \frac{A_1 y_{c1} + 2A_2 y_{c2} + A_4 y_{c4} + 2A_5 y_{c5} + A_7 y_{c7}}{(A_1 + 2A_2 + A_4 + 2A_5 + A_7)r}$$

$$= \frac{1.6508861 + 2.44734493\sin\theta + \theta[\sin\theta - 4\sin^2(\theta/2)/(3\theta)] + 1/3\sin^2\theta\cos\theta}{2.44734493 + \theta + \sin\theta\cos\theta}$$

$$\tag{10-56}$$

2. 标准 II 型四圆弧蛋形断面水力参数的计算

II 型四圆弧蛋形断面如图 10-12 所示。

由图中可以看出

$$\tan\alpha = (8r/3 - r - 2r/3)/(r + r/3) = 3/4$$

$$\alpha = \arctan\frac{3}{4} = 36.87°\,(0.6435\,\mathrm{rad}) \tag{10-57}$$

$$\alpha_0 = 90° - \alpha = 53.13°\,(0.92729\,\mathrm{rad}) \tag{10-58}$$

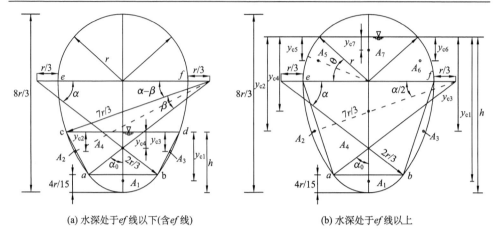

(a) 水深处于ef线以下(含ef线)　　　　　　　(b) 水深处于ef线以上

图 10-12　Ⅱ型四圆弧蛋形断面

1) 当水深处于图 10-12 中的 ef 线以下(含 ef 线)时

$$ab = \frac{4}{3}r\sin\alpha_0$$

$$cd = 2\left(\frac{7}{3}r\cos(\alpha - \beta) - \frac{4}{3}r\right)$$

$$ca = \frac{21}{15}r - \frac{7}{3}r\sin(\alpha - \beta)$$

相对水深为

$$\frac{h}{r} = \frac{4}{15} + \frac{ca}{r} = \frac{4}{15} + \frac{21}{15} - \frac{7}{3}\sin(\alpha - \beta) = \frac{5}{3} - \frac{7}{3}\sin(\alpha - \beta) \tag{10-59}$$

$$\beta = \alpha - \arcsin\left(\frac{5}{7} - \frac{3h}{7r}\right) \tag{10-60}$$

将断面面积分为四部分，如图中的 A_1、A_2、A_3、A_4，分别计算如下：

$$A_1 = \frac{1}{2}\left(\frac{2r}{3}\right)^2 (2\alpha_0 - \sin 2\alpha_0) = 0.198796858r^2$$

$$A_2 = A_3 = \frac{1}{2}\left(\frac{7}{3}r\right)^2 (\beta - \sin\beta) = \frac{49}{18}r^2(\beta - \sin\beta)$$

$$A_4 = \frac{1}{2}(ab + cd)ca = \frac{1}{2}\left[\frac{4r}{3}\sin\alpha_0 + \frac{14}{3}r\cos(\alpha - \beta) - \frac{8}{3}r\right]\left[\frac{21r}{15} - \frac{7}{3}r\sin(\alpha - \beta)\right]$$

$$= r^2\left[\frac{7}{3}\cos(\alpha - \beta) - 0.8\right]\left[1.4 - \frac{7}{3}\sin(\alpha - \beta)\right]$$

$$\frac{A}{r^2} = \frac{A_1 + 2A_2 + A_4}{r^2} = 0.198796858 + \frac{49}{9}(\beta - \sin\beta)$$
$$+\left[\frac{7}{3}\cos(\alpha-\beta) - 0.8\right]\left[1.4 - \frac{7}{3}\sin(\alpha-\beta)\right] \quad (10\text{-}61)$$

相对湿周为

$$\frac{\chi}{r} = 2\frac{2}{3}\alpha_0 + \frac{7}{3}\beta + \frac{7}{3}\beta = \frac{4}{3}\alpha_0 + \frac{14}{3}\beta \quad (10\text{-}62)$$

相对水面宽度为

$$\frac{B}{r} = 2\left[\frac{7}{3}\cos(\alpha-\beta) - \frac{4}{3}\right] = \frac{14}{3}\cos(\alpha-\beta) - \frac{8}{3} \quad (10\text{-}63)$$

式中，$0 \leqslant \beta \leqslant \alpha = 36.87°\,(0.6435\text{rad})$。

形心距水面的距离分别为

$$y_{c1} = \frac{2}{3}\left(\frac{2r}{3}\right)^3 \frac{\sin^3\alpha_0}{A_1} + \frac{4r}{3}\tan\alpha - \frac{7r}{3}\sin(\alpha-\beta)$$

将面积 $A_1 = 0.198796858r^2$、$\alpha = 36.87°\,(0.6435\text{rad})$ 和 $\alpha_0 = 53.13°\,(0.92729\text{rad})$ 代入上式得

$$y_{c1} = 1.508741r - \frac{7}{3}r\sin(\alpha-\beta)$$

$$y_{c2} = y_{c3} = \frac{2}{3}\left(\frac{7r}{3}\right)^3 \frac{\sin^3(\beta/2)}{A_2}\sin\left(\alpha-\frac{\beta}{2}\right) - \frac{7r}{3}\sin(\alpha-\beta)$$

将 $A_2 = (49/18)\,r^2(\beta-\sin\beta)$ 代入上式得

$$y_{c2} = y_{c3} = \frac{28r}{9}\frac{\sin^3(\beta/2)}{\beta-\sin\beta}\sin\left(\alpha-\frac{\beta}{2}\right) - \frac{7r}{3}\sin(\alpha-\beta)$$

$$y_{c4} = \frac{ca}{3}\frac{2ab+cd}{ab+cd}$$
$$= \frac{\frac{7}{5}r - \frac{7}{3}r\sin(\alpha-\beta)}{3}\frac{\frac{8}{3}r\sin\alpha_0 + \frac{14}{3}r\cos(\alpha-\beta) - \frac{8}{3}r}{\frac{4}{3}r\sin\alpha_0 + \frac{14}{3}r\cos(\alpha-\beta) - \frac{8}{3}r}$$
$$= \frac{r\left[1.4 - \frac{7}{3}\sin(\alpha-\beta)\right]\left[\frac{14}{3}\cos(\alpha-\beta) - \frac{1.6}{3}\right]}{3\left[\frac{14}{3}\cos(\alpha-\beta) - 1.6\right]}$$

$$\frac{y_{c}}{r} = \frac{A_1 y_{c1} + 2A_2 y_{c2} + A_4 y_{c4}}{(A_1 + 2A_2 + A_4)r}$$

$$= \frac{0.198796858[1.508741 - \frac{7}{3}\sin(\alpha-\beta)] + \frac{49}{9}(\beta-\sin\beta)\left[\frac{28}{9}\frac{\sin^3(\beta/2)}{\beta-\sin\beta}\sin\left(\alpha-\frac{\beta}{2}\right) - \frac{7}{3}\sin(\alpha-\beta)\right]}{0.198796858 + \frac{49}{9}(\beta-\sin\beta) + \left[\frac{7}{3}\cos(\alpha-\beta) - 0.8\right]\left[1.4 - \frac{7}{3}\sin(\alpha-\beta)\right]}$$

$$+ \frac{\left[\frac{7}{3}\cos(\alpha-\beta) - 0.8\right]\left[1.4 - \frac{7}{3}\sin(\alpha-\beta)\right]^2\left[\frac{14}{3}\cos(\alpha-\beta) - \frac{1.6}{3}\right] / \left[\frac{14}{3}\cos(\alpha-\beta) - 1.6\right]}{3\left\{0.198796858 + \frac{49}{9}(\beta-\sin\beta) + \left[\frac{7}{3}\cos(\alpha-\beta) - 0.8\right]\left[1.4 - \frac{7}{3}\sin(\alpha-\beta)\right]\right\}}$$

$$\tag{10-64}$$

2) 当水深处于图 10-12 中的 ef 线以上时

此时 $\beta = \alpha = 36.87°$（0.6435rad），则

$$A_1 = \frac{1}{2}\left(\frac{2r}{3}\right)^2(2\alpha_0 - \sin 2\alpha_0) = 0.198796858r^2$$

$$A_2 = A_3 = \frac{1}{2}\left(\frac{7r}{3}\right)^2(\alpha - \sin\alpha) = 0.11842066r^2$$

$$A_4 = \frac{1}{2}(ab+cd)ca = \frac{1}{2}\left(\frac{4r}{3}\sin\alpha_0 + 2r\right)\frac{21r}{15} = 2.14666567r^2$$

面积 A_5、A_6、A_7 仍为 $A_5 = A_6 = 0.5r^2\theta$，$A_7 = r^2\sin\theta\cos\theta$，则

$$\frac{A}{r^2} = \frac{A_1 + 2A_2 + A_4 + 2A_5 + A_7}{r^2} = 2.582303848 + \theta + \sin\theta\cos\theta \tag{10-65}$$

$$\frac{\chi}{r} = \frac{4}{3}\alpha_0 + \frac{14}{3}\alpha + \theta + \theta = 4.239404753 + 2\theta \tag{10-66}$$

$$\frac{h}{r} = \frac{8}{3} - 1 + \sin\theta = \frac{5}{3} + \sin\theta \tag{10-67}$$

$$\theta = \arcsin\left(\frac{h}{r} - \frac{5}{3}\right) \tag{10-68}$$

$$B/r = 2\cos\theta \tag{10-69}$$

各断面形心距水面的距离分别为

$$y_{c1} = \frac{2}{3}\left(\frac{2r}{3}\right)^3\frac{\sin^3\alpha_0}{A_1} + \frac{4r}{3}\tan\alpha + r\sin\theta = r(1.508741 + \sin\theta)$$

$$y_{c2} = y_{c3} = \frac{2}{3}\left(\frac{7r}{3}\right)^3\frac{\sin^3(\alpha/2)}{A_2}\sin\frac{\alpha}{2} + r\sin\theta = 0.715181457r + r\sin\theta$$

$$y_{c4} = \frac{ae}{3}\frac{2ab+ef}{ab+ef} + r\sin\theta = \frac{\frac{21}{15}r}{3}\frac{\frac{8}{3}r\sin\alpha_0 + 2r}{\frac{4}{3}r\sin\alpha_0 + 2r} + r\sin\theta = 0.628985365r + r\sin\theta$$

y_{c5}、y_{c6}、y_{c7} 仍为

$$y_{c5} = y_{c6} = r\sin\theta - \frac{4r}{3\theta}\sin^2\frac{\theta}{2} = r\left(\sin\theta - \frac{4}{3\theta}\sin^2\frac{\theta}{2}\right)$$

$$y_{c7} = 1/3r\sin\theta$$

断面总形心距水面的距离为

$$\frac{y_c}{r} = \frac{A_1 y_{c1} + 2A_2 y_{c2} + A_4 y_{c4} + 2A_5 y_{c5} + A_7 y_{c7}}{(A_1 + 2A_2 + A_4 + 2A_5 + A_7)r}$$

$$= \frac{1.81953878 + 2.582303848\sin\theta + \theta[\sin\theta - \frac{4\sin^2(\theta/2)}{3\theta}] + \frac{1}{3}\sin^2\theta\cos\theta}{2.582303848 + \theta + \sin\theta\cos\theta}$$

$$(10\text{-}70)$$

3. 标准Ⅲ型四圆弧蛋形断面水力参数的计算

Ⅲ型四圆弧蛋形断面如图 10-13 所示，由图中可以看出

$$\tan\alpha = (3r - r - r/2)/(2r) = 3/4$$

$$\alpha = \arctan\frac{3}{4} = 36.87°(0.6435\,\text{rad}) \tag{10-71}$$

$$\alpha_0 = 90° - \alpha = 53.13°(0.92729\,\text{rad}) \tag{10-72}$$

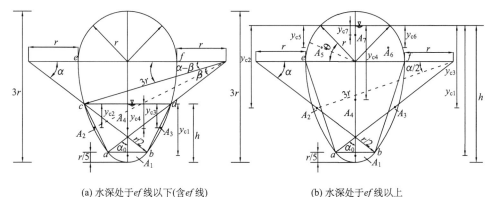

(a) 水深处于ef线以下(含ef线)　　(b) 水深处于ef线以上

图 10-13　Ⅲ型四圆弧蛋形断面

1) 当水深处于图 10-13 中的 ef 线以下(含 ef 线)时

$$ab = r\sin\alpha_0$$

$$cd = 6r\cos(\alpha - \beta) - 4r$$

$$ca = (9 / 5)r - 3r \sin(\alpha - \beta)$$

相对水深为

$$h / r = 1 / 5 + ca / r = 2 - 3 \sin(\alpha - \beta) \tag{10-73}$$

$$\beta = \alpha - \arcsin\left(\frac{2}{3} - \frac{h}{3r}\right) \tag{10-74}$$

将断面面积分为四部分，如图 10-13 中的 A_1、A_2、A_3、A_4，分别计算如下

$$A_1 = \frac{1}{2}\left(\frac{r}{2}\right)^2 (2\alpha_0 - \sin 2\alpha_0) = 0.111823228 r^2$$

$$A_2 = A_3 = \frac{1}{2}(3r)^2 (\beta - \sin \beta) = \frac{9}{2} r^2 (\beta - \sin \beta)$$

$$A_4 = 0.5(ab + cd)ca = 0.5(r \sin \alpha_0 + 6r \cos(\alpha - \beta) - 4r)\left[\frac{9}{5}r - 3r \sin(\alpha - \beta)\right]$$

$$= [3r \cos(\alpha - \beta) - 1.6r][1.8r - 3r \sin(\alpha - \beta)]$$

$$A / r^2 = 0.111823228 + 9(\beta - \sin \beta) + [3 \cos(\alpha - \beta) - 1.6][1.8 - 3 \sin(\alpha - \beta)] \tag{10-75}$$

相对湿周为

$$\chi / r = 2 \times 0.5\alpha_0 + 3\beta + 3\beta = \alpha_0 + 6\beta \tag{10-76}$$

相对水面宽度为

$$B / r = 6 \cos(\alpha - \beta) - 4 \tag{10-77}$$

式中　$0 \leqslant \beta \leqslant \alpha = 36.87° \ (0.6435\text{rad})$。

形心距水面的距离分别为

$$y_{c1} = \frac{2}{3}\left(\frac{r}{2}\right)^3 \frac{\sin^3 \alpha_0}{A_1} + 2r \tan \alpha - 3r \sin(\alpha - \beta)$$

$$= \frac{2}{3}\left(\frac{r}{2}\right)^3 \frac{\sin^3 \alpha_0}{0.111823228 r^2} + 2r \tan \alpha - 3r \sin(\alpha - \beta)$$

$$= 1.881558645 r - 3r \sin(\alpha - \beta)$$

$$y_{c2} = y_{c3} = \frac{2}{3}(3r)^3 \frac{\sin^3 (\beta / 2)}{A_2} \sin\left(\alpha - \frac{\beta}{2}\right) - 3r \sin(\alpha - \beta)$$

$$= \frac{2}{3}(3r)^3 \frac{\sin^3 (\beta / 2)}{9 / 2 r^2 (\beta - \sin \beta)} \sin\left(\alpha - \frac{\beta}{2}\right) - 3r \sin(\alpha - \beta)$$

$$= 4r \frac{\sin^3 (\beta / 2)}{\beta - \sin \beta} \sin\left(\alpha - \frac{\beta}{2}\right) - 3r \sin(\alpha - \beta)$$

$$y_{c4} = \frac{ca}{3}\frac{2ab+cd}{ab+cd} = \frac{\dfrac{9}{5}r - 3r\sin(\alpha-\beta)}{3}\frac{2r\sin\alpha_0 + 6r\cos(\alpha-\beta) - 4r}{r\sin\alpha_0 + 6r\cos(\alpha-\beta) - 4r}$$

$$= r\frac{\dfrac{9}{5} - 3\sin(\alpha-\beta)}{3}\frac{6\cos(\alpha-\beta) - 2.4}{6\cos(\alpha-\beta) - 3.2}$$

断面总形心距水面的相对距离为

$$\frac{y_c}{r} = \frac{A_1 y_{c1} + 2A_2 y_{c2} + A_4 y_{c4}}{(A_1 + 2A_2 + A_4)r}$$

$$= \frac{0.111823228[1.881558645 - 3\sin(\alpha-\beta)] + 9(\beta-\sin\beta)\left[\dfrac{4\sin^3(\beta/2)}{\beta-\sin\beta}\sin\left(\alpha-\dfrac{\beta}{2}\right) - 3\sin(\alpha-\beta)\right]}{0.111823228 + 9(\beta-\sin\beta) + [3\cos(\alpha-\beta) - 1.6][1.8 - 3\sin(\alpha-\beta)]}$$

$$+ \frac{[3\cos(\alpha-\beta) - 1.6][1.8 - 3\sin(\alpha-\beta)]^2[6\cos(\alpha-\beta) - 2.4]/[6\cos(\alpha-\beta) - 3.2]}{3\{0.111823228 + 9(\beta-\sin\beta) + [3\cos(\alpha-\beta) - 1.6][1.8 - 3\sin(\alpha-\beta)]\}}$$

$$\text{(10-78)}$$

2）当水深处于图 10-13 中的 ef 线以上时

此时 $\beta = \alpha = 36.87°$（0.6435rad），则

$$A_1 = 0.5(r/2)^2(2\alpha_0 - \sin 2\alpha_0) = 0.111823228r^2$$

$$A_2 = A_3 = 0.5(3r)^2(\alpha - \sin\alpha) = 0.195756592r^2$$

$$A_4 = \frac{1}{2}(ab + ef)ae = \frac{1}{2}(r\sin\alpha_0 + 2r)\frac{9r}{5} = 2.519999035r^2$$

面积 A_5、A_6、A_7 仍为 $A_5 = A_6 = 0.5r^2\theta$，$A_7 = r^2\sin\theta\cos\theta$，则

$$\frac{A}{r^2} = \frac{A_1 + 2A_2 + A_4 + 2A_5 + A_7}{r^2} = 3.023335447 + \theta + \sin\theta\cos\theta \qquad \text{(10-79)}$$

$$\frac{\chi}{r} = \alpha_0 + 6\alpha + \theta + \theta = 4.788310721 + 2\theta \qquad \text{(10-80)}$$

$$h/r = 2 + \sin\theta \qquad \text{(10-81)}$$

$$\theta = \arcsin(h/r - 2) \qquad \text{(10-82)}$$

水面宽度为

$$B/r = 2\cos\theta \qquad \text{(10-83)}$$

各断面形心距水面的距离分别为

$$y_{c1} = \frac{2}{3}\left(\frac{r}{2}\right)^3 \frac{\sin^3 \alpha_0}{A_1} + 2r\tan\alpha + r\sin\theta$$

$$= \frac{2}{3}\left(\frac{r}{2}\right)^3 \frac{\sin^3 \alpha_0}{0.111823228r^2} + 2r\tan\alpha + r\sin\theta$$

$$= r(1.881558645 + \sin\theta)$$

$$y_{c2} = y_{c3} = \frac{2}{3}(3r)^3 \frac{\sin^3(\alpha/2)}{A_2}\sin\frac{\alpha}{2} + r\sin\theta$$

$$= \frac{2}{3}(3r)^3 \frac{\sin^3(\alpha/2)}{0.195756592r^2}\sin\frac{\alpha}{2} + r\sin\theta$$

$$= (0.919519074 + \sin\theta)r$$

$$y_{c4} = \frac{ae}{3}\frac{2ab+ef}{ab+ef}r\sin\theta = \frac{\frac{9}{5}r}{3}\frac{2r\sin\alpha_0+2r}{r\sin\alpha_0+2r} + r\sin\theta$$

$$= (0.771428407 + \sin\theta)r$$

y_{c5}、y_{c6}、y_{c7} 仍为 $y_{c5} = y_{c6} = r\sin\theta - \frac{4r}{3\theta}\sin^2\frac{\theta}{2} = r\left(\sin\theta - \frac{4}{3\theta}\sin^2\frac{\theta}{2}\right)$，$y_{c7} = 1/3r\sin\theta$，

断面总形心距水面的相对距离为

$$\frac{y_c}{r} = \frac{A_1 y_{c1} + 2A_2 y_{c2} + A_4 y_{c4} + 2A_5 y_{c5} + A_7 y_{c7}}{(A_1 + 2A_2 + A_4 + 2A_5 + A_7)r}$$

$$= \frac{2.514404643 + 3.023335447\sin\theta + \theta[\sin\theta - \frac{4\sin^2(\theta/2)}{3\theta}] + \frac{1}{3}\sin^2\theta\cos\theta}{3.023335447 + \theta + \sin\theta\cos\theta}$$

$$(10\text{-}84)$$

4. 标准Ⅳ型四圆弧蛋形断面水力参数的计算

Ⅳ型四圆弧蛋形断面如图 10-14 所示，由图中可以看出

$$\tan\alpha = \frac{3r - r - r/4}{r + 2r/3} = \frac{21}{20}$$

$$\alpha = \arctan\frac{21}{20} = 46.3972°(0.80978\,\text{rad}) \qquad (10\text{-}85)$$

$$\alpha_0 = 90° - \alpha = 43.6028°(0.76101\,\text{rad}) \qquad (10\text{-}86)$$

1) 当水深处于图 10-14 中的 ef 线以下(含 ef 线)时

$$ab = (r/2)\sin\alpha_0$$

$$cd = 16/3r\cos(\alpha-\beta) - 10/3r$$

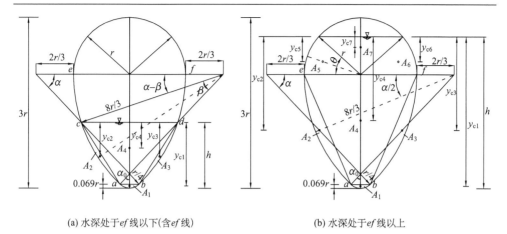

(a) 水深处于 ef 线以下(含 ef 线)　　　　　　　(b) 水深处于 ef 线以上

图 10-14　Ⅳ型四圆弧蛋形断面

$$ca = 1.931r - \frac{8}{3}r\sin(\alpha - \beta)$$

相对水深为

$$h / r = 0.069 + ca / r = 0.069 + 1.931 - 8 / 3\sin(\alpha - \beta) = 2 - 8 / 3\sin(\alpha - \beta) \quad (10\text{-}87)$$

$$\beta = \alpha - \arcsin\left(\frac{3}{4} - \frac{3h}{8r}\right) \quad (10\text{-}88)$$

将断面面积分为四部分，如图 10-14 中的 A_1、A_2、A_3、A_4，分别计算如下：

$$A_1 = \frac{1}{2}\left(\frac{r}{4}\right)^2 (2\alpha_0 - \sin 2\alpha_0) = 0.016350434r^2$$

$$A_2 = A_3 = 0.5\left(\frac{8r}{3}\right)^2 (\beta - \sin\beta) = \frac{32}{9}r^2(\beta - \sin\beta)$$

$$A_4 = \frac{1}{2}(ab + cd)ca = \frac{1}{2}\left[\frac{r}{2}\sin\alpha_0 + \frac{16}{3}r\cos(\alpha - \beta) - \frac{10}{3}r\right]\left[1.931r - \frac{8}{3}r\sin(\alpha - \beta)\right]$$

$$= \left[\frac{8}{3}\cos(\alpha - \beta) - 1.494252934\right]\left[1.931 - \frac{8}{3}\sin(\alpha - \beta)\right]r^2$$

$$\frac{A}{r^2} = \frac{A_1 + 2A_2 + A_4}{r^2} = 0.016350434 + \frac{64}{9}(\beta - \sin\beta)$$

$$+ \left[\frac{8}{3}\cos(\alpha - \beta) - 1.494252934\right]\left[1.931 - \frac{8}{3}\sin(\alpha - \beta)\right] \quad (10\text{-}89)$$

相对湿周为

$$\frac{\chi}{r} = 2\frac{1}{4}\alpha_0 + \frac{8}{3}\beta + \frac{8}{3}\beta = 0.380506205 + \frac{16}{3}\beta \quad (10\text{-}90)$$

相对水面宽度为

$$B / r = 16 / 3\cos(\alpha - \beta) - 10 / 3 \tag{10-91}$$

式中，$0 \leqslant \beta \leqslant \alpha = 46.3972°$（$0.80978\text{rad}$）。各分块形心距水面的距离为

$$y_{c1} = \frac{2}{3}\left(\frac{r}{4}\right)^3 \frac{\sin^3 \alpha_0}{A_1} + \frac{5r}{3}\tan\alpha - \frac{8r}{3}\sin(\alpha - \beta) = \frac{2}{3}\left(\frac{r}{4}\right)^3 \frac{\sin^3 \alpha_0}{0.016350434r^2}$$

$$+ \frac{5r}{3}\tan\alpha - \frac{8r}{3}\sin(\alpha - \beta) = 1.958976492r - (8/3)r\sin(\alpha - \beta)$$

$$y_{c2} = y_{c3} = \frac{2}{3}\left(\frac{8r}{3}\right)^3 \frac{\sin^3(\beta / 2)}{A_2}\sin\left(\alpha - \frac{\beta}{2}\right) - \frac{8r}{3}\sin(\alpha - \beta)$$

$$= \frac{2}{3}\left(\frac{8r}{3}\right)^3 \frac{\sin^3(\beta / 2)}{(32 / 9)r^2(\beta - \sin\beta)}\sin\left(\alpha - \frac{\beta}{2}\right) - \frac{8r}{3}\sin(\alpha - \beta)$$

$$= \frac{32}{9}r\frac{\sin^3(\beta / 2)}{\beta - \sin\beta}\sin\left(\alpha - \frac{\beta}{2}\right) - \frac{8r}{3}\sin(\alpha - \beta)$$

$$y_{c4} = \frac{ca}{3}\frac{2ab + cd}{ab + cd} = \frac{1.931r - \dfrac{8}{3}r\sin(\alpha - \beta)}{3}\frac{r\sin\alpha_0 + \dfrac{16}{3}r\cos(\alpha - \beta) - \dfrac{10}{3}r}{0.5r\sin\alpha_0 + \dfrac{16}{3}r\cos(\alpha - \beta) - \dfrac{10}{3}r}$$

$$= r\frac{1.931 - \dfrac{8}{3}\sin(\alpha - \beta)}{3}\frac{\dfrac{16}{3}\cos(\alpha - \beta) - 2.643678401}{\dfrac{16}{3}\cos(\alpha - \beta) - 2.988505867}$$

总形心距水面的相对距离为

$$\frac{y_c}{r} = \frac{A_1 y_{c1} + 2A_2 y_{c2} + A_4 y_{c4}}{(A_1 + 2A_2 + A_4)r}$$

$$= \frac{0.016350434\left[1.958976492 - \dfrac{8}{3}\sin(\alpha - \beta)\right] + \dfrac{64}{9}(\beta - \sin\beta)\left[\dfrac{32}{9}\dfrac{\sin^3(\beta / 2)}{\beta - \sin\beta}\sin\left(\alpha - \dfrac{\beta}{2}\right) - \dfrac{8}{3}\sin(\alpha - \beta)\right]}{0.016350434 + \dfrac{64}{9}(\beta - \sin\beta) + \left[\dfrac{8}{3}\cos(\alpha - \beta) - 1.494252934\right]\left[1.931 - \dfrac{8}{3}\sin(\alpha - \beta)\right]}$$

$$+ \frac{\left[\dfrac{8}{3}\cos(\alpha - \beta) - 1.494252934\right]\left[1.931 - \dfrac{8}{3}\sin(\alpha - \beta)\right]^2\left[\dfrac{16}{3}\cos(\alpha - \beta) - 2.643678401\right] \Big/ \left[\dfrac{16}{3}\cos(\alpha - \beta) - 2.988505867\right]}{3\left\{0.016350434 + \dfrac{64}{9}(\beta - \sin\beta) + \left[\dfrac{8}{3}\cos(\alpha - \beta) - 1.494252934\right]\left[1.931 - \dfrac{8}{3}\sin(\alpha - \beta)\right]\right\}}$$

$$\tag{10-92}$$

2）当水深处于图 10-14 中的 ef 线以上时

此时 $\beta = \alpha = 46.3972°$（$0.80978\text{rad}$），则

$$A_1 = 0.5(r / 4)^2 (2\alpha_0 - \sin 2\alpha_0) = 0.016350435r^2$$

$$A_2 = A_3 = 0.5(8r / 3)^2 (\alpha - \sin\alpha) = 0.3045182r^2$$

$$A_4 = 0.5(ab + ef)ae = 0.5[(r / 2)\sin\alpha_0 + 2r] \times 1.931r = 2.263930918r^2$$

面积 A_5、A_6、A_7 仍为 $A_5 = A_6 = 0.5r^2\theta$，$A_7 = r^2 \sin\theta\cos\theta$，则

$$A / r^2 = (A_1 + 2A_2 + A_4 + 2A_5 + A_7) / r^2 = 2.889317753 + \theta + \sin\theta\cos\theta \tag{10-93}$$

$$\chi / r = \alpha_0 / 2 + 16\alpha / 3 + \theta + \theta = 4.699353618 + 2\theta \tag{10-94}$$

$$h / r = 2 + \sin\theta \tag{10-95}$$

$$\theta = \arcsin(h / r - 2) \tag{10-96}$$

相对水面宽度为

$$B / r = 2\cos\theta \tag{10-97}$$

各断面形心距水面的距离分别为

$$
\begin{aligned}
y_{c1} &= \frac{2}{3}\left(\frac{r}{4}\right)^3 \frac{\sin^3\alpha_0}{A_1} + \frac{5r}{3}\tan\alpha + r\sin\theta \\
&= \frac{2}{3}\left(\frac{r}{4}\right)^3 \frac{\sin^3\alpha_0}{0.016350434r^2} + \frac{5r}{3}\tan\alpha + r\sin\theta \\
&= r(1.958976477 + \sin\theta)
\end{aligned}
$$

$$
\begin{aligned}
y_{c2} = y_{c3} &= \frac{2}{3}\left(\frac{8r}{3}\right)^3 \frac{\sin^3(\alpha/2)}{A_2}\sin\frac{\alpha}{2} + r\sin\theta \\
&= \frac{2}{3}\left(\frac{8r}{3}\right)^3 \frac{\sin^4(\alpha/2)}{0.3045182r^2} + r\sin\theta \\
&= (0.999611809 + \sin\theta)r
\end{aligned}
$$

$$
\begin{aligned}
y_{c4} &= \frac{ae}{3}\frac{2ab + ef}{ab + ef} + r\sin\theta \\
&= \frac{1.931r}{3}\frac{r\sin\alpha_0 + 2r}{0.5r\sin\alpha_0 + 2r} + r\sin\theta \\
&= (0.738323501 + \sin\theta)r
\end{aligned}
$$

$$
y_{c5} = y_{c6} = r\sin\theta - \frac{4r\sin^2(\theta/2)}{3\theta} = r\left[\sin\theta - \frac{4\sin^2(\theta/2)}{3\theta}\right]
$$

$$
y_{c7} = \frac{1}{3}r\sin\theta
$$

断面总形心距水面的相对距离为

$$
\begin{aligned}
\frac{y_c}{r} &= \frac{A_1 y_{c1} + 2A_2 y_{c2} + A_4 y_{c4} + 2A_5 y_{c5} + A_7 y_{c7}}{(A_1 + 2A_2 + A_4 + 2A_5 + A_7)r} \\
&= \frac{2.312343495 + 2.889317753\sin\theta + \theta[\sin\theta - 4\sin^2(\theta/2)/(3\theta)] + (1/3)\sin^2\theta\cos\theta}{2.889317753 + \theta + \sin\theta\cos\theta}
\end{aligned}
$$

$$\tag{10-98}$$

10.3.2　四圆弧蛋形断面水跃共轭水深的计算

水跃共轭水深的计算为式(10-28)，如果知道四圆弧蛋形断面的形式和跃前水深，则可以根据前面推导的相关公式计算出断面面积和形心距水面的距离，求出 $J(h)$，通过试算法求解跃后水深。四圆弧蛋形断面水跃共轭水深的计算可能会有以下几种组合形式，即跃前和跃后水深均处于两侧扇形断面内；或跃前水深处于两侧扇形断面内，跃后水深处于上部的半圆形断面内；或跃前和跃后水深均处于上部的半圆形断面内。对于最后一种情况，出现的几率可能很小，现将前两种情况的计算公式归纳如表 10-6 所示。

表 10-6　四圆弧蛋形断面水跃计算公式表

断面形式	跃前跃后断面水深均处于两侧扇形断面内		跃前水深处于两侧扇形断面内，跃后水深处于半圆断面内	
	已知跃前断面水深 h' /m	假设 h'' /m	已知跃前断面水深 h' /m	假设 h'' /m
I 型	式(10-46)计算 β'	式(10-46)计算 β''	式(10-46)计算 β'	式(10-54)计算 θ''
	式(10-47)计算 A'	式(10-47)计算 A''	式(10-47)计算 A'	式(10-51)计算 A''
	式(10-50)计算 y_c'	式(10-50)计算 y_c''	式(10-50)计算 y_c'	式(10-56)计算 y_c''
	式(10-28)计算 $J(h')$	式(10-28)计算 $J(h'')$	式(10-28)计算 $J(h')$	式(10-28)计算 $J(h'')$
	如果求得的 $J(h'')=J(h')$，h''即为所求		如果求得的 $J(h'')=J(h')$，h''即为所求	
II 型	已知跃前断面水深 h' /m	假设 h'' /m	已知跃前断面水深 h' /m	假设 h'' /m
	式(10-60)计算 β'	式(10-60)计算 β''	式(10-60)计算 β'	式(10-68)计算 θ''
	式(10-61)计算 A'	式(10-61)计算 A''	式(10-61)计算 A'	式(10-65)计算 A''
	式(10-64)计算 y_c'	式(10-64)计算 y_c''	式(10-64)计算 y_c'	式(10-70)计算 y_c''
	式(10-28)计算 $J(h')$	式(10-28)计算 $J(h'')$	式(10-28)计算 $J(h')$	式(10-28)计算 $J(h'')$
	如果求得的 $J(h'')=J(h')$，h''即为所求		如果求得的 $J(h'')=J(h')$，h''即为所求	
III 型	已知跃前断面水深 h' /m	假设 h'' /m	已知跃前断面水深 h' /m	假设 h'' /m
	式(10-74)计算 β'	式(10-74)计算 β''	式(10-74)计算 β'	式(10-82)计算 θ''
	式(10-75)计算 A'	式(10-75)计算 A''	式(10-75)计算 A'	式(10-79)计算 A''
	式(10-78)计算 y_c'	式(10-78)计算 y_c''	式(10-78)计算 y_c'	式(10-84)计算 y_c''
	式(10-28)计算 $J(h')$	式(10-28)计算 $J(h'')$	式(10-28)计算 $J(h')$	式(10-28)计算 $J(h'')$
	如果求得的 $J(h'')=J(h')$，h''即为所求		如果求得的 $J(h'')=J(h')$，h''即为所求	

断面形式	跃前跃后断面水深均处于两侧扇形断面内		跃前水深处于两侧扇形断面内，跃后水深处于半圆断面内	
	已知跃前断面水深 h' /m	假设 h'' /m	已知跃前断面水深 h' /m	假设 h'' /m
Ⅳ型	式(10-88)计算 β'	式(10-88)计算 β''	式(10-88)计算 β'	式(10-96)计算 θ''
	式(10-89)计算 A'	式(10-89)计算 A''	式(10-89)计算 A'	式(10-93)计算 A''
	式(10-92)计算 y_c'	式(10-92)计算 y_c''	式(10-92)计算 y_c'	式(10-98)计算 y_c''
	式(10-28)计算 $J(h')$	式(10-28)计算 $J(h'')$	式(10-28)计算 $J(h')$	式(10-28)计算 $J(h'')$
	如果求得的 $J(h'')=J(h')$，h'' 即为所求		如果求得的 $J(h'')=J(h')$，h'' 即为所求	

注：表中面积的单位为 m²，水深和形心的单位均为 m，水跃函数 $J(h)$ 的单位为 m³，角度 β 和 θ 的单位为 rad。

如果已知跃后水深，则可以计算出 $J(h'')$，仍可按照表 10-6 的公式试算求解跃前水深。

四圆弧蛋形断面水跃共轭水深在水深处于两侧扇形断面内时，断面面积和断面形心距水面距离的计算十分麻烦，在计算中采用试算法使得计算过程复杂，为了简化计算四圆弧蛋形断面的水跃方程，拟合了相对断面面积、相对形心与相对水深的关系，结果如下。

1. Ⅰ型四圆弧蛋形断面

当 $0.07 \leqslant h/r \leqslant 0.7$ 时

$$A/r^2 = -0.4128(h/r)^3 + 1.319(h/r)^2 + 0.2398(h/r) - 0.0038 \quad (10\text{-}99)$$

$$y_c/r = 0.057(h/r)^3 - 0.0689(h/r)^2 + 0.4086(h/r) + 0.0002 \quad (10\text{-}100)$$

当 $0.7 \leqslant h/r \leqslant 2.5$ 时

$$A/r^2 = -0.2519(h/r)^3 + 1.1748(h/r)^2 + 0.1783(h/r) + 0.0586 \quad (10\text{-}101)$$

$$y_c/r = 0.0321(h/r)^3 - 0.0968(h/r)^2 + 0.5044(h/r) - 0.0473 \quad (10\text{-}102)$$

式(10-99)和式(10-101)的平均误差为 0.153%，最大误差为 1.064%；式(10-100)和式(10-102)的平均误差为 0.152%，最大误差为 0.939%。

在 $0.07 \leqslant h/r \leqslant 2.5$ 范围内，y_c/r 也可以用式(10-103)计算，即

$$y_c/r = 0.398(h/r)/[1 + 0.0563(h/r) - 0.0389(h/r)^2] \quad (10\text{-}103)$$

式(10-103)的平均误差为 0.332%，最大误差为 2.105%。

2. Ⅱ型四圆弧蛋形断面

当 $0.27 \leqslant h/r \leqslant 1.0$ 时

$$A/r^2 = -0.224(h/r)^3 + 0.9153(h/r)^2 + 0.6276(h/r) - 0.0294 \quad (10\text{-}104)$$

$$y_c / r = 0.0137(h/r)^3 - 0.026(h/r)^2 + 0.4314(h/r) - 0.0048 \qquad (10\text{-}105)$$

当 $1.0 \leqslant h/r \leqslant 2.5$ 时

$$A/r^2 = -0.298(h/r)^3 + 1.4158(h/r)^2 - 0.2243(h/r) + 0.4057 \qquad (10\text{-}106)$$

$$y_c / r = 0.0478(h/r)^3 - 0.1855(h/r)^2 + 0.6715(h/r) - 0.1213 \qquad (10\text{-}107)$$

式(10-104)和式(10-106)的平均误差为 0.084%，最大误差为 0.57%；式(10-105)和式(10-107)的平均误差为 0.069%，最大误差为 0.46%。

在 $0.27 \leqslant h/r \leqslant 2.5$ 范围内，y_c/r 也可以用式(10-108)计算，即

$$y_c / r = [-0.014 + 0.465(h/r)] / [1 + 0.143(h/r) - 0.0562(h/r)^2] \qquad (10\text{-}108)$$

式(10-108)的平均误差为 0.242%，最大误差为 2.089%。

3. Ⅲ型四圆弧蛋形断面

当 $0.2 \leqslant h/r \leqslant 1.3$

$$A/r^2 = -0.1501(h/r)^3 + 0.8011(h/r)^2 + 0.5062(h/r) - 0.0207 \qquad (10\text{-}109)$$

$$y_c / r = 0.0169(h/r)^3 - 0.0394(h/r)^2 + 0.4335(h/r) - 0.0037 \qquad (10\text{-}110)$$

当 $1.3 \leqslant h/r \leqslant 2.85$

$$A/r^2 = -0.261(h/r)^3 + 1.4649(h/r)^2 - 0.7201(h/r) + 0.6969 \qquad (10\text{-}111)$$

$$y_c / r = 0.0489(h/r)^3 - 0.2382(h/r)^2 + 0.8133(h/r) - 0.234 \qquad (10\text{-}112)$$

式(10-109)和式(10-111)的平均误差为 0.086%，最大误差为 0.394%；式(10-110)和式(10-112)的平均误差为 0.069%，最大误差为 0.364%。

在 $0.2 \leqslant h/r \leqslant 2.85$ 范围内，y_c/r 也可以用式(10-113)计算：

$$y_c / r = [-0.00903 + 0.451(h/r)] / [1 + 0.126(h/r) - 0.044(h/r)^2] \qquad (10\text{-}113)$$

式(10-113)的平均误差为 0.303%，最大误差为 2.756%。

4. Ⅳ型四圆弧蛋形断面

当 $0.07 \leqslant h/r \leqslant 1.1$

$$A/r^2 = -0.2398(h/r)^3 + 1.045(h/r)^2 + 0.2121(h/r) - 0.0034 \qquad (10\text{-}114)$$

$$y_c / r = 0.0273(h/r)^3 - 0.0444(h/r)^2 + 0.4003(h/r) + 0.0014 \qquad (10\text{-}115)$$

当 $1.1 \leqslant h/r \leqslant 2.85$

$$A/r^2 = -0.2346(h/r)^3 + 1.3021(h/r)^2 - 0.3966(h/r) + 0.3577 \qquad (10\text{-}116)$$

$$y_c / r = 0.0374(h/r)^3 - 0.1618(h/r)^2 + 0.6438(h/r) - 0.1411 \qquad (10\text{-}117)$$

式(10-114)和式(10-116)的平均误差为 0.156%，最大误差为 1.264%；式(10-115)和式(10-117)的平均误差为 0.152%，最大误差为 2.911%。

在 $0.2 \leqslant h/r \leqslant 2.85$ 范围内，y_c/r 也可以用式(10-118)计算：

$$y_c / r = [0.0004 + 0.397(h/r)] / [1 + 0.064(h/r) - 0.0333(h/r)^2] \qquad (10\text{-}118)$$

式(10-118)的平均误差为 0.382%，最大误差为 2.195%。

水跃方程(10-28)可以写成

$$\frac{Q^2}{g(A'/r^2)r^2} + r^3\frac{A'y'_c}{r^3} = \frac{Q^2}{g(A''/r^2)r^2} + r^3\frac{A''y''_c}{r^3} \tag{10-119}$$

式中，A' 为跃前断面面积，m^2；A'' 为跃后断面面积，m^2；y'_c 为跃前断面总形心距水面的距离，m；y''_c 为跃后断面总形心距水面的距离，m。

例 10.5　某Ⅲ型四圆弧蛋形断面引水隧洞的设计流量 $Q=38\text{m}^3/\text{s}$，顶拱的设计半径 $r=2.5\text{m}$，已知跃前水深为 $h'=1.5\text{m}$，求跃后水深。

解：(1)理论公式计算。

Ⅲ型四圆弧蛋形断面的 $\alpha = 36.87° = 0.6435\text{rad}$，由题知，跃前水深处于两侧扇形断面内，则

$\beta = \alpha - \arcsin[2/3 - h'/(3r)] = 36.87° \times \pi/180 - \arcsin[2/3 - 1.5/(3\times 2.5)] = 9.05186°$

$\qquad (0.157985\text{ rad})$

$A/r^2 = 0.111823228 + 9(\beta - \sin\beta) + [3\cos(\alpha - \beta) - 1.6][1.8 - 3\sin(\alpha - \beta)] = 0.539051$

$$\frac{y'_c}{r} = \frac{0.111823228[1.881558645 - 3\sin(\alpha-\beta)] + 9(\beta-\sin\beta)\left[\dfrac{4\sin^3(\beta/2)}{\beta-\sin\beta}\sin\left(\alpha-\dfrac{\beta}{2}\right) - 3\sin(\alpha-\beta)\right]}{0.111823228 + 9(\beta-\sin\beta) + [3\cos(\alpha-\beta) - 1.6][1.8 - 3\sin(\alpha-\beta)]}$$

$$\qquad + \frac{[3\cos(\alpha-\beta) - 1.6][1.8 - 3\sin(\alpha-\beta)]^2[6\cos(\alpha-\beta) - 2.4]/[6\cos(\alpha-\beta) - 3.2]}{3\{0.111823228 + 9(\beta-\sin\beta) + [3\cos(\alpha-\beta) - 1.6][1.8 - 3\sin(\alpha-\beta)]\}}$$

将 $\beta = 0.157985\text{ rad}$ 代入上式得 $y'_c/r = 0.245899$，则

$$J\left(\frac{h'}{r}\right) = \frac{Q^2}{g(A'/r^2)r^2} + r^3\frac{A'y'_c}{r^3} = \frac{38^2}{9.8\times 0.539051\times 2.5^2} + 2.5^3\times 0.539051\times 0.245899 = 45.8064(\text{m}^3)$$

假设跃后水深亦在两侧扇形断面内，此时 $\alpha = 36.87° = 0.6435\text{rad}$，设跃后水深为 $h'' = 4.92235\text{m}$，将 α、h'' 代入以上公式得

$$\beta'' = 36.28126°(0.633227\text{rad})$$

$$A''/r^2 = 2.961688$$

$$y''_c/r = 0.817831$$

$$J\left(\frac{h''}{r}\right) = \frac{Q^2}{g(A''/r^2)r^2} + r^3\frac{A''y''_c}{r^3} = \frac{38^2}{9.8\times 2.961688\times 2.5^2} + 2.5^3\times 2.961688\times 0.817831 = 45.8064(\text{m}^3)$$

$$J(h'/r) = J(h''/r)$$

跃后水深 $h'' = 4.92235\text{m}$，由于 $h'' = 4.92235\text{m} < 2r = 5\text{m}$，与假设相符。

(2)经验公式计算。

已知跃前相对水深 $h'/r = 1.5/2.5 = 0.6$，用式(10-109)和式(10-110)计算相对面积和相对形心距水面的距离

$$A' / r^2 = -0.1501(h/r)^3 + 0.8011(h/r)^2 + 0.5062(h/r) - 0.0207 = 0.539$$

$$y'_c / r = 0.0169(h/r)^3 - 0.0394(h/r)^2 + 0.4335(h/r) - 0.0037 = 0.24587$$

$$J\left(\frac{h'}{r}\right) = \frac{Q^2}{g(A'/r^2)r^2} + r^3 \frac{A'y'_c}{r^3} = \frac{38^2}{9.8 \times 0.539 \times 2.5^2} + 2.5^3 \times 0.539 \times 0.24587 = 45.810 \text{(m}^2)$$

由上面理论公式的计算可以看出，跃后水深较大，$h'' / r = 4.92235 / 2.5 = 1.96$，所以选择跃后水深的计算公式为式(10-111)和式(10-112)。计算时先假定一个跃后水深 h''，求出 h'' / r，代入式(10-111)和式(10-112)计算 A'' / r^2 和 y''_c / r，然后由式(10-119)计算 $J(h'' / r)$，即

$$J\left(\frac{h''}{r}\right) = \frac{Q^2}{g(A''/r^2)r^2} + r^3 \frac{A''y''_c}{r^3}$$

如果求得的 $J(h'' / r) = J(h' / r)$，所假定的 h'' 即为所求。假设跃后水深为4.922m，求得

$$A'' / r^2 = -0.261(h/r)^3 + 1.4649(h/r)^2 - 0.7201(h/r) + 0.6969 = 2.965535$$

$$y''_c / r = 0.0489(h/r)^3 - 0.2382(h/r)^2 + 0.8133(h/r) - 0.234 = 0.817088$$

$$J\left(\frac{h''}{r}\right) = \frac{Q^2}{g(A''/r^2)r^2} + r^3 \frac{A''y''_c}{r^3} = \frac{38^2}{9.8 \times 2.965535 \times 2.5^2} + 2.5^3 \times 2.965535 \times 0.817088 = 45.81 \text{(m}^2)$$

所求跃后水深为 $h'' = 4.922$ m，与理论公式计算相差0.0071%。可见用经验公式计算的精度完全满足要求，且计算比较简单。

10.3.3　四圆弧蛋形断面正常水深和临界水深的计算

1. 四圆弧蛋形断面正常水深的计算

四圆弧蛋形断面正常水深的计算为式(10-36)，在计算正常水深时，需根据不同的水深求断面面积和湿周，由上面对面积的推导过程可以看出，面积计算比较麻烦，现根据最小二乘法原理,对四圆弧蛋形断面的正常水深给出以下简化公式。

1) Ⅰ型四圆弧蛋形断面正常水深流量关系

设 $Qn / (\sqrt{i}r^{8/3}) = x$，得到以下的简化公式：

$$\frac{h_0}{r} = \begin{cases} 1.3037 \times 0.6593^x x^{0.4863}, & 0 < x \leqslant 0.05088 \\ 1.1811 \times 1.0473^x x^{0.4602}, & 0.05088 \leqslant x \leqslant 0.652 \\ \dfrac{0.364436 + 1.55433x}{1 + 0.63951x - 0.092853x^2}, & 0.652 \leqslant x \leqslant 2.296 \\ \dfrac{1.203 - 0.40892x}{1 - 0.51182x + 0.058376x^2}, & 2.296 \leqslant x \leqslant 2.8832 \end{cases} \quad (10\text{-}120)$$

式(10-120)的平均误差为0.033%，最大误差为0.254%。

2）Ⅱ型四圆弧蛋形断面正常水深流量关系

$$\frac{h_0}{r} = \begin{cases} 1.1107 \times 1.0503^x x^{0.50605}, & 0.0603 \leqslant x \leqslant 0.756 \\[2mm] \dfrac{0.13442 + 2.0443x}{1 + 1.02393x - 0.15701x^2}, & 0.756 \leqslant x \leqslant 2.7543 \\[3mm] \dfrac{1.20743 - 0.391x}{1 - 0.4861x + 0.05248x^2}, & 2.7543 \leqslant x \leqslant 3.02 \end{cases} \quad (10\text{-}121)$$

式（10-121）的平均误差为 0.0809%，最大误差为 0.409%。

3）Ⅲ型四圆弧蛋形断面正常水深流量关系

$$\frac{h_0}{r} = \begin{cases} 1.25 \times 1.02^x x^{0.5102}, & 0.0273 \leqslant x \leqslant 1.0361 \\[2mm] \dfrac{0.2953 + 1.7411x}{1 + 0.682354x - 0.087355x^2}, & 1.0361 \leqslant x \leqslant 3.084 \\[3mm] \dfrac{3.1477 - 0.4872x}{1 + 0.14466x - 0.0829x^2}, & 3.084 \leqslant x \leqslant 3.318 \\[3mm] \dfrac{4.9216 - 1.4094x}{1 - 7.424 \times 10^{-4} x - 0.08238x^2}, & 3.318 \leqslant x \leqslant 3.394 \end{cases} \quad (10\text{-}122)$$

式（10-122）的平均误差为 0.0685%，最大误差为 0.414%。

4）Ⅳ型四圆弧蛋形断面正常水深流量关系

$$\frac{h_0}{r} = \begin{cases} 1.44793 \times 0.7449^x x^{0.48895}, & 0.00207 \leqslant x \leqslant 0.11675 \\[2mm] 1.28256 \times 1.0553^x x^{0.44867}, & 0.11675 \leqslant x \leqslant 2.0891 \\[2mm] \dfrac{1.3681 - 0.4167x}{1 - 0.45813x + 0.046754x^2}, & 2.0891 \leqslant x \leqslant 3.2553 \end{cases} \quad (10\text{-}123)$$

式（10-124）的平均误差为 0.111%，最大误差为 0.678%。

2. 四圆弧蛋形断面临界水深的计算

临界水深的计算公式为

$$\frac{Q^2}{g} = \frac{A_k}{B_k} = \frac{(A_k / r^2)^3}{(B_k / r)} r^5 \quad (10\text{-}124)$$

式（10-124）可以写成

$$\frac{Q^2}{gr^5} = \frac{(A_k / r^2)^3}{(B_k / r)} \quad (10\text{-}125)$$

如果将四圆弧蛋形断面的相对面积和相对水面宽度公式代入式（10-125），即可通过试算求出临界水深，但计算比较麻烦。现仍通过分段拟合给出四圆弧蛋形断面临界水深计算的简化公式。

1）Ⅰ型四圆弧蛋形断面的临界水深

设 $Q^2 / (gr^5) = y$

$$\frac{h_\mathrm{k}}{r}=\begin{cases}1.1209\times0.05753^y\,y^{0.253834}, & 0\leqslant y\leqslant0.05136\\[1mm]1.0276(y-1.344\times10^{-4})^{0.2388}, & 0.05136\leqslant y\leqslant0.891\\[1mm]1.0272\times1.00078^y\,y^{0.2402}, & 0.891\leqslant y\leqslant7.33\\[1mm]\dfrac{1.14572+0.1583y}{1+0.051733y+2.5368\times10^{-5}y^2}, & 7.33\leqslant y\leqslant53.372\end{cases}\tag{10-126}$$

式（10-126）的平均误差为 0.0315%，最大误差为 0.266%。

2）Ⅱ型四圆弧蛋形断面的临界水深

$$\frac{h_\mathrm{k}}{r}=\begin{cases}0.9552\times0.999614^y\,y^{0.26}, & 0.007733\leqslant y\leqslant11.6565\\[1mm]\dfrac{1.10446+0.14346y}{1+0.046346y+2.59\times10^{-5}y^2}, & 11.6565\leqslant y\leqslant59.12\end{cases}\tag{10-127}$$

式（10-127）的平均误差为 0.0397%，最大误差为 0.142%。

3）Ⅲ型四圆弧蛋形断面的临界水深

$$\frac{h_\mathrm{k}}{r}=\begin{cases}\dfrac{-5.8786+377.71y^{0.25036}}{359.7+y^{0.25036}}, & 0.00175\leqslant y\leqslant13.82\\[1mm]0.9796\times0.99774^y\,y^{0.2836}, & 13.82\leqslant y\leqslant85.75\end{cases}\tag{10-128}$$

式（10-128）的平均误差为 0.051%，最大误差为 1.12%。

4）Ⅳ型四圆弧蛋形断面的临界水深

$$\frac{h_\mathrm{k}}{r}=\begin{cases}1.1887\times0.491^y\,y^{0.2508}, & 5.39\times10^{-5}\leqslant y\leqslant0.0346\\[1mm]1.105\times1.00063^y\,y^{0.23536}, & 0.0346\leqslant y\leqslant12.06\\[1mm]3-1.8308\exp(-0.09127y^{0.76}), & 12.06\leqslant y\leqslant78.3\end{cases}\tag{10-129}$$

式（10-129）的平均误差为 0.0783%，最大误差为 1.849%。

例 10.6 某Ⅲ型蛋形断面污水管道，半径 $r=0.325\,\mathrm{m}$，糙率 $n=0.014\mathrm{s/m^{1/3}}$，坡度 $i=0.0011$，求最大设计充满度 $h/(3r)=0.75$ 时的流量和临界水深，如果已知流量为 $Q=0.317\mathrm{m^3/s}$，求正常水深 h_0。

解：

$$h/r=0.75\times3=2.25$$

因为 $h/r>2$，水深在上部的半圆形断面内。

由式（10-82）、式（10-79）、式（10-80）分别计算 θ、A/r^2 和 χ/r，即

$$\theta=\arcsin(h/r-2)=\arcsin(2.25-2)=14.4775122°\ (0.25268\mathrm{rad})$$

$$A/r^2=3.023335359+\theta+\sin\theta\cos\theta=3.51797$$

$$\chi/r=4.788310721+2\theta=5.29367$$

对式（10-36）变形得

$$\frac{Qn}{\sqrt{i}r^{8/3}} = \frac{(A/r^2)^{5/3}}{(\chi/r)^{2/3}} = 2.67906$$

$$Q = 2.67906\sqrt{i}r^{8/3}/n = 0.317\mathrm{m}^3/\mathrm{s}$$

如果已知 $Q = 0.317\mathrm{m}^3/\mathrm{s}$，$Qn/(\sqrt{i}r^{8/3}) = 2.67906$，求正常水深。

因为 $1.0361 \leqslant x \leqslant 3.084$，由式(10-122)得

$$\frac{h_0}{r} = \frac{0.2953 + 1.7411x}{1 + 0.682354x - 0.087355x^2} = \frac{0.2953 + 1.7411 \times 2.67906}{1 + 0.682354 \times 2.67906 - 0.087355 \times 2.67906^2} = 2.25334$$

求得 $h_0 = 0.7323\mathrm{m}$，与实际 $h_0 = 2.25r = 0.7313\mathrm{m}$ 相差了 0.137%。

求临界水深：

$$Q^2/(gr^5) = 0.317^2/(9.8 \times 0.325^5) = 2.828$$

因为 $0.00175 \leqslant y \leqslant 13.82$，由式(10-128)得

$$\frac{h_k}{r} = \frac{-5.8786 + 377.71y^{0.25036}}{359.7 + y^{0.25036}} = \frac{-5.8786 + 377.71 \times 2.828^{0.25036}}{359.7 + 2.828^{0.25036}} = 1.34105$$

求得 $h_k = 1.34105 \times 0.325 = 0.43584\mathrm{m}$。

验算：已知 $\alpha = \arctan(3/4) = 36.87°\,(0.6435\mathrm{rad})$，$\alpha_0 = 90° - \alpha = 53.13°\,(0.9273\mathrm{rad})$，假设水深处于图 10-13 中的 ef 线以下，由式(10-75)和式(10-77)得

$$\frac{Q^2}{gr^5} = \frac{(A/r^2)^3}{B/r} = \frac{\{0.111823228 + 9(\beta - \sin\beta) + [3\cos(\alpha - \beta) - 1.6][1.8 - 3\sin(\alpha - \beta)]\}^3}{6\cos(\alpha - \beta) - 4}$$

$$h/r = 2 - 3\sin(\alpha - \beta)$$

$$\beta = \alpha - \arcsin\left(\frac{2}{3} - \frac{h}{3r}\right)$$

由以上公式用试算法求临界水深 h_k，计算时假设一个临界水深 h_k，求 β、A/r^2、B/r，再求 $Q^2/(gr^5)$ 和 Q，如果求得的 $Q = 0.317\mathrm{m}^3/\mathrm{s}$，对应的 h_k 即为所求。由试算法求得 $h_k = 0.43475\mathrm{m}$，与用经验公式(10-128)求得的相差为 0.25%，验证了经验公式的正确性。

10.4　四圆弧和六圆弧蛋形断面水面曲线的计算

10.4.1　四圆弧蛋形断面水面线的计算

1. 分段试算法

四圆弧蛋形断面明渠恒定非均匀渐变流水面线仍可以用第 5 章的式(5-1)的分段试算法计算，即

$$\Delta s = \frac{\Delta E_s}{i - \overline{J}} = \frac{E_{s2} - E_{s1}}{i - \overline{J}}$$

式中，E_{s2} 和 E_{s1} 分别代表下游断面和上游断面的断面比能，m；i 为明渠的底坡；

Δs 为计算流段的长度，m；$\overline{J}$ 是 Δs 段内的平均水力坡度。断面比能可以写成

$$E_s = h\cos\omega + v^2/(2g) = h\cos\omega + Q^2/(2gA^2)$$

式中，h 为断面水深，m；ω 为渠底与水平面的夹角；v 为断面平均流速，m/s；Q 为流量，m^3/s；A 为过水断面面积，m^2；g 为重力加速度，m/s^2。

对于水力坡度 $\overline{J}$，由下式计算

$$\overline{J} = (J_1 + J_2)/2$$

式中，$J_1 = Q^2/K_1^2 = v_1^2/(C_1^2 R_1)$；$J_2 = Q^2/K_2^2 = v_2^2/(C_2^2 R_2)$；$K = AC\sqrt{R}$ 为流能比，m^3/s；$C = R^{1/6}/n$ 为谢才系数，$m^{1/2}/s$；R 为水力半径，m；n 为渠道的糙率，$s/m^{1/3}$。将以上关系代入式(5-1)得

$$\Delta s = \frac{[h_2\cos\omega + Q^2/(2gA_2^2)] - [h_1\cos\omega + Q^2/(2gA_1^2)]}{i - \dfrac{n^2}{2}[Q^2/(A_2^2 R_2^{4/3}) + Q^2/(A_1^2 R_1^{4/3})]} \tag{10-130}$$

式(10-130)可以写成

$$\Delta s = \frac{\left[\dfrac{h_2}{r}\cos\omega + \dfrac{Q^2}{2gr^5(A_2/r^2)^2}\right] - \left[\dfrac{h_1}{r}\cos\omega + \dfrac{Q^2}{2gr^5(A_1/r^2)^2}\right]}{\dfrac{i}{r} - \dfrac{n^2}{2r^{19/3}}\left[\dfrac{Q^2}{(A_2/r^2)^2(R_2/r)^{4/3}} + \dfrac{Q^2}{(A_1/r^2)^2(R_1/r)^{4/3}}\right]} \tag{10-131}$$

对于相对面积 A/r^2，上面已经给出了拟合公式，Ⅰ型四圆弧蛋形断面用式(10-99)和式(10-101)计算，Ⅱ型四圆弧蛋形断面用式(10-104)和式(10-106)计算，Ⅲ型四圆弧蛋形断面用式(10-109)和式(10-111)计算，Ⅳ型四圆弧蛋形断面用式(10-114)和式(10-116)计算。对于相对水力半径 R/r，拟合如下。

1）Ⅰ型四圆弧蛋形断面

当 $0.07 \leqslant h/r \leqslant 1.0$ 时

$$R/r = 0.4595 \times 0.91356^{h/r}(h/r)^{0.8746} \tag{10-132}$$

当 $1.0 \leqslant h/r \leqslant 2.5$ 时

$$R/r = -0.05968(h/r)^3 + 0.1766(h/r)^2 + 0.11(h/r) + 0.19463 \tag{10-133}$$

式(10-132)和式(10-133)的平均误差为 0.17%，最大误差为 0.821%。

2）Ⅱ型四圆弧蛋形断面

当 $0.27 \leqslant h/r \leqslant 1.0$ 时

$$R/r = 0.0857(h/r)^3 - 0.303(h/r)^2 + 0.659(h/r) + 0.00557 \tag{10-134}$$

当 $1.0 \leqslant h/r \leqslant 2.5$ 时

$$R/r = -0.0588(h/r)^3 + 0.178(h/r)^2 + 0.0854(h/r) + 0.246 \tag{10-135}$$

式(10-134)和式(10-135)的平均误差为 0.143%，最大误差为 0.705%。

3）Ⅲ型四圆弧蛋形断面

当 $0.2 \leqslant h/r \leqslant 1.3$ 时

$$R/r = [0.0108 + 0.633(h/r)] / [1 + 0.651(h/r) - 0.0918(h/r)^2] \qquad (10\text{-}136)$$

当 $1.3 \leqslant h/r \leqslant 2.85$ 时

$$R/r = -0.0592(h/r)^3 + 0.261(h/r)^2 - 0.174(h/r) + 0.412 \qquad (10\text{-}137)$$

式（10-136）和式（10-137）的平均误差为 0.233%，最大误差为 1.177%。

4）Ⅳ型四圆弧蛋形断面

当 $0.07 \leqslant h/r \leqslant 1.1$ 时

$$R/r = 0.4 \times 0.96^{h/r}(h/r)^{0.826} \qquad (10\text{-}138)$$

当 $1.1 \leqslant h/r \leqslant 2.85$ 时

$$R/r = -0.0457(h/r)^3 + 0.169(h/r)^2 + 0.0363(h/r) + 0.233 \qquad (10\text{-}139)$$

式（10-138）和式（10-139）的平均误差为 0.249%，最大误差为 1.864%。

在计算水面线时，只要知道流量、渠道的糙率、渠道某一断面的水深和面积，然后假定某一断面的水深，判断计算区域，用上面求出的相对断面面积 A/r^2 和相对水力半径 R/r 代入式（10-131）就可以分段计算四圆弧蛋形断面的水面线。

2. 积分法

四圆弧蛋形断面水面线的微分方程仍为第 7 章的式（7-26），即

$$\frac{\mathrm{d}s}{\mathrm{d}h} = \frac{1 - Fr^2}{i - J} = \frac{r^{1/3}}{gn^2} \frac{b' - Fr'^2}{a' - j'}$$

式中，$a' = ir^{16/3}/(n^2 Q^2)$，$b' = gr^5/Q^2$，$Fr'^2 = (B/r)/(A/r^2)^3$，$j' = (\chi/r)^{4/3}/(A/r^2)^{10/3}$。

Fr' 和 j' 与 $1/(h/r)^2$ 的关系仍可以表示为

$$j' = a_1/(h/r)^4 + b_1/(h/r)^2 + c_1 \qquad (10\text{-}140)$$

$$Fr'^2 = a_2/(h/r)^4 + b_2/(h/r)^2 + c_2 \qquad (10\text{-}141)$$

式中，系数 a_1、b_1、c_1、a_2、b_2、c_2 根据 h/r 的不同可由表 10-7 查算。

将式（10-140）和式（10-141）代入式（7-26）积分得水面线的计算公式为

$$s = \frac{r^{4/3}}{gn^2} \frac{(b' - c_2)}{(a' - c_1)} \left\{ x_2 - x_1 + \frac{A'}{C'}\left(\arctan\frac{x_2}{C'} - \arctan\frac{x_1}{C'}\right) + \frac{B'}{2D'}\ln\frac{(x_2 - D')(x_1 + D')}{(x_2 + D')(x_1 - D')} \right\}$$

$$(10\text{-}142)$$

表 10-7　四圆弧蛋型断面水面线计算参数表

断面形式	h/r 范围	j'			Fr'^2		
		a_1	b_1	c_1	a_2	b_2	c_2
I 型	$0.07 \leqslant h/r \leqslant 0.17$	4.2543	−55	1084.3	1.2760	10.1210	−192.2
	$0.17 \leqslant h/r \leqslant 0.45$	3.7616	−8.9795	21.13	1.4211	−0.3471	−1.5745
	$0.45 \leqslant h/r \leqslant 0.88$	3.2307	−2.5134	1.8568	1.4019	−0.5885	0.3342
	$0.88 \leqslant h/r \leqslant 1.60$	2.4855	−0.2408	0.1066	1.2385	−0.1445	0.0294
	$1.60 \leqslant h/r \leqslant 2.20$	2.5287	−0.1887	0.0764	0.9333	0.0944	−0.0187
	$2.20 \leqslant h/r \leqslant 2.50$	4.4192	−1.0502	0.1741	−0.2133	0.5470	−0.0632
II 型	$0.27 \leqslant h/r \leqslant 0.50$	1.4730	−0.3346	2.2916	0.6489	0.5679	−0.6055
	$0.50 \leqslant h/r \leqslant 0.99$	1.4172	0.4432	−0.1164	0.6904	0.2885	−0.1504
	$0.99 \leqslant h/r \leqslant 1.67$	1.5012	0.2420	0.0084	0.7766	0.0720	−0.0107
	$1.67 \leqslant h/r \leqslant 2.20$	1.9833	−0.0837	0.0640	0.7025	0.1219	−0.0188
	$2.20 \leqslant h/r \leqslant 2.50$	5.5590	−1.5531	0.2156	−0.3227	0.5318	−0.0598
III 型	$0.20 \leqslant h/r \leqslant 0.45$	2.1295	0.3776	1.7425	0.8640	1.3899	−2.6117
	$0.45 \leqslant h/r \leqslant 0.95$	2.1763	0.5704	−0.2503	0.9844	0.3405	−0.2103
	$0.95 \leqslant h/r \leqslant 2.00$	2.3267	0.1776	0.0117	1.1059	0.0280	−0.0041
	$2.00 \leqslant h/r \leqslant 2.50$	3.1574	−0.2131	0.0582	0.8805	0.1380	−0.0171
	$2.50 \leqslant h/r \leqslant 2.85$	8.6252	−1.9281	0.1931	−0.6848	0.6166	−0.0537
IV 型	$0.07 \leqslant h/r \leqslant 0.17$	5.8312	−49.329	1095.7	1.7159	16.432	−271.18
	$0.17 \leqslant h/r \leqslant 0.40$	5.5470	−9.7167	19.297	1.9345	1.2618	−10.601
	$0.40 \leqslant h/r \leqslant 0.85$	4.9720	−3.6743	2.4987	2.0360	−1.0862	0.6928
	$0.85 \leqslant h/r \leqslant 1.40$	4.0677	−0.8452	0.2473	1.8156	−0.3709	0.0872
	$1.40 \leqslant h/r \leqslant 2.00$	3.4079	−0.1211	0.0466	1.5981	−0.1192	0.0130
	$2.00 \leqslant h/r \leqslant 2.50$	3.9685	−0.3588	0.0711	1.2040	0.0892	−0.0146
	$2.50 \leqslant h/r \leqslant 2.85$	9.7806	−2.1789	0.2140	−0.5749	0.6354	−0.0566

式中，$x = h/r$，系数 A'、B'、C'、D'的计算公式为

$$A' = [d - f + (e - c)(\sqrt{e^2/4 + f} - e/2)]/(2\sqrt{e^2/4 + f})$$
$$B' = [f - d + (e - c)(e/2 + \sqrt{e^2/4 + f})]/(2\sqrt{e^2/4 + f})$$
$$C' = \sqrt{\sqrt{e^2/4 + f} - e/2}$$
$$D' = \sqrt{\sqrt{e^2/4 + f} + e/2}$$

$$(10\text{-}143)$$

式中，$c = b_2 / (b' - c_2)$；$d = a_2 / (b' - c_2)$；$e = b_1 / (a' - c_1)$；$f = a_1 / (a' - c_1)$。

例 10.7　已知某水库引水隧洞的设计流量为 $Q=38\text{m}^3/\text{s}$，设计横断面形式为Ⅲ型四圆弧蛋形断面，顶拱半径 $r=2.5\text{m}$，洞底设计坡降 $i=1/1500$，洞内壁糙率 $n=0.014\text{m/s}^{1/3}$，已知下游末端断面水深为 6.8m，试计算水面曲线。

解：$x = Qn / (\sqrt{i} r^{8/3}) = 38 \times 0.014 / (\sqrt{1/1500} \times 2.5^{8/3}) = 1.789715$

因为 $1.0361 < x < 3.084$，由式（10-122）得

$$h_0 / r = (0.2953 + 1.7411x) / (1 + 0.682354x - 0.087355x^2) = 1.757159$$

$$h_0 = 1.757159r = 1.757159 \times 2.5 = 4.3929(\text{m})$$

$$y = Q^2 / (gr^5) = 1.508833$$

因为 $0.00175 < y < 13.82$，由式（10-128）得

$$h_k / r = (-5.8786 + 377.71y^{0.25036}) / (359.7 + y^{0.25036}) = 1.144$$

$$h_k = 1.144r = 1.144 \times 2.5 = 2.8603(\text{m})$$

正常水深大于临界水深，隧洞内为缓流，水面线从下游向上游计算，计算区间水深为 $4.3929 \times 1.01 = 4.437 \sim 6.8(\text{m})$。

分段算法：分段算法的步高取为 1mm。计算结果为水面曲线的长度 $s=9367.0772\text{m}$。

积分法：

$$a' = ir^{16/3} / (n^2Q^2) = 0.3122$$

$$b' = gr^5 / Q^2 = 0.662764$$

因为 $h / r = 4.437 / 2.5 \sim 6.8 / 2.5 = 1.7748 \sim 2.72$，由表 10-7 可以看出，选择参数要跨越三个区，分别为

$$h / r = 6.25 / 2.5 \sim 6.8 / 2.5 = 2.5 \sim 2.72$$

$$h / r = 5.0 / 2.5 \sim 6.25 / 2.5 = 2.0 \sim 2.5$$

$$h / r = 4.437 / 2.5 \sim 5 / 2.5 = 1.7748 \sim 2.0$$

由表 10-7 选择参数并用式（10-142）计算水面线如表 10-8 所示。由表中可以看出，积分法计算的水面线长度为 9356.686m，分段算法为 9367.08m，与分段算法的误差为 0.11%。当然，一般隧洞较短，本文例题计算的隧洞较长，主要是为了检验积分公式的正确性所假定的。

表 10-8　计算表

h/r	a_1	b_1	c_1	a_2	b_2	c_2	c	d	e
$2.5 \sim 2.72$	8.6252	−1.9281	0.1931	−0.6848	0.6166	−0.0537	0.860615	−0.95581	−16.189
$2 \sim 2.5$	3.1574	−0.2131	0.0582	0.8805	0.1380	−0.0171	0.202982	1.295112	−0.83898
$1.7748 \sim 2$	2.3267	0.1776	0.0117	1.1059	0.0280	−0.0041	0.041988	1.658359	0.591016

续表

h/r	f	A'	B'	C'	D'	s_i /m	s /m	分段法 s_i /m	$s/$ m
2.5～2.72	72.42013	−17.5238	0.474217	4.454135	1.9105845	1154.75		1154.98	
2～2.5	12.43073	−2.15067	1.108708	1.992506	1.7694923	3323.66	9356.686	3324.17	9367.08
1.7748～2	7.742775	−0.84167	1.390694	1.582	1.758903	4878.27		4887.93	

10.4.2　六圆弧蛋形断面水面线的计算

1. 分段试算法

六圆弧蛋形断面明渠恒定非均匀渐变流水面线的分段试算法仍为式(10-130)，该式改写为

$$\Delta s = \frac{\left[\dfrac{h_2}{r_1}\cos\omega + \dfrac{Q^2}{2gr_1^5(A_2/r_1^2)^2}\right] - \left[\dfrac{h_1}{r_1}\cos\omega + \dfrac{Q^2}{2gr_1^5(A_1/r_1^2)^2}\right]}{\dfrac{i}{r_1} - \dfrac{n^2}{2r_1^{19/3}}\left[\dfrac{Q^2}{(A_2/r_1^2)^2(R_2/r_1)^{4/3}} + \dfrac{Q^2}{(A_1/r_1^2)^2(R_1/r_1)^{4/3}}\right]} \quad (10\text{-}144)$$

六圆弧蛋形断面的断面面积、湿周和水力半径的计算非常复杂，为了简化计算算，张志昌和贾斌[13]对表 10-4 中的数据重新进行了分析，得到以下关系。

六圆弧蛋形断面的相对断面面积为

$$\frac{A}{r_1^2} = 1.836\left(\frac{h}{r_1}\right)^{1.4941}, \quad 0 < \frac{h}{r_1} \leqslant 0.1 \quad (10\text{-}145)$$

$$\frac{A}{r_1^2} = -0.471\left(\frac{h}{r_1}\right)^3 + 0.4912\left(\frac{h}{r_1}\right)^2 + 0.8253\frac{h}{r_1} - 0.0291, \quad 0.1 < h/r_1 \leqslant 0.9 \quad (10\text{-}146)$$

式(10-145)和式(10-146)的平均误差分别为 0.119%和 0.146%，最大误差分别为 0.2%和 0.622%。

六圆弧蛋形断面的相对湿周为

$$\frac{\chi}{r_1} = 2.8707\left(\frac{h}{r_1}\right)^{0.5033}, \quad 0 < h/r_1 \leqslant 0.1 \quad (10\text{-}147)$$

$$\frac{\chi}{r_1} = 0.9175\left(\frac{h}{r_1}\right)^3 - 1.1439\left(\frac{h}{r_1}\right)^2 + 2.4741\frac{h}{r_1} + 0.6638, \quad 0.1 < h/r_1 \leqslant 0.9 \quad (10\text{-}148)$$

式(10-147)和式(10-148)的平均误差分别为 0.065%和 0.123%，最大误差分别为 0.12%和 0.716%。

六圆弧蛋形断面的相对水力半径为

$$\frac{R}{r_1} = 0.6396 \left(\frac{h}{r_1} \right)^{0.9908}, \quad 0 < h/r_1 \leqslant 0.1 \tag{10-149}$$

$$\frac{R}{r_1} = 0.2165 \left(\frac{h}{r_1} \right)^3 - 0.8189 \left(\frac{h}{r_1} \right)^2 + 0.9057 \frac{h}{r_1} - 0.0158, \quad 0.1 < h/r_1 \leqslant 0.9 \tag{10-150}$$

式(10-149)和式(10-150)的平均误差分别为 0.183%和 0.263%，最大误差分别为 0.326%和 1.23%。

在用式(10-144)计算水面线时，相对断面面积用式(10-145)或式(10-146)计算，相对水力半径用式(10-149)式(10-150)计算。

2. 积分法

积分法仍用式(10-142)计算。对于六圆弧蛋形断面，式(10-142)改写为

$$s = \frac{r_1^{4/3}}{gn^2} \frac{(b-c_2)}{(a-c_1)} \left\{ x_2 - x_1 + \frac{A'}{C'} \left(\arctan \frac{x_2}{C'} - \arctan \frac{x_1}{C'} \right) + \frac{B'}{2D'} \ln \frac{(x_2 - D')(x_1 + D')}{(x_2 + D')(x_1 - D')} \right\}$$

$$\tag{10-151}$$

式中，系数 A'、B'、C'、D' 的计算公式仍为式(10-143)，但式(10-143)中的 c、d、e、f 的计算公式为

$$
\begin{aligned}
c &= b_2 / (b - c_2) \\
d &= a_2 / (b - c_2) \\
e &= b_1 / (a - c_1) \\
f &= a_1 / (a - c_1)
\end{aligned}
\tag{10-152}
$$

式中，$a = i r_1^{16/3} / (n^2 Q^2)$，$b = g r_1^5 / Q^2$。

参数 a_1、b_1、c_1、a_2、b_2、c_2 如表 10-9 所示。

表 10-9　六圆弧断面断面水面线计算参数表

h/r	j'			Fr^2		
	a_1	b_1	c_1	a_2	b_2	c_2
$0.02 \leqslant h/r_1 \leqslant 0.04$	2.048	-697.96	201563	0.4227	2.2231	-401.79
$0.04 \leqslant h/r_1 \leqslant 0.08$	1.5771	-108.15	7215.4	0.4238	1.0295	-41.594
$0.08 \leqslant h/r_1 \leqslant 0.15$	1.4351	-44.565	1091.2	0.4618	-4.9826	139.96
$0.15 \leqslant h/r_1 \leqslant 0.85$	0.875	3.38	2.9	0.3960	1.3640	-1.0580

例 10.8　已知某输水隧洞为六圆弧蛋形断面，最大半径 r_1=3.0m，洞底设计坡降 $i = 0.015$，洞内壁糙率 $n = 0.014 \text{m/s}^{1/3}$，设计流量 $Q = 24 \text{m}^3/\text{s}$，起始水深 $h_1 = 1.9 \text{m}$，洞长为 1600m，试计算沿程水面线，已知正常水深为 1.2942m。

解：在求解水面线以前，先要判断水面线的类型，为此先计算渠道的临界水深

$$Q^2 / (gr_1^5) = 24^2 / (9.8 \times 3^5) = 0.241874527$$

由式(10-30)得

$$h_k = 0.9904 r_1 (Q^2 / gr_1^5)^{0.2882} = 0.9904 \times 3 \times (0.241874527)^{0.2882} = 1.9737(\mathrm{m})$$

由于正常水深小于临界水深，为降水曲线。

(1)分段试算法。

由于相对水深 $h / r_1 = 0.4314 \sim 0.6333$，可知水面线的范围在图 10-1 中的 cd 线和 ef 线之间，水面线用式(10-144)计算，计算时相对面积和相对水力半径用式(10-14)和式(10-19)计算，由于底坡很小，取 $\cos\theta \approx 1$，起始水深为 1.9m，末端水深略高于正常水深，取为 1.295m，用 EXCEL 列表计算，水深下降的步高取为 1mm，计算结果是 $S = 423.58$m。

现用本节得出的经验公式(10-146)和公式(10-150)计算相对面积和相对水力半径，代入式(10-144)计算水面线，计算过程如表 10-10 所示，计算结果为 $S = 416.4$m，与上面取精确面积和水力半径的计算结果相差了 1.7%。

表 10-10　水面曲线计算表

h/m	h/r_1	A/r_1^2	R/r_1	$\dfrac{Q^2}{(A_1/r_1^2)^2(R_1/r_1)^{4/3}}$ /(m⁶/s²)	$\dfrac{Q^2}{(A_2/r_1^2)^2(R_2/r_1)^{4/3}}$ (m⁶/s²)	E_{s1} /m	E_{s2} /m	Δs /m
1.9	0.63333	0.57096	0.28434	9449.794208		1.00430623		
1.899	0.63300	0.57067	0.28430	9461.429752	9461.429752	1.0043547	1.00435473	0.014983
1.898	0.63267	0.57038	0.28425	9473.091931	9473.091931	1.004403945	1.00440395	0.015212
...	...	...	...	...	...	...	...	...
1.295	0.43167	0.38080	0.23998	26635.26013	26635.26013	1.265676391	1.265676391	27.30527
$\sum\Delta s$								416.4

(2)积分法。

计算有关参数如下：

$$a = ir_1^{16/3} / (n^2 Q^2) = 46.56498$$

$$b = gr_1^5 / Q^2 = 4.134375$$

$$c = 1.364 / (b + 1.058) = 0.262692891$$

$$d = 0.396 / (b + 1.058) = 0.076265678$$

$$e = 3.38 / (a - 2.9) = 0.07742531$$

$$f = 0.875 / (a - 2.9) = 0.020044$$

$$\frac{r_1^{4/3}}{gn^2}\frac{(b+1.058)}{(a-2.91)}=267.9241175$$

$$A'=\frac{d-f+(e-c)(\sqrt{e^2/4+f}-e/2)}{2\sqrt{e^2/4+f}}=0.123327$$

$$B'=\frac{f-d+(e-c)(e/2+\sqrt{e^2/4+f})}{2\sqrt{e^2/4+f}}=-0.30859$$

$$C'=\sqrt{\sqrt{e^2/4+f}-e/2}=0.328724764$$

$$D'=\sqrt{\sqrt{e^2/4+f}+e/2}=0.430680017$$

$$x_2=1.295/3$$

$$x_1=1.9/3$$

将以上参数代入式(10-151)计算得 S=419.62m。用式(10-144)分段试算法求得 S=423.58m，二者相差了 0.93%。

10.5 椭圆蛋形断面水力特性的研究

椭圆蛋形断面有两种形式：一种底部为半圆形、上部为椭圆形，称为上椭圆蛋形断面；另一种底部为椭圆形、上部为半圆形，称为下椭圆蛋形断面。如图 10-15 所示。

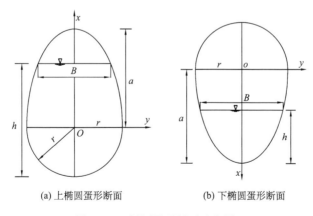

(a) 上椭圆蛋形断面   (b) 下椭圆蛋形断面

图 10-15 椭圆蛋形断面示意图

10.5.1　上椭圆蛋形断面水力参数的计算

1. 上椭圆蛋形断面面积和水面宽度的计算

设椭圆方程为

$$\frac{x^2}{a^2}+\frac{y^2}{r^2}=1 \tag{10-153}$$

$$y=r\sqrt{1-\frac{x^2}{a^2}}=\left(\frac{r}{a}\right)\sqrt{a^2-x^2} \tag{10-154}$$

式中，a 为椭圆 x 方向的长半轴，m；r 为短半轴，m；其长度正好等于圆的半径。如图 10-15(a)所示，椭圆的面积微分方程为

$$\mathrm{d}A=2y\mathrm{d}x=(2r/a)\sqrt{a^2-x^2}\mathrm{d}x$$

对上式积分得椭圆的面积为

$$A_{椭圆}=\frac{2r}{a}\int_0^{h-r}\sqrt{a^2-x^2}\mathrm{d}x=\frac{2r}{a}\left[\frac{x}{2}\sqrt{a^2-x^2}+\frac{a^2}{2}\arcsin\frac{x}{a}\right]_0^{h-r}$$
$$=\frac{r}{a}\left[(h-r)\sqrt{a^2-(h-r)^2}+a^2\arcsin\frac{h-r}{a}\right] \tag{10-155}$$

椭圆蛋形断面的总面积为

$$A=A_{半圆}+A_{椭圆}=\frac{\pi r^2}{2}+\frac{r}{a}\left[(h-r)\sqrt{a^2-(h-r)^2}+a^2\arcsin\frac{h-r}{a}\right] \tag{10-156}$$

水面宽度 B 为

$$B=2y=\frac{2r}{a}\sqrt{a^2-x^2}=\frac{2r}{a}\sqrt{a^2-(h-r)^2} \tag{10-157}$$

2. 上椭圆蛋形断面形心距水面距离的计算

上椭圆蛋形断面的形心距水面的距离如图 10-16 所示，从图中可以看出，形

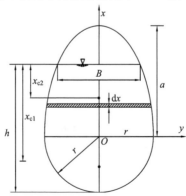

图 10-16　上椭圆蛋形断面形心计算图

心距水面距离的计算分为两部分，即下部半圆形心距水面的距离和上部椭圆形心距水面的距离。总形心距水面的距离用式(10-158)计算，即

$$x_c = \frac{A_{半圆}x_{c1} + A_{椭圆}x_{c2}}{A_{半圆} + A_{椭圆}} \tag{10-158}$$

式中，$A_{半圆}$ 为半圆断面的面积，m^2；$A_{椭圆}$ 为椭圆断面的面积，m^2；x_{c1} 为半圆形心距水面的距离，m；x_{c2} 为椭圆形心距水面的距离，m。

设圆的方程为

$$x^2 + y^2 = r^2 \tag{10-159}$$

$$y = \sqrt{r^2 - x^2} \tag{10-160}$$

半圆的面积为

$$A_{半圆} = \pi r^2 / 2 \tag{10-161}$$

半圆形心距水面的距离为

$$x_{c1} = \frac{1}{A_{半圆}}\int_0^r x\mathrm{d}A + (h-r) \tag{10-162}$$

式中，$\mathrm{d}A = 2y\mathrm{d}x$，代入式(10-162)积分得

$$x_{c1} = \frac{1}{A_{半圆}}\int_0^r 2x\sqrt{r^2-x^2}\mathrm{d}x + (h-r) = \frac{4r}{3\pi} + (h-r) \tag{10-163}$$

对于椭圆断面，形心距水面的距离为

$$x_{c2} = (h-r) - \frac{1}{A_{椭圆}}\int_0^{h-r} x\mathrm{d}A = (h-r) - \frac{2r}{aA_{椭圆}}\int_0^{h-r} x\sqrt{a^2-x^2}\mathrm{d}x$$

$$= (h-r) + \frac{2r}{3aA_{椭圆}}\{[a^2-(h-r)^2]^{3/2} - a^3\}$$

将椭圆面积公式(10-155)代入上式得

$$x_{c2} = (h-r) - \frac{2}{3}\frac{a^3 - [a^2-(h-r)^2]^{3/2}}{\left[(h-r)\sqrt{a^2-(h-r)^2} + a^2\arcsin\frac{h-r}{a}\right]} \tag{10-164}$$

$$x_c = \frac{(\pi r^2/2)[4r/(3\pi)+h-r] + (r/a)(h-r)^2\sqrt{a^2-(h-r)^2}}{\pi r^2/2 + (r/a)(h-r)\sqrt{a^2-(h-r)^2} + ra\arcsin[(h-r)/a]}$$

$$+ \frac{ra(h-r)\arcsin[(h-r)/a] - 2ra^2/3 + [2r/(3a)][a^2-(h-r)^2]^{3/2}}{\pi r^2/2 + (r/a)(h-r)\sqrt{a^2-(h-r)^2} + ra\arcsin[(h-r)/a]} \tag{10-165}$$

3. 上椭圆蛋形断面湿周的计算

上椭圆蛋形断面湿周由下部的半圆弧长和上部的椭圆弧长两部分组成，半圆

弧长很容易计算。对于椭圆曲线弧长，可以根据曲线弧长的积分公式求解，该公式为

$$\chi = \int_0^{h-r} \sqrt{1+(dy/dx)^2}\, dx \tag{10-166}$$

对 $y=(r/a)\sqrt{a^2-x^2}$ 求导数代入式(10-166)得

$$\chi = \int_0^{h-r} \sqrt{1+\frac{r^2}{a^2}\frac{x^2}{a^2-x^2}}\, dx \tag{10-167}$$

式(10-168)属于椭圆第二类积分问题，它的原函数不能用初等函数表示，无法积分。为了能够积分，将式(10-153)写成

$$y/r = \sqrt{1-(x/a)^2} \tag{10-168}$$

对式(10-168)进行分析，如果能将式(10-168)拟合成二次方程，求导后代入式(10-166)就可以积分。

对于上椭圆蛋形断面明渠，在设计时水流不能充满整个断面，根据隧洞设计规范，隧洞水面以上的空间不小于隧洞断面面积的 15%，净空高度不小于 0.4m。根据这一原则，对式(10-168)的关系在 $x/a=0\sim0.85$ 区间内进行分析，结果如图 10-17 所示。

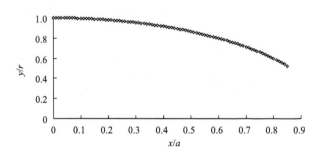

图 10-17　x/a 与 y/r 关系

由图 10-17 可得以下近似关系：

$$y/r = A_0(x/a)^2 + B_0(x/a) + C_0 \tag{10-169}$$

式中，A_0、B_0、C_0 为系数。经分析，在 $x/a=0\sim0.85$ 范围内，式(10-169)的系数为

当 $0 \leqslant x/a \leqslant 0.6$ 时

$$A_0 = -0.5964，\quad B_0 = 0.032，\quad C_0 = 0.9982$$

当 $0.6 \leqslant x/a \leqslant 0.85$ 时

$$A_0 = -1.6145，\quad B_0 = 1.2629，\quad C_0 = 0.6219$$

对式(10-169)求导数得

$$\frac{dy}{dx} = r\left(\frac{2A_0}{a^2}x + \frac{B_0}{a}\right) = \frac{r}{a}\left(\frac{2A_0}{a}x + B_0\right) \tag{10-170}$$

将式(10-170)代入式(10-166)得

$$\chi_{椭圆} = \frac{2r|A_0|}{a^2}\int_0^{h-r}\sqrt{\frac{a^4}{4r^2A_0^2} + \left(x + \frac{B_0a}{2A_0}\right)^2}dx \tag{10-171}$$

对式(10-171)积分得

$$\chi_{椭圆} = \frac{r|A_0|}{a^2}\left\{\left(x + \frac{B_0a}{2A_0}\right)\sqrt{\left(\frac{a^2}{2rA_0}\right)^2 + \left(x + \frac{B_0a}{2A_0}\right)^2} + \left(\frac{a^2}{2rA_0}\right)^2 \right.$$
$$\left. \times\ln\left[x + \frac{B_0a}{2A_0} + \sqrt{\left(\frac{a^2}{2rA_0}\right)^2 + \left(x + \frac{B_0a}{2A_0}\right)^2}\right]\right\} \tag{10-172}$$

将积分限 $x = 0 \sim (h-r)$ 代入得

$$\chi_{椭圆} = \frac{r|A_0|}{a^2}\left\{\left[\left(h - r + \frac{B_0a}{2A_0}\right)\sqrt{\left(\frac{a^2}{2rA_0}\right)^2 + \left(h - r + \frac{B_0a}{2A_0}\right)^2}\right.\right.$$
$$\left. + \left(\frac{a^2}{2rA_0}\right)^2\ln\left[h - r + \frac{B_0a}{2A_0} + \sqrt{\left(\frac{a^2}{2rA_0}\right)^2 + \left(h - r + \frac{B_0a}{2A_0}\right)^2}\right]\right]$$
$$\left. - \left[\frac{B_0a}{2A_0}\sqrt{\left(\frac{a^2}{2rA_0}\right)^2 + \left(\frac{B_0a}{2A_0}\right)^2} + \left(\frac{a^2}{2rA_0}\right)^2\ln\left(\frac{B_0a}{2A_0} + \sqrt{\left(\frac{a^2}{2rA_0}\right)^2 + \left(\frac{B_0a}{2A_0}\right)^2}\right)\right]\right\} \tag{10-173}$$

式(10-173)计算的只是椭圆一边的湿周,上椭圆蛋形断面的总湿周为

$$\chi = \chi_{半圆} + 2\chi_{椭圆} = \pi r + 2\chi_{椭圆} \tag{10-174}$$

由以上系数计算的 y/r 与实际值比较如表 10-11 所示,可以看出,用经验公式计算的值与真值相差较小,最大误差为 0.40%。

如果允许误差在 2%以内,则在 $0 \leqslant x/a \leqslant 0.85$ 范围内,还可以用下面的经验公式

$$y/r = -0.8318(x/a)^2 + 0.179(x/a) + 0.984 \tag{10-175}$$

式(10-175)的最大误差为 1.77%。平均误差为 0.832%。可以看出,如果用式(10-175)计算 y/r,系数分别为 $A_0 = -0.8318$, $B_0 = 0.179$, $C_0 = 0.984$。

表 10-11　用经验公式计算的 y/r 与实际的 y/r 比较

x/a	y/r	式(10-169)计算 y/r	误差/%	x/a	y/r	式(10-169)计算 y/r	误差/%
0	1	0.99820	0.18	0.32	0.947418	0.94737	0.0052
0.01	0.99995	0.99846	0.149	0.33	0.943981	0.943817	0.0179
0.02	0.9998	0.99860	0.1199	0.34	0.940425	0.94014	0.0308
0.03	0.99955	0.99862	0.0927	0.35	0.93675	0.93634	0.0436
0.04	0.9992	0.99853	0.0674	0.36	0.932952	0.93243	0.0564
0.05	0.998749	0.99831	0.0441	0.37	0.929032	0.92839	0.0688
0.06	0.998198	0.99797	0.0226	0.38	0.924986	0.92424	0.0807
0.07	0.997547	0.997518	0.0029	0.39	0.920815	0.91997	0.092
0.08	0.996795	0.99694	−0.015	0.40	0.916515	0.91558	0.1025
0.09	0.995942	0.99625	−0.031	0.41	0.912086	0.91107	0.1119
0.10	0.994987	0.99544	−0.045	0.42	0.907524	0.90644	0.12
0.11	0.993932	0.99450	−0.058	0.43	0.902829	0.90169	0.1266
0.12	0.992774	0.99345	−0.068	0.44	0.897998	0.89682	0.1315
0.13	0.991514	0.99228	−0.077	0.45	0.893029	0.89183	0.1343
0.14	0.990152	0.99099	−0.085	0.46	0.887919	0.88672	0.1348
0.15	0.988686	0.98958	−0.091	0.47	0.882666	0.88150	0.1327
0.16	0.987117	0.98805216	−0.095	0.48	0.877268	0.87615	0.1276
0.17	0.985444	0.98640	−0.097	0.49	0.871722	0.87068	0.1191
0.18	0.983667	0.98464	−0.099	0.50	0.866025	0.86510	0.1069
0.19	0.981784	0.98275	−0.098	0.51	0.860174	0.85940	0.09
0.20	0.979796	0.98074	−0.097	0.52	0.854166	0.85357	0.069
0.21	0.977701	0.97862	−0.094	0.53	0.847998	0.84763	0.043
0.22	0.9755	0.97637	−0.09	0.54	0.841665	0.84157	0.011
0.23	0.973191	0.97401	−0.084	0.55	0.835165	0.83539	−0.03
0.24	0.970773	0.97153	−0.078	0.56	0.828493	0.82909	−0.07
0.25	0.968246	0.96893	−0.07	0.57	0.821645	0.82267	−0.12
0.26	0.965609	0.96620	−0.062	0.58	0.814616	0.81613	−0.19
0.27	0.96286	0.96336	−0.052	0.59	0.807403	0.80947	−0.26
0.28	0.96	0.96040	−0.042	0.60	0.8	0.80270	−0.337
0.29	0.957027	0.95732	−0.031	0.60	0.8	0.79842	0.198
0.30	0.953939	0.95412	−0.019	0.61	0.792401	0.79151	0.112
0.31	0.950737	0.95081	−0.007	0.62	0.784602	0.78428	0.04

续表

x/a	y/r	式(10-169)计算 y/r	误差/%	x/a	y/r	式(10-169)计算 y/r	误差/%
0.63	0.776595	0.77673	−0.02	0.75	0.661438	0.66092	0.078
0.64	0.768375	0.76886	−0.06	0.76	0.649923	0.64917	0.116
0.65	0.759934	0.76066	−0.1	0.77	0.638044	0.63710	0.149
0.66	0.751266	0.75214	−0.12	0.78	0.62578	0.62470	0.172
0.67	0.742361	0.74329	−0.13	0.79	0.613107	0.61198	0.184
0.68	0.733212	0.73413	−0.12	0.80	0.6	0.59894	0.177
0.69	0.723809	0.72464	−0.11	0.81	0.58643	0.58558	0.146
0.70	0.714143	0.71483	−0.1	0.82	0.572364	0.57189	0.083
0.71	0.704202	0.70469	−0.07	0.83	0.557763	0.55788	−0.02
0.72	0.693974	0.69423	−0.04	0.84	0.542586	0.54355	−0.18
0.73	0.683447	0.68345	0	0.85	0.526783	0.52889	−0.4
0.74	0.672607	0.67235	0.039				

在 $0 \leqslant x/a \leqslant 0.80$ 范围内，还可以用下面的经验公式

$$y/r = -0.7654(x/a)^2 + 0.1326(x/a) + 0.989 \qquad (10\text{-}176)$$

式(10-176)的最大误差为 1.1%。平均误差为 0.54%。式(10-176)中的系数分别为 $A_0 = -0.7654$，$B_0 = 0.1326$，$C_0 = 0.989$。

10.5.2 上椭圆蛋形断面的水力计算

1. 上椭圆蛋形断面的正常水深

正常水深的计算公式为第 6 章的式(6-89)，式(6-89)可以写成

$$Q = AC\sqrt{Ri} = AR^{2/3}\sqrt{i}/n = (\sqrt{i}/n)(A^{5/3}/\chi^{2/3}) \qquad (10\text{-}177)$$

将式(10-156)和式(10-174)代入式(10-177)，即可得计算上椭圆蛋形断面正常水深的公式为

$$Q = \frac{\sqrt{i}}{n}\frac{A^{5/3}}{\chi^{2/3}} = \frac{\sqrt{i}}{n}\frac{\left\{\dfrac{\pi r^2}{2} + \dfrac{r}{a}\left[(h-r)\sqrt{a^2-(h-r)^2} + a^2\arcsin\dfrac{h-r}{a}\right]\right\}^{5/3}}{(\pi r + 2\chi_{椭圆})^{2/3}} \qquad (10\text{-}178)$$

2. 上椭圆蛋形断面的临界水深

临界水深对应的断面面积 A_k 和水面宽度 B_k 为

$$A_k = \frac{\pi r^2}{2} + \frac{r}{a}\left[(h_k - r)\sqrt{a^2 - (h_k - r)^2} + a^2 \arcsin\frac{h_k - r}{a}\right] \qquad (10\text{-}179)$$

$$B_k = \frac{2r}{a}\sqrt{a^2 - (h_k - r)^2} \qquad (10\text{-}180)$$

式中，h_k 为临界水深，m。

临界水深的计算公式为式(10-124)，将式(10-179)和式(10-180)代入式(10-124)得

$$\frac{Q^2}{g} = \frac{\left\{\dfrac{\pi r^2}{2} + \dfrac{r}{a}\left[(h_k - r)\sqrt{a^2 - (h_k - r)^2} + a^2 \arcsin\dfrac{h_k - r}{a}\right]\right\}^3}{\dfrac{2r}{a}\sqrt{a^2 - (h_k - r)^2}} \qquad (10\text{-}181)$$

3. 上椭圆蛋形断面的水跃方程

上椭圆蛋形断面的水跃方程为

$$\frac{Q^2}{gA'} + A'x_c' = \frac{Q^2}{gA''} + A''x_c'' \qquad (10\text{-}182)$$

上椭圆蛋形断面的水跃可能有两种情况：一种情况是跃前水深处于下部的半圆形断面内，跃后水深处于椭圆形断面内；另一种情况是跃前水深和跃后水深均处于椭圆形断面内。分别计算如下。

1)跃前水深处于下部的半圆形断面内，跃后水深处于椭圆形断面内

如图 10-18 所示，设圆的方程仍为式(10-159)，跃前断面面积为

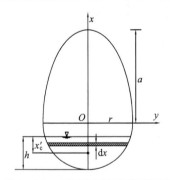

图 10-18　水深处于半圆形断面内

$$A' = \int_{r-h}^{r} 2y\,dx = 2\int_{r-h}^{r}\sqrt{r^2 - x^2}\,dx$$

$$= 2\left[\frac{x}{2}\sqrt{r^2 - x^2} + \frac{r^2}{2}\arcsin\frac{x}{r}\right]_{r-h}^{r} \qquad (10\text{-}183)$$

$$= \frac{\pi r^2}{2} - (r - h)\sqrt{r^2 - (r - h)^2} - r^2 \arcsin\frac{r - h}{r}$$

跃前圆形断面形心距水面的距离为

$$
\begin{aligned}
x_c' &= \frac{1}{A'} \int_{r-h}^{r} 2x\sqrt{r^2 - x^2}\,\mathrm{d}x - (r - h) \\
&= -\frac{2}{3A'}(r^2 - x^2)^{3/2}\Big|_{r-h}^{r} - (r - h) \\
&= \frac{2(2rh - h^2)^{3/2}}{3\left[\dfrac{\pi r^2}{2} - (r-h)\sqrt{r^2 - (r-h)^2} - r^2 \arcsin\dfrac{r-h}{r}\right]} - (r - h)
\end{aligned}
\tag{10-184}
$$

跃后断面的面积和形心距水面的距离用式(10-156)和式(10-165)计算。

2) 跃前水深和跃后水深均处于椭圆形断面内

当跃前水深和跃后水深均处于椭圆形断面内时，跃前和跃后断面面积、形心距水面的距离均用式(10-156)和式(10-165)计算。

例10.9 已知某蛋形管道下半圆的半径 $r=1.7\text{m}$，上半椭圆的长半轴 $a=2.0\text{m}$，底坡 $i=1/750$，糙率 $n=0.014\text{s/m}^{1/3}$。流量 $Q=20\text{m}^3/\text{s}$，求正常水深 h_0 和临界水深 h_k。

解：假定水深处于椭圆断面内，且椭圆内水深 $x/a<0.6$，用式(10-173)计算椭圆的半周长，其公式中的系数 $A_0 = -0.5964$，$B_0 = 0.032$，$C_0 = 0.9982$。用式(10-178)试算正常水深，在计算时，假设一个正常水深 h_0，求得一个流量，如果求得的流量与已知流量相同，h_0 即为所求。结果如表 10-12 所示。

表 10-12　正常水深计算表

A_0	B_0	a /m	r /m	h /m	$h-r$ /m	i	n /(s/m$^{1/3}$)	$2\chi_{椭圆}$ /m	χ /m	Q /(m^3/s)
−0.596	0.032	2	1.7	2	0.3	0.001333	0.014	0.601291	5.941998	13.85562
−0.596	0.032	2	1.7	2.1	0.4	0.001333	0.014	0.803556	6.144263	14.93754
−0.596	0.032	2	1.7	2.2	0.5	0.001333	0.014	1.007573	6.348281	16.01112
−0.596	0.032	2	1.7	2.3	0.6	0.001333	0.014	1.213827	6.554534	17.06965
−0.596	0.032	2	1.7	2.4	0.7	0.001333	0.014	1.422785	6.763492	18.1063
−0.596	0.032	2	1.7	2.5	0.8	0.001333	0.014	1.634898	6.975606	19.11408
−0.596	0.032	2	1.7	2.591	0.891	0.001333	0.014	1.831027	7.171735	20.00003

由表 10-12 可以看出，当正常水深为 2.591m 时，计算的流量为 20m^3/s，所以渠道的正常水深 $h_0=2.591\text{m}$。

下面计算临界水深，如表 10-13 所示。

表 10-13　临界水深计算表

a/m	r/m	h_k/m	(h_k-r)/m	A^3_k/m⁶	B_k/m	Q^2/(m⁶/s²)	Q/(m³/s)
2	1.7	2	0.3	171.4869997	3.361532389	499.9424	22.359
2	1.7	1.9	0.2	142.1113096	3.382957286	411.6785	20.29
2	1.7	1.88565	0.18565	138.1806883	3.385320293	400.0126	20

由表 10-13 可以看出，临界水深 h_k=1.88565m。

例 10.10　已知某蛋形渠道下半圆的半径 r=1.7m，上半椭圆的长半轴 a=2.0m，流量 Q=20m³/s，跃前断面水深为 h'=1.0m，试求跃后水深 h''。

解：由题知，跃前水深处于下半圆断面内，断面面积为

$$A' = \pi r^2 / 2 - (r-h)\sqrt{r^2-(r-h)^2} - r^2 \arcsin\frac{r-h}{r} = 2.22868(\text{m}^2)$$

形心距水面的距离用式(10-184)计算

$$x_c' = \frac{2(2rh-h^2)^{3/2}}{3\left[\dfrac{\pi r^2}{2} - (r-h)\sqrt{r^2-(r-h)^2} - r^2\arcsin\dfrac{r-h}{r}\right]} - (r-h) = 0.4122(\text{m})$$

$$J(h') = Q^2/(gA') + A'x_c' = 19.23276(\text{m}^3)$$

假定跃后水深处于上椭圆断面内，用式(10-156)和式(10-165)计算面积和形心距水面的距离，如表 10-14 所示。

表 10-14　面积和形心计算表

a/m	r/m	h''/m	h''/r	x_c''/m	A''/m²	$J(h'')$/m³
2	1.7	3	1.3	1.38481	8.62484	16.67622
2	1.7	3.1	1.4	1.44429	8.87561	17.41766
2	1.7	3.2	1.5	1.50591	9.10968	18.19892
2	1.7	3.3	1.6	1.57010	9.32441	19.01761
2	1.7	3.325578	1.6256	1.58700	9.37583	19.23276

由表 10-14 可以看出，当跃后水深为 h'' = 3.325578m 时，计算的 $J(h'')=J(h')$，所以跃后水深为 h'' = 3.325578m。

10.5.3　下椭圆蛋形断面水力参数的计算

下椭圆蛋形断面的水深可能有两种情况：一种是水深处于下部的椭圆断面内；另一种是水深处于上部的半圆形断面内。其断面面积和水面宽度的计算公式如下。

当水深处于下部椭圆断面内时，如图 10-19(a)所示，断面面积为

$$A = 2\int_{a-h}^{a} y\mathrm{d}x = 2\int_{a-h}^{a} \frac{r}{a}\sqrt{a^2 - x^2}\,\mathrm{d}x$$

$$= \frac{\pi ra}{2} - \frac{r}{a}(a-h)\sqrt{a^2 - (a-h)^2} - ar\arcsin\frac{a-h}{a} \tag{10-185}$$

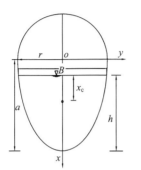 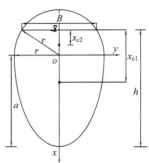

(a) 水深处于下部椭圆断面内　　　(b) 水深处于上部半圆形断面内

图 10-19　下椭圆蛋形断面

形心距水面的距离为

$$x_c = \frac{1}{A}\int_{a-h}^{a} x\mathrm{d}A - (a-h) = \frac{2r}{Aa}\int_0^{h-r} x\sqrt{a^2 - x^2}\,\mathrm{d}x - (a-h)$$

$$= \frac{2r}{3a}\frac{(2ah - h^2)^{3/2}}{\dfrac{\pi ra}{2} - \dfrac{r}{a}(a-h)\sqrt{a^2 - (a-h)^2} - ar\arcsin\dfrac{a-h}{a}} - (a-h) \tag{10-186}$$

水面宽度为

$$B = 2y = 2(r/a)\sqrt{a^2 - (a-h)^2} \tag{10-187}$$

当水深处于下椭圆断面内时，在计算湿周时应特别注意，椭圆的湿周为椭圆的半周长减去水面以上椭圆的弧长，水面以上椭圆弧长的计算公式为(10-173)，其积分限为 $x = 0 \sim (a-h)$。在选择参数 A_0 和 B_0 时，x/a 中的 $x = a-h$。

椭圆的半周长用文献[14]的公式计算，即

$$\chi_{\text{半椭圆}} = \frac{\pi(a+r)}{2}\frac{64 - 3(a-r)^4/(a+r)^4}{64 - 16(a-r)^2/(a+r)^2} \tag{10-188}$$

其余部分弧长仍用式(10-172)计算，椭圆的总湿周为

$$\chi_{总湿周} = \frac{\pi(a+r)}{2}\frac{64-3(a-r)^4/(a+r)^4}{64-16(a-r)^2/(a+r)^2}$$

$$-\frac{2r|A_0|}{a^2}\left\{\left(a-h+\frac{B_0 a}{2A_0}\right)\sqrt{\left(\frac{a^2}{2rA_0}\right)^2+\left(a-h+\frac{B_0 a}{2A_0}\right)^2}+\left(\frac{a^2}{2rA_0}\right)^2\right.$$

$$\bullet\ln\left[a-h+\frac{B_0 a}{2A_0}+\sqrt{\left(\frac{a^2}{2rA_0}\right)^2+\left(a-h+\frac{B_0 a}{2A_0}\right)^2}\right]$$

$$\left.-\left(\frac{B_0 a}{2A_0}\right)\sqrt{\left(\frac{a^2}{2rA_0}\right)^2+\left(\frac{B_0 a}{2A_0}\right)^2}-\left(\frac{a^2}{2rA_0}\right)^2\ln\left[\frac{B_0 a}{2A_0}+\sqrt{\left(\frac{a^2}{2rA_0}\right)^2+\left(\frac{B_0 a}{2A_0}\right)^2}\right]\right\}$$

$$(10\text{-}189)$$

当水深处于上部半圆断面内，如图 10-19(b) 所示，断面面积为下部的椭圆面积与上部的圆面积之和，椭圆的面积为

$$A_{椭圆} = \pi ar/2 \tag{10-190}$$

上部圆的面积为

$$A_{圆} = 2\int_0^{h-a} y\mathrm{d}x = 2\int_0^{h-a}\sqrt{r^2-x^2}\,\mathrm{d}x = (h-a)\sqrt{r^2-(h-a)^2}+r^2\arcsin\frac{h-a}{r} \tag{10-191}$$

总面积为

$$A = A_{椭圆}+A_{圆} = \pi ar/2+(h-a)\sqrt{r^2-(h-a)^2}+r^2\arcsin\frac{h-a}{r} \tag{10-192}$$

椭圆的形心距水面的距离为

$$x_{c1} = \frac{1}{A}\int_{a-h}^{a} x\mathrm{d}A+h-a = \frac{2r}{Aa}\int_0^a x\sqrt{a^2-x^2}\,\mathrm{d}x+h-a = \frac{4a}{3\pi}+h-a \tag{10-193}$$

半圆断面内水深的形心距水面的距离为

$$x_{c2} = (h-a)-\frac{2}{A}\int_{r-h}^{r} x\sqrt{r^2-x^2}\,\mathrm{d}x$$

$$= (h-a)-\frac{2\{r^3-[r^2-(h-a)^2]^{3/2}\}}{3\left[(h-a)\sqrt{r^2-(h-a)^2}+r^2\arcsin\dfrac{h-a}{r}\right]} \tag{10-194}$$

$$x_c = \frac{A_{椭圆}x_{c1}+A_{圆}x_{c2}}{A_{椭圆}+A_2} = \frac{2a^2 r/3+\pi ar(h-a)/2+(h-a)^2\sqrt{r^2-(h-a)^2}}{\pi ar/2+(h-a)\sqrt{r^2-(h-a)^2}+r^2\arcsin[(h-a)/r]}$$

$$+\frac{r^2(h-a)\arcsin[(h-a)/r]-2/3\{r^3-[r^2-(h-a)^2]^{3/2}\}}{\pi ar/2+(h-a)\sqrt{r^2-(h-a)^2}+r^2\arcsin[(h-a)/r]} \tag{10-195}$$

水面宽度为

$$B = 2\sqrt{r^2 - (h-a)^2} \tag{10-196}$$

下椭圆的湿周用式(10-188)计算。圆的湿周为

$$\chi_{\text{圆}} = 2r \arcsin \frac{h-a}{r} \tag{10-197}$$

$$\chi = \chi_{\text{椭圆}} + \chi_{\text{圆}} = \frac{\pi(a+r)}{2} \frac{64 - 3(a-r)^4/(a+r)^4}{64 - 16(a-r)^2/(a+r)^2} + 2r \arcsin \frac{h-a}{r} \tag{10-198}$$

10.5.4　下椭圆蛋形断面的水力计算

1. 下椭圆蛋形断面的正常水深

正常水深仍用式(10-177)计算,当水深处于下部椭圆断面内时,将式(10-185)和式(10-189)代入式(10-177),即可计算椭圆蛋形断面的正常水深。

当水深处于上部圆形断面内时,将式(10-192)和式(10-198)代入式(10-177),即可计算椭圆蛋形断面的正常水深。

2. 下椭圆蛋形断面的临界水深

当水深处于下部椭圆形断面内时,将式(10-185)和式(10-187)代入式(10-124)得临界水深的试算公式为

$$\frac{Q^2}{g} = \frac{\left[\dfrac{\pi r a}{2} - \dfrac{r}{a}(a - h_{\text{k}})\sqrt{a^2 - (a - h_{\text{k}})^2} - ar \arcsin \dfrac{a - h_{\text{k}}}{a} \right]^3}{2\dfrac{r}{a}\sqrt{a^2 - x^2}} \tag{10-199}$$

当水深处于上部圆形断面内时,将式(10-192)和式(10-196)代入式(10-124)得临界水深的试算公式为

$$\frac{Q^2}{g} = \frac{\left[\dfrac{\pi a r}{2} + (h_{\text{k}} - a)\sqrt{r^2 - (h_{\text{k}} - a)^2} + r^2 \arcsin \dfrac{h_{\text{k}} - a}{r} \right]^3}{2\sqrt{r^2 - (h_{\text{k}} - a)^2}} \tag{10-200}$$

3. 下椭圆蛋形断面的水跃方程

水跃方程仍为式(10-182),下椭圆蛋形断面的水跃可能有两种情况:一种是跃前和跃后水深均处于下部的椭圆断面内;另一种是跃前水深处于下部椭圆断面,跃后水深处于上部的半圆形断面内。

1）跃前和跃后水深均处于下部椭圆断面内

$$J(h) = \cfrac{Q^2}{g\left[\cfrac{\pi r a}{2} - \cfrac{r}{a}(a-h)\sqrt{a^2-(a-h)^2} - ar\arcsin\cfrac{a-h}{a}\right]}$$
$$+ \cfrac{2r}{3a}(2ah-h^2)^{3/2} - (a-h)\left[\cfrac{\pi r a}{2} - \cfrac{r}{a}(a-h)\sqrt{a^2-(a-h)^2} - ar\arcsin\cfrac{a-h}{a}\right]$$

$$(10\text{-}201)$$

在计算跃前水深时，h 用 h' 代替，在计算跃后水深时，h 用 h'' 代替。如果求得的 $J(h')=J(h'')$，水深即为所求。

2）跃前水深处于下部椭圆断面内，跃后水深处于上部圆形断面内

跃前断面 $J(h')$ 仍用式（10-201）计算，跃后断面 $J(h'')$ 用式（10-202）计算，即

$$J(h'') = \cfrac{Q^2}{g\left[\cfrac{\pi a r}{2} + (h''-a)\sqrt{r^2-(h''-a)^2} + r^2\arcsin\cfrac{h''-a}{r}\right]}$$
$$+ \cfrac{2a^2 r}{3} + \cfrac{\pi a r}{2}(h''-a) + (h''-a)^2\sqrt{r^2-(h''-a)^2}$$
$$+ r^2(h''-a)\arcsin\cfrac{h''-a}{r} - \cfrac{2}{3}\{r^3 - [r^2-(h''-a)^2]^{3/2}\}$$

$$(10\text{-}202)$$

如果求得的 $J(h')=J(h'')$，水深即为所求。

例 10.11 已知某蛋形管道上半圆的半径 $r=1.7\text{m}$，下半椭圆的长半轴 $a=2.0\text{m}$，底坡 $i=1/750$，糙率 $n=0.014\text{s/m}^{1/3}$。流量 $Q=10\text{m}^3/\text{s}$，求正常水深 h_0 和临界水深 h_k。

解：采用试算法，假设正常水深处于下椭圆断面内，断面面积用式（10-185）计算，湿周用式（10-189）计算，结果如表 10-15 所示。

表 10-15　正常水深计算

a /m	r /m	h_0 /m	A_0	B_0	A /m²	x /m	Q /(m³/s)
2	1.7	1.5	−0.5964	0.032	3.65859	4.81393	7.94688
2	1.7	1.6	−0.5964	0.032	3.98983	5.01795	8.93130
2	1.7	1.7	−0.5964	0.032	4.32455	5.22021	9.94909
2	1.7	1.70495	−0.5964	0.032	4.34119	5.23019	10.00025

由表 10-15 可以看出，当正常水深 $h_0=1.70495\text{m}$ 时，计算流量与实际流量一致，所以求得的正常水深为 $h_0=1.70495\text{m}$。正常水深处于下部的椭圆断面内，与假设一致。

临界水深用式(10-199)计算，结果如表 10-16 所示。

表 10-16　临界水深计算表

a /m	r /m	h_k /m	(Q^2/g) /m^5	实际(Q^2/g) /m^5
2	1.7	1.1	4.481422	10.204082
2	1.7	1.2	6.282045	10.204082
2	1.7	1.3	8.564423	10.204082
2	1.7	1.35	9.909306	10.204082
2	1.7	1.360286	10.204082	10.204082

由表 10-16 可以看出，当临界水深 $h_\mathrm{k}=1.360286\mathrm{m}$ 时，计算的 Q^2/g 与实际的 Q^2/g 一致，所以求得的临界水深为 $h_\mathrm{k}=1.360286\mathrm{m}$。

例 10.12　已知某蛋形管道上半圆的半径 $r=1.7\mathrm{m}$，下半椭圆的长半轴 $a=2.0\mathrm{m}$，流量 $Q=10\mathrm{m}^3/\mathrm{s}$，已知跃前水深 $h'=0.8\mathrm{m}$，试求跃后水深 h''。

解：因为跃前水深小于椭圆的短半轴 a，所以水深处于下部的椭圆断面内，用式(10-201)计算跃前 $J(h')$：

$$J(h') = \cfrac{Q^2}{g\left[\dfrac{\pi ra}{2} - \dfrac{r}{a}(a-h')\sqrt{a^2-(a-h')^2} - ar\arcsin\dfrac{a-h'}{a}\right]} \\ + \frac{2r}{3a}(2ah'-h'^2)^{3/2} - (a-h')\left[\frac{\pi ra}{2} - \frac{r}{a}(a-h')\sqrt{a^2-(a-h')^2} - ar\arcsin\frac{a-h'}{a}\right]$$

将 $h'=0.8\mathrm{m}$、$a=2.0\mathrm{m}$、$r=1.7\mathrm{m}$、$Q=10\mathrm{m}^3/\mathrm{s}$ 代入上式得 $J(h')=7.205766372$。

假设跃后水深处于上部的半圆断面内，跃后的 $J(h'')$ 用式(10-202)计算，结果如表 10-17 所示。

表 10-17　跃后水深计算表

a/m	r/m	h''/m	$(h''-a)$/m	$J(h'')$/m^3
2	1.7	2	0	6.443956932
2	1.7	2.1	0.1	6.880730734
2	1.7	2.168195	0.168195	7.205766372

由表 10-17 可以看出，当跃后水深 $h''=2.1682\mathrm{m}$ 时，计算的 $J(h'')=J(h')$，所以取跃后水深为 $h''=2.1682\mathrm{m}$。

　　由以上计算可以看出，蛋形断面水面曲线、正常水深和临界水深的计算比较复杂，为了简化计算，编制了 MATLAB 计算程序，见附录。读者可以根据该程序，只要在程序中输入必要的参数，复制到 MATLAB 环境中即可直接得到结果。

<h2 style="text-align:center">参 考 文 献</h2>

[1] Raikar R V, Shiva Reddy M S, Vishwanadh G K. Normal and critical depth computations for egg-shaped conduit sections[J]. Flow Measurement and Instrumentation, 2010, 21(3): 367-372.

[2] 傅功年, 唐耿红. 冉铺湾隧洞衬砌断面型式选择[J]. 人民长江, 2002, 33(5): 14-16.

[3] 王子宜. 蛋形衬砌在白莲灌区武家坳隧洞中的应用[J]. 湖南水利水电, 2006, (6): 70-71.

[4] 李风玲, 文辉, 涂宁宇. 蛋形断面管道正常水深近似算法[J]. 人民长江, 2008, 39(18): 77-78.

[5] Mohammad A G. Hydraulics of partially filled egg sewers[J]. Journal of Environmental Engineering, 1987, 113(2): 407-425.

[6] 宁希南. 蛋形断面管道简明水力计算及其诺谟图[J]. 林业建设, 2007, (5): 22-25.

[7] 陶冶, 贾悦. 蛋形断面排水无压管道水力计算及其水力要素分析[J]. 给水排水, 2009, 35(增刊): 428-430.

[8] Bijankhan M, Kouchakzadeh S. Egg-shaped cross section uniform flow direct solution and stability identification[J]. Flow Measurement and Instrumentation, 2011, 22(6): 511-516.

[9] 滕凯. 蛋形断面隧洞正常水深的简易算法[J]. 长江科学院院报, 2013, 30(12): 39-42.

[10] 滕凯, 李新宇. 六圆弧蛋形断面无压隧洞水面线解析计算模型[J]. 水资源与水工程学报, 2013, 24(4): 174-179.

[11] 武汉水利电力学院. 水工建筑物[M]. 北京: 水利出版社, 1980: 188-190.

[12] 李若冰, 张志昌. 明渠六圆弧蛋形断面临界水深和收缩断面水深的计算[J]. 武汉大学学报, 2012, 45(4): 463-467.

[13] 张志昌, 贾斌. 明渠六圆弧蛋形断面水面线的近似计算[J]. 应用力学学报, 2014, 31(6): 952-958.

[14] 数学手册编写组. 数学手册[M]. 北京: 高等教育出版社, 1979: 351-353.

附　　录

水面曲线、正常水深和临界水深的 MATLAB 计算程序

1. 矩形断面水面线计算程序(例 5.1)

```
B=22;Q=319;n=0.014;i=1/100;a1=0.108;b1=21.05;c1=-411.31;x1=0.12632;x
2=0.074165;
g=9.8;a=n^2*Q^2/B^(16/3);b=Q^2/(g*B^5);d=i/a-c1;e=b1/d;f=a1/d;
k=e/2+(e^2/4+f)^0.5;l=(e^2/4+f)^0.5-e/2;
s=B/a/d*(x2-x1+(e*k+f)/(k+l)/2/k^0.5*log((x2-k^0.5)*(x1+k^0.5)/(x2+k^
0.5)/(x1-k^0.5))+(e*l-f)/(k+l)*1/l^0.5*(atan(x2/l^0.5)-atan(x1/l^0.5))
-0.5*b/(1+k)*log((x2^2-k)*(x1^2+l)/(x1^2-k)/(x2^2+1)));abs(s)
```

2. 梯形($r=b$)、圆形、U 形、马蹄形、蛋形断面水面线的计算(算例 6.10，$0.20 \leq h/b \leq 0.40$)

```
r=12;n=0.025;i=0.0002;q=48.1;a1=0.2284;b1=1.9372;c1=-6.8624;a2=0.096
0;b2=1.4362;c2=-4.5748; x1=0.255951;x2=0.4;
g=9.8;a=i*r^(16/3)/(n^2*q^2);b=g*r^5/q^2;c=b2/(b-c2);d=a2/(b-c2);e=b1
/(a-c1);f=a1/(a-c1);
A=(d-f+(e-c)*((e^2/4+f)^0.5-e/2))/(2*(e^2/4+f)^0.5);B=(f-d+(e-c)*(e/2+
(e^2/4+f)^0.5))/(2*(e^2/4+f)^0.5);C=((e^2/4+f)^0.5-e/2)^0.5;D=((e^2/4+
f)^0.5+e/2)^0.5;
S=r^(4/3)/(g*n^2)*(b-c2)/(a-c1)*(x2-x1+A/C*(atan(x2/C)-atan(x1/C))+B/2
/D*log((x2-D)*(x1+D)/(x2+D)/(x1-D)));abs(S)
```

注：矩形、梯形、圆形、U 形、马蹄形和蛋形断面参数说明如下：

第一行为参数，其中，B 为矩形断面宽度，m；r 表示梯形断面的底宽或圆形、U 形、马蹄形、蛋形断面的半径，m；Q 为流量，m³/s；n 为糙率，s/m$^{1/3}$；i 为渠道底坡；x_1、x_2 为积分的计算范围(相对水深，h/B 或 h/r)；a1、b1、c1、a2、b2、c2 为相关参数，需根据计算范围查表，如果计算区域的相关参数不唯一，需要分段计算。

3. 上椭圆蛋形断面正常水深与临界水深的计算(水深在上椭圆断面内)
(例 10.9)

```
A0=-0.5964;B0=0.032;Q=20;a=2;r=1.7;i=1/750;n=0.014;
for h0=0:0.00001:100
x=-r*A0/a^2*((h0-r+B0*a/2/A0)*((a^2/2/r/A0)^2+(h0-r+B0*a/2/A0)^2)^0.5
+(a^2/2/r/A0)^2*log(h0-r+B0*a/2/A0+((a^2/2/r/A0)^2+(h0-r+B0*a/2/A0)^2
```

```
)^0.5)-(B0*a/2/A0*((a^2/2/r/A0)^2+(B0*a/2/A0)^2)^0.5+(a^2/2/r/A0)^2*l
og(B0*a/2/A0+((a^2/2/r/A0)^2+(B0*a/2/A0)^2)^0.5)));
A= pi()*r^2/2+r/a*((h0-r)*(a^2-(h0-r)^2)^0.5+a^2*asin((h0-r)/a));
q1=i^0.5/n*(A)^(5/3)/(pi()*r+2*x)^(2/3);
if q1>Q
break
end
end
h0
for hk=0:0.00001:100
Ak=pi()*r^2/2+r/a*((hk-r)*(a^2-(hk-r)^2)^0.5+a^2*asin((hk-r)/a));
q2=(Ak)^3/(2*r/a*(a^2-(hk-r)^2)^0.5);
if q2>Q^2/9.8
break
end
end
hk
```

4. 下椭圆蛋形断面正常水深与临界水深的计算(例 10.11)

```
A0=-0.5964;B0=0.032;Q=10;a=2;r=1.7;i=1/750;n=0.014;
for h0=0:0.00001:100
if h0<a
x=pi()*(a+r)/2*(64-3*(a-r)^4/(a+r)^4)/(64-16*(a-r)^2/(a+r)^2)+2*r*A0/a
^2*((a-h0+B0*a/2/A0)*((a^2/2/r/A0)^2+(a-h0+B0*a/2/A0)^2)^0.5+(a^2/2/r
/A0)^2*log(a-h0+B0*a/2/A0+((a^2/2/r/A0)^2+(a-h0+B0*a/2/A0)^2)^0.5)-(B
0*a/2/A0*((a^2/2/r/A0)^2+(B0*a/2/A0)^2)^0.5+(a^2/2/r/A0)^2*log(B0*a/2
/A0+((a^2/2/r/A0)^2+(B0*a/2/A0)^2)^0.5)));A=pi()*r*a/2-r/a*(a-h0)*(a^2
-(a-h0)^2)^0.5-a*r*asin((a-h0)/a);q1=i^0.5/n*(A)^(5/3)/(x)^(2/3);
if q1>Q
break
end
else
x=pi()*(a+r)/2*(64-3*(a-r)^4/(a+r)^4)/(64-16*(a-r)^2/(a+r)^2)+2*r*asin
((h0-a)/r);A=pi()*r*a/2+(h0-a)*(r^2-(h0-a)^2)^0.5+r^2*asin((h0-a)/r);q
1=i^0.5/n*(A)^(5/3)/(x)^(2/3);
if q1>Q
break
end
end
end
```

```
h0
for hk=0:0.00001:100
if hk<a
q2=(((pi()*r*a/2-r/a*(a-hk)*(a^2-(a-hk)^2)^0.5-a*r*asin((a-hk)/a))^3/(
2*r/a*(a^2-(a-hk)^2)^0.5))*9.8)^0.5;
if q2>Q
break
end
else
q2=(((pi()*r*a/2+(hk-a)*(r^2-(hk-a)^2)^0.5+r^2*asin((hk-a)/r))^3/(2*(r^
2-(hk-a)^2)^0.5))*9.8)^0.5;
if q2>Q
break
end
end
end
hk
```

注：第一行为参数，其中，r 表示椭圆蛋形断面圆的半径或椭圆的短半轴，m；a 为椭圆的长半轴，m；Q 为流量，m^3/s；n 为糙率，$s/m^{1/3}$；i 为渠道底坡；A_0、B_0 为相关参数。

程序使用说明：

计算环境为 MATLAB，在计算时，根据明渠已知断面形状和有关参数，选择合适程序并将计算参数进行替换，将替换后的程序复制到 MATLAB 中即可得到计算结果。